国家出版基金项目
NATIONAL PUBLICATION FOUNDATION

家禽实体解剖学图谱

熊本海　恩和　苏日娜　等　著

中国农业出版社

《家禽实体解剖学图谱》课题组

课题组组长

熊本海　中国农业科学院北京畜牧兽医研究所　　　　　　　研究员
恩　和(蒙古族)　内蒙古赤峰农牧学校　　　　　　　　　高级讲师
苏日娜(蒙古族 女)　内蒙古赤峰农牧学校　　　　　　　高级讲师

课题组副组长

庞之洪(女)　中国农业科学院北京畜牧兽医研究所　　　　副研究员
谢金防　江西省农业科学院畜牧兽医研究所　　　　　　　研究员
陈继兰(女)　中国农业科学院北京畜牧兽医研究所　　　　研究员
都格尔斯仁(蒙古族)　内蒙古农业大学　　　　　　　　　副教授

课题组成员 (按姓氏笔画排序)

于　占(蒙古族)　内蒙古赤峰农牧学校　　　　　　　　　高级讲师
王桂英(女)　内蒙古赤峰农牧学校　　　　　　　　　　　高级讲师
乌力吉(蒙古族)　内蒙古赤峰农牧学校　　　　　　　　　讲师
布仁巴雅尔(蒙古族)　内蒙古赤峰农牧学校　　　　　　　高级讲师
吕健强　中国农业科学院北京畜牧兽医研究所　　　　　　副研究员
刘为民　佛山科学技术学院　　　　　　　　　　　　　　教授
苏雅拉图(蒙古族)　内蒙古呼伦贝尔市畜牧工作站　　　　畜牧师
李志宏　内蒙古赤峰农牧学校　　　　　　　　　　　　　高级讲师
李春华(蒙古族 女)　内蒙古赤峰农牧学校　　　　　　　高级实验师
杨　亮　中国农业科学院北京畜牧兽医研究所　　　　　　助理研究员
张旭珠(女)　中国农业科学院北京畜牧兽医研究所　　　　助理研究员
罗清尧　中国农业科学院北京畜牧兽医研究所　　　　　　副研究员
金　花(蒙古族 女)　内蒙古赤峰农牧学校　　　　　　　高级讲师
赵福军　内蒙古赤峰农牧学校　　　　　　　　　　　　　高级讲师
郭颖妍(女)　内蒙古赤峰农牧学校　　　　　　　　　　　高级讲师
潘佳一　中国农业科学院北京畜牧兽医研究所　　　　　　工程师
魏向阳　内蒙古赤峰农牧学校　　　　　　　　　　　　　高级讲师

继中国农业出版社2012年出版《绵羊实体解剖学图谱》后，由熊本海、恩和等带领的研究团队精心打造的《家禽实体解剖学图谱》又要付梓了，由此为他们研究团队的创新精神，甘于寂寞及锲而不舍的工作态度倍感欣慰，并欣然作序！

与已经出版的《绵羊实体解剖学图谱》比较，本书涉及鸡、鸭、鹅3个物种，其大部分器官或组织结构精细，准确辨认并体现相同组织或器官在不同物种之间的差异性极具挑战性，使得完成《家禽实体解剖学图谱》的工作量更大，对从事解剖人员的解剖学基础知识的系统考验更大。事实上，不少器官或组织名称从现有的教科书上只见描述或描绘的图片，未见实体解剖图谱。但是，研究团队在系统完成的428幅图片中，对每幅图片中涉及的组织或器官的名称有疑惑的，查阅了大量的国内外生物学及解剖学词典，从中文名称到对应的蒙古文及英文的准确描述，逐一进行了科学的比对、斟酌，去伪存真，定义有依据，经得起考证。最终，千辛万苦始得的不少器官或组织图谱是首次出现，也将成为本领域的经典之作。本书不仅是一本难得的、全部原创的家禽解剖学实体图谱，也是一本家禽解剖学的中文、蒙古文及英文词典教科书，填补了国内外在本研究领域的空白。

本书的出版发行，对畜牧兽医专业师生、广大畜牧兽医技术工作者学习和掌握家禽解剖学基本理论和基本概念，准确、直观地认识家禽正常有机体各器官的形态、结构、位置与功能的关系具有重要实际意义。而且本书提供的实体解剖学图片，尤其是取得这些图片的原始高像素的图形文件，为通过计算机技术、计算机图形学技术、数学模型技术、生命科学与系统科学等尝试构建"数字家禽"，提供了一套完整、真实的基础素材。

本书另一显著特点是对每幅图片提供中、蒙古文对照，继续填补了我国乃至全世界在蒙古文解剖学科技图书方面的空白，有利于解剖学知识在蒙古文地区的教学与科普，也可以作为与蒙古国的文化和科学交流的工具书之一。

21世纪是生命科学与信息科学突飞猛进的时代，也是学科交叉发展和进行知识创新的时代。但是，科普关系到国家发展和民族兴盛，是全社会科学发展的前提，是科学探索真理的延伸。希望本书的创作团队从高度重视科普的思维出发，继续利用现代生物技术与信息技术的方法，构建其他动物如猪、牛等大体型家养动物的实体解剖学图谱，完善我国在家畜解剖学领域的基础性研究工作，扩大与丰富本领域的研究成果，为中国乃至世界的科学与技术的普及做出更大的贡献。

中国工程院院士

中国畜牧兽医学会理事长

华中农业大学教授

2014年3月10日

　　畜禽解剖学是畜禽生理学、兽医病理学、兽医临床诊断学、兽医外科学、兽医产科学、畜禽营养学、畜禽繁殖学、动物生产学等畜牧兽医类专业的基础科学，同时，它也是畜牧科学研究工作者的必备基本知识。

　　到目前为止，国内畜牧兽医界对牛、马、羊、猪等家畜的解剖学研究较为重视，有关解剖学图谱的著作时有出版，但对鸡、鸭、鹅等家禽的解剖学研究并不多见，关于这方面的书籍和工具书更是难寻。鉴于此，为给广大畜牧兽医战线的师生、科研工作者及生产技术人员提供基础素材，继课题组2011年完成《绵羊实体解剖学图谱》后，又系统研究并完成了《家禽实体解剖学图谱》的撰写工作。本书包括鸡、鸭、鹅三种家禽，每个物种包括体表及被皮系统、消化系统、呼吸系统、心血管系统、泌尿系统、神经系统、母禽生殖系统、公禽生殖系统、内分泌及免疫系统、运动系统十个部分，共336组、428张图片。

　　本书中的图片素材是以直接解剖成年鸡、鸭、鹅（含公、母）三种家禽，用数码相机拍摄真实、正常器官照片取得的。在拍照时，保持了家禽在正常生理状态下各器官的基本形态、相对位置和原有色泽。因此，在图谱中的各器官图片能够代表家禽活体各系统器官的正常形态、相对位置和色泽。

　　全部图片用中文、蒙古文两种文字作注释，并附有所有器官名称的英文注释，具有可查阅家禽解剖学名词词典的功能，以扩大国内的读者群体及开展与国际间的文化交流。

　　本书对畜牧兽医专业师生和广大畜牧兽医技术工作者学习和掌握家禽解剖学基本理论和基本概念，准确、直观地认识家禽正常有机体各器官的形态、结构、位置与功能的关系具有重要意义，而且对禽类科学研究人员也有一定的参考价值。同时，本书弥补了国内大专院校教材和科技图书中缺乏家禽实体解剖学图谱素材的空白，而且获得的图片中不少成为家禽解剖学图片的经典之作，在国际上的相同研究领域或者教材中也难以发现。

　　此外，本书提供的实体解剖学图片，尤其是取得这些图片的原始高像素的图形文件，为通过计算机技术、计算机图形学技术、数学模型技术、生命科学与系统科学等尝试构建"数字家禽"，提供了一套完整、真实的基础素材。

在撰写本书工作中，熊本海、恩和、苏日娜全程主持和采集图片，设计和执笔编写；其他人员全程参加解剖和采集图片工作以外，在鸡、鸭、鹅三种家禽各十章内容中还承担以下编写工作：苏雅拉图、罗清尧负责第1部分，赵福军负责第2部分，乌力吉、杨亮负责第3部分，王桂英、吕健强负责第4部分，布仁巴雅尔负责第5部分，金花负责第6部分，李春华、张旭珠负责第7部分，魏向阳负责第8部分，李志宏、郭颖妍负责第9部分，都格尔斯仁负责第10部分；庞之洪、罗清尧、杨亮等负责附录各个部分的英文注释工作；潘佳一负责所有图片的精细加工与处理工作；谢金防、陈继兰、刘为民和都格尔斯仁负责不同部分的专业审稿，于占负责中文、蒙古文审稿工作。

开展动物解剖、采集和制作数字图片是一项繁重的技术工作，在项目的实施过程中，内蒙古赤峰农牧学校校长王宏高级讲师、副校长高德昌同志给予了大力支持，在工作场地、设备使用等方面提供了很大的便利，在此表示诚挚的感谢。

此外，本项目的研究得到了动物科学与动物医学数据中心、中国饲料数据库情报网中心和动物营养学国家重点实验室的资助，亦表感谢！

由于家禽实体解剖图谱方面欠缺可对照或参考的资料，加上编者的知识能力有限，书中有可能出现失误或不足，恳请广大读者批评指教！

编　者

2014年3月20日

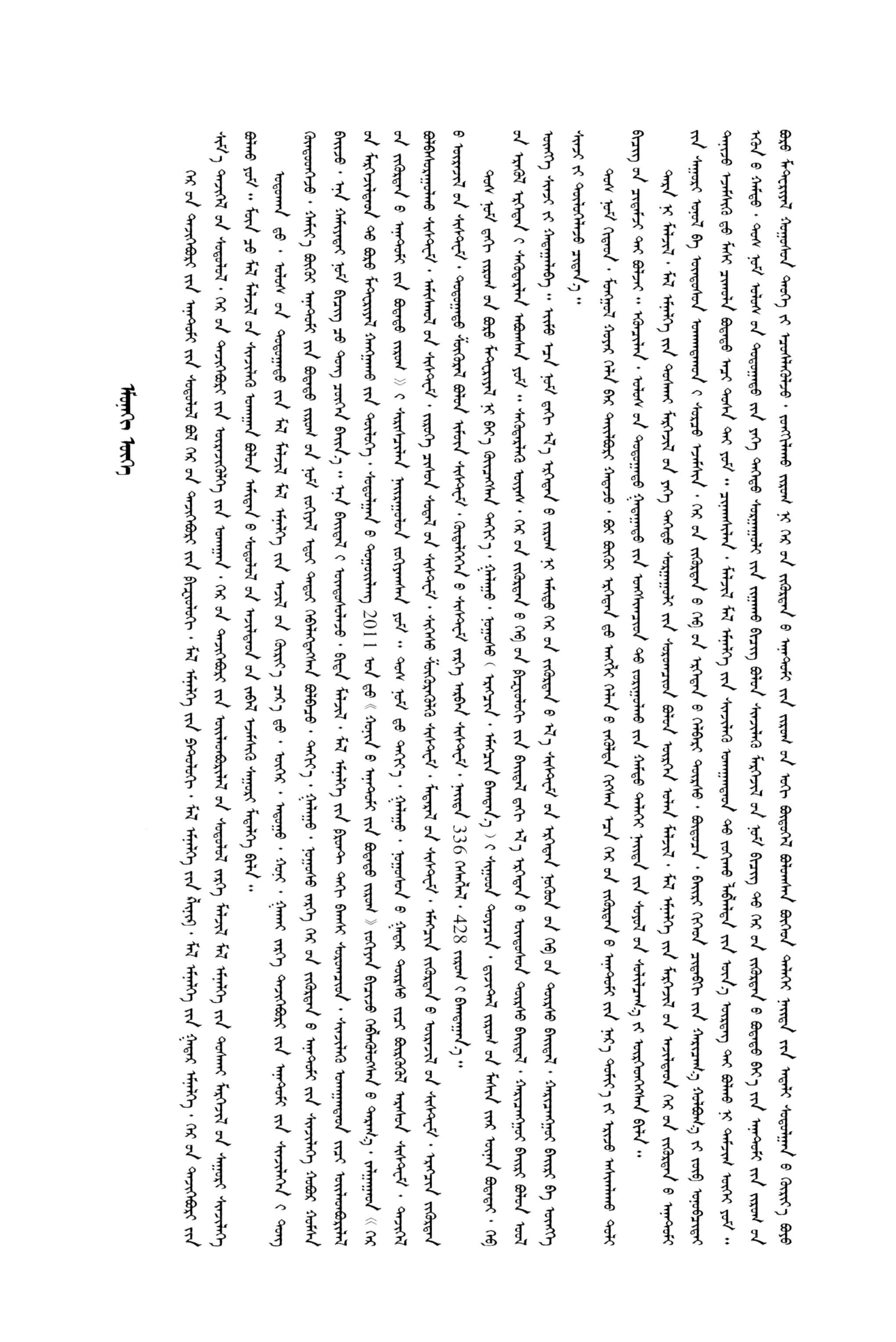

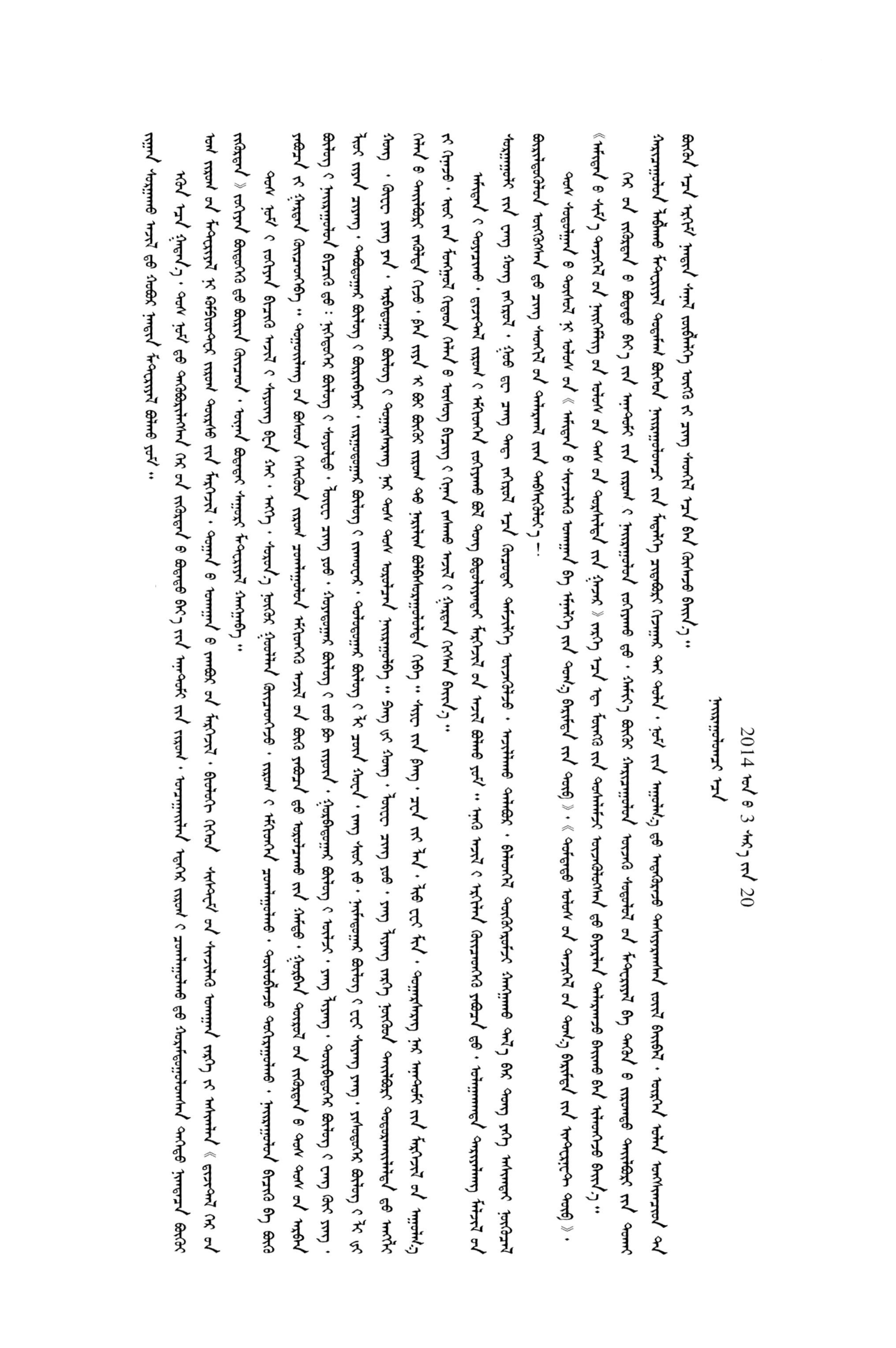

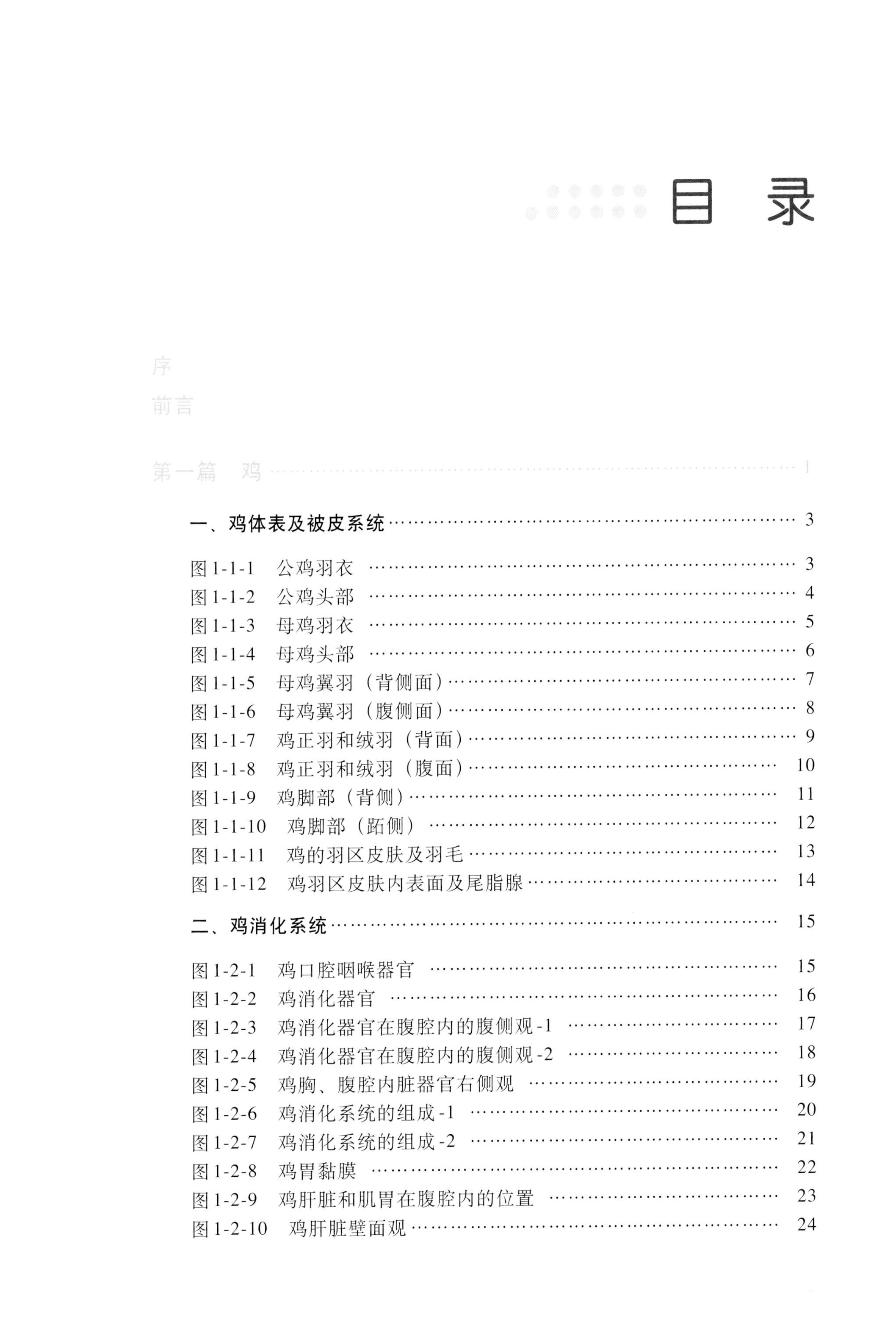

目　录

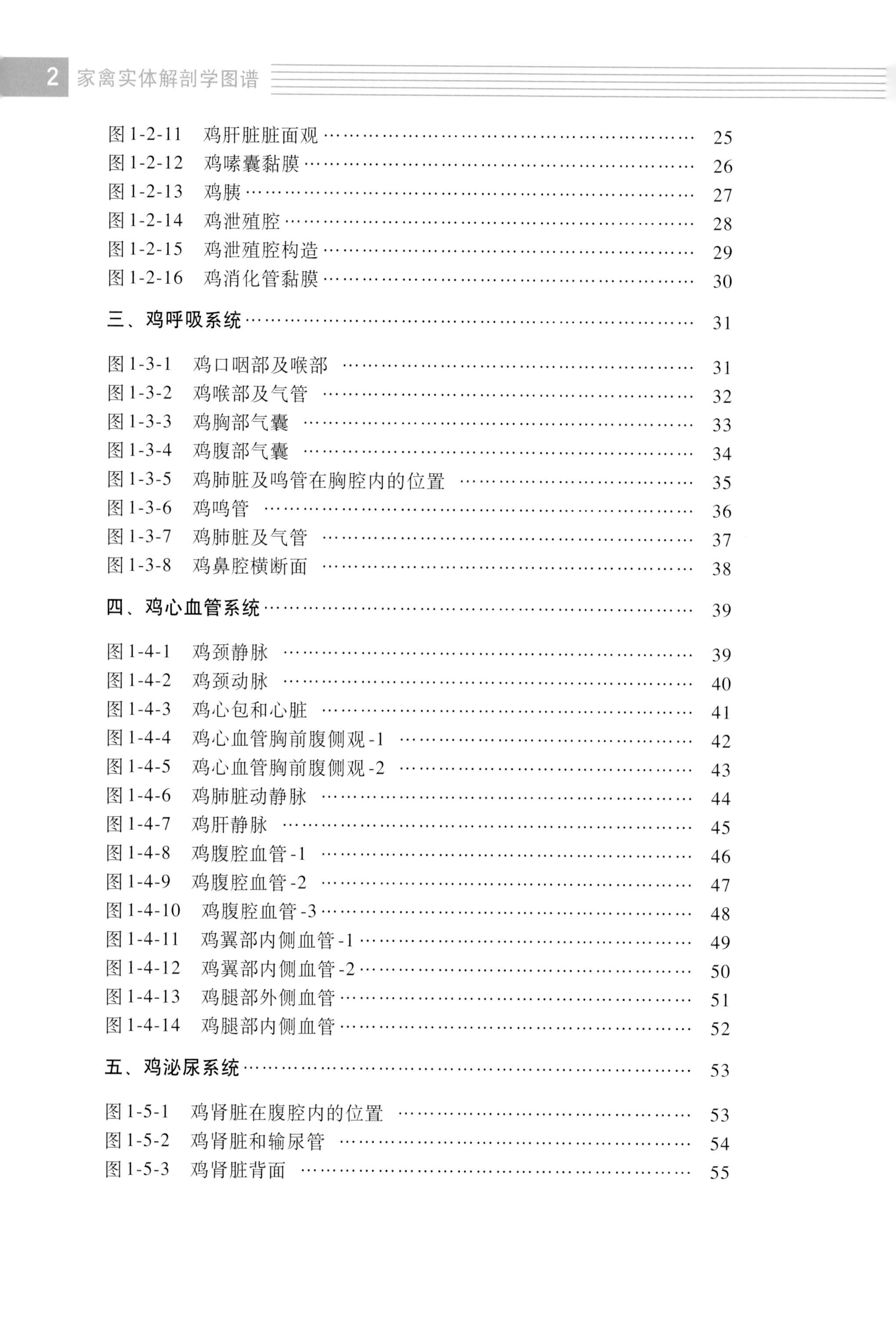

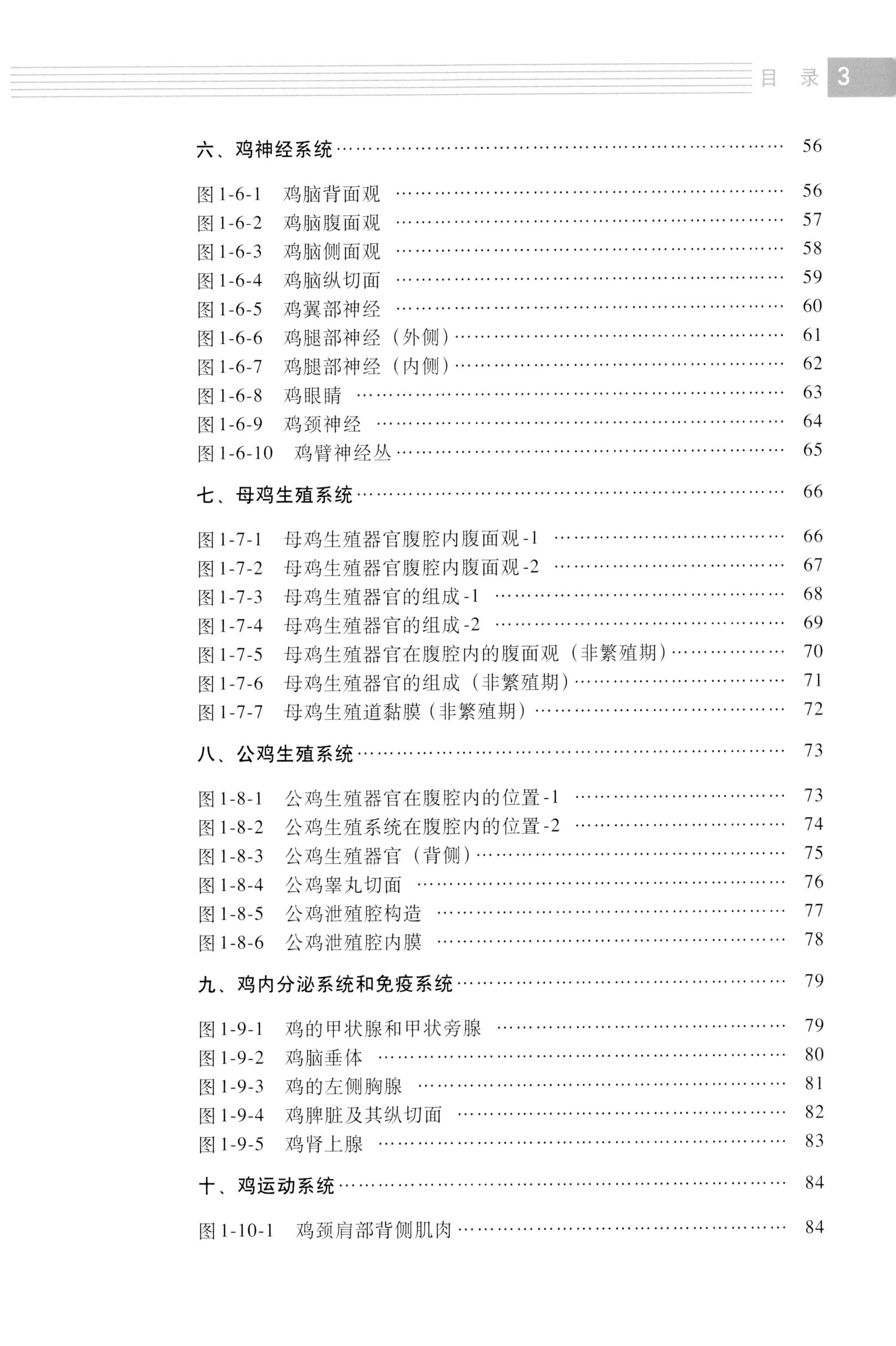

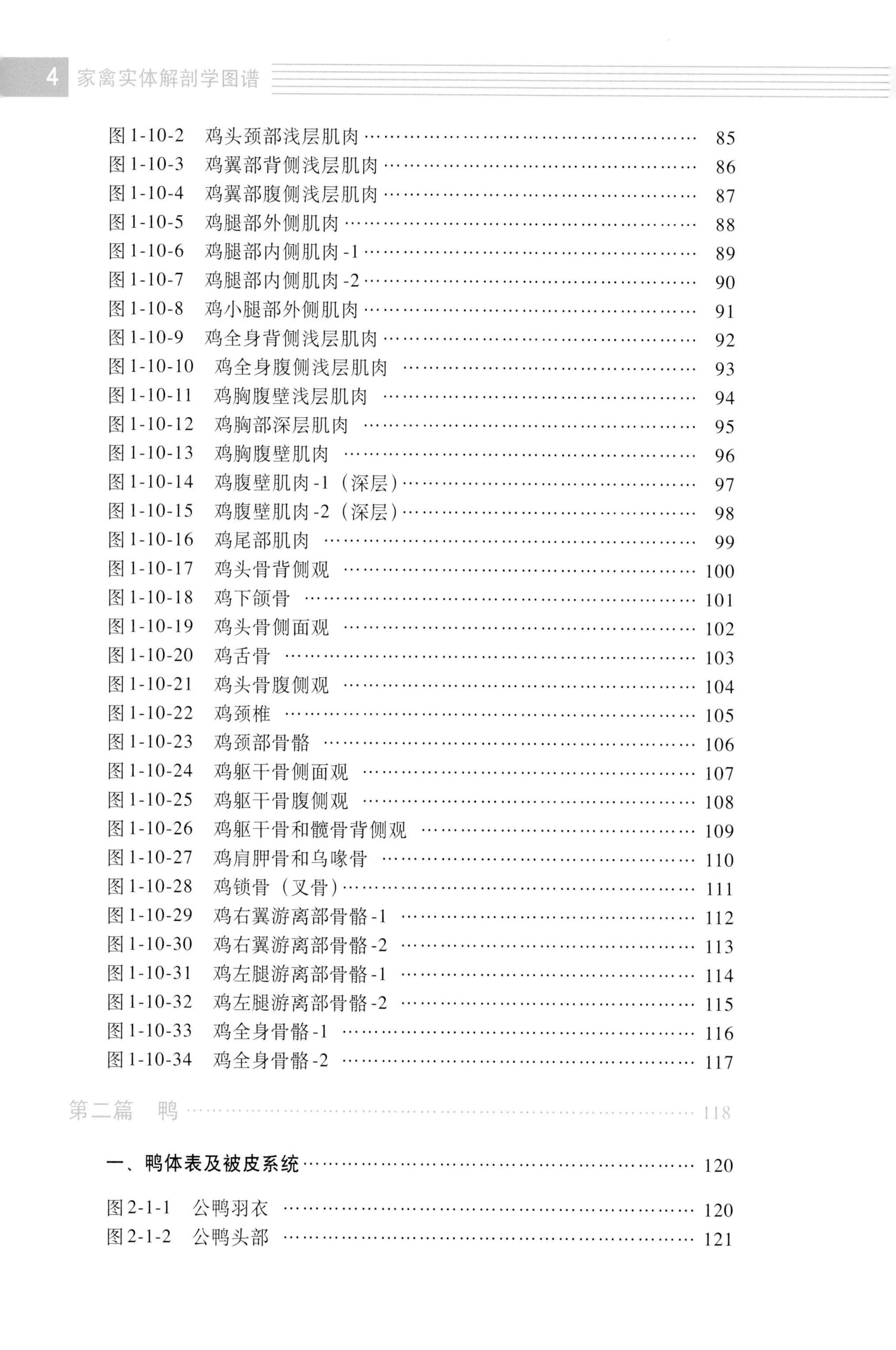

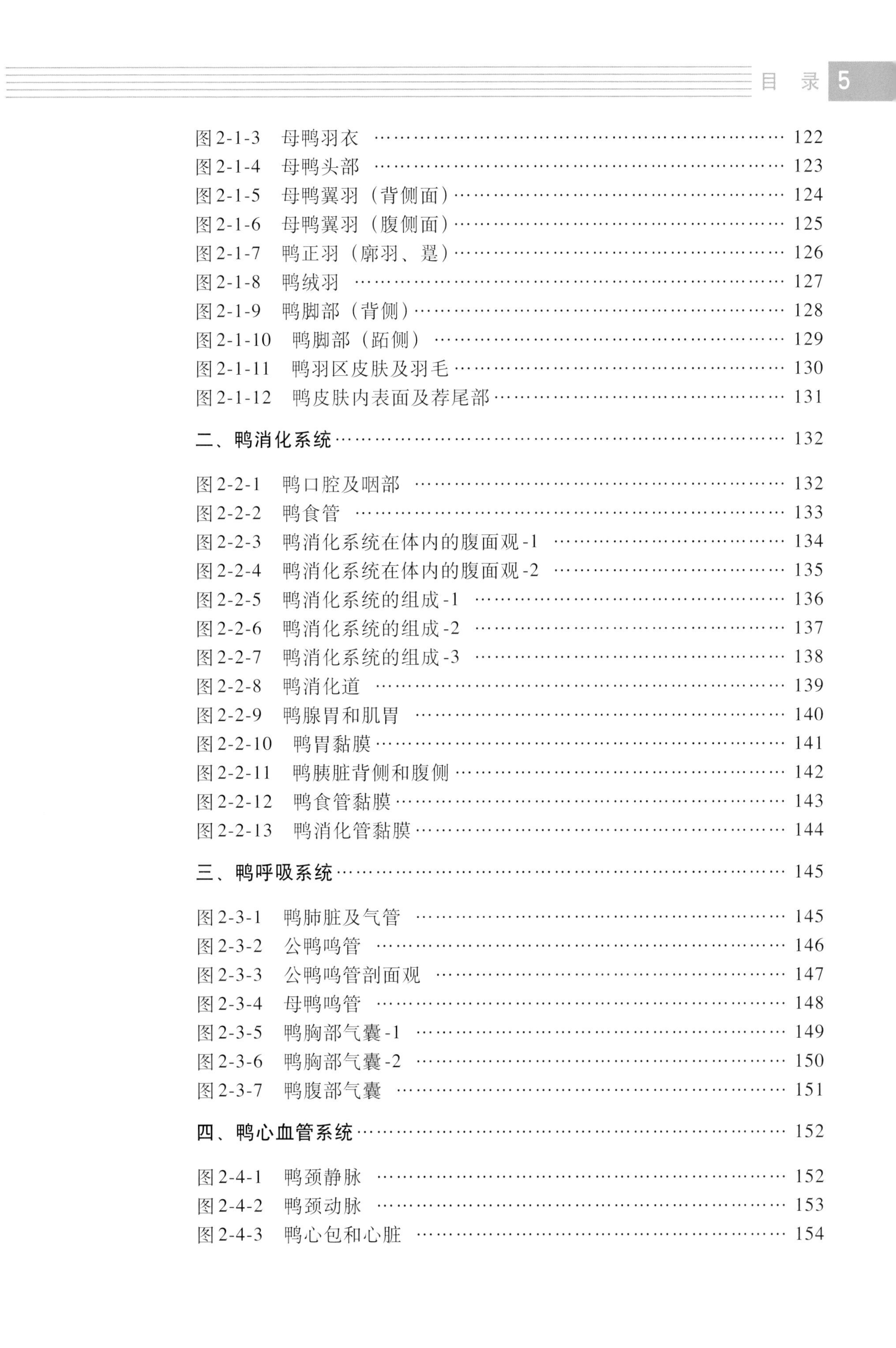

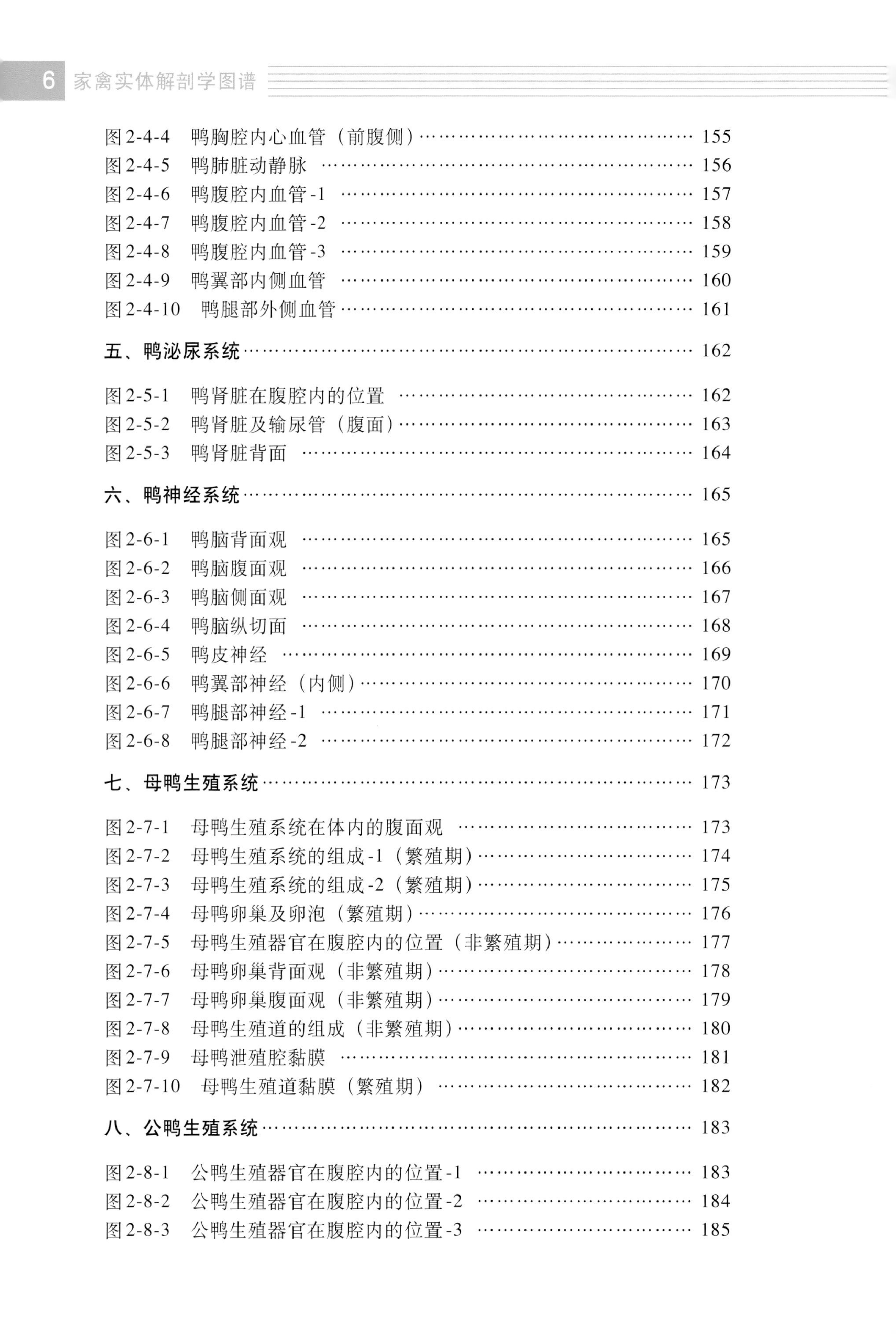

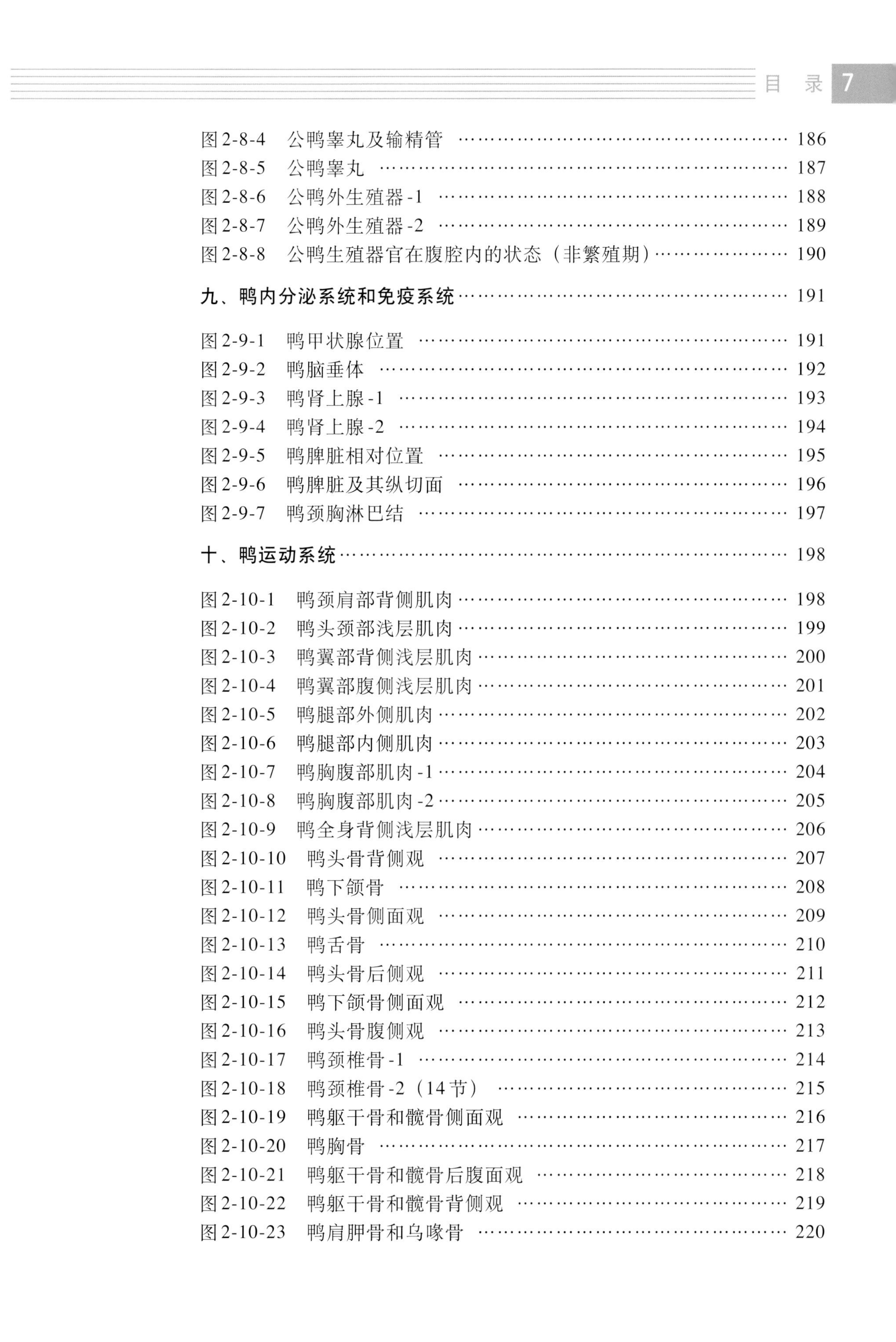

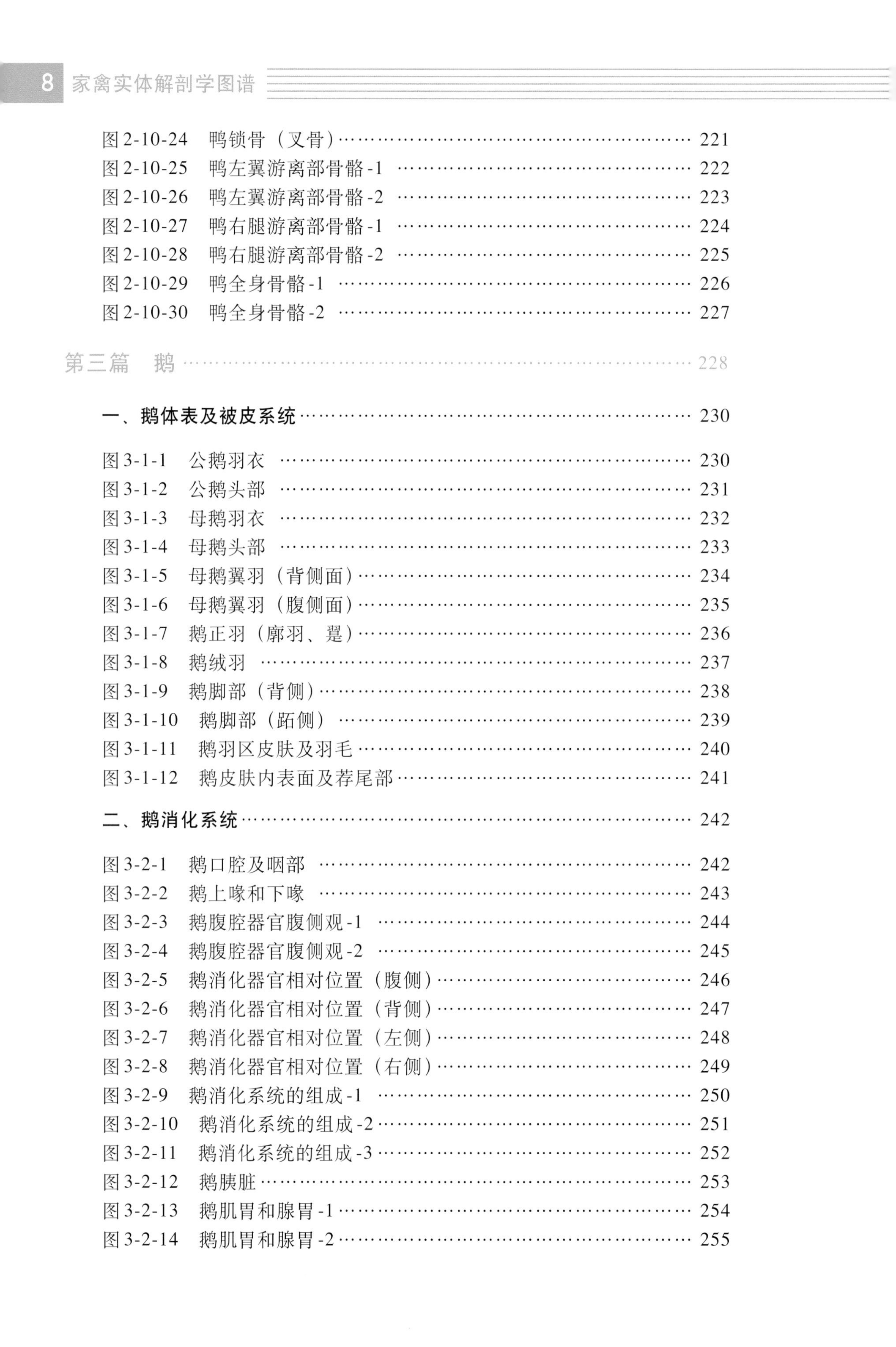

第三篇　鹅

一、鹅体表及被皮系统

二、鹅消化系统

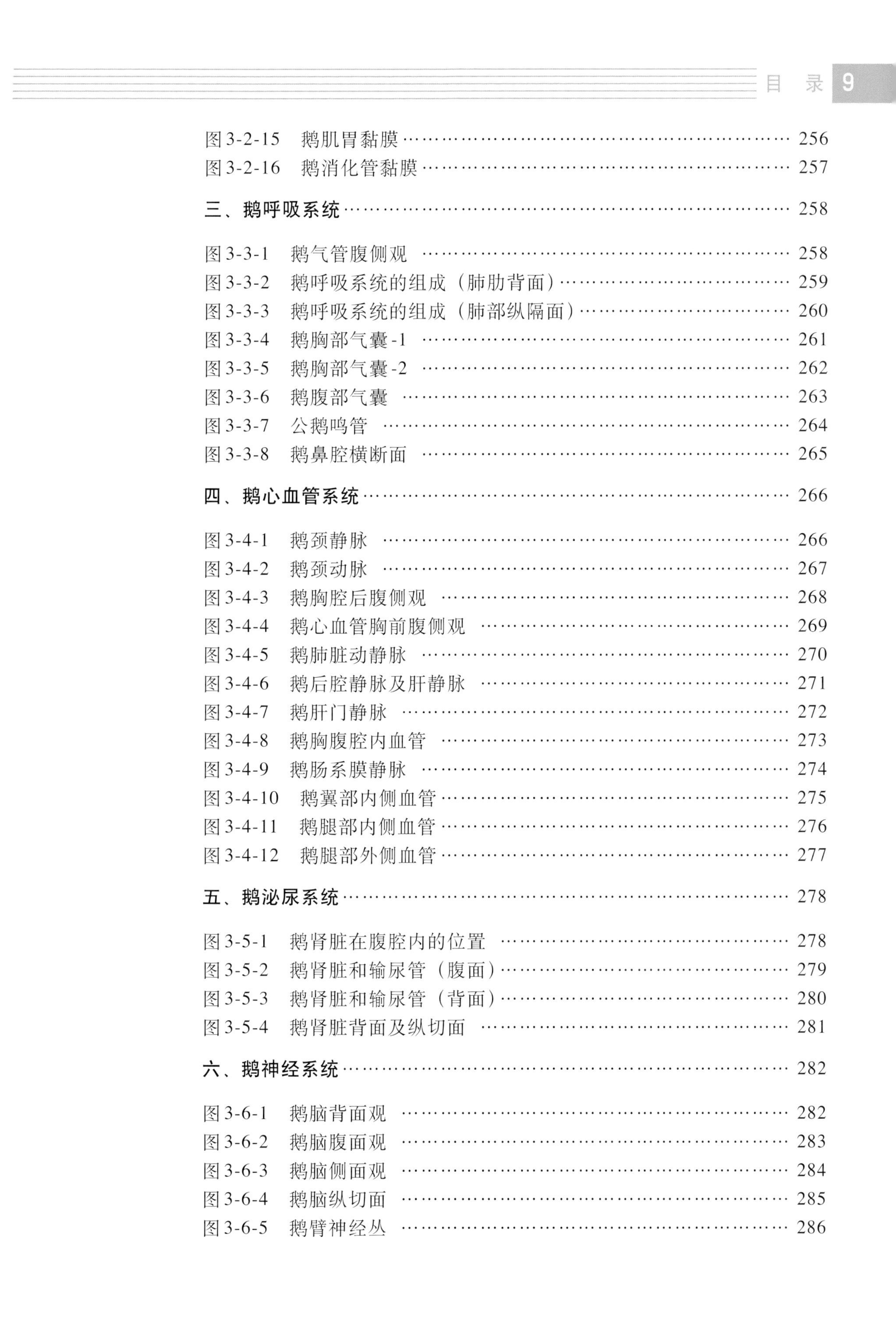

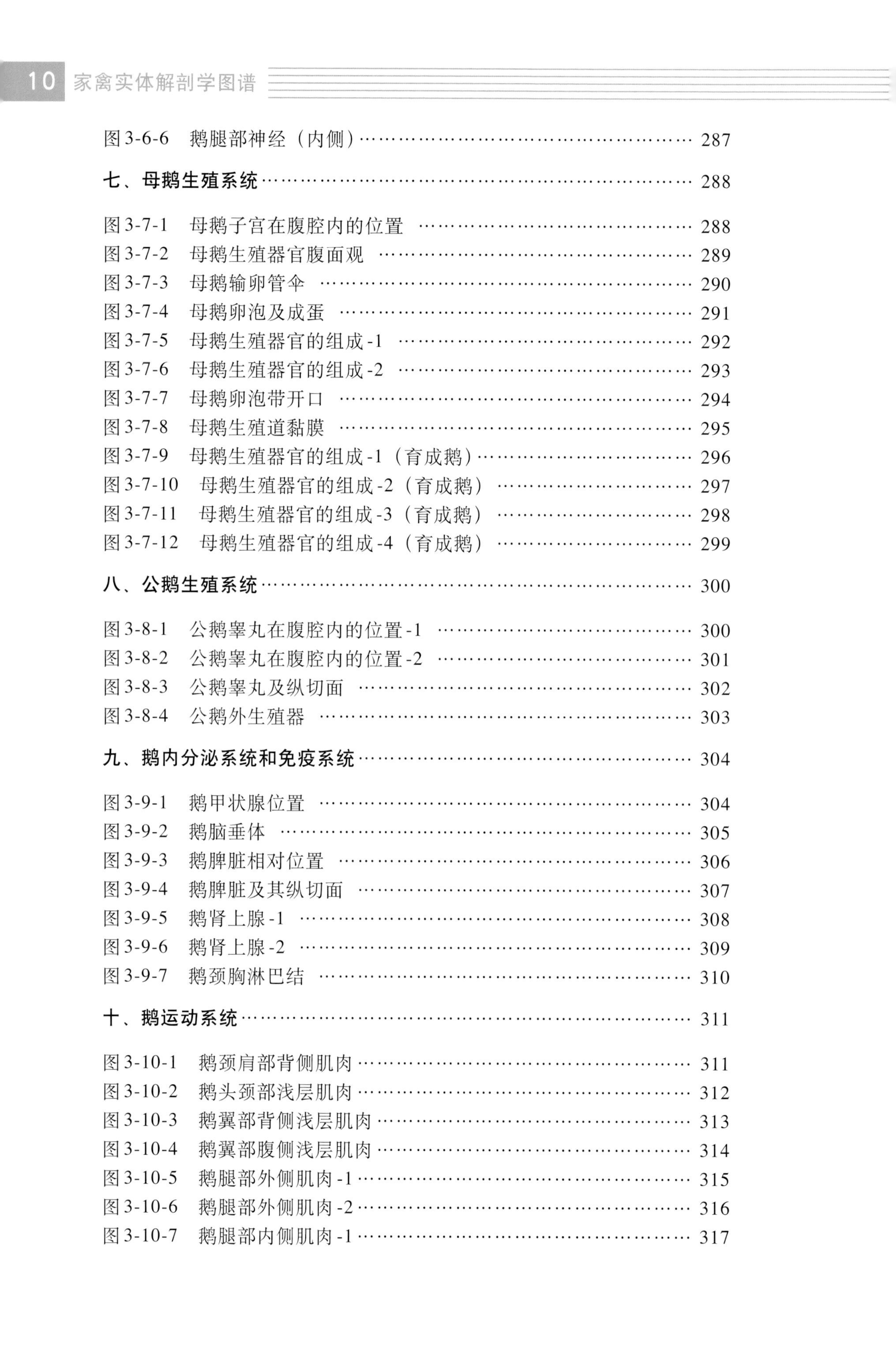

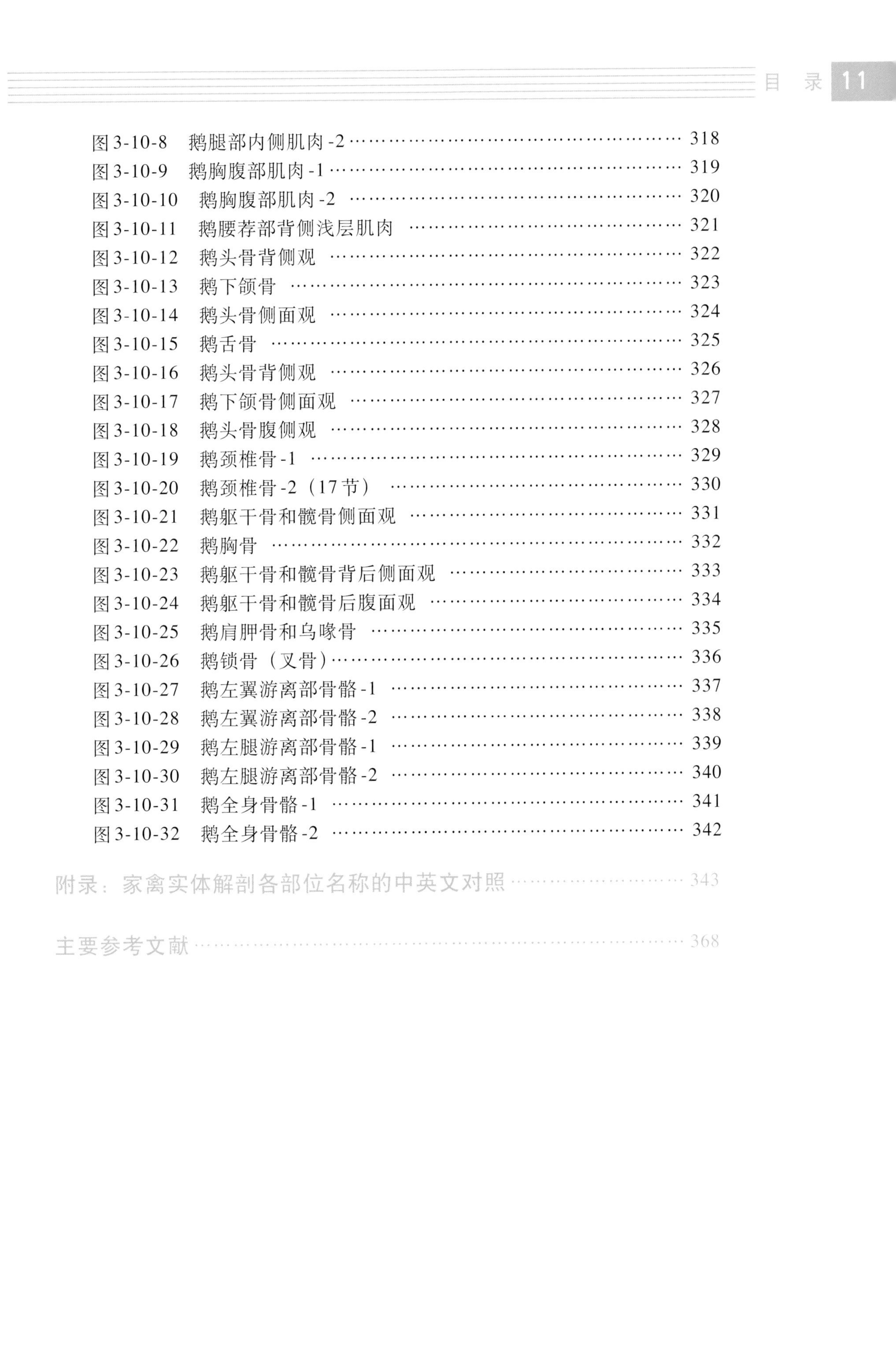

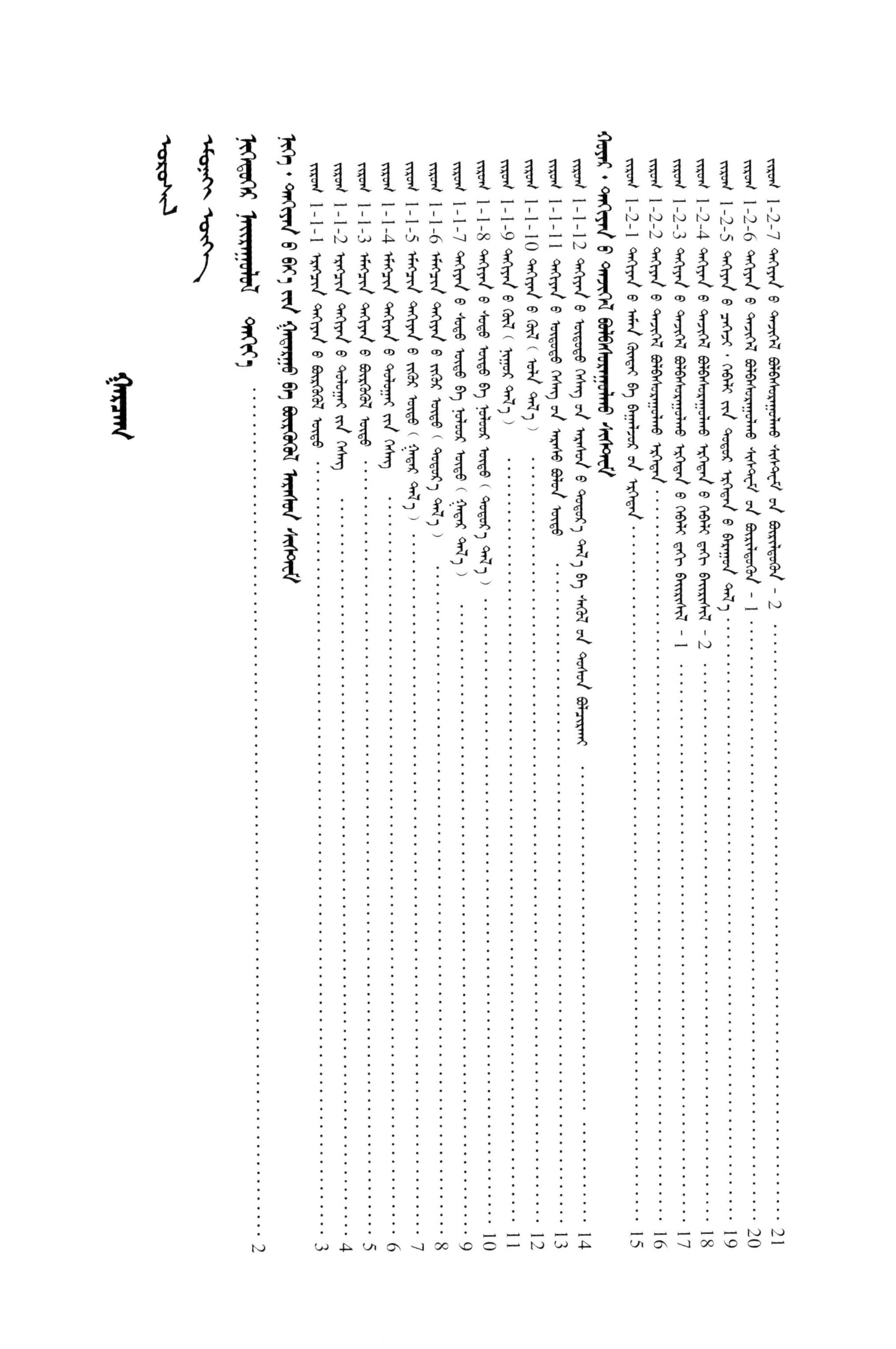

ᠭᠠᠷᠴᠠᠭ

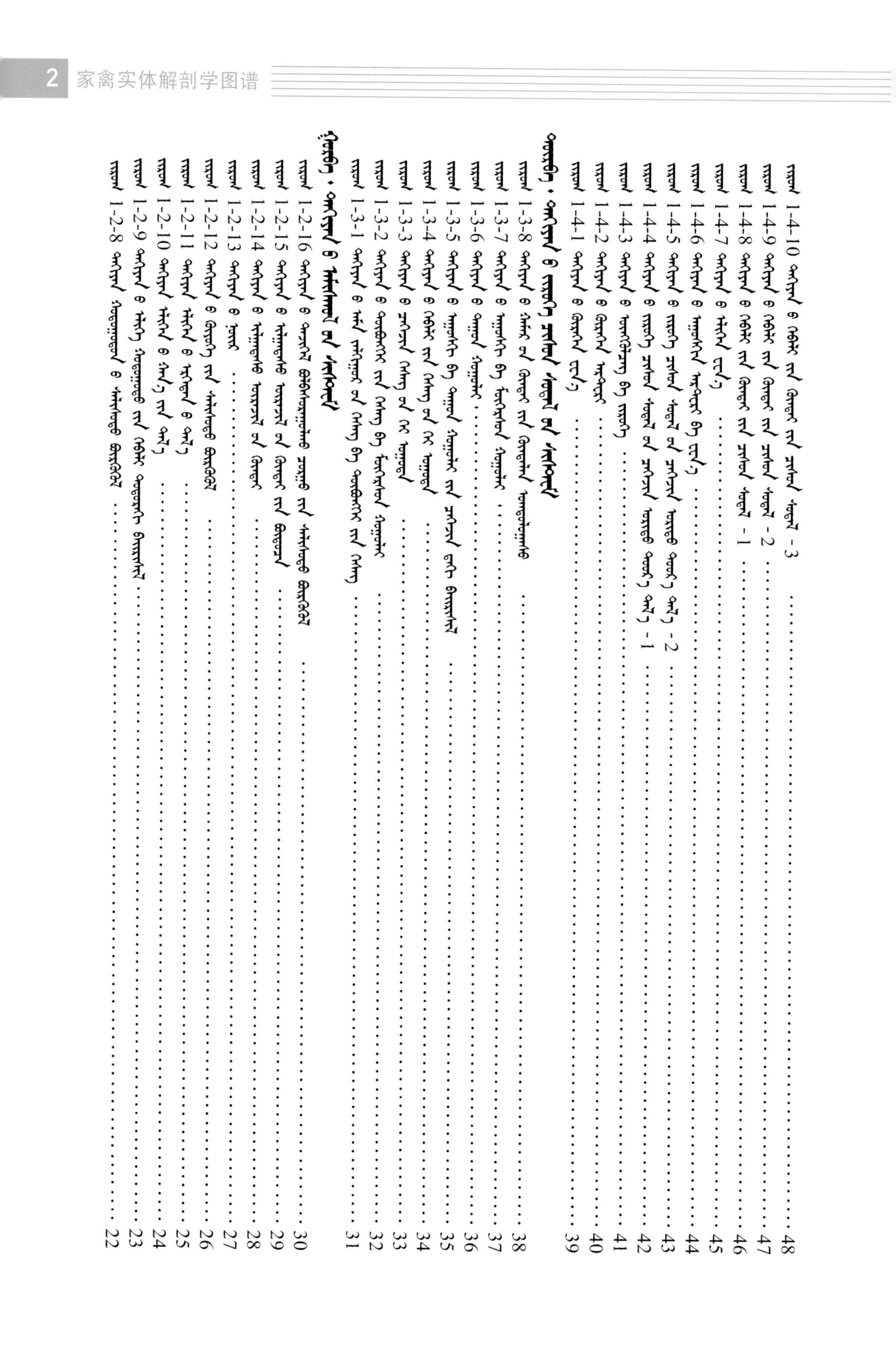

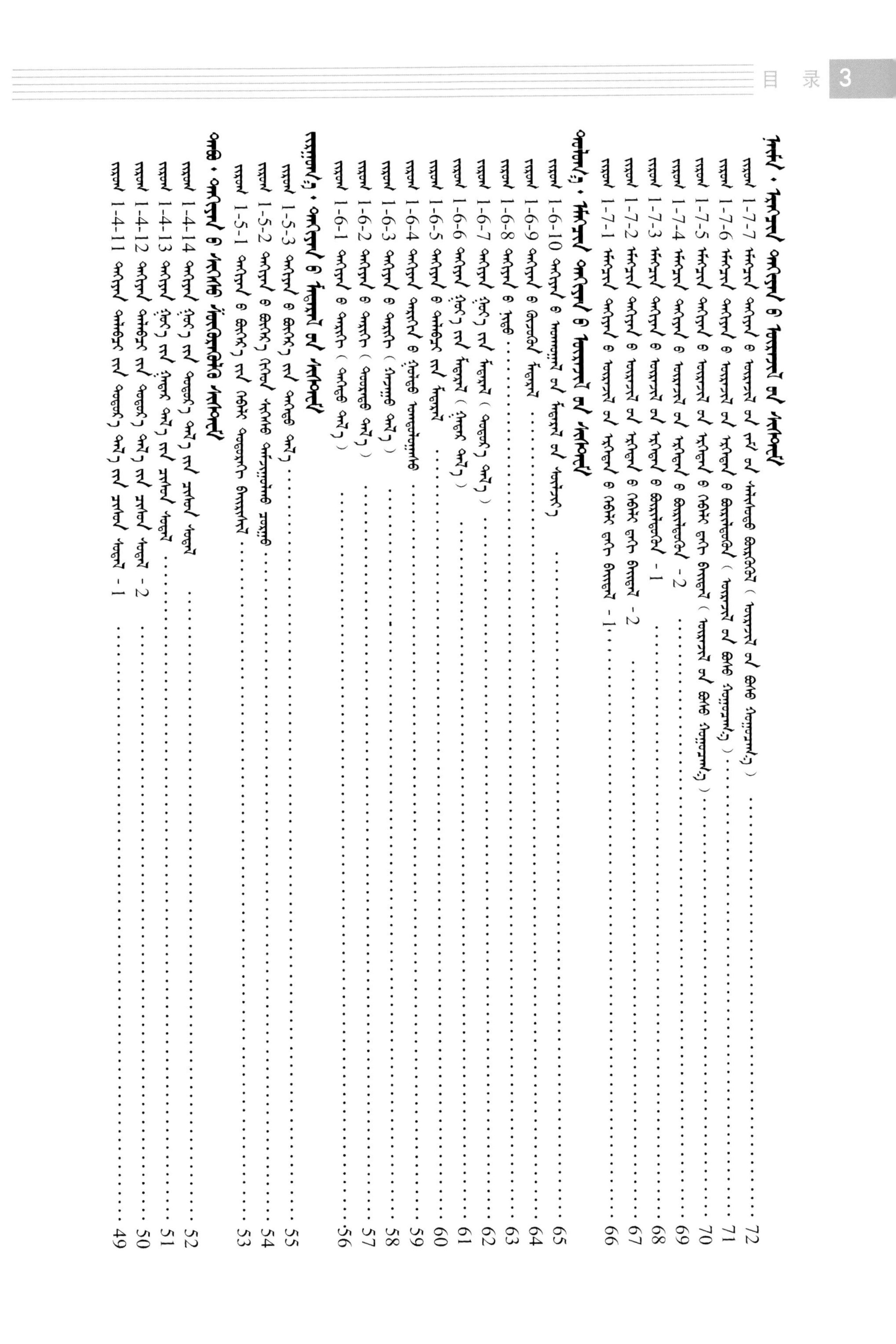

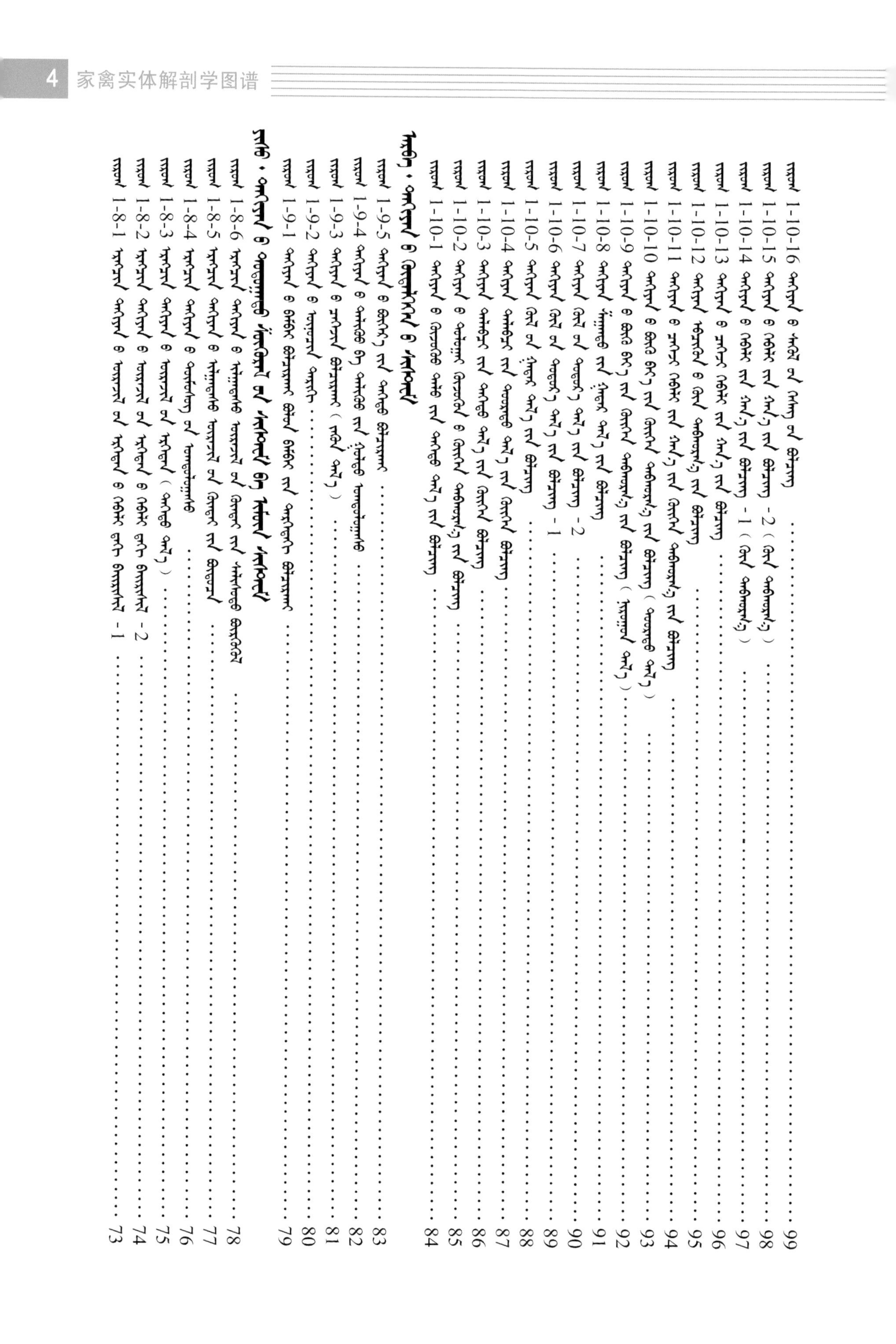

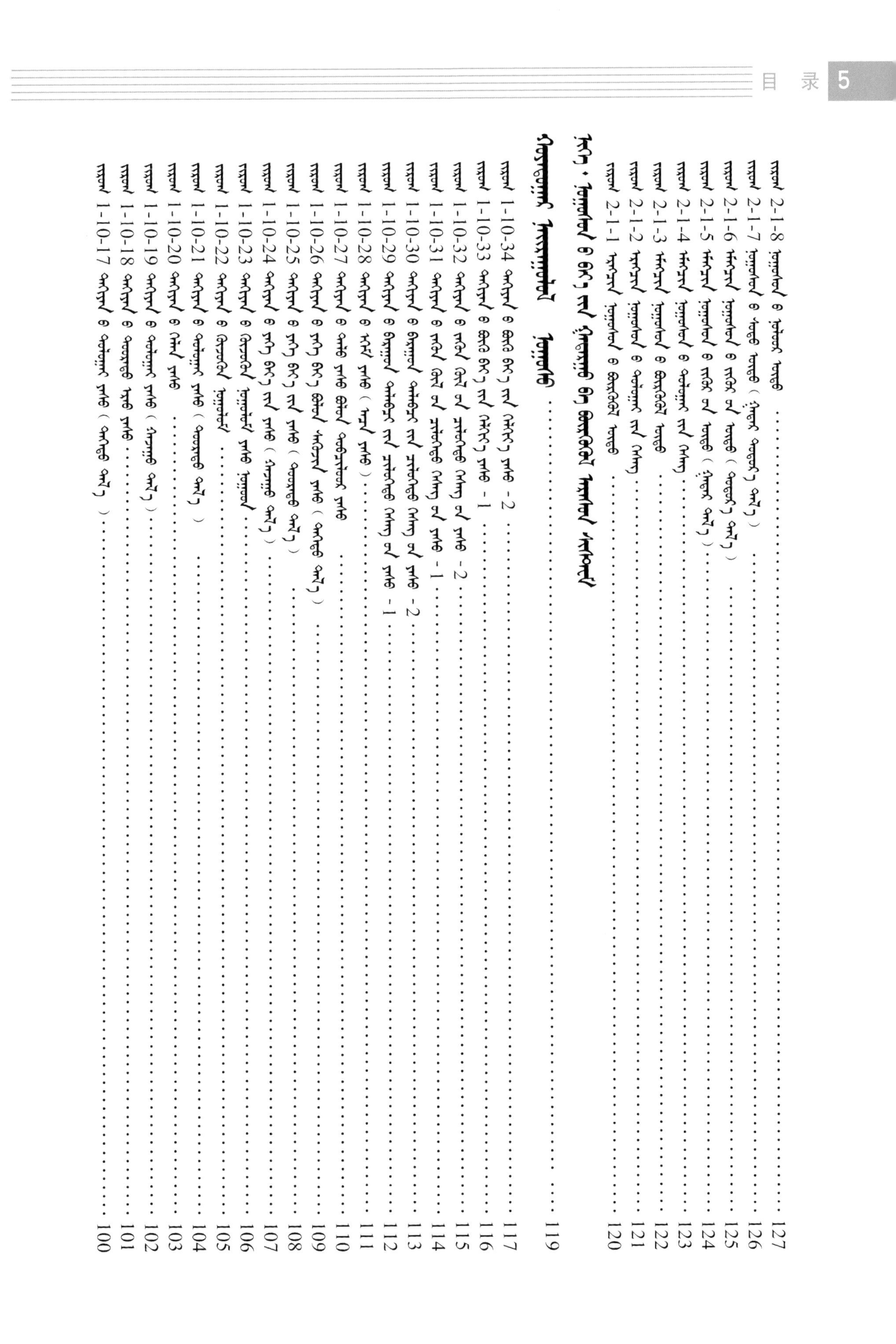

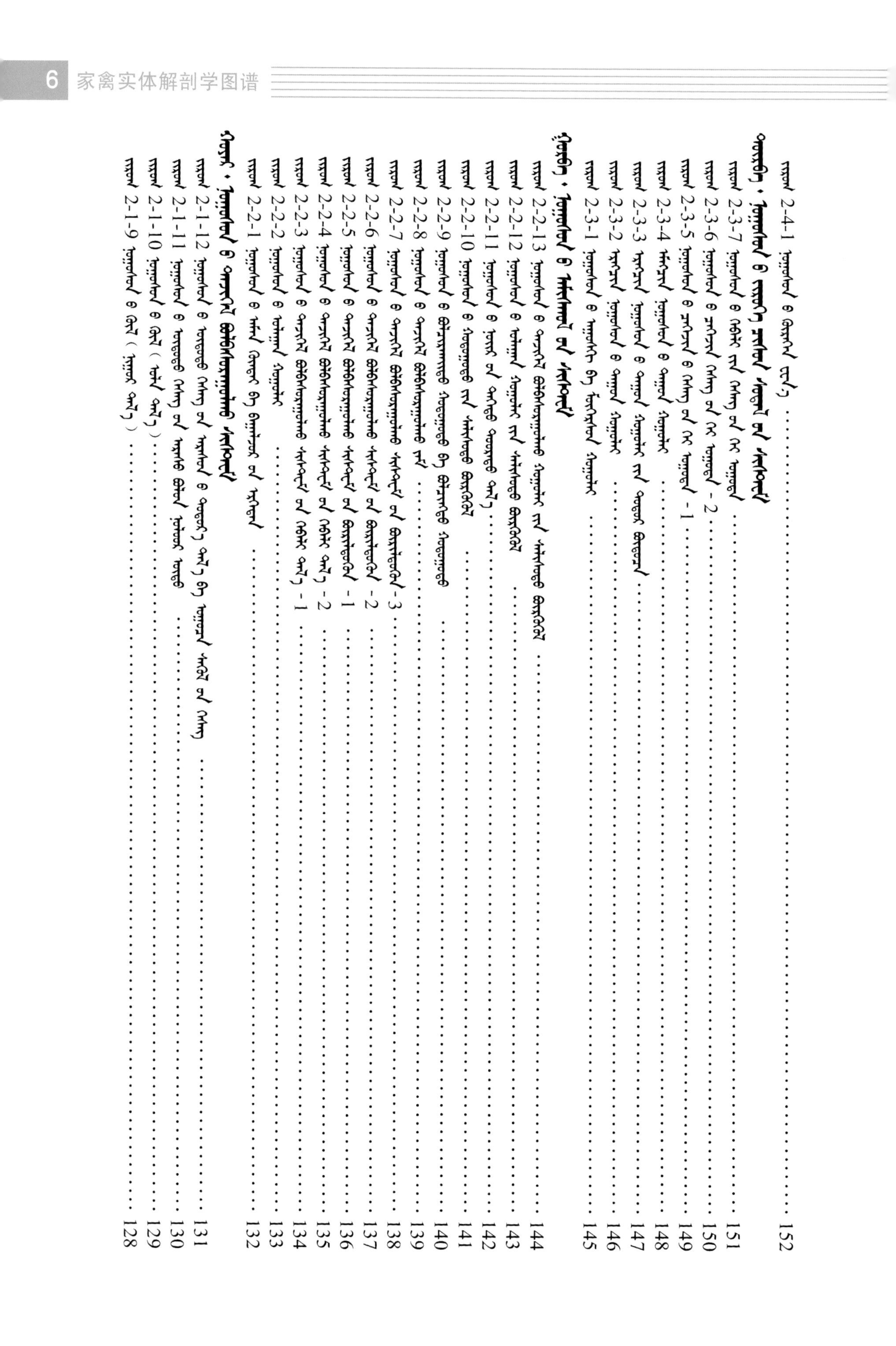

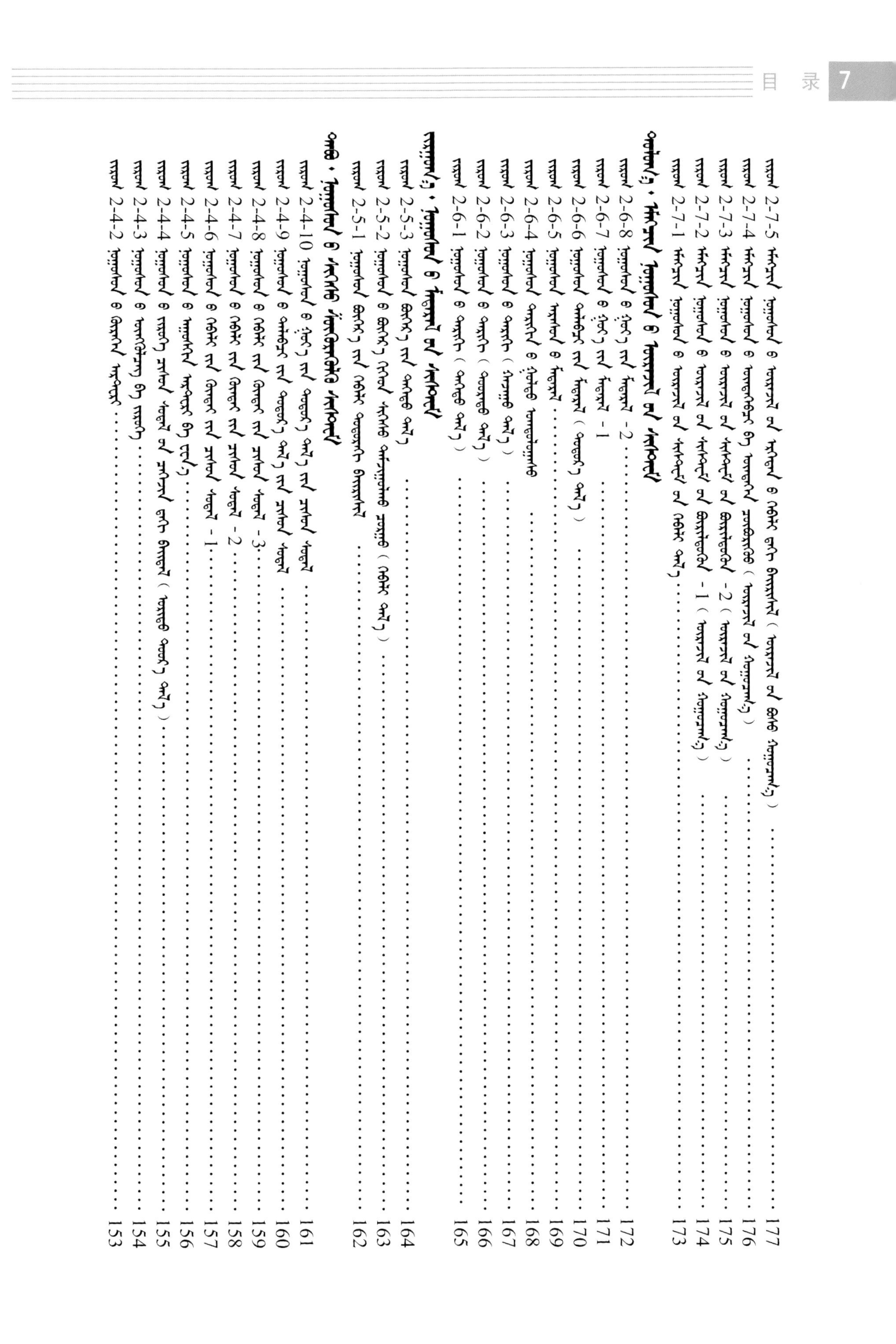

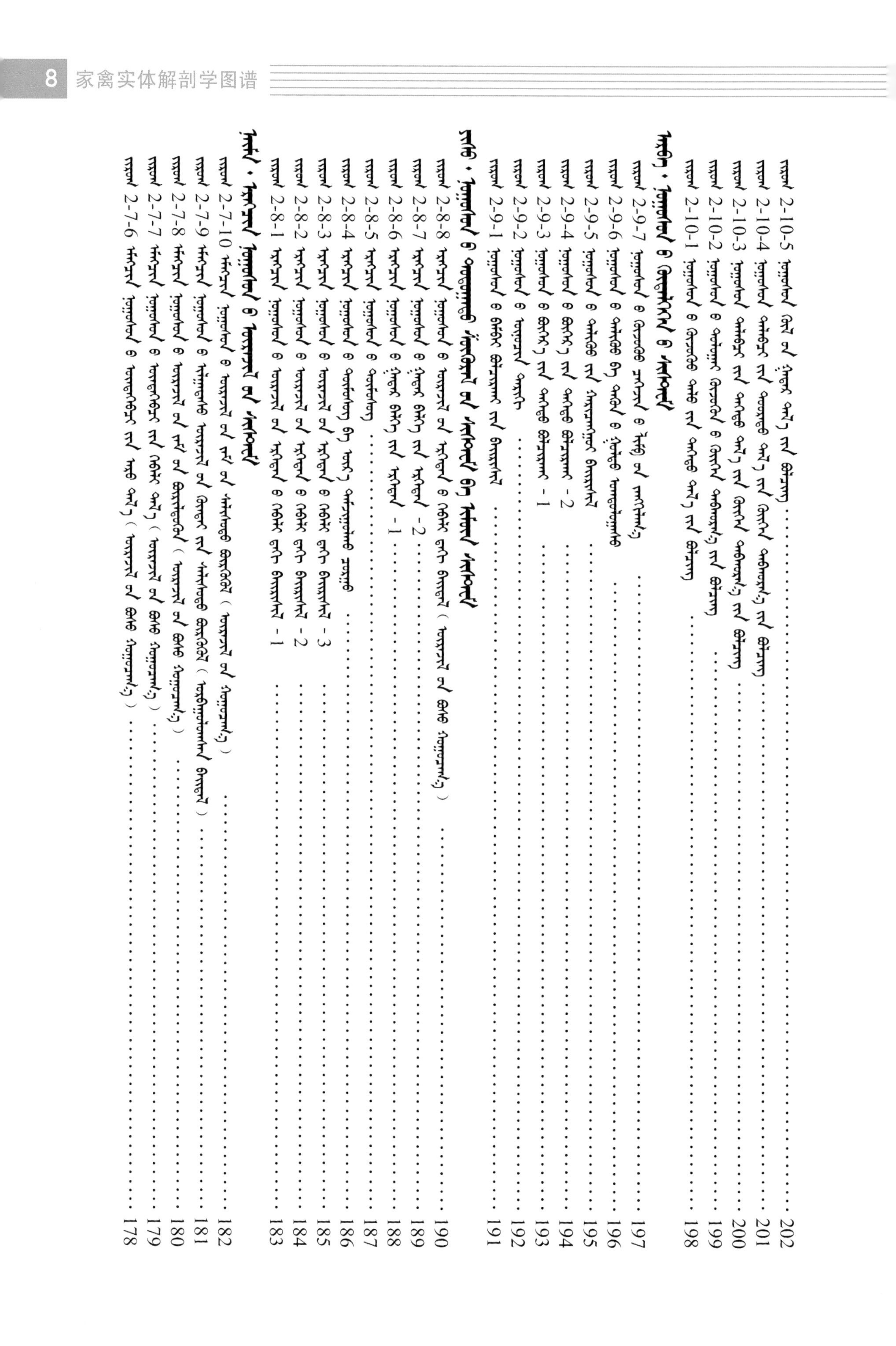

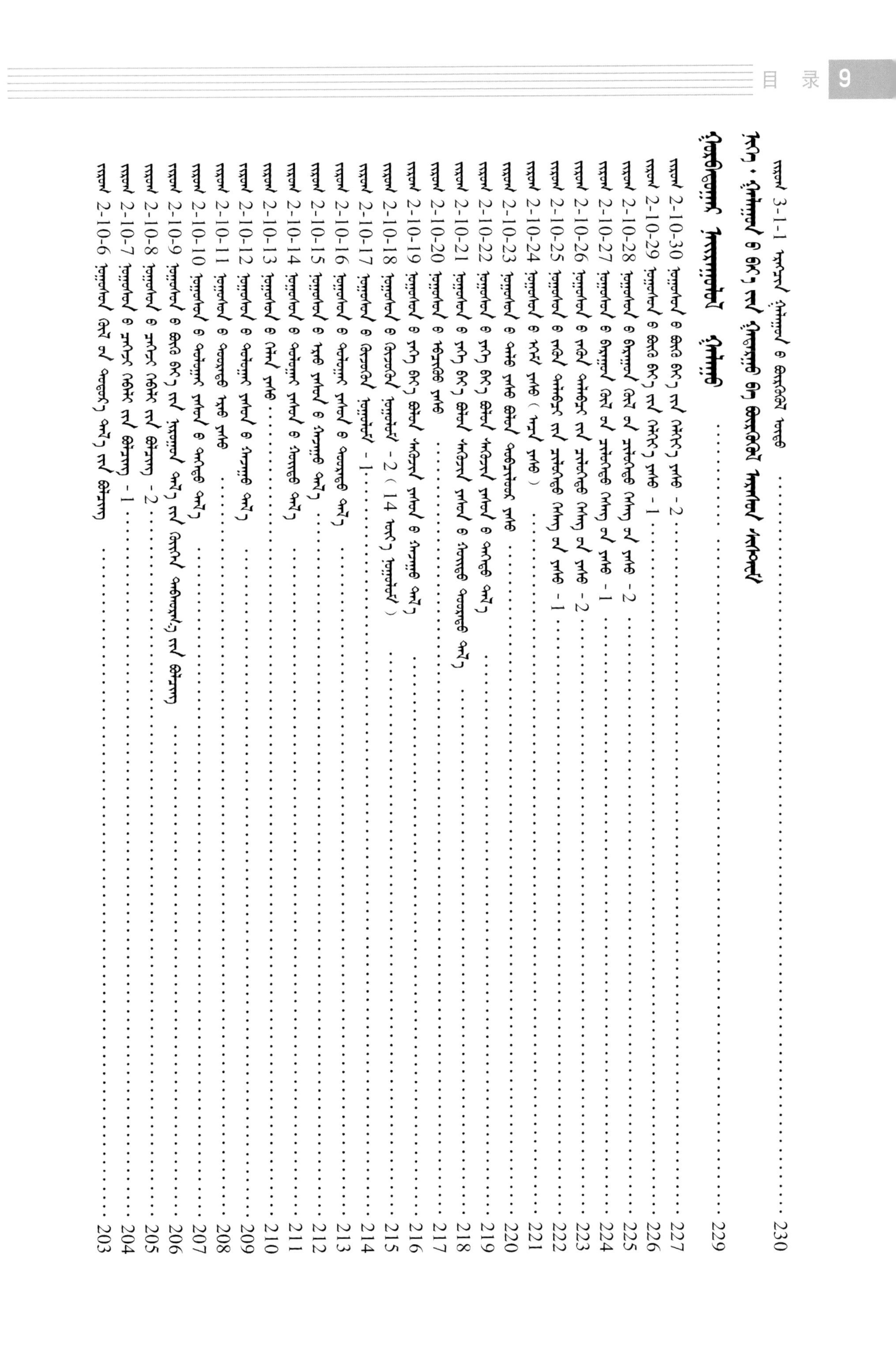

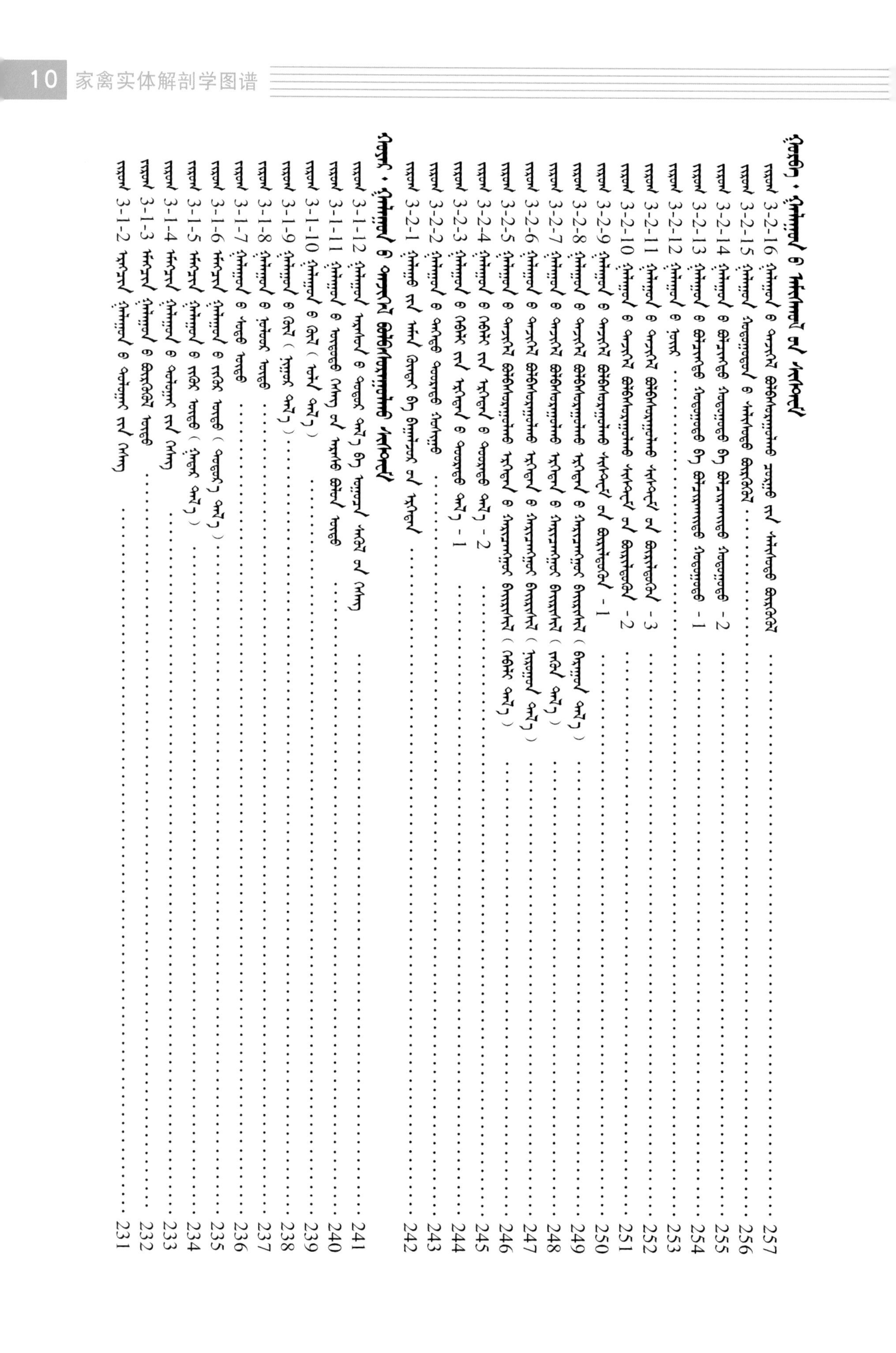

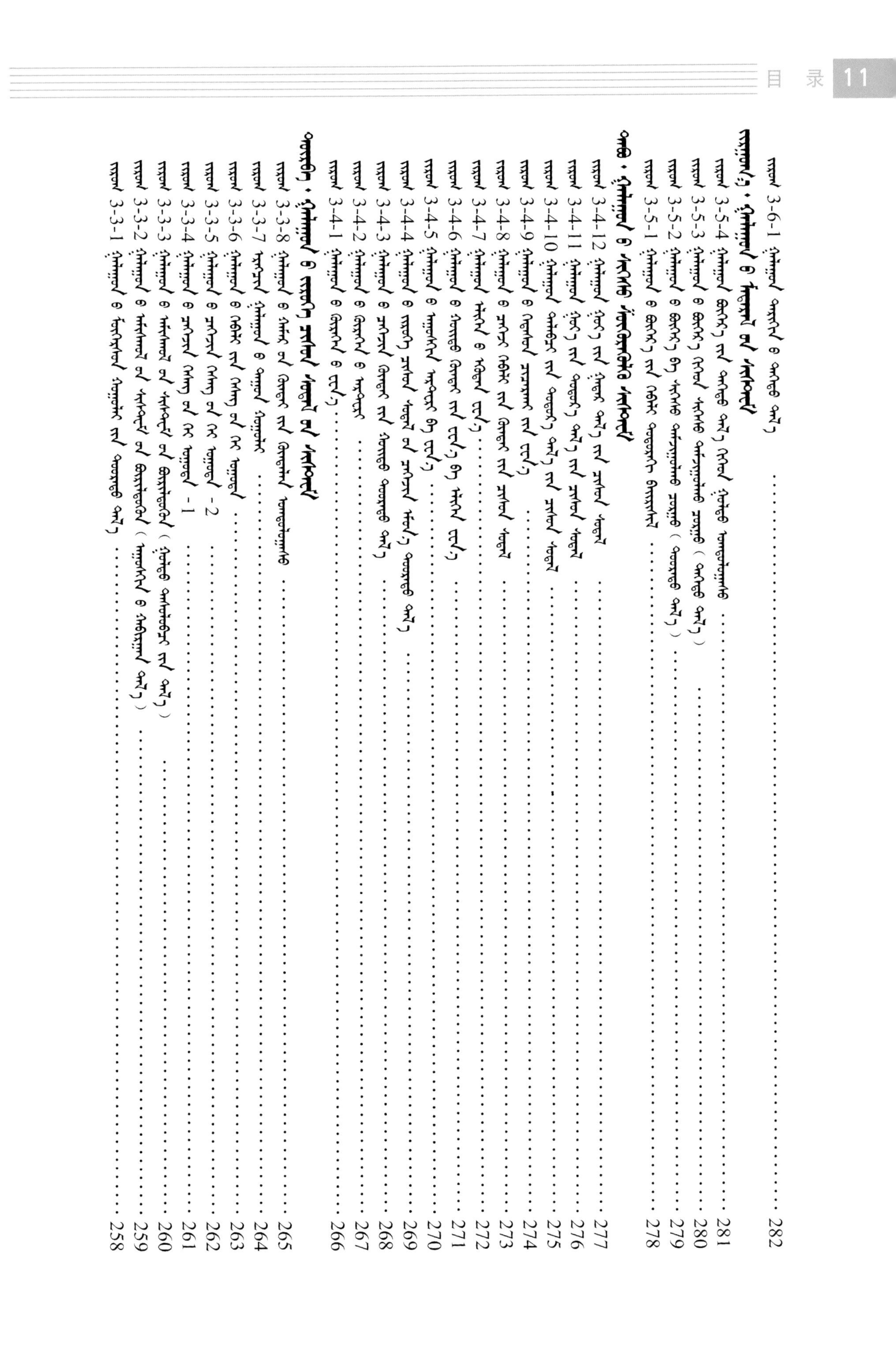

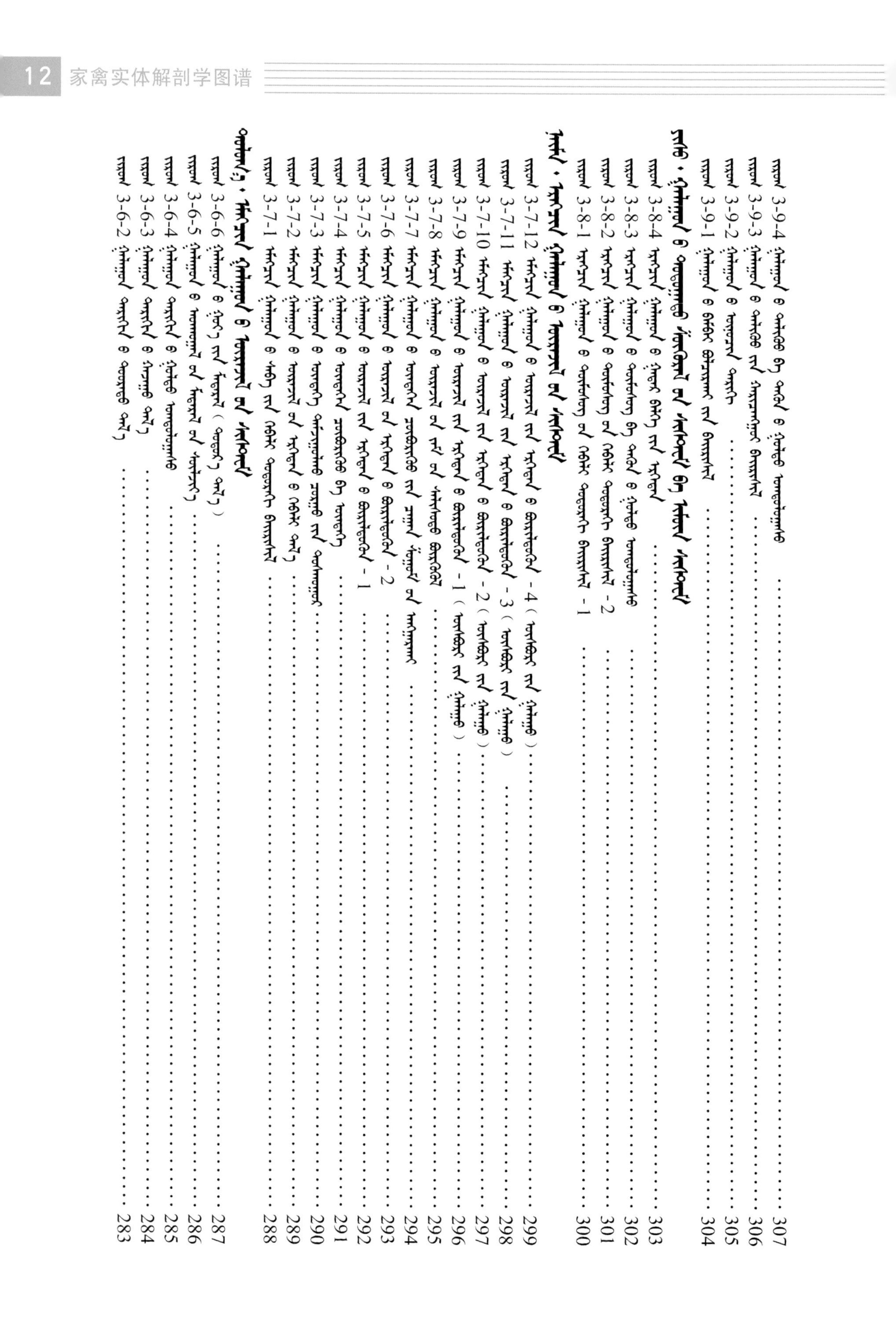

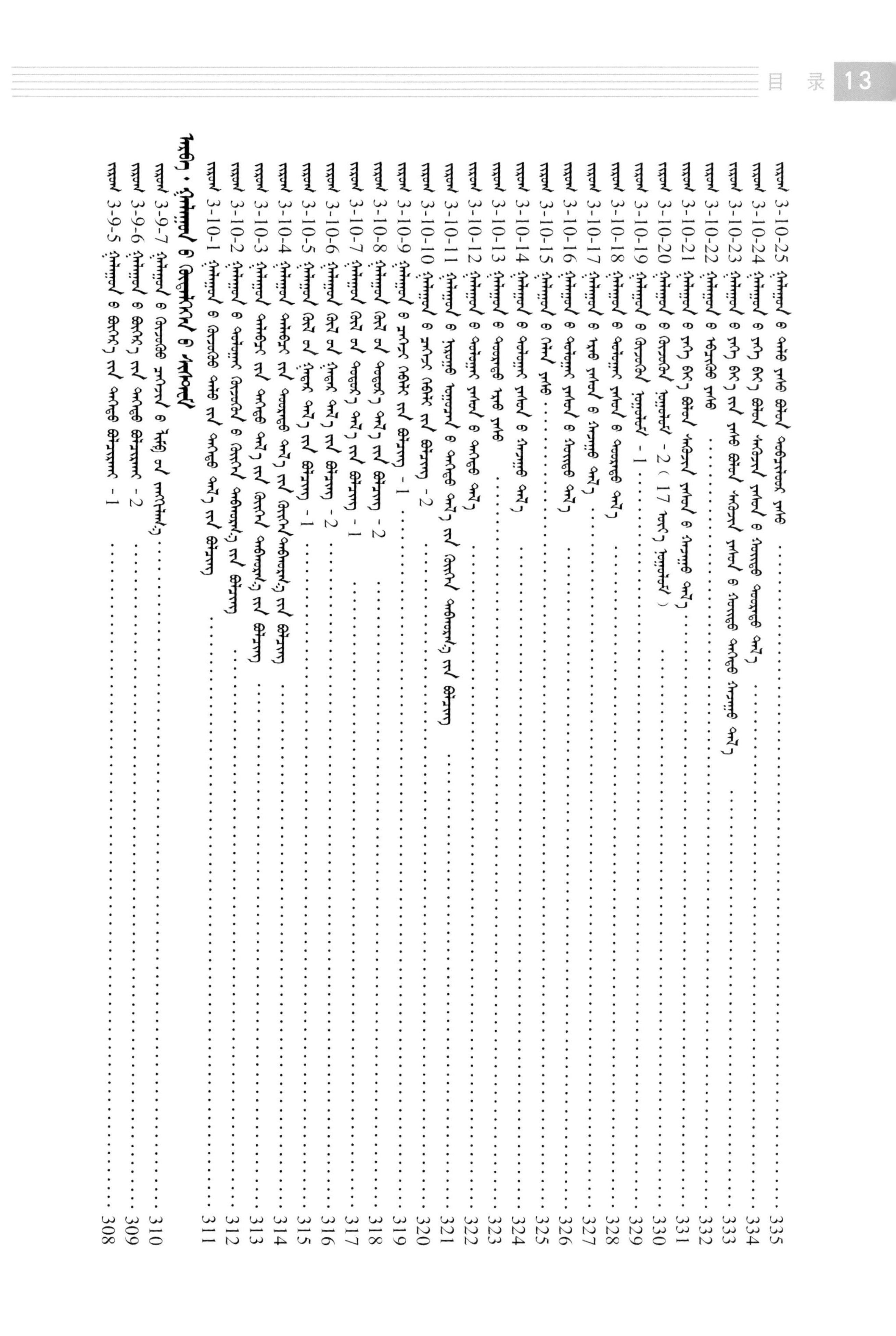

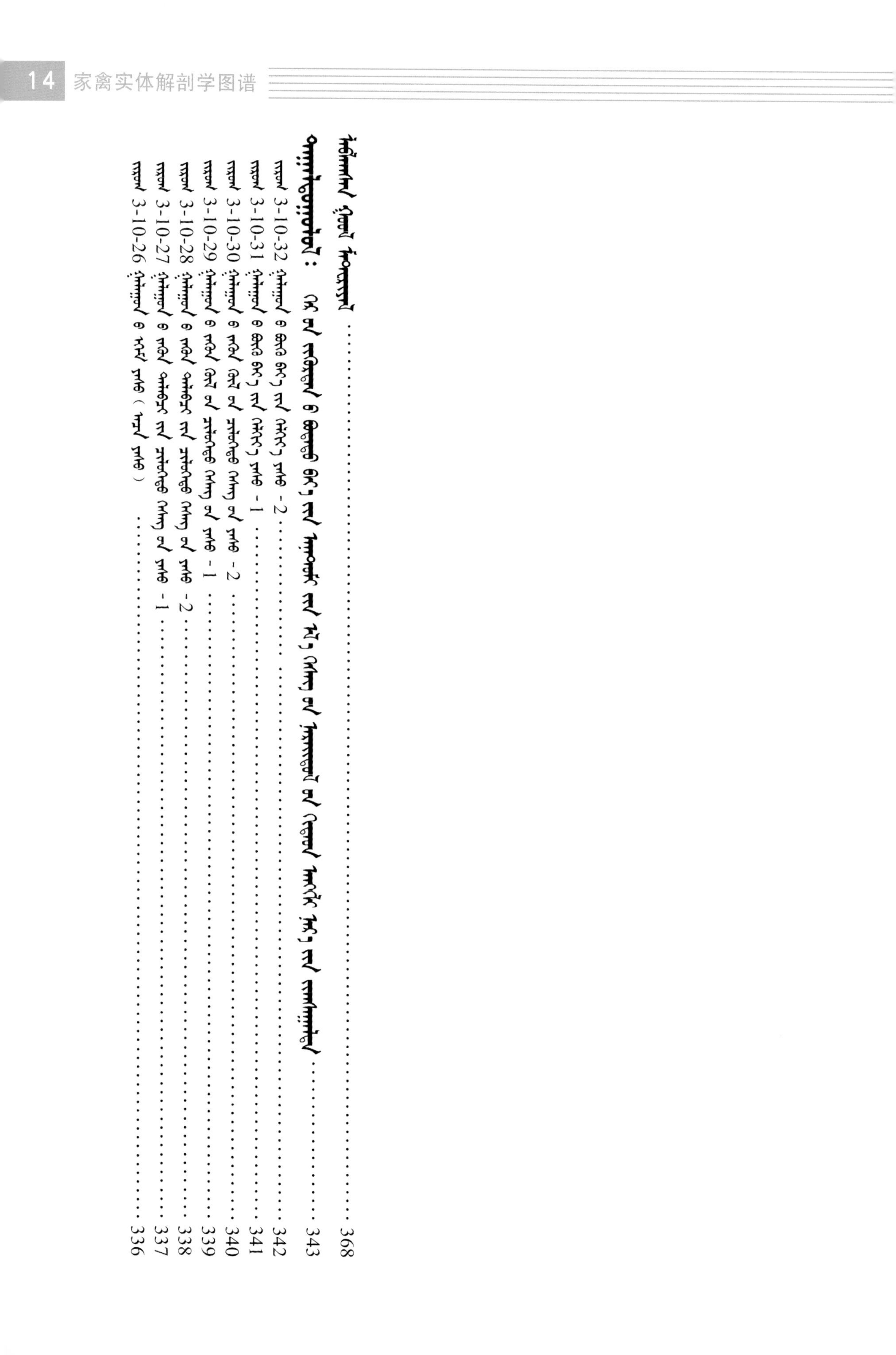

第一篇　鸡

家禽解剖学上，鸡机体分为头部、颈部、躯干部、尾部、翼部和腿部。头部分颅部和面部；躯干部包括胸部、背部、腰部、腹部和尾部；鸡前肢为翼，翼分为肩部、游离部（臂部、桡部、掌指部）；腿部分为髋部、股部、小腿部、跖和趾部。

鸡体表及被皮系统主要由头部器官和皮肤及其衍生组织器官组成。头部器官有耳、鼻、眼等。鸡的皮肤及其衍生物有羽毛、尾脂腺、冠、肉髯、耳叶、喙、脚鳞和爪等，羽毛是禽类表皮特有的皮肤衍生物，根据体表覆盖部位分区命名（如颈背侧羽区），羽毛可分为主羽、覆羽和绒羽等。

鸡消化系统由消化道和消化腺及实质器官组成。消化道包括口腔、咽、食管、嗉囊、胃（腺胃和肌胃）、小肠（十二指肠、空肠和回肠）、大肠（有两条盲肠和直肠）和泄殖腔。泄殖腔为消化、泌尿和生殖三个系统共同的通道，前部称粪道，中部称泄殖道，后部称肛道。消化腺及实质器官包括唾液腺、肝、胆、胰等实质器官。鸡的消化系统缺少唇、齿、软腭、结肠等。

鸡呼吸系统发达，由鼻腔、喉、气管、鸣管、支气管、气囊和肺组成。

鸡心血管系统是由心脏、动脉、毛细血管和静脉组成的密闭管道系统。

鸡泌尿系统仅有左右一对肾和输尿管，缺少膀胱和尿道，输尿管直接开口于泄殖腔。双肾狭长，各分为前、中、后三叶。

鸡的神经系统由中枢神经、外周神经和感觉器官组成。

母鸡生殖系统由生殖腺卵巢和生殖道组成。生殖道分为输卵管（伞部、壶腹部、峡部）、子宫部、阴道部和泄殖腔等组成。在成体，仅左侧卵巢和输卵管具有生殖功能。

公鸡生殖系统由睾丸、附睾、输精管和交配器官组成。附睾和交配器官不发达。缺少副性腺和精索等构造。

鸡内分泌系统包括脑垂体、松果体、甲状腺、甲状旁腺、腮后腺和肾上腺等；免疫系统由胸腺、腔上囊、脾、淋巴结和淋巴管组成。

鸡运动系统由骨骼、肌肉和关节构成，鸡的全身骨骼分为头骨、颈骨、躯干骨、前肢（翼）骨、后肢骨。鸡的全身肌肉根据骨骼位置分为头部肌、颈部肌、体中轴肌、胸壁肌、腹壁肌、肩带和前肢（翼游离部）肌、骨盆肢（腿部）肌。

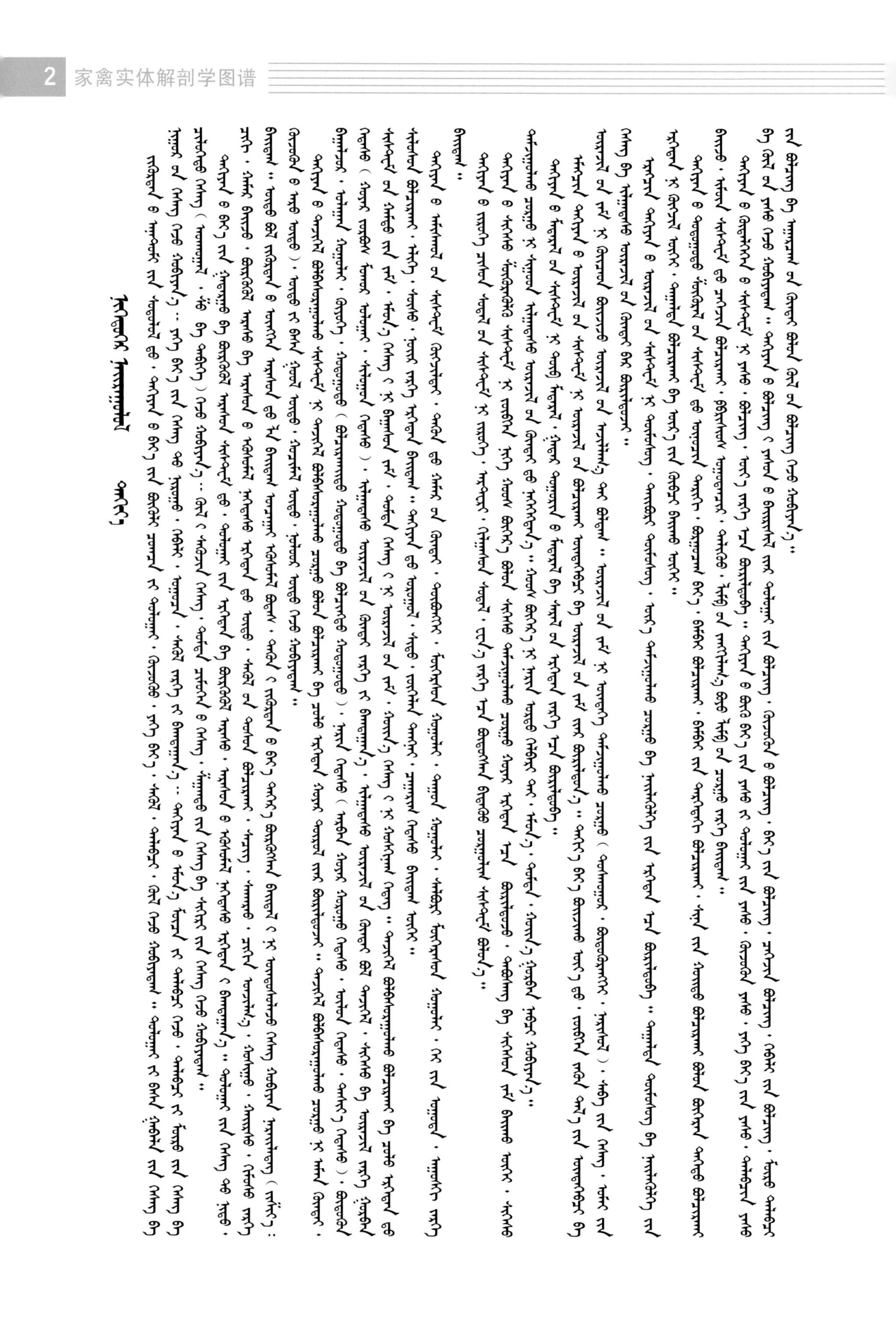

一、鸡体表及被皮系统

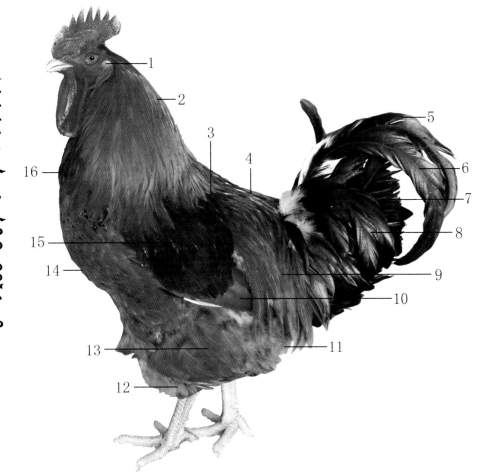

᠊ᠵᠢᠷᠤᠭ 1-1-1 ᠡᠷ᠎ᠡ ᠲᠠᠬᠢᠶᠠᠨ ᠤ ᠥᠳᠥᠨ ᠬᠤᠪᠴᠠᠰᠤᠨ ᠤ ᠪᠥᠲᠥᠴᠡ ᠶᠢᠨ ᠪᠥᠳᠥᠭ᠍ᠳᠡᠯ ᠦᠨ ᠵᠢᠷᠤᠭᠯᠠᠯ᠃

1.耳羽区　2.颈背羽区(梳羽)　3.肩羽区　4.背羽区

5.尾上大覆羽　6.大镰羽　7.尾羽区　8.覆尾羽　9.蓑羽(鞍羽)

10.主翼羽　11.腹羽区　12.小腿羽区　13.股羽区　14.胸羽区

15.翼覆羽　16.颈腹侧羽区

1. ᠴᠢᠬᠢᠨ ᠤ ᠥᠳᠥ
2. ᠬᠥᠵᠥᠭᠦᠨ ᠨᠢᠷᠤᠭᠤᠨ ᠤ ᠥᠳᠥ (ᠰᠠᠮ ᠥᠳᠥ)
3. ᠮᠥᠷᠥᠨ ᠤ ᠥᠳᠥ
4. ᠨᠢᠷᠤᠭᠤᠨ ᠤ ᠥᠳᠥ
5. ᠰᠡᠭᠦᠯ ᠦᠨ ᠳᠡᠭᠡᠳᠥ ᠶᠡᠬᠡ ᠥᠳᠥ
6. ᠶᠡᠬᠡ ᠬᠠᠳᠤᠭᠤᠷ ᠥᠳᠥ
7. ᠰᠡᠭᠦᠯ ᠦᠨ ᠥᠳᠥ
8. ᠰᠡᠭᠦᠯ ᠳᠠᠷᠤᠭᠰᠠᠨ ᠥᠳᠥ (ᠰᠡᠭᠦᠯ ᠢ ᠬᠤᠴᠠᠭᠰᠠᠨ ᠥᠳᠥ)
9. ᠵᠢᠪᠠᠷ ᠥᠳᠥ
10. ᠵᠢᠭᠦᠷ ᠦᠨ ᠭᠤᠤᠯ ᠥᠳᠥ
11. ᠭᠡᠳᠡᠰᠥᠨ ᠤ ᠥᠳᠥ
12. ᠰᠢᠭᠢᠷ ᠦᠨ ᠥᠳᠥ
13. ᠭᠤᠶᠠᠨ ᠤ ᠥᠳᠥ
14. ᠡᠪᠴᠢᠭᠦᠨ ᠤ ᠥᠳᠥ
15. ᠵᠢᠭᠦᠷ ᠢ ᠬᠤᠴᠠᠭᠰᠠᠨ ᠥᠳᠥ
16. ᠬᠥᠵᠥᠭᠦᠨ ᠭᠡᠳᠡᠰᠥᠨ ᠬᠠᠵᠠᠭᠤ ᠶᠢᠨ ᠥᠳᠥ

图1-1-1　公鸡羽衣

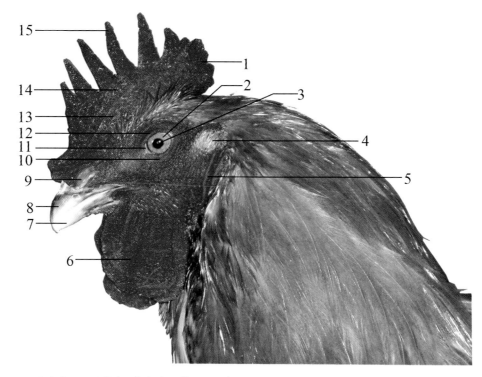

ᠲᠣᠭᠣᠷᠠᠭ 1-1-2 ᠡᠷᠡᠭᠴᠢᠨ ᠤ ᠲᠣᠯᠣᠭᠠᠢ ᠶᠢᠨ ᠬᠡᠰᠡᠭ

1.冠叶　2.眼角膜与虹膜　3.瞳孔　4.耳及耳羽　5.耳叶

6.肉垂(肉髯)　7.下喙　8.上喙　9.鼻孔　10.下眼睑

11.瞬膜(第三睑)　12.上眼睑　13.冠基　14.冠体　15.冠尖(岬)

15. ᠲᠠᠬᠢᠶᠠᠨ ᠤ ᠵᠣᠬᠢᠶᠠᠯ
14. ᠲᠠᠬᠢᠶᠠᠨ ᠤ ᠪᠡᠶ᠎ᠡ
13. ᠲᠠᠬᠢᠶᠠᠨ ᠤ ᠰᠠᠭᠤᠷᠢ
12. ᠲᠡᠭᠡᠳᠦ ᠵᠣᠪᠬᠢ
11. ᠭᠤᠷᠪᠠᠳᠤᠭᠠᠷ ᠵᠣᠪᠬᠢ (ᠬᠠᠯᠢᠰᠤ)
10. ᠳᠣᠣᠷᠠᠳᠤ ᠵᠣᠪᠬᠢ
9. ᠬᠠᠮᠠᠷ ᠤᠨ ᠨᠦᠬᠡ
8. ᠳᠡᠭᠡᠳᠦ ᠬᠤᠰᠢᠭᠤ
7. ᠳᠣᠣᠷᠠᠳᠤ ᠬᠤᠰᠢᠭᠤ
6. ᠵᠠᠭᠤᠳᠠᠢ
5. ᠴᠢᠬᠢᠨ ᠤ ᠨᠠᠪᠴᠢ
4. ᠴᠢᠬᠢ ᠪᠠ ᠴᠢᠬᠢᠨ ᠤ ᠦᠳᠦ
3. ᠬᠠᠷ᠎ᠠ
2. ᠨᠢᠳᠦᠨ ᠤ ᠡᠪᠡᠷᠯᠢᠭ ᠪᠦᠷᠬᠦᠪᠴᠢ ᠪᠠ ᠰᠣᠯᠣᠩᠭ᠎ᠠ ᠪᠦᠷᠬᠦᠪᠴᠢ
1. ᠵᠢᠭᠰᠠᠨ ᠤ ᠨᠠᠪᠴᠢ

图1-1-2　公鸡头部

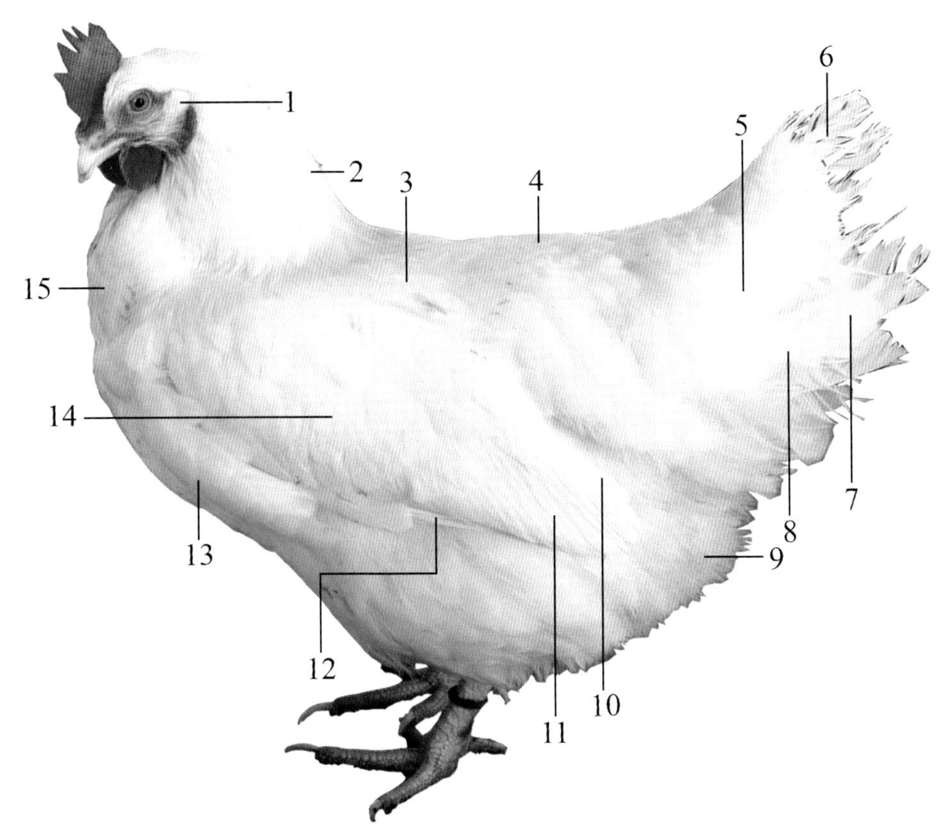

1.耳羽区　　2.颈背羽区(梳羽)　　3.肩羽区　　4.背羽区　　5.蓑羽(鞍羽)
6.主尾羽　　7.尾上大覆羽　　8.尾上中覆羽　　9.腹羽区　　10.小翼羽
11.副翼羽　　12.主翼羽　　13.胸羽区　　14.翼覆羽　　15.颈腹侧羽区

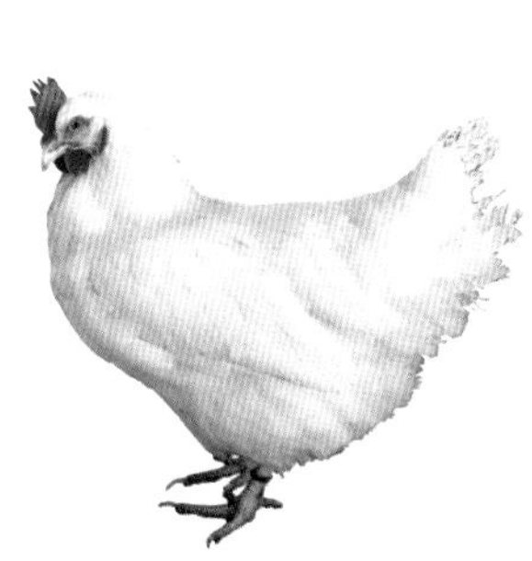

图 1-1-3　母鸡羽衣

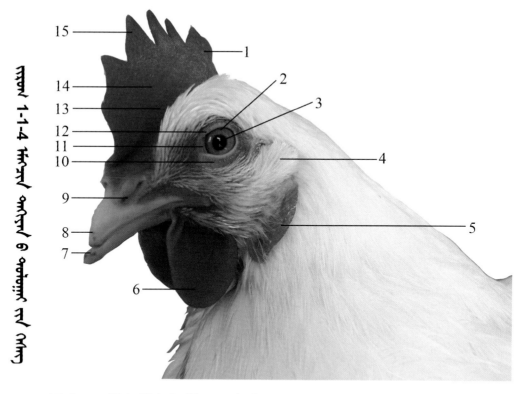

ᠵᠢᠷᠤᠭ 1-1-4 ᠡᠮ᠎ᠡ ᠲᠠᠬᠢᠶᠠᠨ ᠤ ᠲᠣᠯᠣᠭᠠᠢ ᠶᠢᠨ ᠬᠡᠰᠡᠭ

1.冠叶　2.眼角膜与虹膜　3.瞳孔　4.耳及耳羽　5.耳叶　6.肉垂(肉髯)
7.下喙　8.上喙　9.鼻孔　10.下眼睑　11.瞬膜(第三睑)　12.上眼睑
13.冠基　14.冠体　15.冠尖(岬)

1. ᠰᠢᠷᠪᠢ ᠶᠢᠨ ᠨᠠᠪᠴᠢ
2. ᠨᠢᠳᠦᠨ ᠦ ᠡᠪᠦᠷᠲᠦ ᠪᠦᠷᠬᠦᠪᠴᠢ ᠲᠠᠢ ᠰᠣᠯᠣᠩᠭᠠᠲᠤ ᠪᠦᠷᠬᠦᠪᠴᠢ
3. ᠬᠠᠷᠠᠬᠠᠨ ᠴᠢᠴᠢᠭ᠎᠎ᠠ
4. ᠴᠢᠬᠢ ᠪᠠ ᠴᠢᠬᠢᠨ ᠦ ᠥᠳᠦ
5. ᠴᠢᠬᠢᠨ ᠦ ᠨᠠᠪᠴᠢ
6. ᠮᠢᠬᠠᠨ ᠤᠨᠵᠢᠭᠤᠷ (ᠮᠢᠬᠠᠨ ᠰᠠᠬᠠᠯ)
7. ᠳᠣᠣᠷᠠᠳᠤ ᠬᠣᠮᠤᠤᠯᠠᠢ
8. ᠳᠡᠭᠡᠳᠦ ᠬᠣᠮᠤᠤᠯᠠᠢ
9. ᠬᠠᠮᠠᠷ ᠤᠨ ᠨᠦᠬᠡ
10. ᠳᠣᠣᠷᠠᠳᠤ ᠵᠣᠪᠬᠢ
11. ᠭᠤᠷᠪᠠᠳᠤᠭᠠᠷ ᠵᠣᠪᠬᠢ (ᠬᠠᠷᠠᠵᠠᠩ ᠪᠦᠷᠬᠦᠪᠴᠢ)
12. ᠳᠡᠭᠡᠳᠦ ᠵᠣᠪᠬᠢ
13. ᠰᠢᠷᠪᠢ ᠶᠢᠨ ᠰᠠᠭᠤᠷᠢ
14. ᠰᠢᠷᠪᠢ ᠶᠢᠨ ᠪᠡᠶ᠎ᠡ
15. ᠰᠢᠷᠪᠢ ᠶᠢᠨ ᠣᠷᠣᠢ

图 1-1-4　母鸡头部

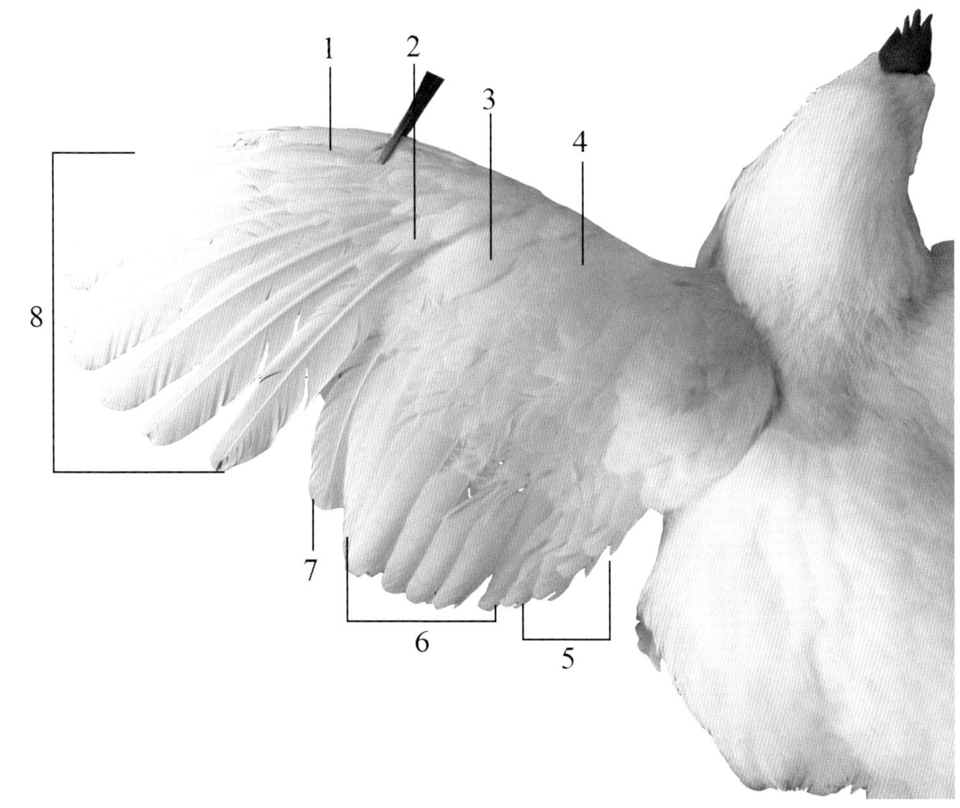

1.覆主翼羽　2.覆副翼羽　3.覆中翼羽　4.覆小翼羽

5.小翼羽　6.副翼羽　7.轴羽　8.主翼羽

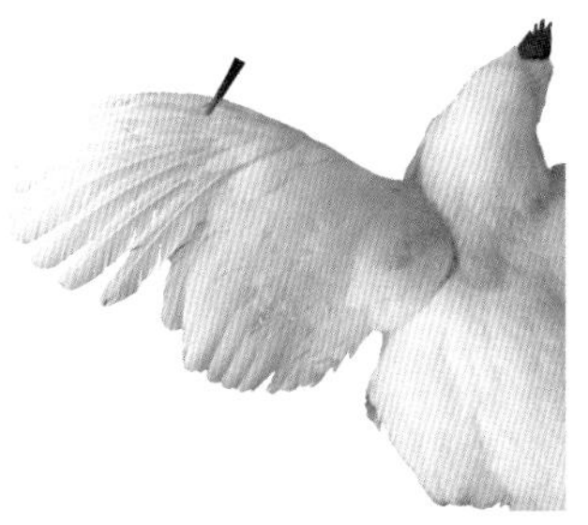

图1-1-5　母鸡翼羽（背侧面）

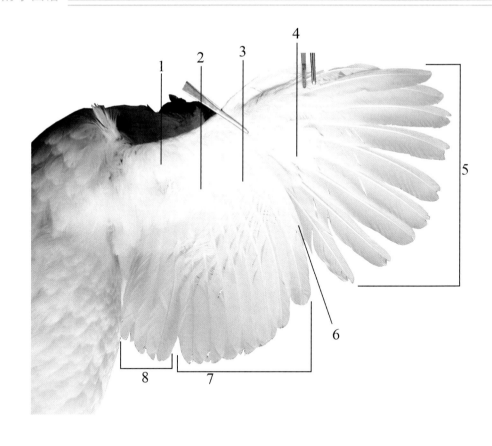

ᠲᠠᠬᠢᠶᠠ 1-1-6 ᠮᠢᠬᠠᠲᠤ ᠲᠠᠬᠢᠶᠠ ᠶᠢᠨ ᠵᠢᠭᠦᠷ ᠤᠨ ᠦᠰᠦ (ᠬᠡᠪᠡᠯᠢ ᠲᠠᠯ᠎ᠠ)

1.覆小翼羽　2.覆中翼羽　3.覆副翼羽　4.覆主翼羽
5.主翼羽　6.轴羽　7.副翼羽　8.小翼羽

8. ᠵᠢᠭᠡ ᠵᠢᠭᠦᠷ ᠤᠨ ᠦᠰᠦ
7. ᠳᠡᠳ᠋ ᠵᠢᠭᠦᠷ ᠤᠨ ᠦᠰᠦ
6. ᠲᠡᠩᠭᠡᠯᠢᠭ ᠵᠢᠭᠦᠷ ᠤᠨ ᠦᠰᠦ (ᠰᠦᠪᠡ ᠶᠢᠨ ᠦᠰᠦ)
5. ᠭᠤᠤᠯ ᠵᠢᠭᠦᠷ ᠤᠨ ᠦᠰᠦ
4. ᠭᠤᠤᠯ ᠵᠢᠭᠦᠷ ᠤᠨ ᠳᠠᠷᠤᠭᠠᠰᠤᠨ ᠦᠰᠦ
3. ᠳᠡᠳ᠋ ᠵᠢᠭᠦᠷ ᠤᠨ ᠳᠠᠷᠤᠭᠠᠰᠤᠨ ᠦᠰᠦ
2. ᠳᠤᠮᠳᠠ ᠵᠢᠭᠦᠷ ᠤᠨ ᠳᠠᠷᠤᠭᠠᠰᠤᠨ ᠦᠰᠦ
1. ᠵᠢᠭᠡ ᠵᠢᠭᠦᠷ ᠤᠨ ᠳᠠᠷᠤᠭᠠᠰᠤᠨ ᠦᠰᠦ

图1-1-6　母鸡翼羽（腹侧面）

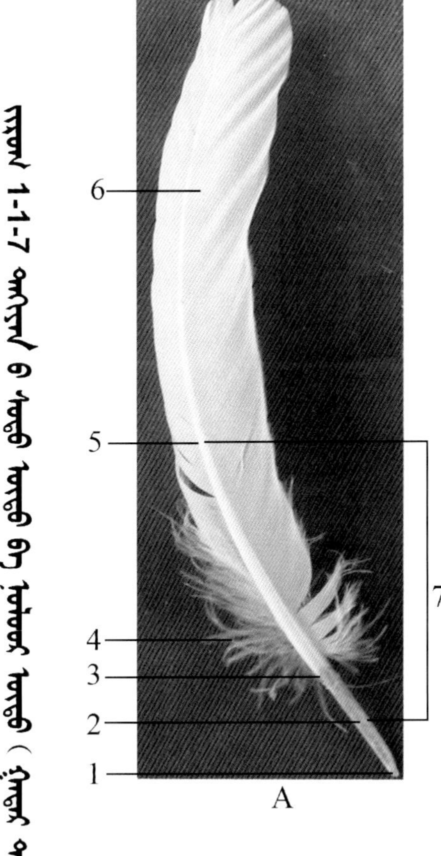

A、B.正羽（廓羽、翚）　C.绒羽

1.近脐　2.羽根（基翈）　3.远脐　4.正羽绒羽部　5.羽茎
6.羽片（翈）　7.羽轴　8.羽枝

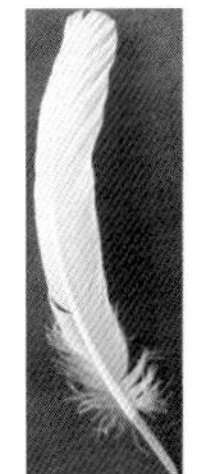

图1-1-7　鸡正羽和绒羽（背面）

ᠲᠠᠪᠤᠨ 1-1-8 ᠲᠠᠬᠢᠶᠠᠨ ᠤ ᠦᠩᠭᠡ ᠳᠡᠭᠡᠯ ᠪᠠ ᠨᠣᠣᠯᠤᠤᠷ ᠳᠡᠭᠡᠯ (ᠬᠡᠪᠡᠯᠢ ᠲᠠᠯ᠎ᠠ)

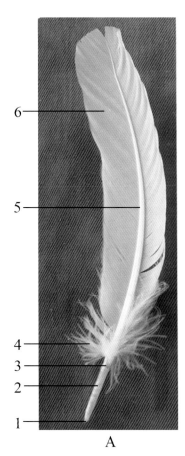

A

B

C

A、B.正羽（廓羽、翙）　C.绒羽
1.近脐　2.羽根（基翮）　3.远脐　4.正羽绒羽部　5.羽茎
6.羽片（翈）　7.羽枝

7. ᠦᠳᠦᠨ ᠰᠠᠯᠠᠭ᠎ᠠ
6. ᠦᠳᠦᠨ ᠦ ᠢᠯᠪᠢᠭᠦᠷ (ᠲᠠᠯᠪᠢᠭᠤᠷ)
5. ᠦᠳᠦᠨ ᠦ ᠢᠰᠭᠡ
4. ᠦᠩᠭᠡ ᠳᠡᠭᠡᠯ ᠦ ᠨᠣᠣᠯᠤᠤᠷ ᠤᠨ ᠬᠡᠰᠡᠭ
3. ᠠᠯᠤᠰ ᠤᠨ ᠬᠦᠢᠰᠦᠨ (ᠬᠦᠢᠰᠦ)
2. ᠦᠳᠦᠨ ᠦ ᠢᠵᠠᠭᠤᠷ (ᠢᠵᠠᠭᠤᠷ)
1. ᠦᠳᠦᠨ ᠦ ᠣᠢᠷᠠᠬᠠᠨ ᠬᠦᠢᠰᠦ

C. ᠨᠣᠣᠯᠤᠤᠷ ᠳᠡᠭᠡᠯ
A、B. ᠦᠩᠭᠡ ᠳᠡᠭᠡᠯ

图1-1-8　鸡正羽和绒羽（腹面）

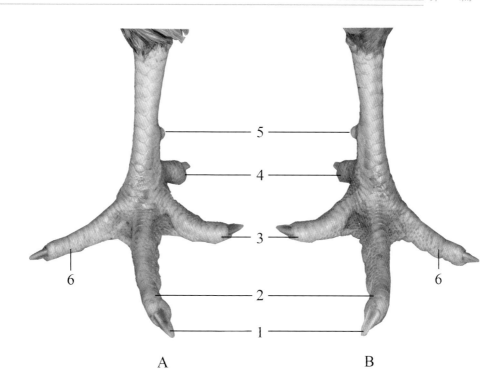

ᠲᠠᠬᠢᠶᠠᠨ ᠤ 1-1-9 ᠵᠢᠷᠤᠭ ᠂ ᠬᠥᠯ (ᠠᠷᠤ ᠲᠠᠯ᠎ᠠ)

A.右脚　B.左脚
1.爪　2.第三趾　3.第二趾　4.第一趾　5.距　6.第四趾

6. ᠳᠥᠷᠪᠡᠳᠦᠭᠡᠷ ᠬᠤᠷᠤᠭᠤ
5. ᠬᠤᠷᠤᠢ
4. ᠨᠢᠭᠡᠳᠦᠭᠡᠷ ᠬᠤᠷᠤᠭᠤ
3. ᠬᠤᠶᠠᠳᠤᠭᠠᠷ ᠬᠤᠷᠤᠭᠤ
2. ᠭᠤᠷᠪᠠᠳᠤᠭᠠᠷ ᠬᠤᠷᠤᠭᠤ
1. ᠬᠢᠮᠦᠰᠦ

B. ᠵᠡᠭᠦᠨ ᠬᠥᠯ
A. ᠪᠠᠷᠠᠭᠤᠨ ᠬᠥᠯ

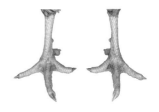

图1-1-9　鸡脚部（背侧）

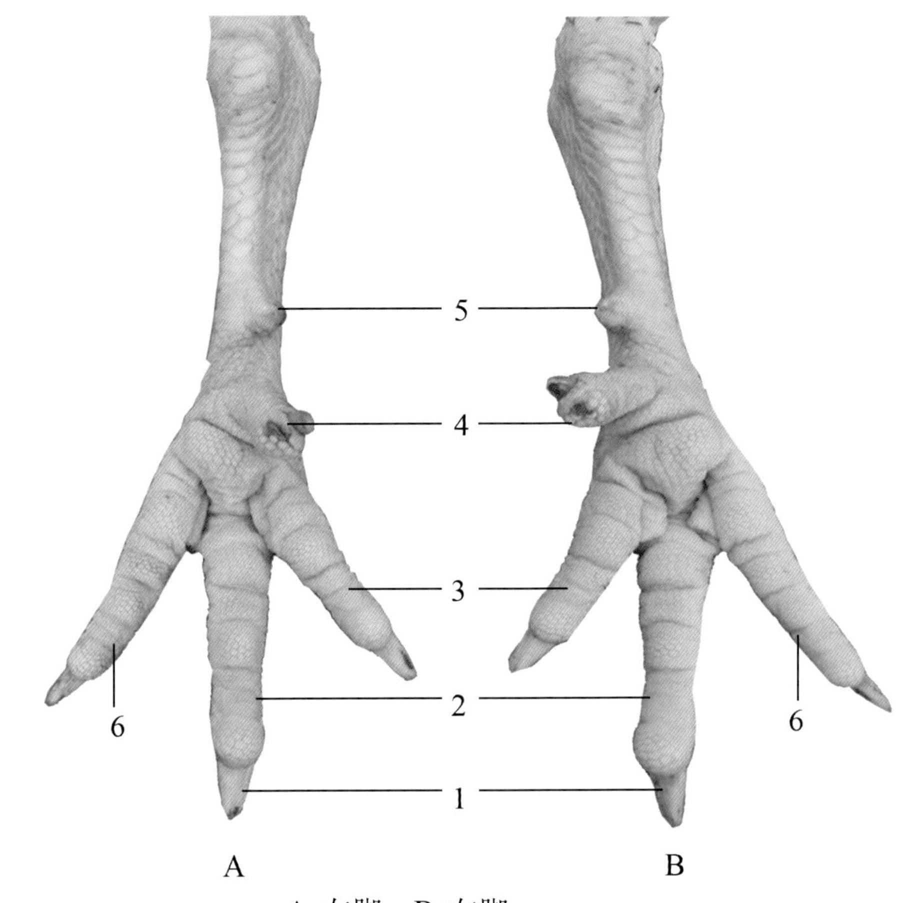

A.左脚　B.右脚

1.爪　2.第三趾　3.第二趾　4.第一趾　5.距　6.第四趾

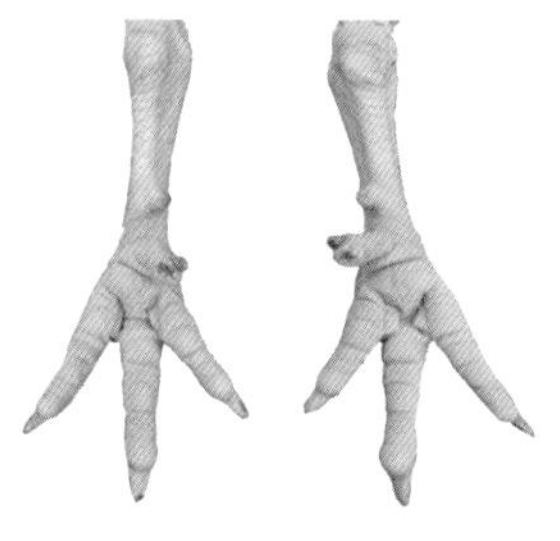

图 1-1-10　鸡脚部（跖侧）

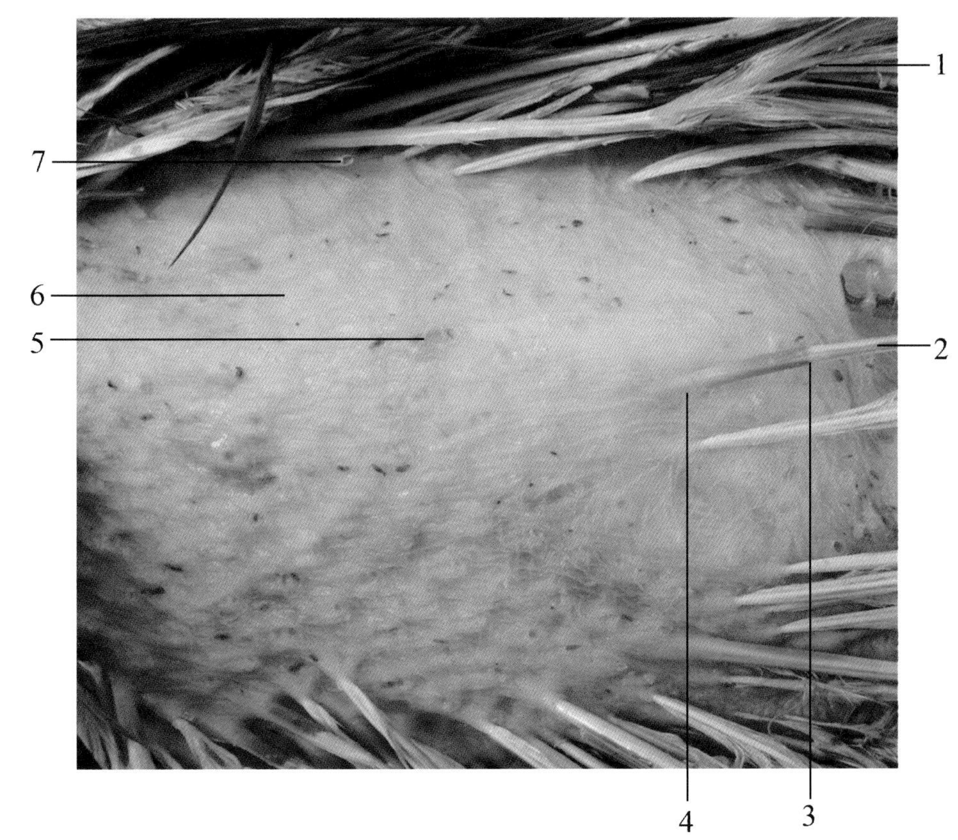

1.羽片(翈)　2.羽茎　3.远脐　4.羽囊内羽根
5.羽囊　6.表皮　7.羽根鞘壁

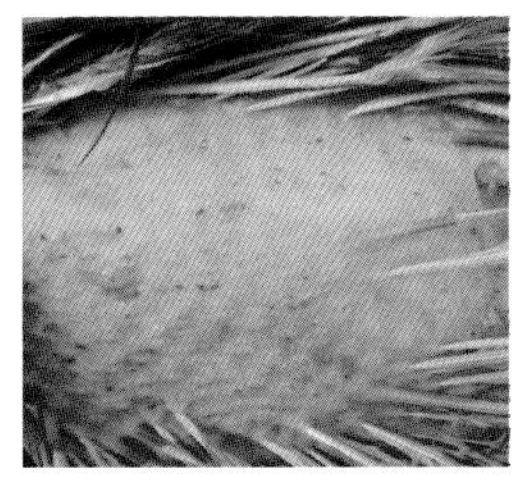

图1-1-11　鸡的羽区皮肤及羽毛

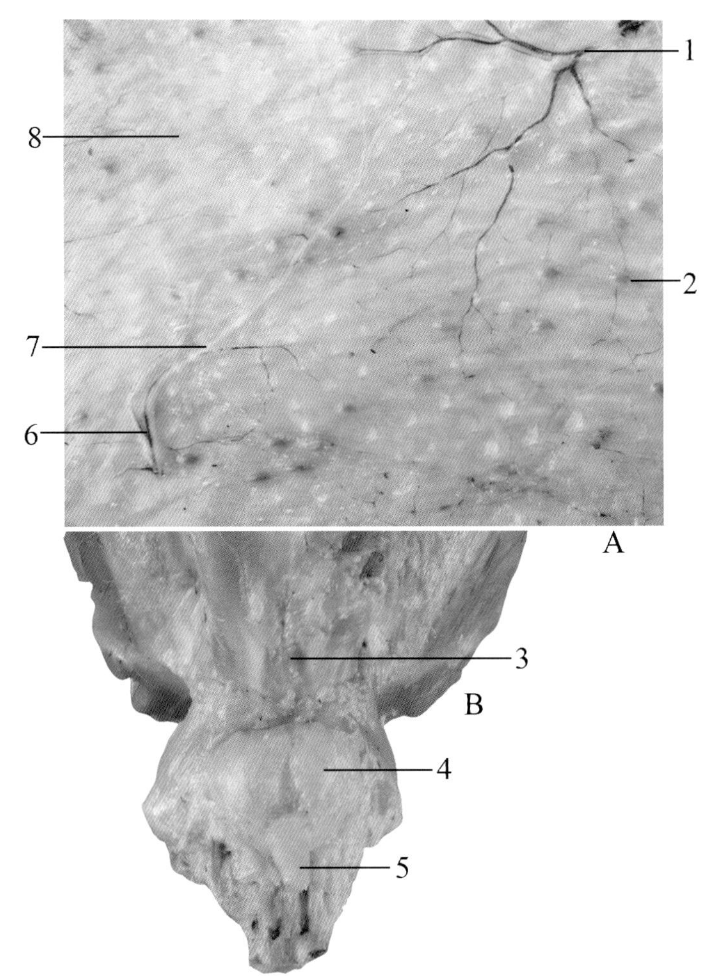

A.鸡皮肤内表面　B.鸡荐尾部

1.静脉　2.羽囊　3.荐部　4.尾脂腺　5.尾脂腺乳头
6.动脉　7.神经　8.皮肤内表层

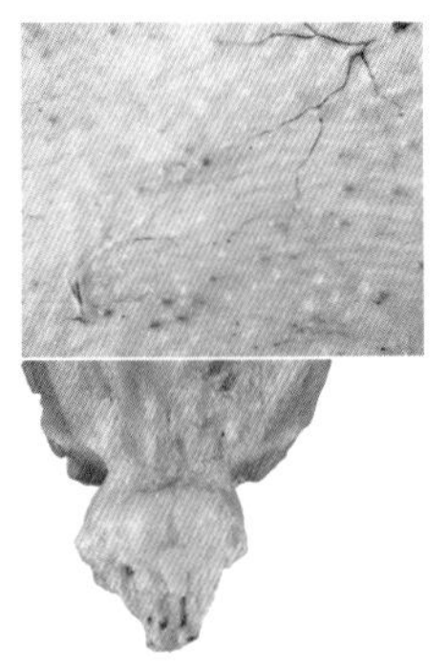

图1-1-12　鸡羽区皮肤内表面及尾脂腺

二、鸡消化系统

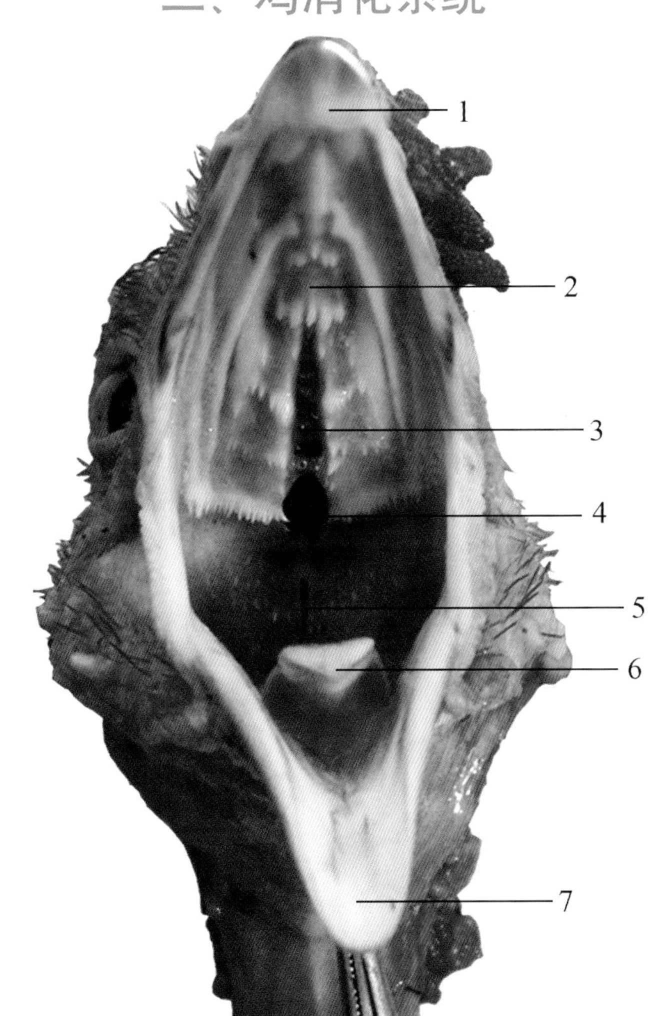

1.上喙　2.腭　3.腭裂　4.鼻后孔　5.咽鼓管漏斗（耳咽管口）

6.舌　7.下喙

图1-2-1　鸡口腔咽喉器官

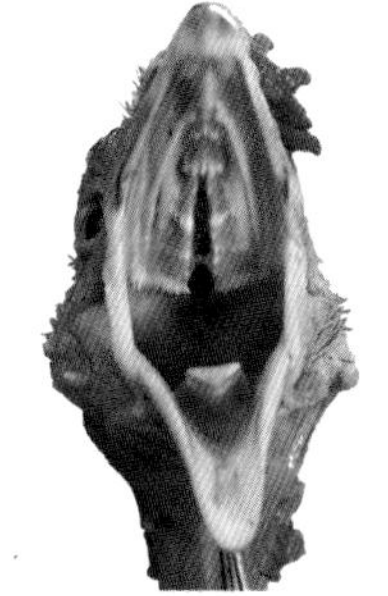

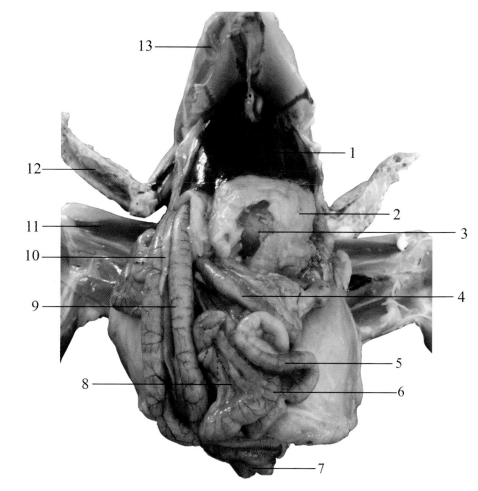

ᠲᠤᠰ 1-2-2 ᠲᠠᠬᠢᠶᠠᠨ ᠤ ᠰᠢᠩᠭᠡᠭᠡᠯᠲᠡ ᠶᠢᠨ ᠡᠷᠬᠡᠲᠡᠨ ᠦ ᠪᠠᠶᠢᠳᠠᠯ

1.肝　2.肌胃脂肪　3.肌胃　4.回肠　5.盲肠　6.空肠　7.肛门
8.肠系膜　9.十二指肠　10.胰　11.右腿　12.右翅　13.胸肌

1. ᠡᠯᠢᠭᠡ
2. ᠪᠤᠯᠴᠢᠩᠲᠤ ᠬᠤᠳᠤᠭᠤᠳᠤᠨ ᠤ ᠥᠬᠡᠬᠦ
3. ᠪᠤᠯᠴᠢᠩᠲᠤ ᠬᠤᠳᠤᠭᠤᠳᠤ (ᠬᠡᠢᠯᠡᠩ)
4. ᠡᠷᠭᠢᠭᠦᠦ ᠭᠡᠳᠡᠰᠦ
5. ᠰᠤᠬᠠᠢ ᠭᠡᠳᠡᠰᠦ
6. ᠬᠣᠭᠣᠰᠣᠨ ᠭᠡᠳᠡᠰᠦ
7.ᠰᠢᠭᠡᠰᠦ
8. ᠭᠡᠳᠡᠰᠦᠨ ᠪᠦᠷᠬᠦᠪᠴᠢ
9. ᠠᠷᠪᠠᠨ ᠬᠣᠶᠠᠷ ᠬᠤᠷᠤᠭᠤᠲᠤ ᠭᠡᠳᠡᠰᠦ
10.ᠨᠣᠵᠣᠭᠢ
11.ᠪᠠᠷᠠᠭᠤᠨ ᠱᠢᠯᠪᠢ)
12.ᠪᠠᠷᠠᠭᠤᠨ ᠳᠠᠯᠠᠪᠴᠢ
13.ᠡᠪᠴᠢᠭᠦᠦ ᠶᠢᠨ ᠪᠤᠯᠴᠢᠩ

图 1-2-2　鸡消化器官

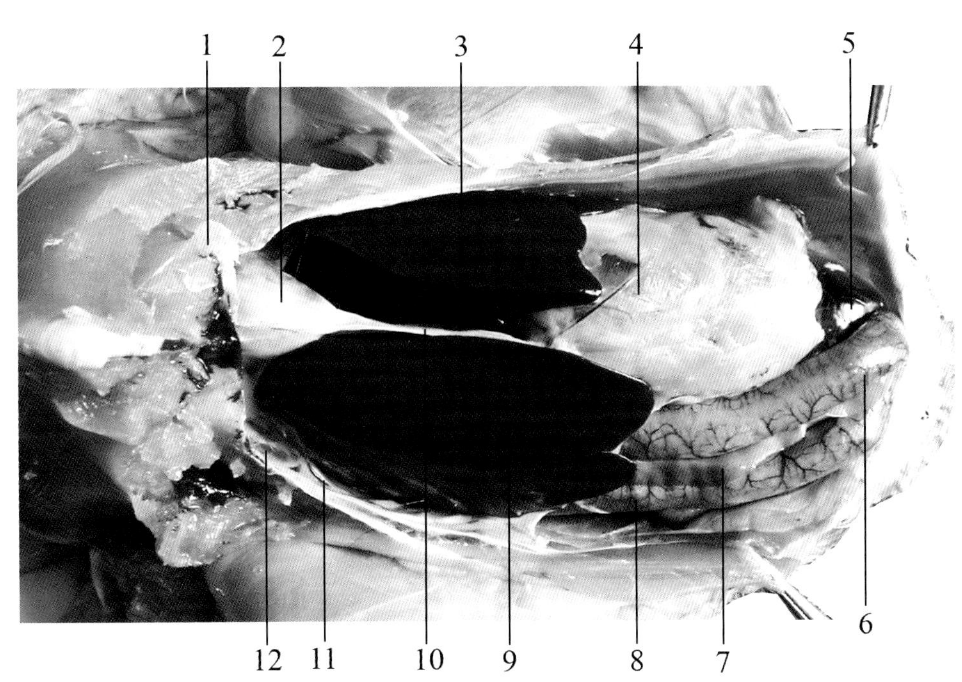

1.胸肌切面　2.心包、心脏　3.肝左叶　4.肌胃　5.腹气囊
6.十二指肠降袢　7.胰　8.十二指肠升袢　9.肝右叶
10.纵隔　11.胸后气囊　12.胸前气囊

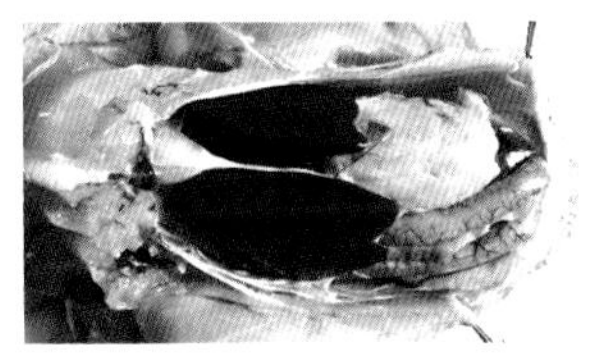

图1-2-3　鸡消化器官在腹腔内的腹侧观-1

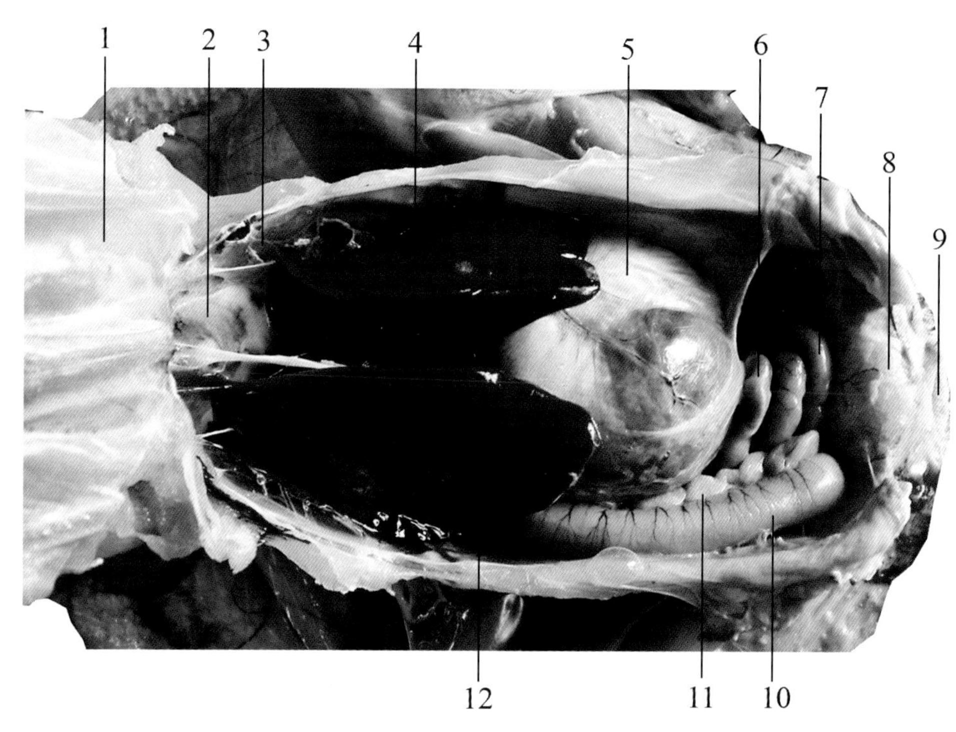

1.胸骨内壁　2.心包、心脏　3.胸后气囊　4.肝左叶　5.肌胃　6.盲肠
7.空肠　8.泄殖腔　9.肛门　10.十二指肠　11.胰　12.肝右叶

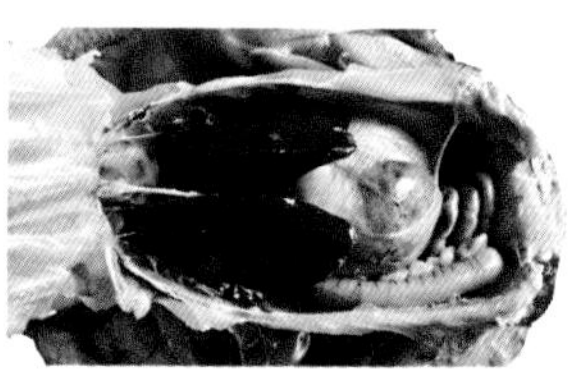

图1-2-4　鸡消化器官在腹腔内的腹侧观-2

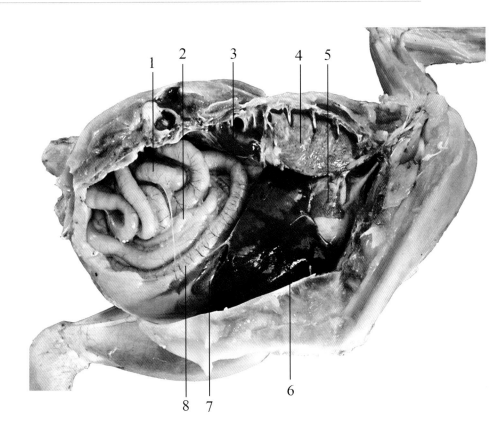

ᠳᠦᠷᠰᠦ 1-2-5 ᠳᠠᠬᠢᠶᠠᠨ ᠤ ᠡᠪᠴᠡᠭᠦᠦ᠂ ᠬᠡᠪᠡᠯᠢ ᠶᠢᠨ ᠬᠥᠨᠳᠡᠢ ᠳ᠋ᠡᠬᠢ ᠳᠣᠲᠣᠷ ᠡᠷᠬᠡᠲᠡᠨ ᠦ ᠪᠠᠷᠠᠭᠤᠨ ᠬᠠᠵᠠᠭᠤ ᠶᠢᠨ ᠬᠠᠷᠠᠭᠠᠰᠤ

1.空肠 2.盲肠 3.右肾前部 4.右肺 5.心包、心脏
6.肝右叶 7.胆囊 8.十二指肠

8. ᠠᠷᠪᠠᠨ ᠬᠣᠶᠠᠷ ᠬᠤᠷᠤᠭᠤ ᠭᠡᠳᠡᠰᠦ
7. ᠴᠥᠰᠦᠨ ᠬᠦᠮᠡᠯᠢ
6. ᠡᠯᠢᠭᠡᠨ ᠦ ᠪᠠᠷᠠᠭᠤᠨ ᠳᠡᠯᠪᠢ
5. ᠵᠢᠷᠦᠬᠡᠨ ᠪᠦᠷᠬᠦᠪᠴᠢ᠂ ᠵᠢᠷᠦᠬᠡ
4. ᠪᠠᠷᠠᠭᠤᠨ ᠠᠭᠤᠰᠬᠢ
3. ᠪᠠᠷᠠᠭᠤᠨ ᠪᠥᠭᠡᠷᠡᠨ ᠦ ᠡᠮᠦᠨᠡᠬᠢ ᠬᠡᠰᠡᠭ
2. ᠰᠣᠬᠣᠷ ᠭᠡᠳᠡᠰᠦ
1. ᠬᠣᠭᠣᠰᠤᠨ ᠭᠡᠳᠡᠰᠦ

图1-2-5　鸡胸、腹腔内脏器官右侧观

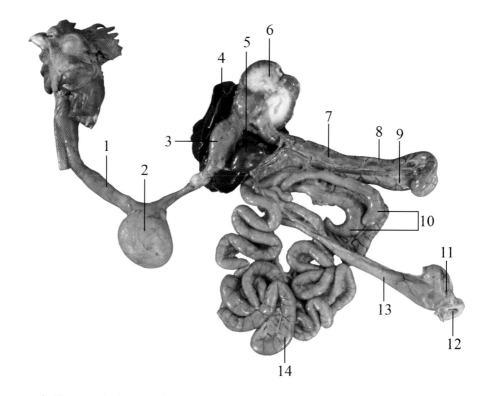

ᠵᠢᠷᠤᠭ 1-2-6 ᠲᠠᠬᠢᠶᠠᠨ ᠤ ᠰᠢᠩᠭᠡᠭᠡᠯᠲᠡ ᠶᠢᠨ ᠲᠣᠭᠲᠠᠯᠴᠠᠭᠠᠨ ᠤ ᠪᠦᠷᠢᠯᠳᠦᠭᠦᠨ -1

1.食管　2.嗉囊　3.腺胃　4.肝　5.脾　6.肌胃　7.胰
8.十二指肠降祥　9.十二指肠升祥　10.盲肠　11.泄殖腔部
12.肛门　13.直肠　14.空肠

14. ᠬᠣᠭᠣᠰᠤᠨ ᠭᠡᠳᠡᠰᠦ
13. ᠰᠢᠯᠤᠭᠤᠨ ᠭᠡᠳᠡᠰᠦ
12. ᠬᠣᠰᠬᠢᠨᠠᠭ
11. ᠰᠢᠭᠡᠰᠦ ᠪᠠᠭᠠᠰᠤᠨ ᠤ ᠬᠡᠰᠡᠭ
10. ᠰᠣᠬᠣᠷ ᠭᠡᠳᠡᠰᠦ
9. ᠠᠷᠪᠠᠨ ᠬᠣᠶᠠᠷ ᠬᠤᠷᠤᠭᠤ ᠭᠡᠳᠡᠰᠦ ᠶᠢᠨ ᠥᠭᠡᠳᠡ ᠵᠠᠮ
8. ᠠᠷᠪᠠᠨ ᠬᠣᠶᠠᠷ ᠬᠤᠷᠤᠭᠤ ᠭᠡᠳᠡᠰᠦ ᠶᠢᠨ ᠤᠷᠤᠭᠤ ᠵᠠᠮ
7. ᠨᠣᠶᠢᠷ
6. ᠪᠤᠯᠴᠢᠩᠲᠤ ᠬᠣᠳᠣᠭᠣᠳᠣ
5. ᠳᠡᠯᠢᠭᠦᠦ
4. ᠡᠯᠢᠭᠡ
3. ᠪᠤᠯᠴᠢᠷᠬᠠᠶᠢᠲᠤ ᠬᠣᠳᠣᠭᠣᠳᠣ
2. ᠪᠤᠭᠤᠷᠴᠠᠭ
1. ᠤᠯᠠᠭᠠᠢ ᠵᠠᠮ

图 1-2-6　鸡消化系统的组成 -1

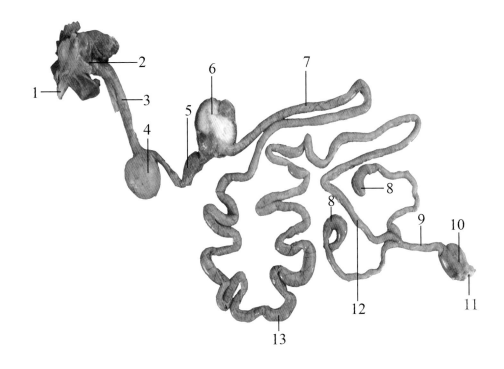

ᠲᠠᠬᠢᠶᠠᠨ ᠤ ᠰᠢᠩᠭᠡᠭᠡᠯᠲᠡ ᠶᠢᠨ ᠲᠣᠭᠲᠠᠯᠴᠠᠭᠠᠨ ᠤ ᠪᠦᠷᠢᠯᠳᠦᠭᠦᠨ -2 1-2-7

1.喙　2.咽　3.食管　4.嗉囊　5.腺胃　6.肌胃　7.十二指肠
8.盲肠　9.直肠　10.泄殖腔　11.肛门　12.回肠　13.空肠

13. ᠬᠣᠭᠣᠯᠠᠢ ᠭᠡᠳᠡᠰᠦ
12. ᠡᠷᠭᠢᠯᠳᠦᠭᠡᠨ ᠭᠡᠳᠡᠰᠦ
11. ᠬᠣᠰᠢᠶᠠᠷᠠ
10. ᠰᠢᠭᠡᠰᠦᠨ ᠵᠠᠮ ᠤᠨ ᠬᠣᠰᠢᠶᠠᠷᠠ
9. ᠰᠢᠯᠤᠭᠤᠨ ᠭᠡᠳᠡᠰᠦ
8. ᠰᠣᠬᠣᠷ ᠭᠡᠳᠡᠰᠦ
7. ᠠᠷᠪᠠᠨ ᠬᠣᠶᠠᠷ ᠬᠤᠷᠤᠭᠤ ᠭᠡᠳᠡᠰᠦ
6. ᠪᠤᠯᠴᠢᠩ ᠬᠣᠳᠣᠭᠣᠳᠣ
5. ᠪᠤᠯᠴᠢᠷᠬᠠᠢᠲᠤ ᠬᠣᠳᠣᠭᠣᠳᠣ
4. ᠪᠦᠭᠡᠵᠢ
3. ᠤᠯᠠᠭᠠᠢ ᠬᠣᠭᠣᠯᠠᠢ
2. ᠵᠠᠯᠭᠢᠭᠤᠷ
1. ᠬᠣᠰᠢᠭᠤ

图 1-2-7　鸡消化系统的组成 -2

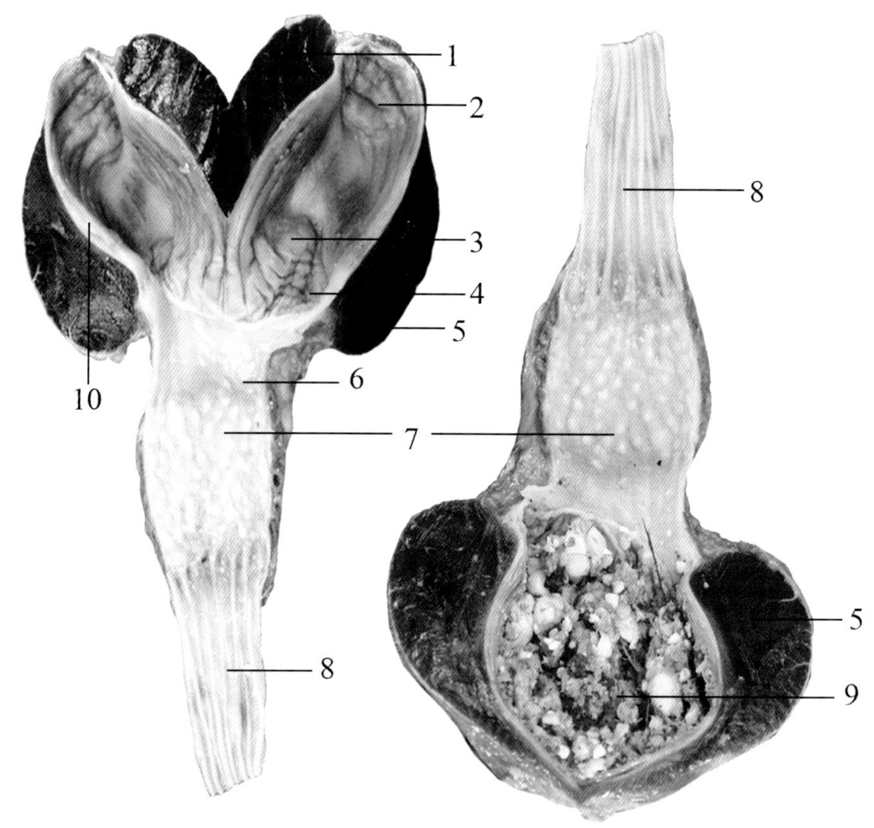

1.后背侧厚肌　2.后腹盲囊　3.前背盲囊　4.幽门口(十二指肠口)
5.前腹侧厚肌　6.中间带(胃峡)　7.腺胃乳头　8.食管黏膜
9.肌胃内食物　10.胃角质层

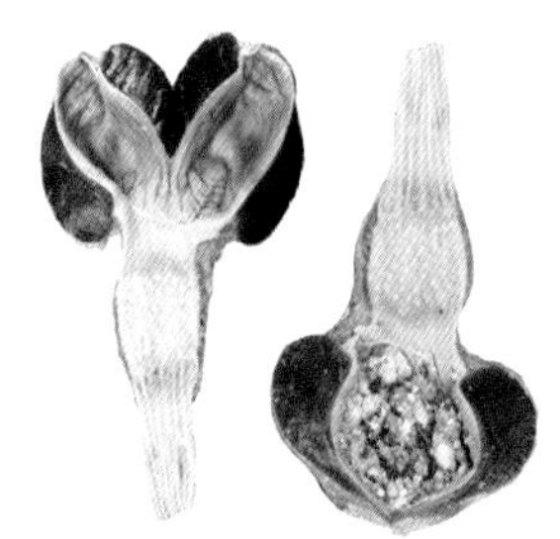

图 1-2-8　鸡胃黏膜

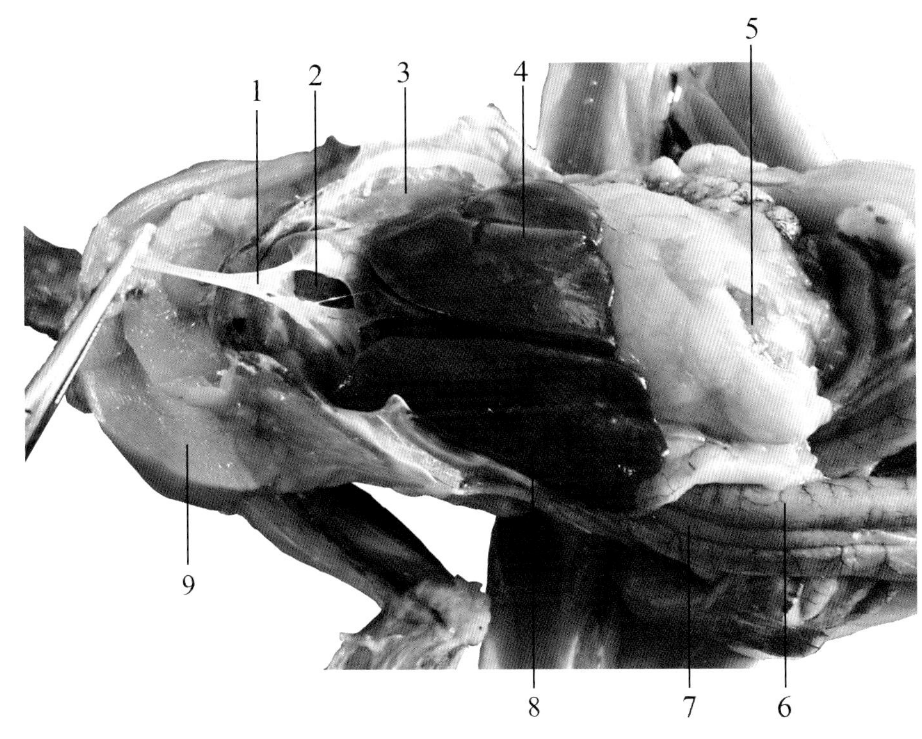

1.心包　2.心脏　3.胸气囊　4.肝左叶　5.肌胃　6.十二指肠
7.胰　8.肝右叶　9.胸肌

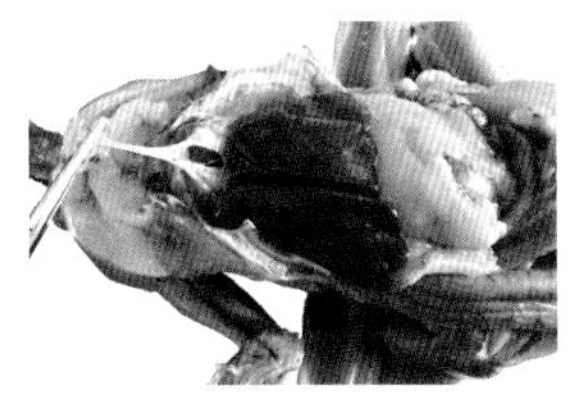

图 1-2-9　鸡肝脏和肌胃在腹腔内的位置

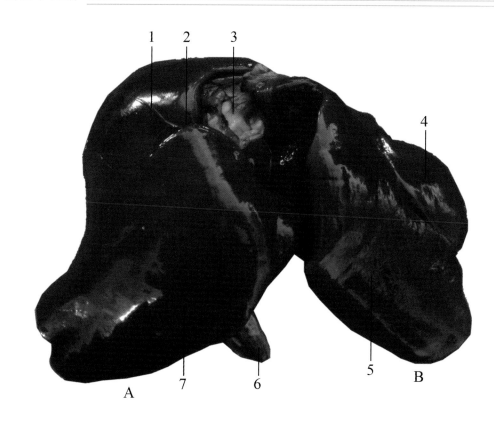

ᠳᠦᠷᠰᠦ 1-2-10 ᠲᠠᠬᠢᠶᠠᠨ ᠤ ᠡᠯᠢᠭᠡᠨ ᠤ ᠬᠠᠨᠠᠨ ᠲᠠᠯ᠎ᠠ

A.肝右叶　　B.肝左叶

1.肝韧带附着线　2.肝右叶沟　3.后腔静脉　4.肝左叶外侧部

5.肝左叶内侧部　6.胆囊　7.肝右叶

B. ᠲᠠᠬᠢᠶᠠᠨ ᠤ ᠵᠡᠭᠦᠨ ᠡᠯᠢᠭᠡ
A. ᠲᠠᠬᠢᠶᠠᠨ ᠤ ᠪᠠᠷᠠᠭᠤᠨ ᠡᠯᠢᠭᠡ

1. ᠲᠠᠬᠢᠶᠠᠨ ᠤ ᠡᠯᠢᠭᠡᠨ ᠤ ᠰᠢᠷᠪᠦᠰᠦᠨ ᠤ ᠨᠠᠭᠠᠯᠳᠤᠬᠤ ᠱᠤᠭᠤᠮ
2. ᠲᠠᠬᠢᠶᠠᠨ ᠤ ᠪᠠᠷᠠᠭᠤᠨ ᠡᠯᠢᠭᠡᠨ ᠤ ᠰᠤᠪᠠᠭ
3. ᠬᠣᠢᠳᠤ ᠬᠦᠨᠳᠡᠢ ᠰᠤᠳᠠᠯ
4. ᠵᠡᠭᠦᠨ ᠡᠯᠢᠭᠡᠨ ᠤ ᠭᠠᠳᠠᠷ ᠬᠡᠰᠡᠭ
5. ᠵᠡᠭᠦᠨ ᠡᠯᠢᠭᠡᠨ ᠤ ᠳᠣᠲᠤᠷ ᠬᠡᠰᠡᠭ
6. ᠴᠦᠰᠦᠨ ᠬᠦᠮᠦᠷᠭᠡ
7. ᠪᠠᠷᠠᠭᠤᠨ ᠡᠯᠢᠭᠡ

图 1-2-10　鸡肝脏壁面观

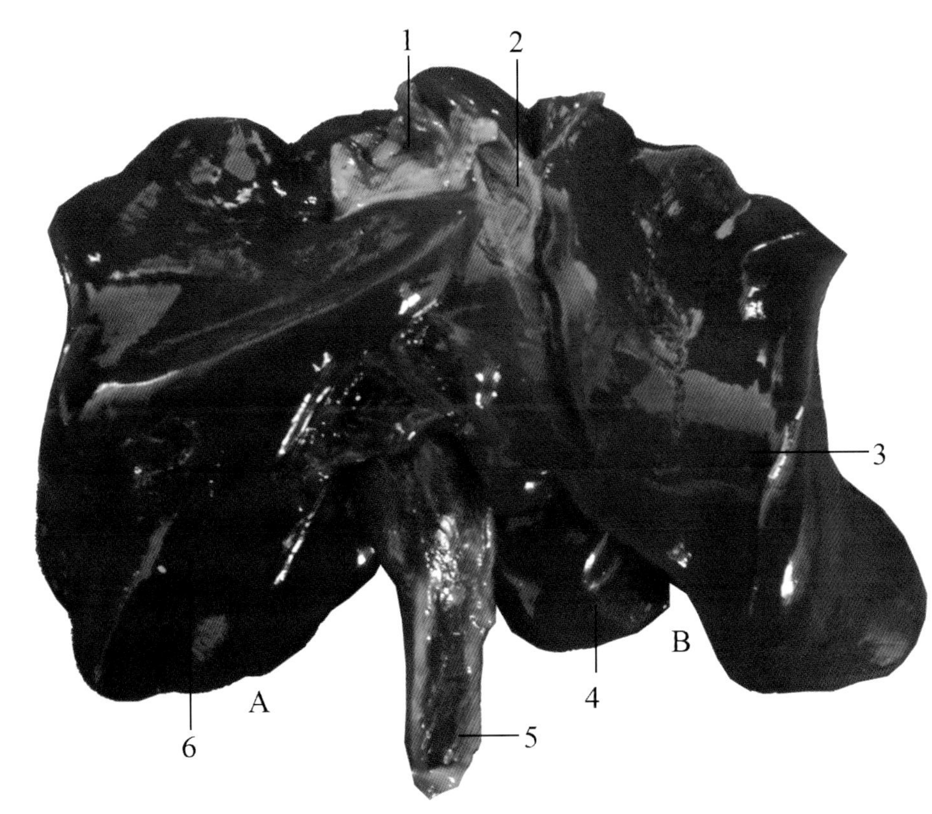

A.肝右叶　　B.肝左叶

1.后腔静脉　2.肝动脉口　3.肝左叶内侧部　4.肝左叶外侧部
5.胆囊　6.肝右叶

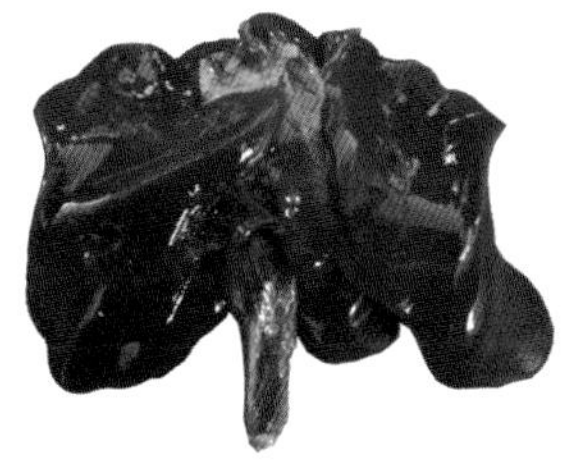

图 1-2-11　鸡肝脏脏面观

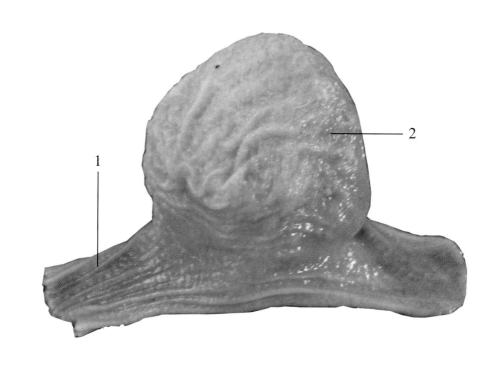

ᠵᠢᠷᠤᠭ 1-2-12 ᠲᠠᠬᠢᠶᠠᠨ ᠤ ᠬᠤᠳᠤᠭᠤᠳᠤ ᠶᠢᠨ ᠰᠠᠯᠢᠰᠤᠲᠤ ᠪᠦᠷᠬᠦᠪᠴᠢ

1.食管黏膜 2.嗉囊黏膜

2.ᠬᠤᠳᠤᠭᠤᠳᠤ ᠶᠢᠨ ᠰᠠᠯᠢᠰᠤᠲᠤ ᠪᠦᠷᠬᠦᠪᠴᠢ
1.ᠬᠤᠭᠤᠯᠠᠢ ᠶᠢᠨ ᠰᠠᠯᠢᠰᠤᠲᠤ ᠪᠦᠷᠬᠦᠪᠴᠢ

图1-2-12　鸡嗉囊黏膜

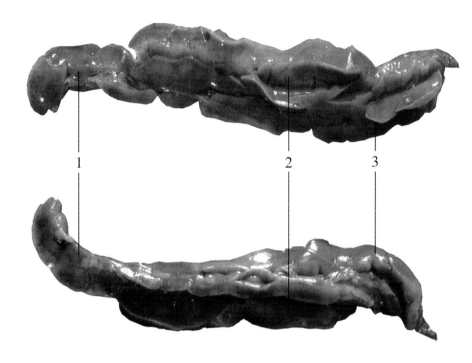

ᠮᠠ 1-2-13 ᠣᠭᠤᠷ ᠦ ᠬᠡᠰᠡᠭ

1.背侧胰叶　2.脾胰叶　3.腹侧胰叶

3. ᠬᠡᠰᠡᠭ ᠤᠨ ᠣᠭᠤᠷᠴᠠᠭ ᠬᠡᠰᠡᠭ
2. ᠬᠡᠰᠡᠭ ᠤᠨ ᠡᠯᠢᠭᠡ ᠬᠡᠰᠡᠭ
1. ᠬᠡᠰᠡᠭ ᠤᠨ ᠠᠷᠤ ᠬᠡᠰᠡᠭ

图1-2-13　鸡　胰

ᠲᠠᠬᠢᠶ᠎ᠠ 1-2-14 ᠳ᠋ᠤᠭᠠᠷ ᠤ ᠵᠢᠷᠤᠭ᠎ᠠ ᠤ ᠢᠯᠭᠠᠬᠤ ᠪᠥᠭᠡᠷᠡ ᠢᠢ

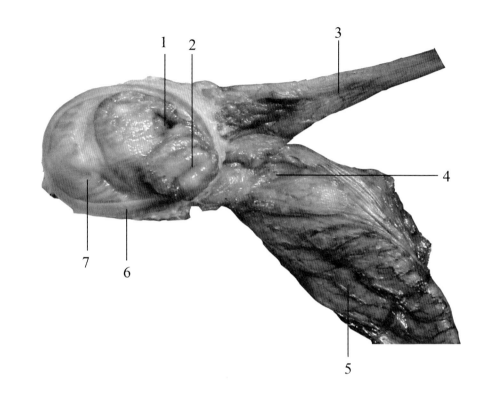

1.粪道口　2.阴道口　3.直肠　4.阴道部

5.子宫部　6.肛门　7.泄殖腔

7. ᠢᠯᠭᠠᠬᠤ ᠪᠥᠭᠡᠷᠡ ᠤ ᠵᠢᠷᠤᠭ
6. ᠪᠣᠭᠠᠬᠤ
5. ᠬᠡᠪᠡᠯᠢ ᠤ ᠬᠡᠰᠡᠭ
4. ᠬᠡᠭᠡᠯᠢ ᠤ ᠬᠡᠰᠡᠭ
3. ᠰᠢᠷᠭᠡᠭ ᠭᠡᠳᠡᠰᠦ
2. ᠬᠡᠭᠡᠯᠢ ᠤ ᠠᠮᠠᠰᠠᠷ
1. ᠪᠠᠭᠠᠰᠤ ᠤ ᠵᠠᠮ ᠤ ᠠᠮᠠᠰᠠᠷ

图1-2-14　鸡泄殖腔

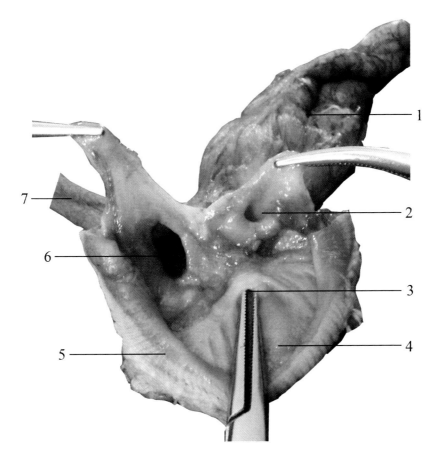

ᠵᠢᠷᠤᠭ 1-2-15 ᠲᠠᠬᠢᠶᠠᠨ ᠤ ᠰᠢᠭᠡᠰᠦᠨ ᠡᠭᠦᠳᠡᠨ ᠦ ᠪᠦᠲᠦᠴᠡ ᠶᠢᠨ ᠪᠦᠲᠦᠴᠡ

1.子宫部　2.阴道口　3.输尿管口　4.泄殖腔内壁
5.肛门括约肌　6.粪道口　7.直肠

7. ᠰᠢᠯᠦᠭᠡᠰᠦᠨ
6. ᠪᠠᠭᠠᠰᠤᠨ ᠤ ᠡᠭᠦᠳᠡᠨ
5. ᠰᠢᠭᠡᠰᠦᠨ ᠦ ᠬᠠᠭᠠᠯᠭ᠎ᠠ ᠶᠢᠨ ᠪᠤᠯᠴᠢᠩ
4. ᠰᠢᠭᠡᠰᠦᠨ ᠦ ᠡᠭᠦᠳᠡᠨ ᠦ ᠳᠣᠲᠣᠷ᠎ᠠ ᠬᠠᠨ᠎ᠠ
3. ᠱᠡᠭᠡᠰᠦᠨ ᠨᠠᠢᠷᠠᠭᠤᠯᠬᠤ ᠰᠤᠳᠠᠯ ᠤᠨ ᠡᠭᠦᠳᠡᠨ ᠦ ᠡᠭᠦᠳᠡᠨ
2. ᠦᠮᠡᠢ ᠶᠢᠨ ᠡᠭᠦᠳᠡᠨ
1. ᠤᠮᠠᠢ ᠶᠢᠨ ᠬᠡᠰᠡᠭ

图 1－2－15　鸡泄殖腔构造

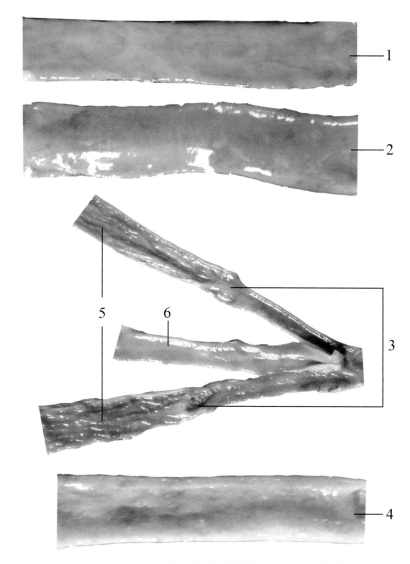

ᠵᠢᠷᠤᠭ 1-2-16 ᠲᠠᠬᠢᠶᠠᠨ ᠤ ᠰᠢᠩᠭᠡᠭᠡᠯᠲᠡ ᠶᠢᠨ ᠭᠤᠤᠷᠰᠤ ᠶᠢᠨ ᠰᠠᠯᠢᠰᠤᠲᠤ ᠪᠦᠷᠬᠦᠪᠴᠢ

1.十二指肠黏膜　2.空肠黏膜　3.盲肠扁桃体
4.直肠黏膜　5.盲肠黏膜　6.回肠黏膜

6. ᠰᠣᠬᠣᠷ ᠭᠡᠳᠡᠰᠦ ᠶᠢᠨ ᠰᠠᠯᠢᠰᠤᠲᠤ ᠪᠦᠷᠬᠦᠪᠴᠢ
5. ᠰᠣᠬᠣᠷ ᠭᠡᠳᠡᠰᠦ ᠶᠢᠨ ᠰᠠᠯᠢᠰᠤᠲᠤ ᠪᠦᠷᠬᠦᠪᠴᠢ
4. ᠰᠢᠯᠣᠭᠤᠨ ᠭᠡᠳᠡᠰᠦ ᠶᠢᠨ ᠰᠠᠯᠢᠰᠤᠲᠤ ᠪᠦᠷᠬᠦᠪᠴᠢ
3. ᠰᠣᠬᠣᠷ ᠭᠡᠳᠡᠰᠦ ᠶᠢᠨ ᠪᠠᠳᠠᠭᠠᠨ᠎ᠠ
2. ᠬᠣᠭᠣᠰᠤᠨ ᠭᠡᠳᠡᠰᠦ ᠶᠢᠨ ᠰᠠᠯᠢᠰᠤᠲᠤ ᠪᠦᠷᠬᠦᠪᠴᠢ
1. ᠠᠷᠪᠠᠨ ᠬᠣᠶᠠᠷ ᠬᠤᠷᠤᠭᠤᠲᠤ ᠭᠡᠳᠡᠰᠦ ᠶᠢᠨ ᠰᠠᠯᠢᠰᠤᠲᠤ ᠪᠦᠷᠬᠦᠪᠴᠢ

图1-2-16　鸡消化管黏膜

三、鸡呼吸系统

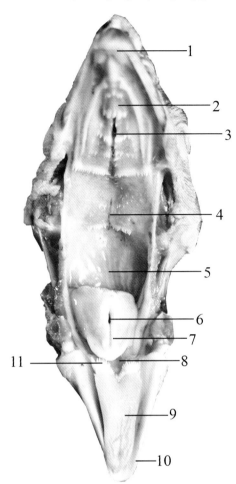

ᠵᠢᠷᠤᠭ 1-3-1 ᠲᠠᠬᠢᠶᠠᠨ ᠦ ᠠᠮᠠ ᠬᠤᠭᠤᠯᠠᠢ ᠪᠠ ᠬᠤᠭᠤᠯᠠᠢ ᠶᠢᠨ ᠬᠡᠰᠡᠭ

1.上喙　2.腭　3.腭裂（鼻后孔裂）　4.咽鼓管漏斗（耳咽管口）
5.食管　6.喉口　7.喉　8.舌根　9.舌　10.下喙　11.舌根乳头

1. ᠮᠠᠩᠨᠠᠢ ᠬᠤᠰᠢᠭᠤᠤ
2. ᠲᠠᠭᠨᠠᠢ
3. ᠲᠠᠭᠨᠠᠢ ᠶᠢᠨ ᠬᠠᠭᠠᠷᠬᠠᠢ
4. ᠬᠤᠭᠤᠯᠠᠢ ᠬᠡᠩᠭᠡᠷᠭᠡᠨ ᠦ ᠰᠤᠷᠪᠤᠯᠵᠢ
5. ᠢᠳᠡᠰᠢ ᠵᠠᠯᠭᠢᠭᠤᠷ
6. ᠬᠤᠭᠤᠯᠠᠢ ᠶᠢᠨ ᠠᠮᠠ
7. ᠬᠤᠭᠤᠯᠠᠢ
8. ᠬᠡᠯᠡ ᠶᠢᠨ ᠦᠨᠳᠦᠰᠦ
9. ᠬᠡᠯᠡ
10. ᠡᠷᠡᠦ ᠬᠤᠰᠢᠭᠤᠤ
11. ᠬᠡᠯᠡ ᠶᠢᠨ ᠦᠨᠳᠦᠰᠦᠨ ᠦ ᠬᠦᠬᠦ

图 1-3-1　鸡口咽部及喉部

ᠲᠠᠭᠢᠶᠠᠨ ᠤ ᠬᠣᠭᠣᠯᠠᠢ ᠶᠢᠨ ᠬᠡᠰᠡᠭ ᠪᠠ ᠠᠮᠢᠰᠬᠤᠯ

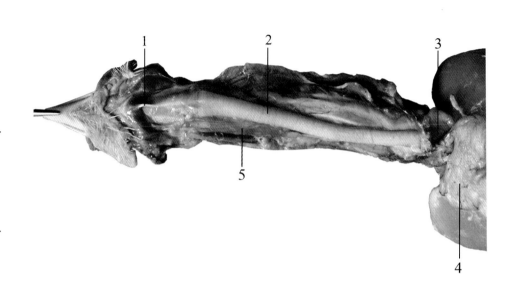

1.喉部　2.气管　3.胸腔前口　4.嗉囊　5.食管

5. ᠦᠩᠭᠡᠷᠡᠭᠦᠯᠬᠦ
4. ᠬᠣᠭᠣᠯᠠᠢ
3. ᠴᠡᠭᠡᠵᠢᠨ ᠬᠦ᠋ᠨᠳᠡᠢ ᠶᠢᠨ ᠡᠮᠦᠨ᠎ᠡ ᠠᠮᠠ
2. ᠠᠮᠢᠰᠬᠤᠯ ᠤᠨ ᠬᠣᠭᠣᠯᠠᠢ
1. ᠬᠣᠭᠣᠯᠠᠢ ᠶᠢᠨ ᠬᠡᠰᠡᠭ

图1-3-2　鸡喉部及气管

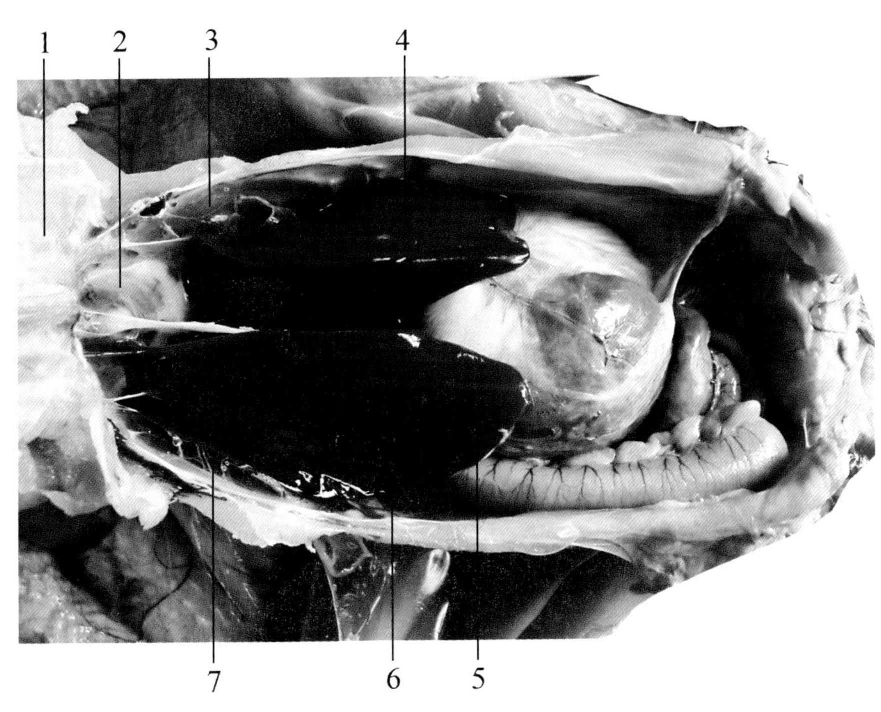

1.胸骨内壁 2.心包、心脏 3.左前胸气囊 4.肝左叶
5.肝右叶 6.右后胸气囊 7.右前胸气囊

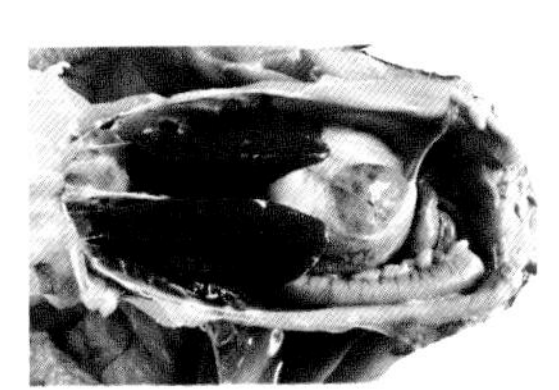

图1-3-3 鸡胸部气囊

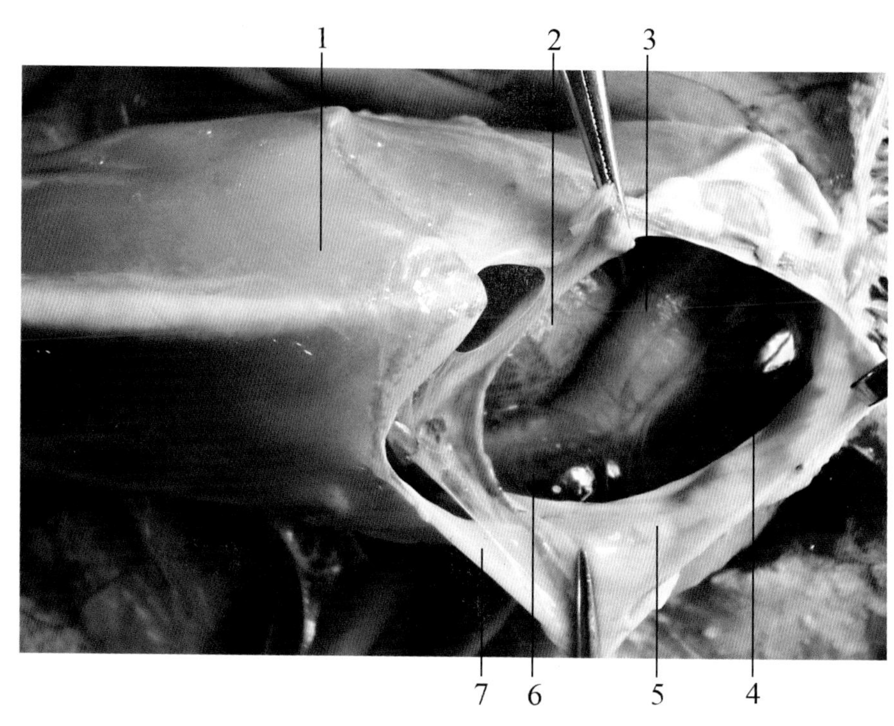

1.胸部　2.肌胃　3.十二指肠　4.腹气囊
5.腹膜　6.右后胸气囊　7.腹壁肌

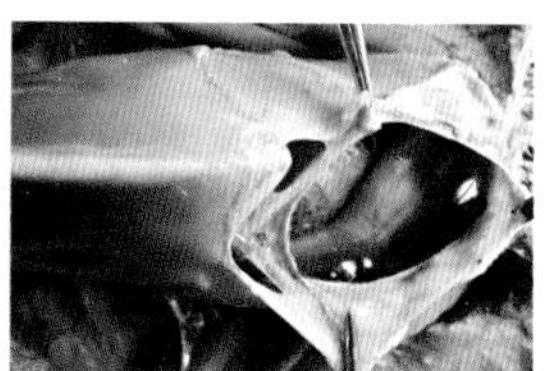

图1-3-4　鸡腹部气囊

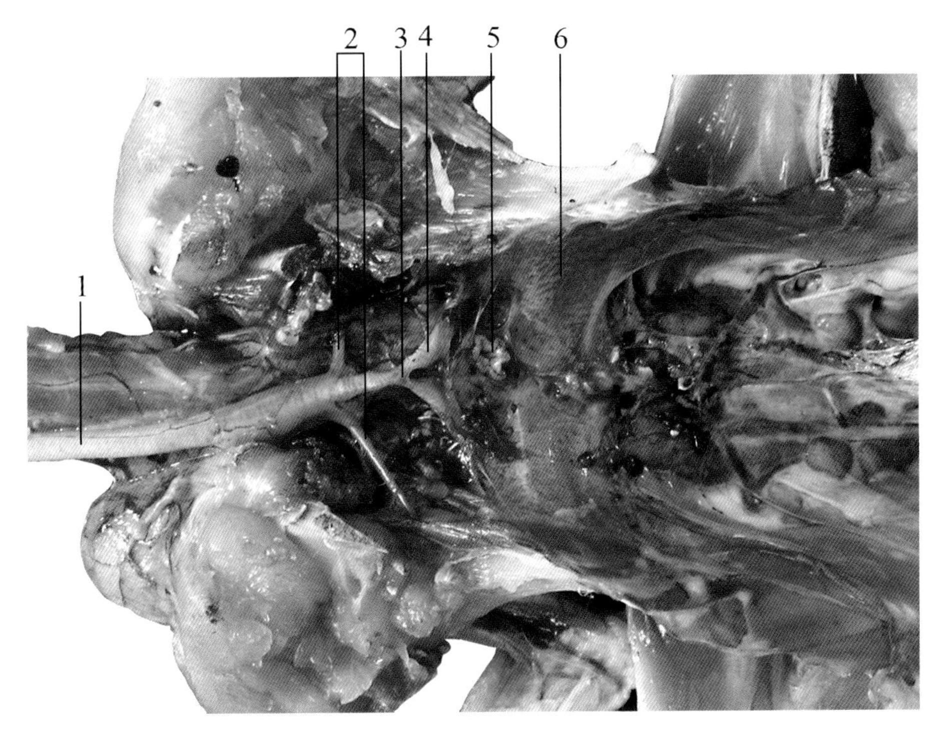

1.气管　2.胸骨气管肌　3.鸣囊　4.支气管　5.食管横断面　6.肺

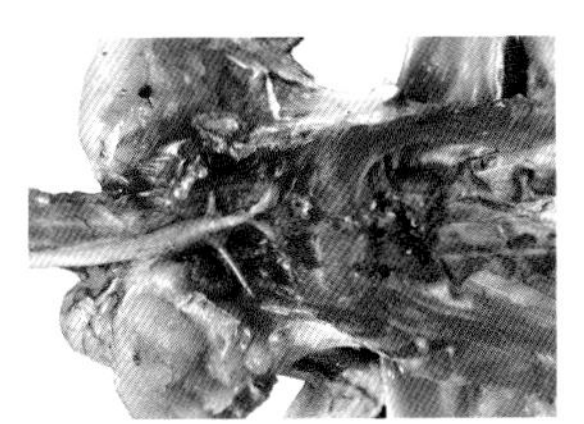

图1-3-5　鸡肺脏及鸣管在胸腔内的位置

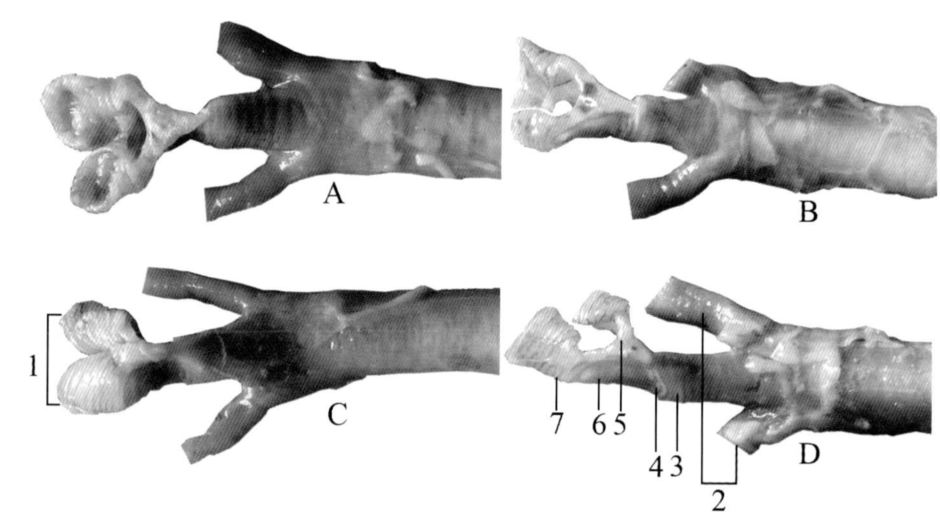

A.母鸡鸣管背侧面　　B.公鸡鸣管背侧面
C.母鸡鸣管腹侧面　　D.公鸡鸣管腹侧面
1.支气管　2.胸骨气管肌　3.前软骨　4.中间软骨　5.鸣骨
6.外鸣膜　7.后软骨

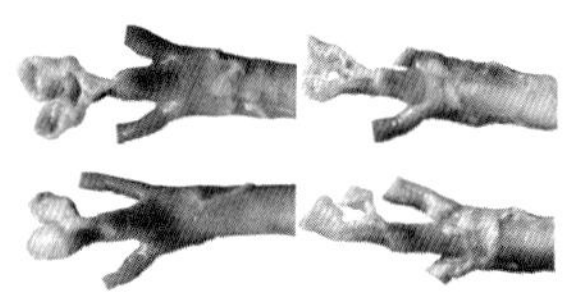

图1-3-6　鸡鸣管

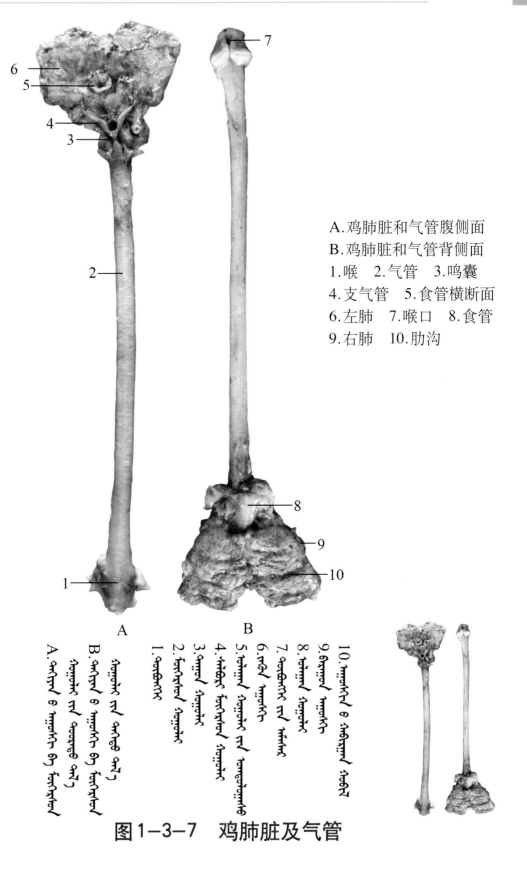

A. 鸡肺脏和气管腹侧面
B. 鸡肺脏和气管背侧面
1. 喉　2. 气管　3. 鸣囊
4. 支气管　5. 食管横断面
6. 左肺　7. 喉口　8. 食管
9. 右肺　10. 肋沟

A

B

图 1-3-7　鸡肺脏及气管

ᠵᠢᠷᠤᠭ 1-3-8 ᠲᠠᠬᠢᠶᠠᠨ ᠤ ᠬᠠᠮᠠᠷ ᠤᠨ ᠬᠥᠨᠳᠡᠢ ᠶᠢᠨ ᠬᠥᠨᠳᠡᠯᠡᠨ ᠣᠭᠲᠤᠯᠤᠯᠲᠠ

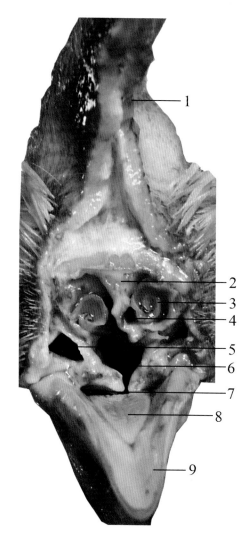

1. 鸡冠　2. 鼻中隔　3. 中鼻甲　4. 鼻道
5. 右眶下窦　6. 鼻腔　7. 口腔　8. 舌　9. 下喙

9. ᠳᠣᠣᠷᠠᠳᠤ ᠬᠣᠰᠢᠭᠤ
8. ᠬᠡᠯᠡ
7. ᠠᠮᠠᠨ ᠤ ᠬᠥᠨᠳᠡᠢ
6. ᠬᠠᠮᠠᠷ ᠤᠨ ᠬᠥᠨᠳᠡᠢ
5. ᠪᠠᠷᠠᠭᠤᠨ ᠨᠢᠳᠦᠨ ᠳᠣᠣᠷᠠᠬᠢ ᠬᠥᠨᠳᠡᠢ(ᠰᠢᠨᠦ᠋ᠰ)
4. ᠬᠠᠮᠠᠷ ᠤᠨ ᠵᠠᠮ
3. ᠳᠤᠮᠳᠠ ᠬᠠᠮᠠᠷ ᠤᠨ ᠶᠠᠰᠤ
2. ᠬᠠᠮᠠᠷ ᠤᠨ ᠳᠤᠮᠳᠠ ᠬᠠᠯᠬᠠᠪᠴᠢ
1. ᠵᠣᠷᠤᠭ᠎ᠠ

图1-3-8　鸡鼻腔横断面

四、鸡心血管系统

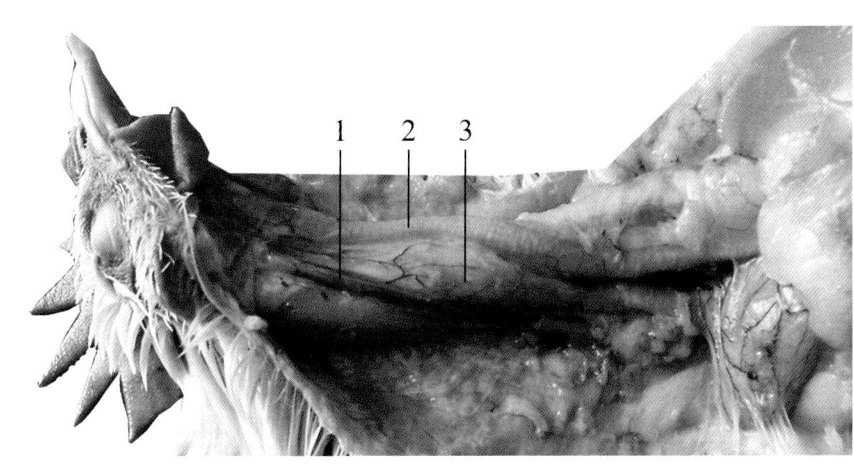

1.颈静脉 2.气管 3.食管

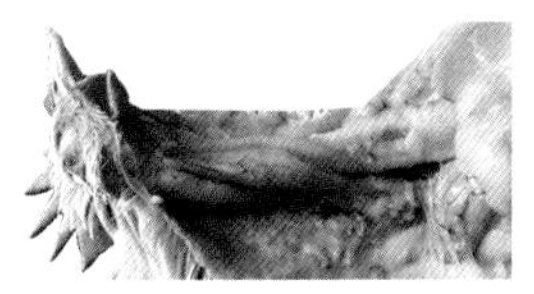

图1-4-1 鸡颈静脉

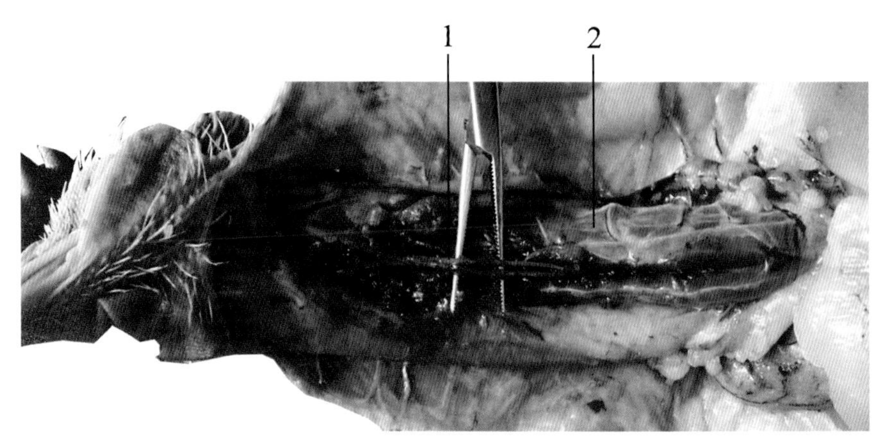

1.颈动脉　2.颈椎

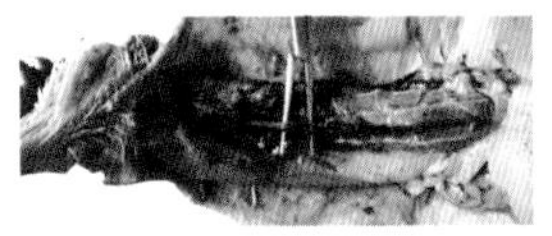

图1-4-2　鸡颈动脉

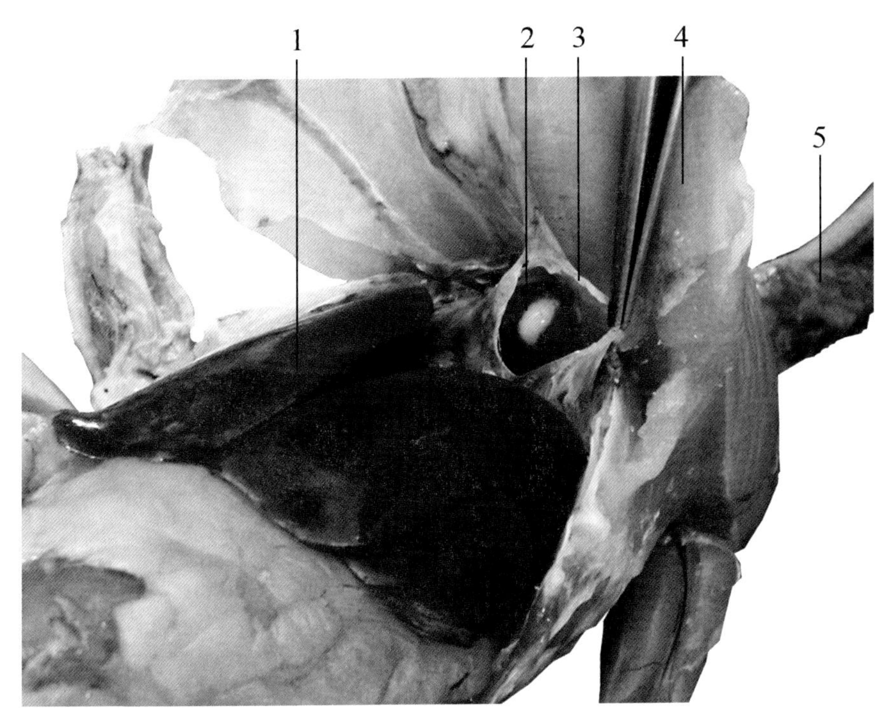

1.肝　2.心脏　3.心包　4.胸肌　5.颈部

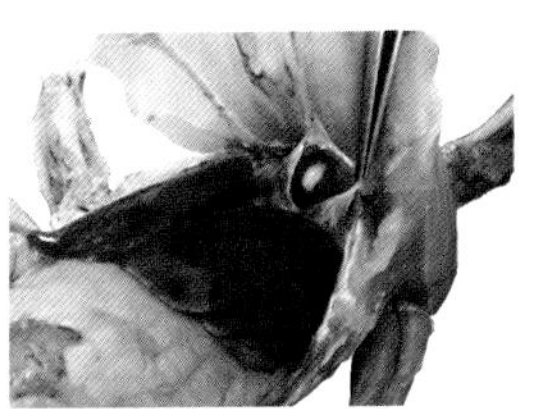

图1-4-3　鸡心包和心脏

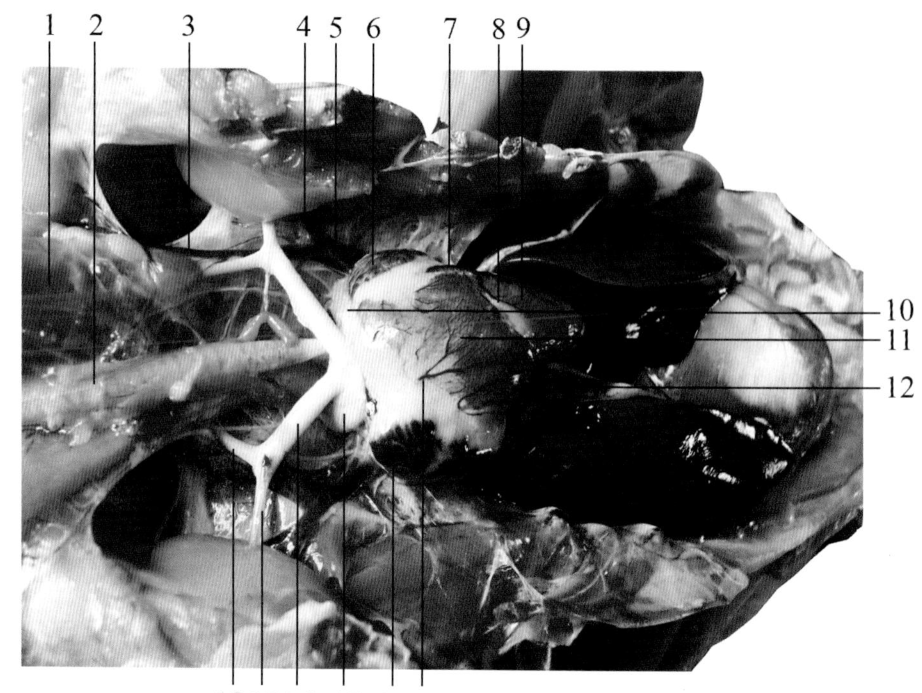

1.颈部　2.气管　3.颈静脉　4.锁骨下静脉　5.左前腔静脉
6.左心房　7.左心室静脉　8.下室间沟　9.左心室　10.肺动脉
11.右心室　12.肝静脉　13.心腹侧静脉　14.右心房
15.主动脉弓　16.右臂头动脉　17.锁骨下动脉　18.颈总动脉

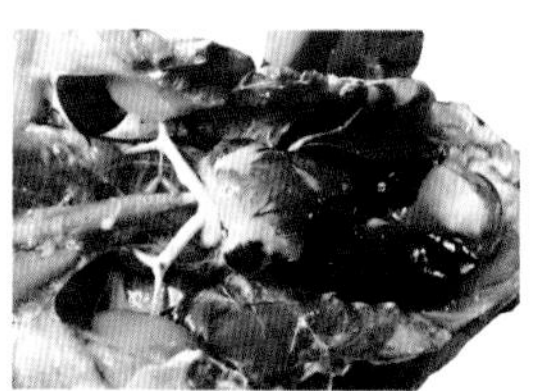

图1－4－4　鸡心血管胸前腹侧观－1

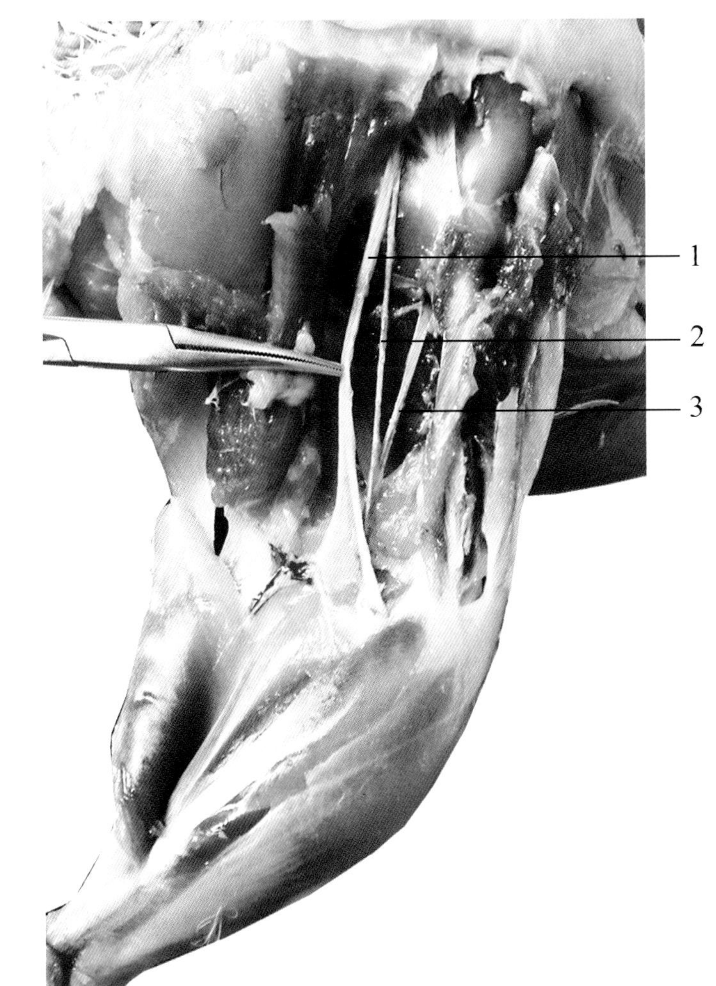

1.坐骨神经(腓总神经和胫神经)　2.坐骨动脉　3.坐骨静脉

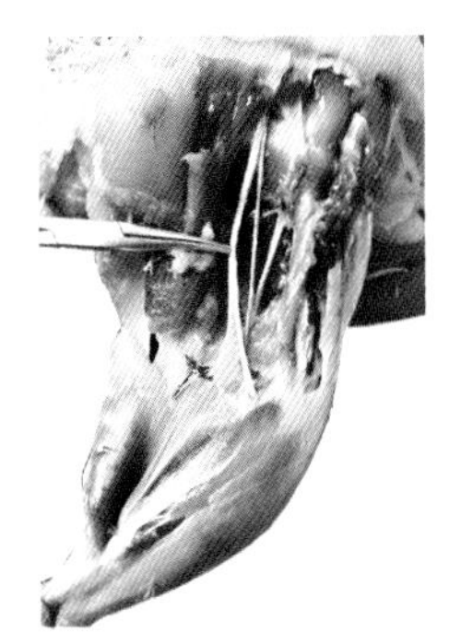

图1-4-13　鸡腿部外侧血管

ᠵᠢᠷᠤᠭ 1-4-14 ᠲᠠᠬᠢᠶᠠᠨ ᠭᠤᠶᠠᠨ ᠤ ᠳᠣᠲᠣᠭᠠᠳᠤ ᠲᠠᠯ᠎ᠠ ᠶᠢᠨ ᠴᠢᠰᠤᠨ ᠰᠤᠳᠠᠰᠤ

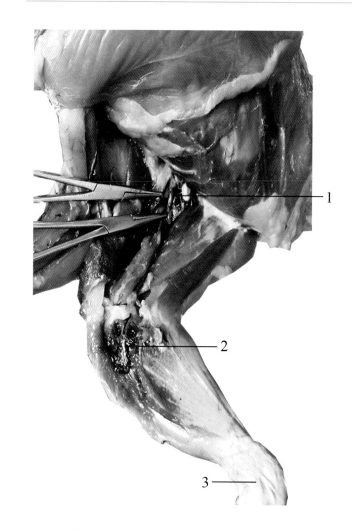

1.股静脉　2.胫内动脉和静脉　3.跗部

3.ᠪᠥᠭᠡᠷᠡᠨ ᠤ ᠬᠡᠰᠡᠭ
2.ᠰᠢᠯᠪᠢᠨ ᠤ ᠳᠣᠲᠣᠭᠠᠳᠤ ᠴᠢᠰᠤᠨ ᠰᠤᠳᠠᠰᠤ ᠪᠣᠯᠤᠨ ᠰᠤᠳᠠᠯ
1.ᠭᠤᠶᠠᠨ ᠤ ᠰᠤᠳᠠᠯ ᠤᠨ ᠴᠢᠰᠤ

图1-4-14　鸡腿部内侧血管

五、鸡泌尿系统

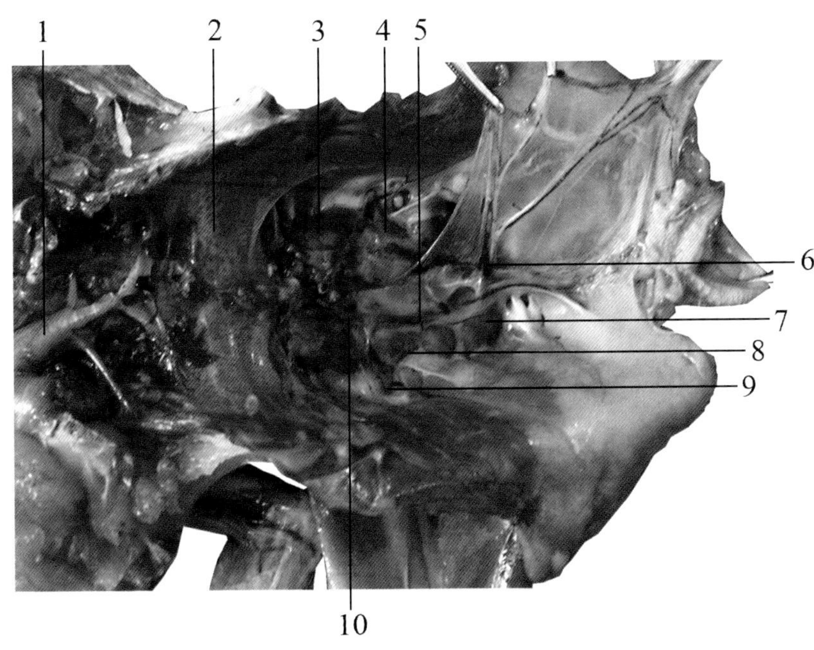

1.气管　2.肺　3.左肾前部　4.左肾中部　5.肾后静脉
6.肠系膜后静脉　7.右肾后部　8.肾门后静脉　9.髂外静脉
10.髂总静脉

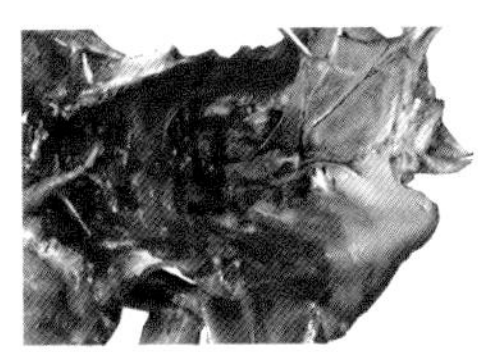

图1-5-1　鸡肾脏在腹腔内的位置

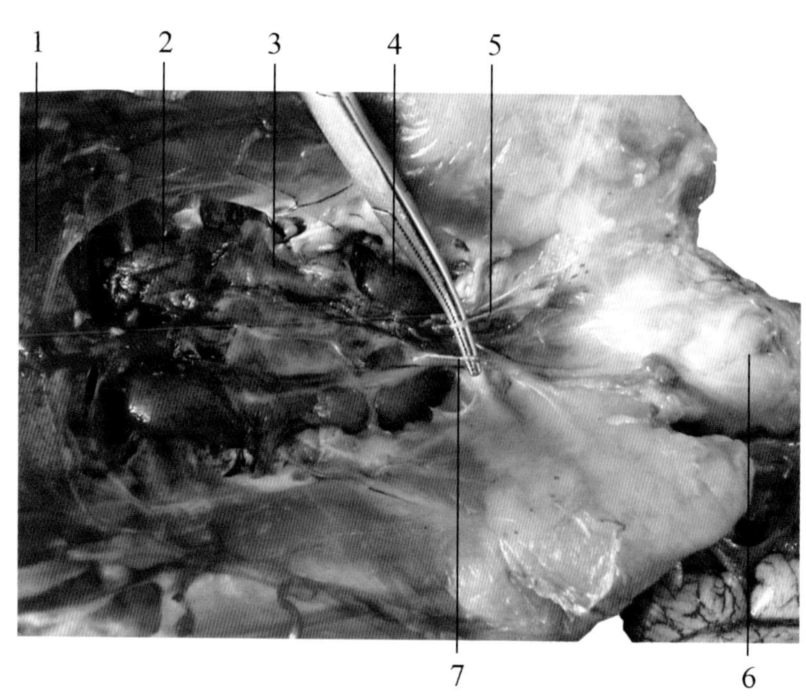

1.肺　2.左肾前部　3.左肾中部　4.左肾后部　5.左肾输尿管
6.泄殖腔　7.右肾输尿管

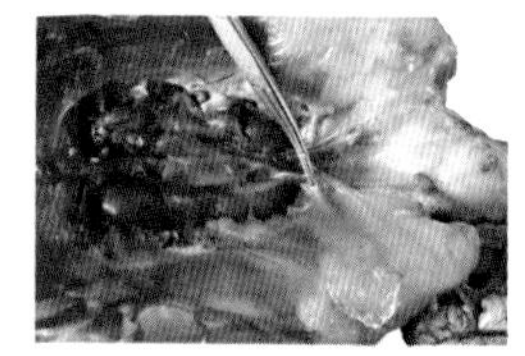

图1-5-2　鸡肾脏和输尿管

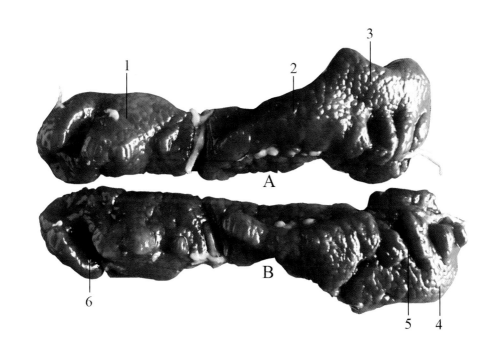

ᠬᠦᠰᠦᠨᠦᠭᠲᠦ 1-5-3 ᠲᠠᠬᠢᠶᠠᠨ ᠤ ᠪᠥᠭᠡᠷᠡ ᠶᠢᠨ ᠠᠷᠤ ᠲᠠᠯ᠎ᠠ

A.右肾背面　　B.左肾背面

1.肾前部　2.肾中部　3.肾后部　4.肾小叶　5.荐骨压迹
6.腰椎骨压迹

B.ᠵᠡᠭᠦᠨ ᠪᠥᠭᠡᠷᠡ ᠶᠢᠨ ᠠᠷᠤ ᠲᠠᠯ᠎ᠠ
A.ᠪᠠᠷᠠᠭᠤᠨ ᠪᠥᠭᠡᠷᠡ ᠶᠢᠨ ᠠᠷᠤ ᠲᠠᠯ᠎ᠠ
1.ᠪᠥᠭᠡᠷᠡ ᠶᠢᠨ ᠡᠮᠦᠨᠡᠬᠢ ᠬᠡᠰᠡᠭ
2.ᠪᠥᠭᠡᠷᠡ ᠶᠢᠨ ᠳᠤᠮᠳᠠᠬᠢ ᠬᠡᠰᠡᠭ
3.ᠪᠥᠭᠡᠷᠡ ᠶᠢᠨ ᠠᠷᠤ ᠬᠡᠰᠡᠭ
4.ᠪᠥᠭᠡᠷᠡ ᠶᠢᠨ ᠵᠢᠵᠢᠭ ᠳᠡᠯᠪᠢ
5.ᠳᠠᠯᠠᠩ ᠶᠠᠰᠤᠨ ᠤ ᠳᠠᠷᠤᠮ᠎ᠠ
6.ᠪᠥᠭᠰᠡᠨ ᠨᠤᠭᠤᠯᠠᠭᠠᠰᠤᠨ ᠤ ᠳᠠᠷᠤᠮ᠎ᠠ

图1-5-3　鸡肾脏背面

六、鸡神经系统

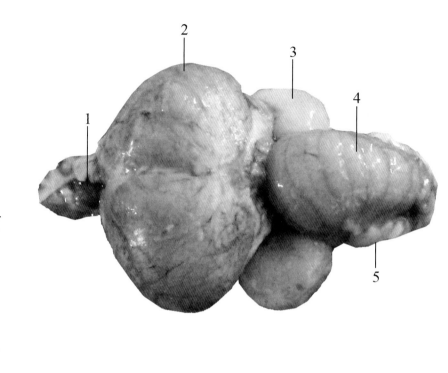

ᠵᠢᠷᠤᠭ 1-6-1 ᠲᠠᠬᠢᠶᠠᠨ ᠤ ᠲᠠᠷᠢᠬᠢ (ᠠᠷᠤ ᠲᠠᠯ᠎ᠠ)

1.嗅球　2.大脑半球　3.中脑丘(视叶)　4.小脑蚓部　5.小脑耳

5.ᠪᠢᠴᠢᠬᠠᠨ ᠲᠠᠷᠢᠬᠢ ᠶᠢᠨ ᠴᠢᠬᠢ
4.ᠪᠢᠴᠢᠬᠠᠨ ᠲᠠᠷᠢᠬᠢ ᠶᠢᠨ ᠬᠤᠷᠤᠬᠠᠢ ᠬᠡᠰᠡᠭ
3.ᠳᠤᠮᠳᠠ ᠲᠠᠷᠢᠬᠢ ᠶᠢᠨ ᠳᠣᠪᠤ (ᠬᠠᠷᠠᠭᠠᠨ ᠳᠡᠯᠪᠢ)
2.ᠲᠣᠮᠣ ᠲᠠᠷᠢᠬᠢ ᠶᠢᠨ ᠪᠥᠮᠪᠥᠭᠡ ᠪᠥᠮᠪᠥᠭᠡᠯᠢᠭ
1.ᠦᠨᠦᠷᠯᠡᠬᠦ ᠪᠥᠮᠪᠥᠭᠡ

图 1-6-1　鸡脑背面观

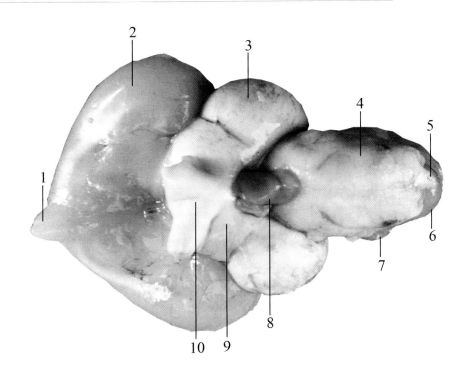

1.嗅球　2.大脑半球　3.中脑丘(视叶)　4.延脑　5.脊髓
6.小脑　7.小脑耳　8.脑垂体　9.间脑　10.视交叉

10.ᠬᠠᠷᠠᠭᠠᠨ ᠤ ᠵᠥᠷᠢᠯᠴᠡᠯ

9.ᠵᠠᠪᠰᠠᠷ ᠲᠠᠷᠢᠬᠢ

8.ᠲᠠᠷᠢᠬᠢᠨ ᠤ ᠳᠡᠭᠦᠵᠢ

7.ᠳᠤᠮᠳᠠᠳᠤ ᠲᠠᠷᠢᠬᠢ ᠶᠢᠨ ᠲᠣᠪᠣᠭᠠᠷ

6.ᠪᠢᠴᠢᠬᠠᠨ ᠲᠠᠷᠢᠬᠢ

5.ᠨᠢᠷᠤᠭᠤ

4.ᠰᠤᠩᠭᠠᠭᠤᠯ ᠲᠠᠷᠢᠬᠢ

3.ᠳᠤᠮᠳᠠᠳᠤ ᠲᠠᠷᠢᠬᠢ ᠶᠢᠨ ᠲᠣᠪᠣᠭᠠᠷ (ᠬᠠᠷᠠᠭᠠᠨ ᠤ ᠳᠡᠯᠪᠢ)

2.ᠲᠣᠮᠣ ᠲᠠᠷᠢᠬᠢ ᠶᠢᠨ ᠪᠥᠮᠪᠥᠷᠴᠡᠭ

1.ᠦᠨᠦᠷᠯᠡᠬᠦ ᠪᠥᠮᠪᠥᠭᠡ

图 1-6-2　鸡脑腹面观

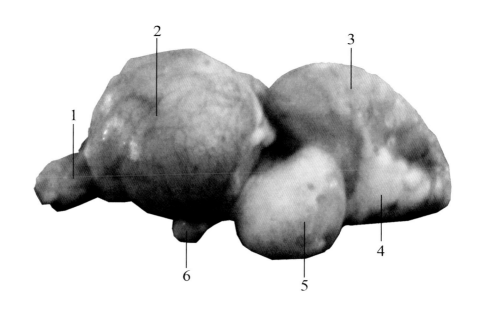

ᠲᠣᠯᠣᠭᠠᠢ 1-6-3 ᠲᠠᠬᠢᠶᠠᠨ ᠤ ᠲᠠᠷᠢᠬᠢ (ᠬᠠᠵᠠᠭᠤ ᠠᠴᠠ)

1.嗅球　2.大脑半球　3.小脑蚓部　4.小脑耳
5.中脑丘（视叶）　6.脑垂体

6. ᠲᠠᠷᠢᠬᠢᠨ ᠤ ᠵᠠᠯᠭᠠᠭᠤᠷ
5. ᠳᠤᠮᠳᠠᠳᠤ ᠲᠠᠷᠢᠬᠢᠨ ᠤ ᠲᠣᠪᠤ
4. ᠪᠠᠭ᠎ᠠ ᠲᠠᠷᠢᠬᠢᠨ ᠤ ᠴᠢᠬᠢ
3. ᠪᠠᠭ᠎ᠠ ᠲᠠᠷᠢᠬᠢᠨ ᠤ ᠬᠣᠷᠣᠬᠠᠢᠳᠤ ᠬᠡᠰᠡᠭ
2. ᠶᠡᠬᠡ ᠲᠠᠷᠢᠬᠢᠨ ᠤ ᠪᠥᠮᠪᠥᠷᠴᠡᠭ
1. ᠦᠨᠦᠷᠯᠡᠬᠦ ᠪᠥᠮᠪᠥᠭᠡ

图 1-6-3　鸡脑侧面观

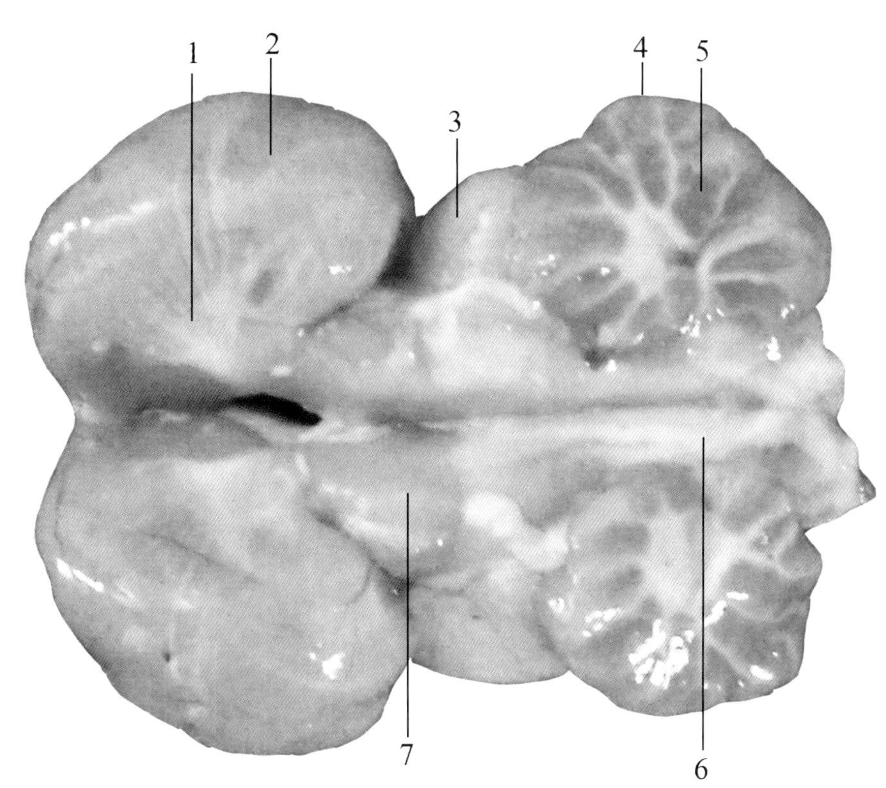

1.大脑半球间隔　2.大脑半球　3.中脑丘(视叶)　4.小脑
5.小脑叶　6.延脑　7.丘脑

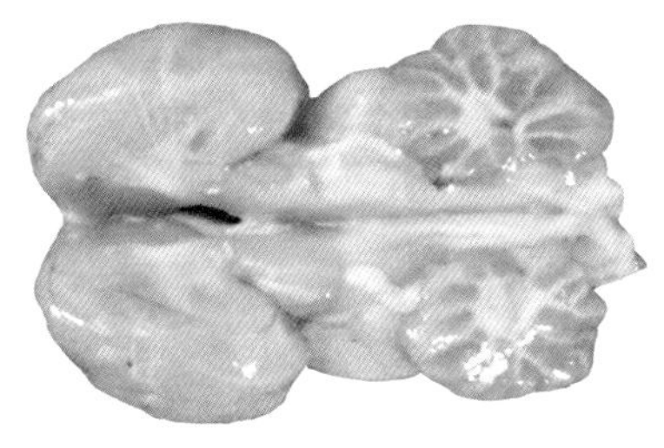

图1-6-4　鸡脑纵切面

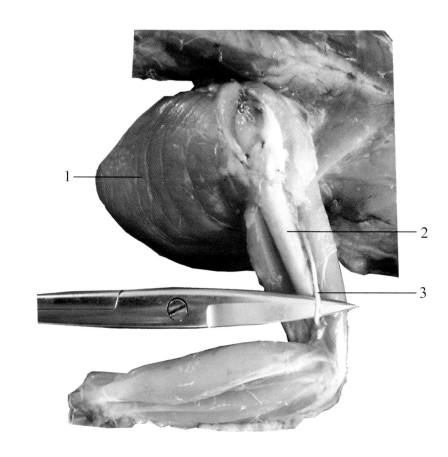

ᠵᠢᠷᠤᠭ 1-6-5 ᠲᠠᠬᠢᠶ᠎ᠠ ᠶᠢᠨ ᠳᠠᠯᠠᠪᠴᠢᠨ ᠤ ᠮᠡᠳᠡᠷᠡᠯ

1.胸肌　2.臂骨　3.桡神经

3. ᠴᠠᠴᠤᠭ ᠤᠨ ᠮᠡᠳᠡᠷᠡᠯ
2. ᠡᠭᠡᠮ᠎ᠡ ᠶᠢᠨ ᠶᠠᠰᠤ
1. ᠡᠪᠴᠢᠭᠦᠨ ᠤ ᠪᠤᠯᠴᠢᠩ

图1-6-5　鸡翼部神经

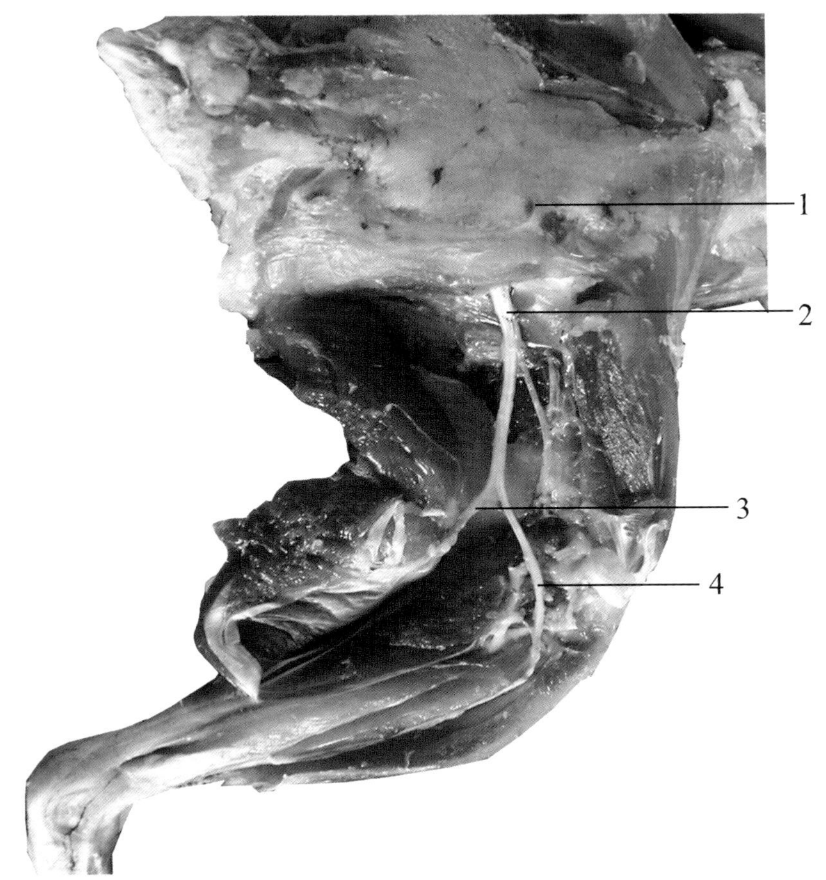

1.腰荐部　2.坐骨神经　3.胫内侧神经　4.胫外侧神经

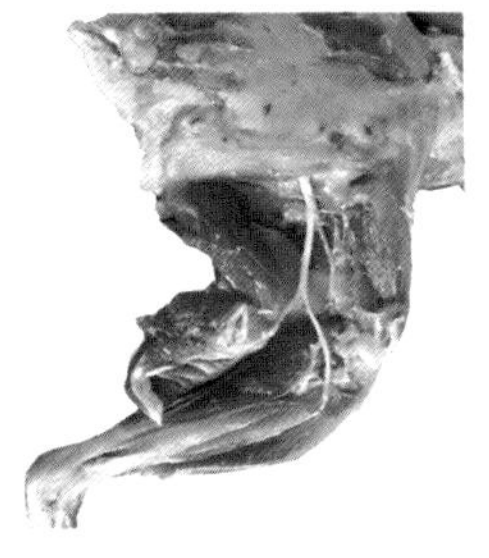

图1-6-6　鸡腿部神经（外侧）

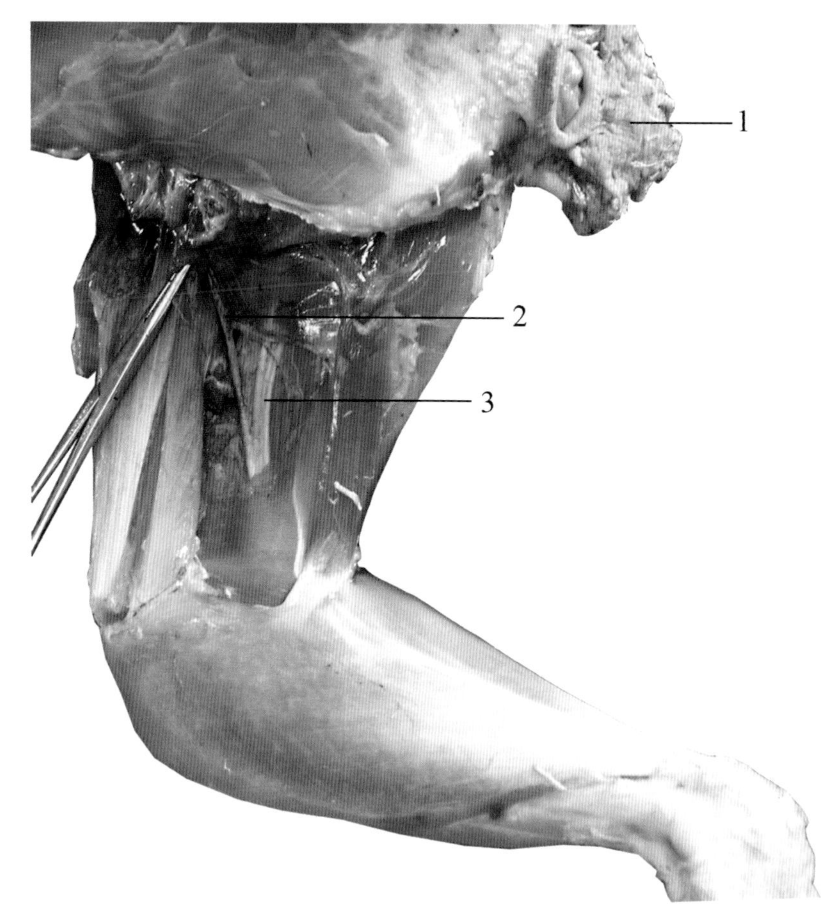

1.尾部　2.股静脉　3.股、胫、腓神经束

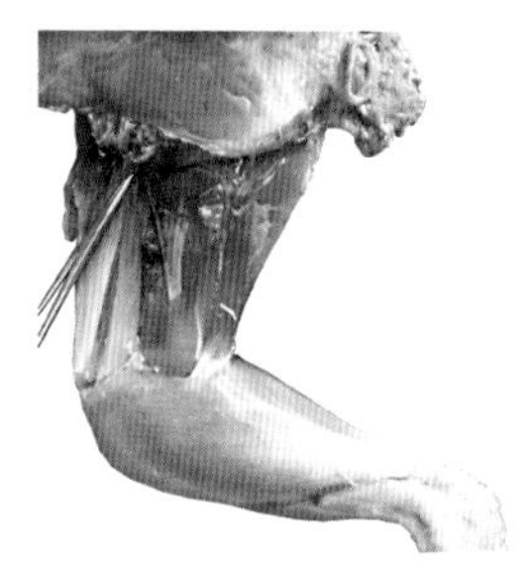

图 1-6-7　鸡腿部神经（内侧）

A

B

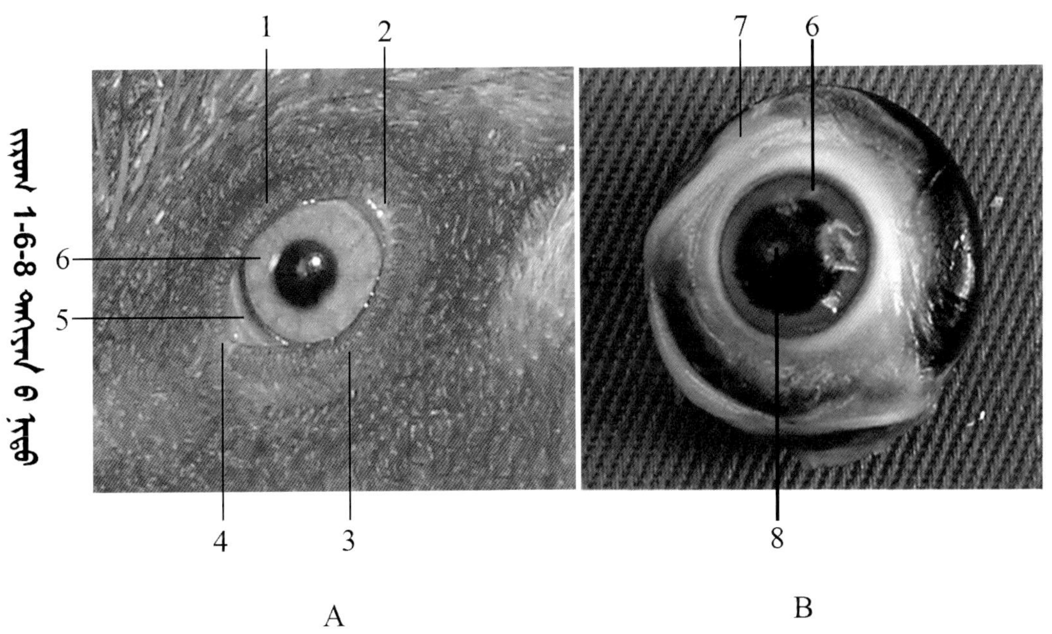

A.鸡眼睛外观　B.鸡眼球

1.上眼睑　2.眼外角　3.下眼睑　4.眼内角　5.瞬膜(第三睑)
6.角膜和虹膜　7.巩膜　8.瞳孔

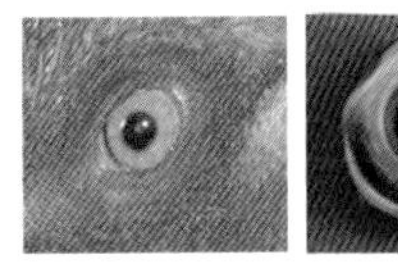

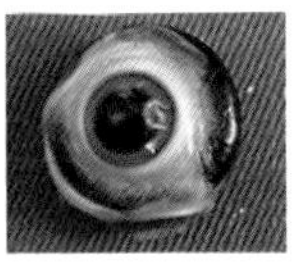

图 1-6-8　鸡眼睛

ᠲᠠᠪᠤ 1-6-9 ᠲᠠᠬᠢᠶᠠᠨ ᠤ ᠬᠦᠵᠦᠭᠦᠨ ᠤ ᠮᠡᠳᠡᠷᠡᠯ

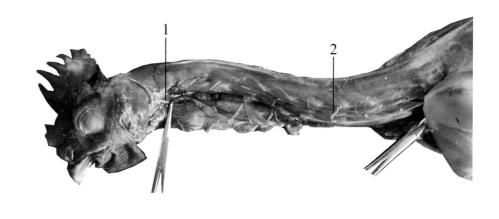

1.迷走神经   2.颈椎神经

2.ᠬᠦᠵᠦᠭᠦᠨ ᠨᠤᠭᠤᠯᠤᠭ᠎ᠠ ᠶᠢᠨ ᠮᠡᠳᠡᠷᠡᠯ
1.ᠲᠦᠭᠡᠷᠢᠮ᠎ᠡ ᠮᠡᠳᠡᠷᠡᠯ

图1-6-9　鸡颈神经

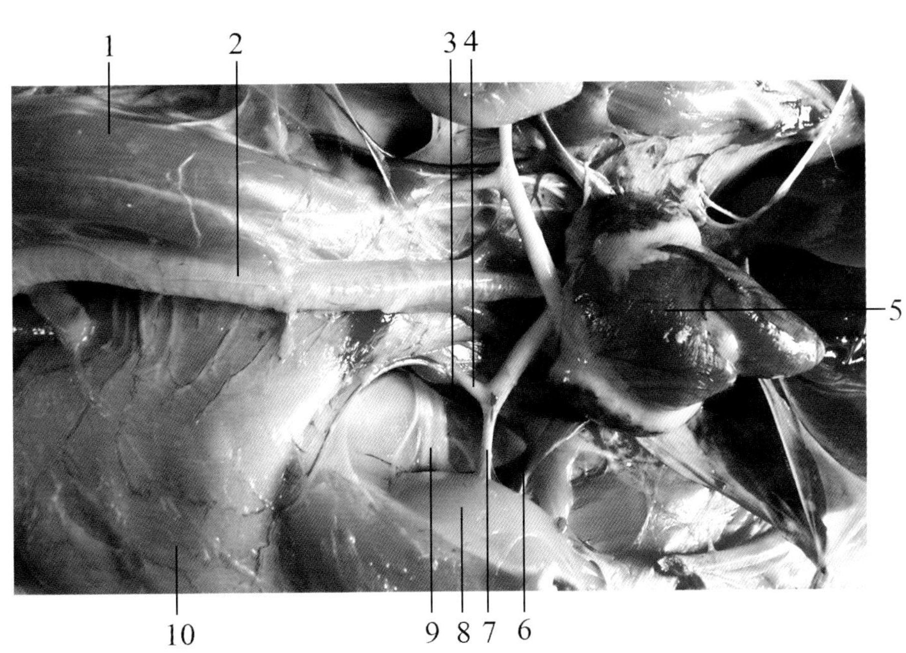

1.颈部　2.气管　3.右颈静脉　4.右颈动脉　5.心脏　6.右锁骨下静脉
7.右锁骨下动脉　8.胸肌　9.臂神经丛　10.嗉囊

图1—6—10　鸡臂神经丛

七、母鸡生殖系统

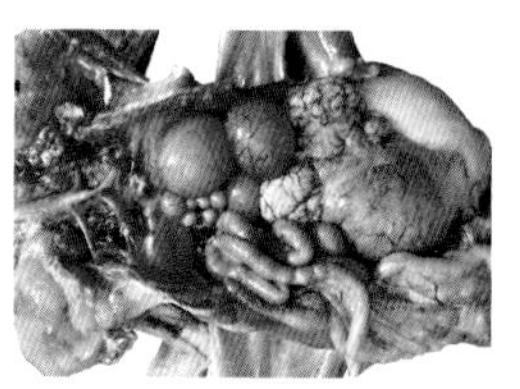

1.气管　2.食管横断面　3.左肺　4.成熟卵泡(卵黄)　5.输卵管
6.子宫部　7.直肠　8.空肠　9.生长卵泡　10.次级卵泡

图 1-7-1　母鸡生殖器官腹腔内腹面观 -1

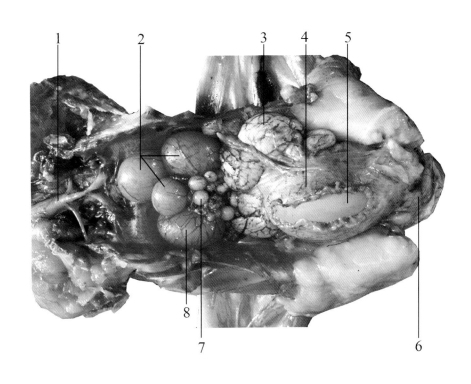

图1-7-2 ᠮᠠᠮᠠᠨ᠎ᠤ ᠠᠨᠠᠲᠣᠮᠢᠢᠨ ᠤ ᠡᠷᠬᠡᠲᠡᠨ ᠦ ᠬᠡᠪᠡᠯᠢ-2

1.气管　2.生长卵泡　3.输卵管　4.子宫壁　5.成蛋
6.直肠　7.次级卵泡　8.成熟卵泡（卵黄）

8. ᠪᠦᠷᠢᠯᠳᠦᠭᠰᠡᠨ ᠥᠨᠳᠡᠭᠡᠨ ᠤ ᠱᠦᠭᠦᠯᠦᠷ
7. ᠬᠣᠶᠠᠳᠤᠭᠠᠷ ᠵᠡᠷᠭᠡ ᠦᠨ ᠥᠨᠳᠡᠭᠡᠨ ᠤ ᠱᠦᠭᠦᠯᠦᠷ
6. ᠰᠢᠯᠤᠭᠤᠨ ᠭᠡᠳᠡᠰᠦ
5. ᠪᠦᠷᠢᠯᠳᠦᠭᠰᠡᠨ ᠥᠨᠳᠡᠭᠡ
4. ᠤᠮᠠᠢ ᠶᠢᠨ ᠬᠠᠨ᠎ᠠ
3. ᠥᠨᠳᠡᠭᠡ ᠲᠡᠭᠡᠭᠡᠪᠦᠷᠢᠯᠡᠬᠦ ᠰᠤᠳᠠᠰᠤ
2. ᠥᠰᠦᠯᠲᠡ ᠶᠢᠨ ᠥᠨᠳᠡᠭᠡᠨ ᠤ ᠱᠦᠭᠦᠯᠦᠷ
1. ᠠᠮᠢᠰᠬᠤᠯ ᠤᠨ ᠰᠤᠳᠠᠰᠤ

图1-7-2　母鸡生殖器官腹腔内腹面观-2

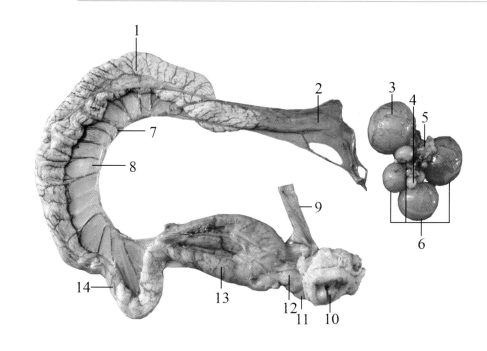

1.输卵管膨大部　2.输卵管漏斗部　3.成熟卵泡(卵黄)　4.次级卵泡
5.卵巢　6.生长卵泡　7.输卵管血管　8.输卵管系膜　9.直肠
10.肛门　11.泄殖腔　12.阴道部　13.子宫部　14.输卵管峡部

14. ᠲᠠᠬᠢᠶᠠᠨ ᠤ ᠦᠨᠳᠡᠭᠡᠨ ᠤ ᠰᠤᠪᠠᠭ ᠤᠨ ᠬᠤᠩᠭᠢᠯ (ᠬᠡᠰᠡᠭ)
13. ᠤᠮᠠᠢ ᠶᠢᠨ (ᠬᠡᠰᠡᠭ)
12. ᠦᠲᠡᠭᠡᠢ ᠶᠢᠨ (ᠬᠡᠰᠡᠭ)
11. ᠱᠢᠭᠡᠰᠦᠨ ᠦᠨᠳᠡᠭᠡᠨ ᠤ ᠬᠡᠪᠡᠯᠢ
10. ᠰᠦᠢᠯᠲᠡ ᠶᠢᠨ
9. ᠰᠢᠯᠤᠭᠤᠨ ᠭᠡᠳᠡᠰᠦ
8. ᠦᠨᠳᠡᠭᠡᠨ ᠤ ᠰᠤᠪᠠᠭ ᠤᠨ ᠬᠥᠰᠢᠭᠡ
7. ᠦᠨᠳᠡᠭᠡᠨ ᠤ ᠰᠤᠪᠠᠭ ᠤᠨ ᠰᠤᠳᠠᠯ
6. ᠥᠰᠦᠯᠲᠡ ᠶᠢᠨ ᠦᠨᠳᠡᠭᠡᠨ ᠤ ᠪᠥᠮᠪᠦᠯᠢᠭ
5. ᠦᠨᠳᠡᠭᠡᠨ ᠤ ᠰᠠᠩ
4. ᠬᠤᠶᠠᠳᠤᠭᠠᠷ ᠵᠡᠷᠭᠡ ᠶᠢᠨ ᠦᠨᠳᠡᠭᠡᠨ ᠤ ᠪᠥᠮᠪᠦᠯᠢᠭ
3. ᠪᠤᠯᠪᠠᠰᠤᠷᠠᠭᠰᠠᠨ ᠦᠨᠳᠡᠭᠡᠨ ᠤ ᠪᠥᠮᠪᠦᠯᠢᠭ
2. ᠦᠨᠳᠡᠭᠡᠨ ᠤ ᠰᠤᠪᠠᠭ ᠤᠨ ᠰᠢᠪᠠᠷᠠᠨ ᠤ ᠬᠡᠰᠡᠭ
1. ᠦᠨᠳᠡᠭᠡᠨ ᠤ ᠰᠤᠪᠠᠭ ᠤᠨ ᠪᠦᠳᠦᠭᠦᠷᠡᠭᠰᠡᠨ ᠬᠡᠰᠡᠭ

图1-7-3　母鸡生殖器官的组成-1

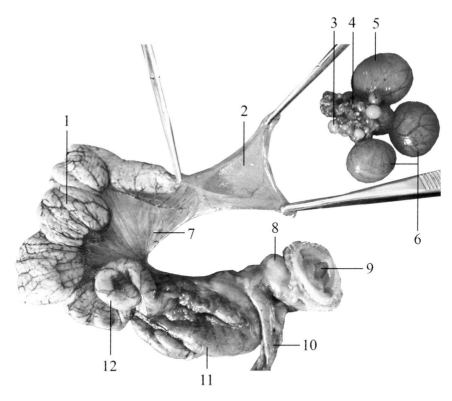

ᠲ᠋ᠠᠬᠢᠶᠠᠨ᠎ᠤ 1-7-4 ᠵᠢᠷᠤᠭ ᠬᠤᠷ᠎ᠠ ᠪᠡᠶ᠎ᠡ ᠶᠢᠨ ᠡᠷᠬᠡᠲᠡᠨ᠎ᠤ ᠪᠦᠷᠢᠯᠳᠦᠭᠦᠨ -2

1.输卵管膨大部　2.输卵管漏斗口　3.次级卵泡　4.卵巢
5.成熟卵泡(卵黄)　6.生长卵泡　7.输卵管系膜　8.泄殖腔
9.肛门　10.直肠　11.子宫部　12.输卵管峡部

12. ᠲᠣᠬᠢᠶᠠᠷᠠᠬᠤ ᠡᠪᠡᠷᠬᠡᠢᠳᠡᠯ ᠤ᠋ᠨ ᠨᠠᠷᠢᠨ (ᠵᠠᠪᠰᠠᠷ) ᠬᠡᠰᠡᠭ
11. ᠤᠮᠠᠢ ᠶ᠋ᠢᠨ ᠬᠡᠰᠡᠭ
10. ᠡᠬᠡᠳᠡᠰᠤ ᠭᠡᠳᠡᠰᠤ
9. ᠬᠣᠰᠢᠭᠤᠯᠠᠭ
8. ᠰᠢᠭᠡᠰᠤᠨ ᠤ᠋ ᠪᠠᠭᠠᠰᠤᠨ ᠤ᠋ ᠬᠦᠨᠳᠡᠢ
7. ᠲᠣᠬᠢᠶᠠᠷᠠᠬᠤ ᠡᠪᠡᠷᠬᠡᠢᠳᠡᠯ ᠤ᠋ᠨ ᠪᠦᠷᠬᠦᠪᠴᠢ
6. ᠦᠰᠦᠯᠲᠡ ᠶ᠋ᠢᠨ ᠦᠨᠳᠡᠭᠡᠨ ᠤᠷᠤᠭ
5. ᠪᠣᠯᠪᠠᠰᠤᠷᠠᠭᠰᠠᠨ ᠦᠨᠳᠡᠭᠡᠨ ᠤᠷᠤᠭ
4. ᠦᠨᠳᠡᠭᠡᠨ ᠡᠭᠦᠷ
3. ᠬᠣᠶᠠᠳᠤᠭᠠᠷ ᠳᠡᠰ᠎ᠦᠨ ᠦᠨᠳᠡᠭᠡᠨ ᠤᠷᠤᠭ
2. ᠲᠣᠬᠢᠶᠠᠷᠠᠬᠤ ᠡᠪᠡᠷᠬᠡᠢᠳᠡᠯ ᠤ᠋ᠨ ᠢᠦᠲᠦ ᠬᠡᠯᠪᠡᠷᠢᠲᠤ ᠠᠮᠠ
1. ᠲᠣᠬᠢᠶᠠᠷᠠᠬᠤ ᠡᠪᠡᠷᠬᠡᠢᠳᠡᠯ ᠤ᠋ᠨ ᠪᠦᠯᠪᠡᠢᠭᠰᠡᠨ ᠬᠡᠰᠡᠭ

图1-7-4　母鸡生殖器官的组成-2

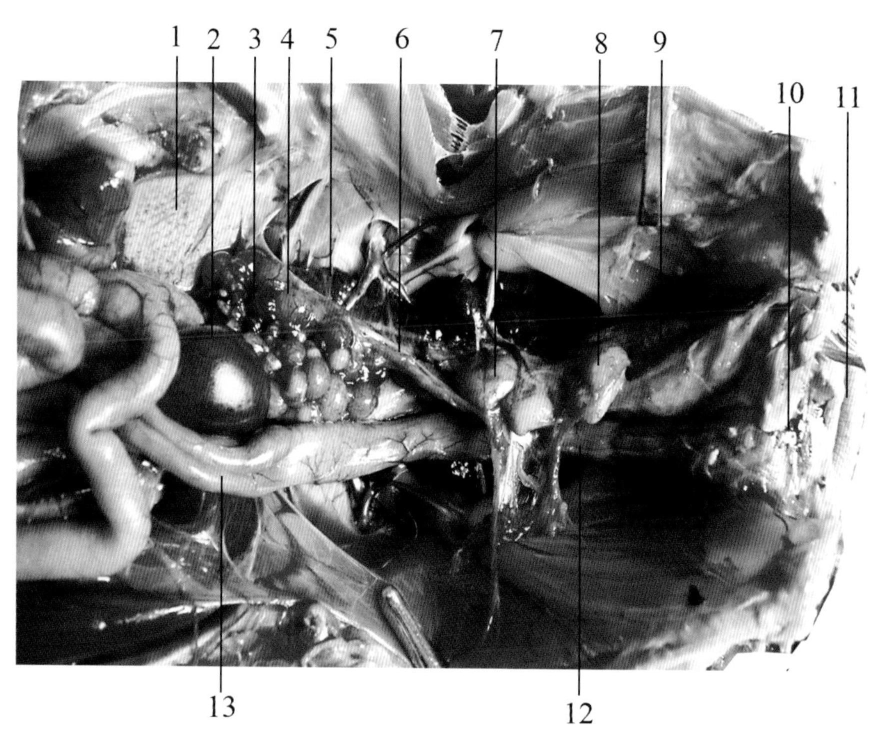

1. 左肺　2. 脾　3. 卵巢　4. 次级卵泡　5. 左肾前部　6. 输卵管漏斗部
7. 输卵管膨大部　8. 输卵管峡部　9. 子宫部　10. 泄殖腔　11. 肛门
12. 直肠　13. 盲肠

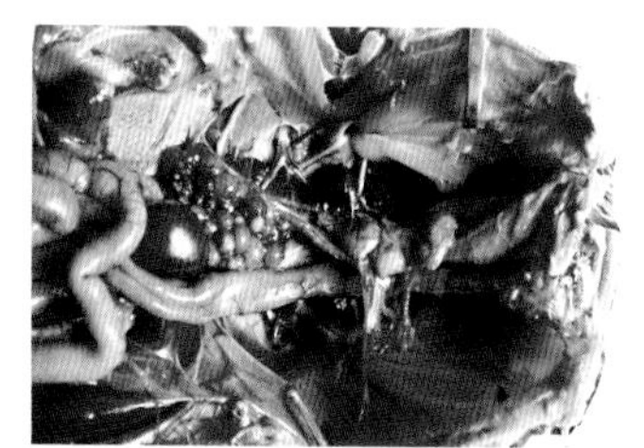

图1-7-5　母鸡生殖器官在腹腔内的腹面观（非繁殖期）

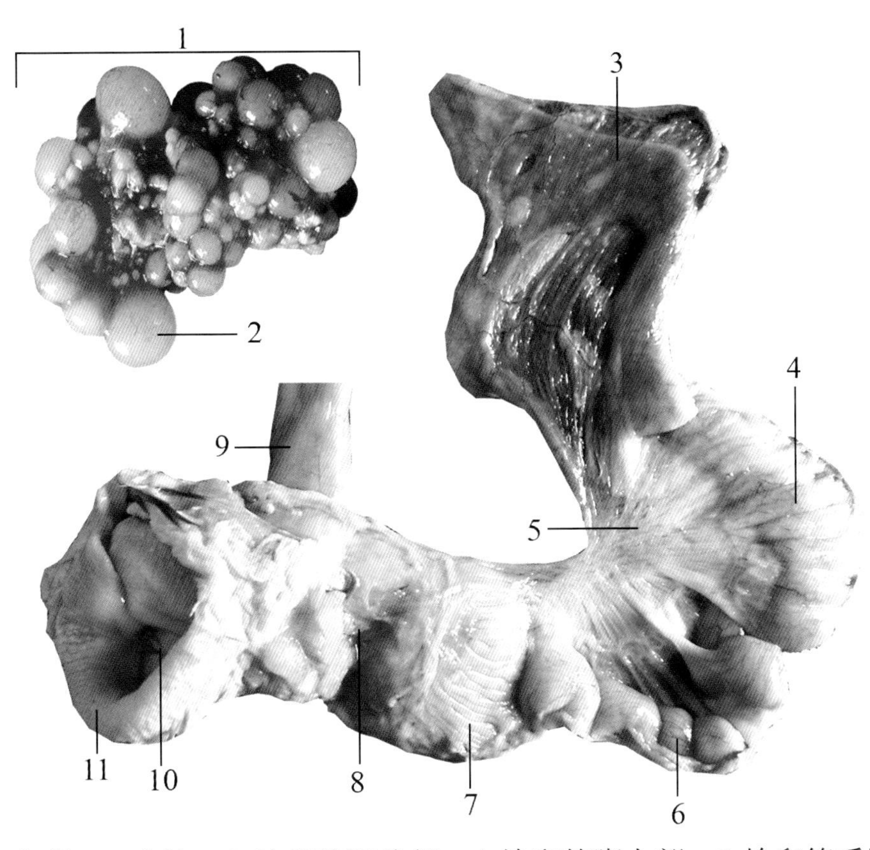

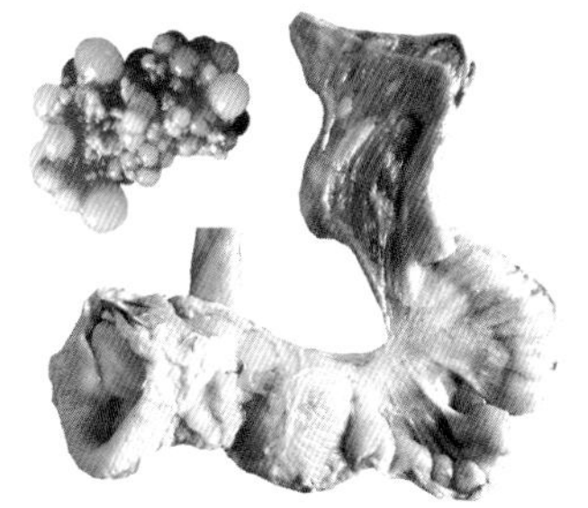

1.卵巢　2.卵泡　3.输卵管漏斗部　4.输卵管膨大部　5.输卵管系膜
6.输卵管峡部　7.子宫部　8.阴道部　9.直肠　10.泄殖腔　11.肛门

图1-7-6　母鸡生殖器官的组成（非繁殖期）

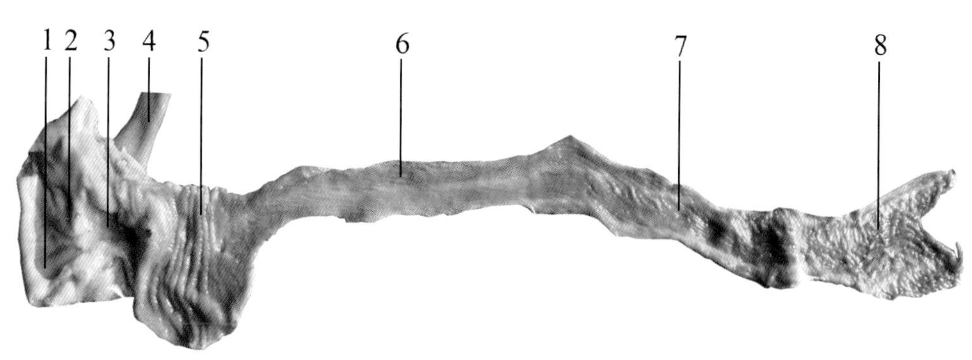

1.泄殖腔黏膜　2.直肠粪道开口　3.阴道黏膜
4.直肠　5.子宫部黏膜　6.输卵管峡部黏膜
7.输卵管膨大部黏膜　8.输卵管漏斗部黏膜

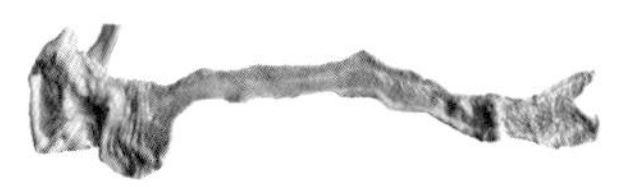

图1-7-7　母鸡生殖道黏膜（非繁殖期）

八、公鸡生殖系统

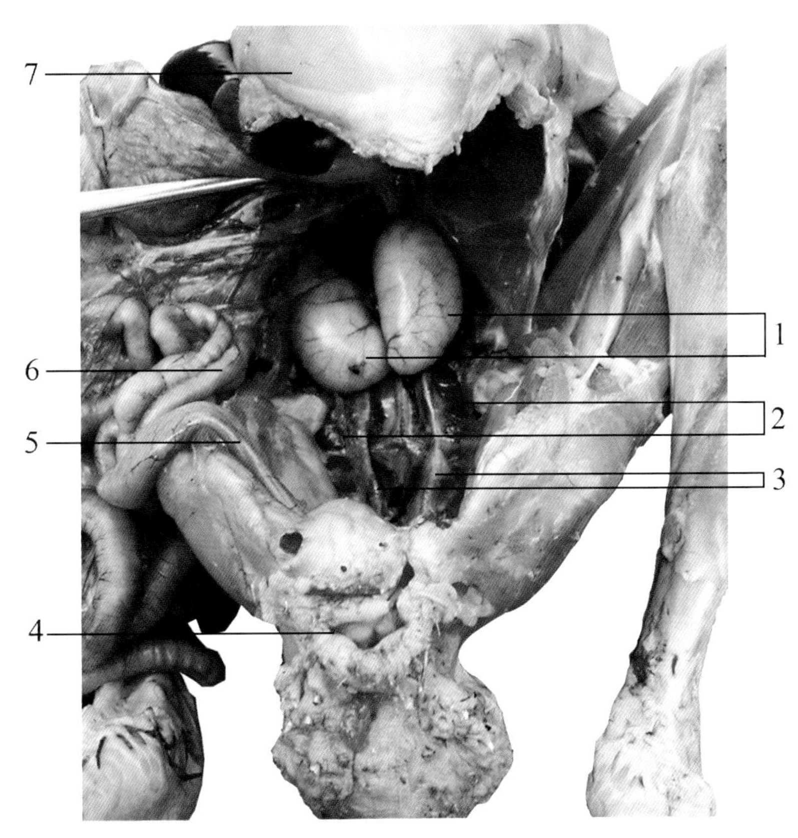

1.睾丸　2.肾中部　3.输精管　4.肛门
5.直肠　6.空肠　7.胸肌

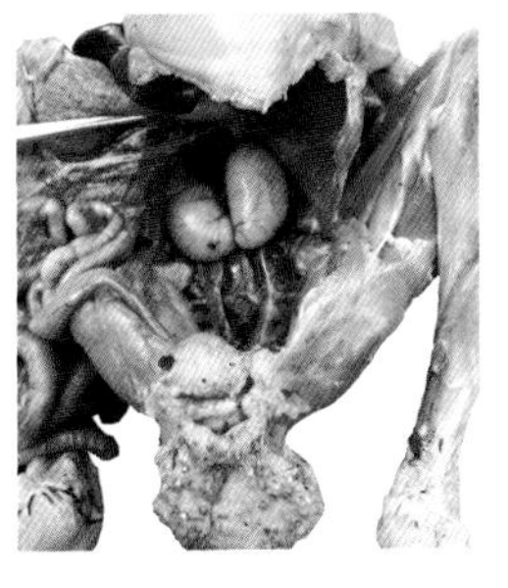

图1-8-1　公鸡生殖器官在腹腔内的位置-1

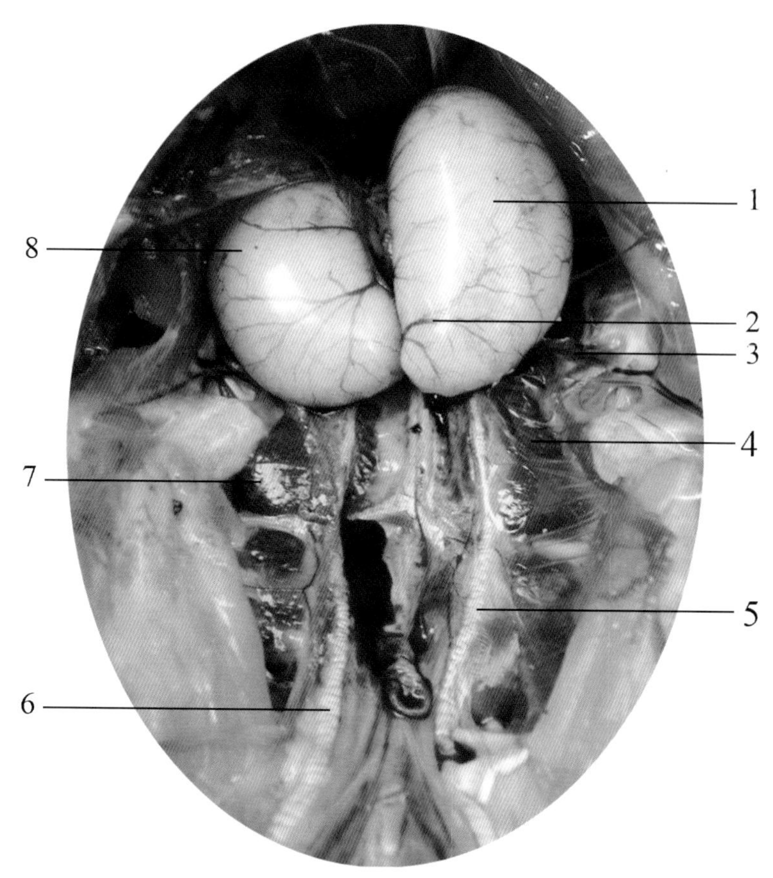

1.左侧睾丸　2.睾丸血管　3.髂总静脉　4.左肾中部
5.左侧输精管　6.右侧输精管　7.右肾中部　8.右侧睾丸

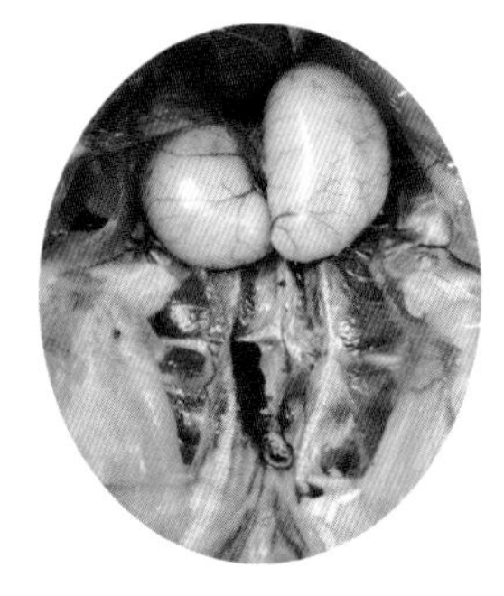

图1-8-2　公鸡生殖系统在腹腔内的位置 -2

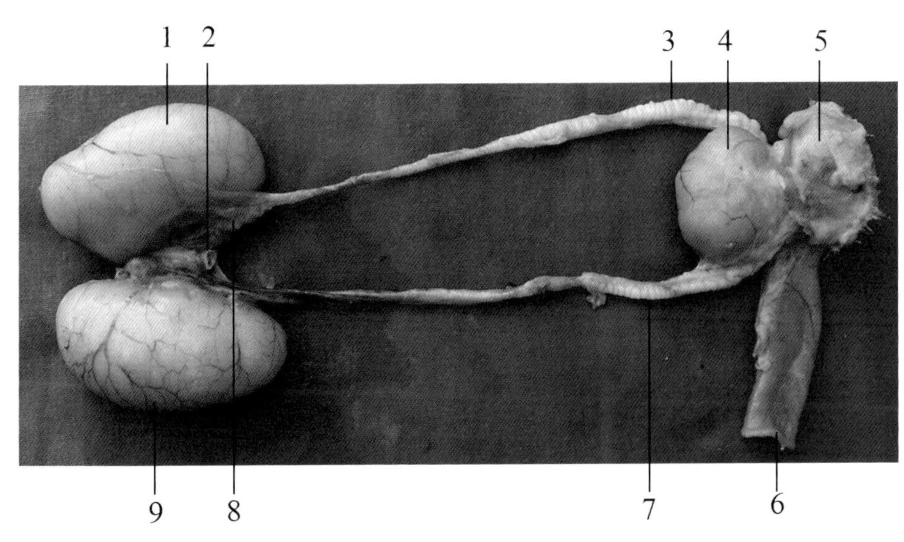

1.右侧睾丸　2.主动脉断面　3.右侧输精管　4.法氏囊　5.尾部
6.直肠　7.左侧输精管　8.睾丸系膜　9.左侧睾丸

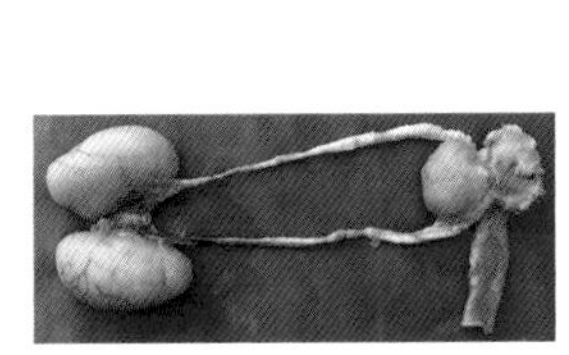

图1-8-3 公鸡生殖器官（背侧）

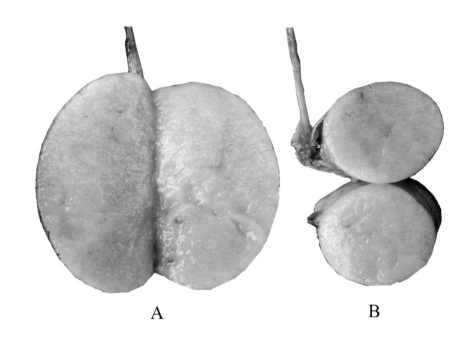

ᠵᠢᠷᠤᠭ 1-8-4 ᠠᠵᠢᠷᠭᠠᠨ ᠤ ᠥᠨᠳᠡᠭᠡᠨ ᠤ ᠵᠢᠭᠰᠠᠭᠠᠯᠲᠠ

A.睾丸纵切面　B.睾丸横断面

B. ᠥᠨᠳᠡᠭᠡᠨ ᠤ ᠬᠥᠨᠳᠡᠯᠡᠨ ᠵᠢᠭᠰᠠᠭᠠᠯᠲᠠ
A. ᠥᠨᠳᠡᠭᠡᠨ ᠤ ᠪᠤᠰᠤᠭᠠ ᠵᠢᠭᠰᠠᠭᠠᠯᠲᠠ

图1-8-4　公鸡睾丸切面

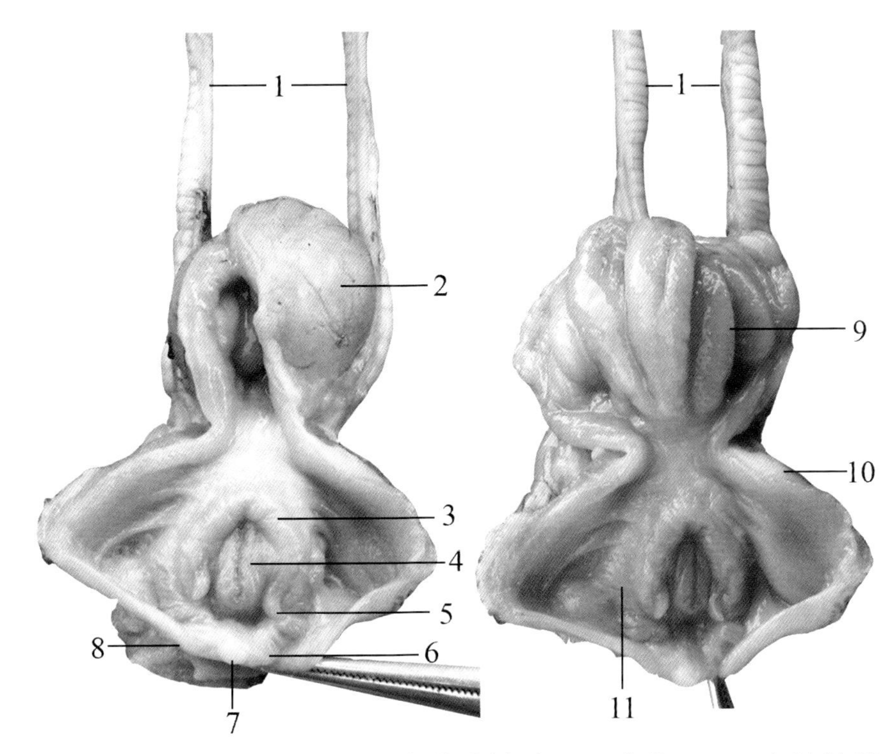

1.输精管　2.法氏囊　3.泄殖腔黏膜皱襞　4.粪道口　5.右输精管乳头
6.右外侧阴茎体　7.正中阴茎体　8.左外侧阴茎体　9.法氏囊黏膜皱襞
10.泄殖腔壁切缘　11.泄殖腔黏膜

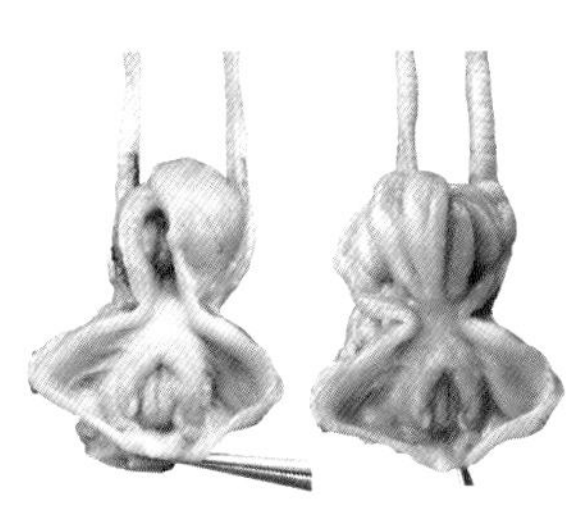

图1-8-5　公鸡泄殖腔构造

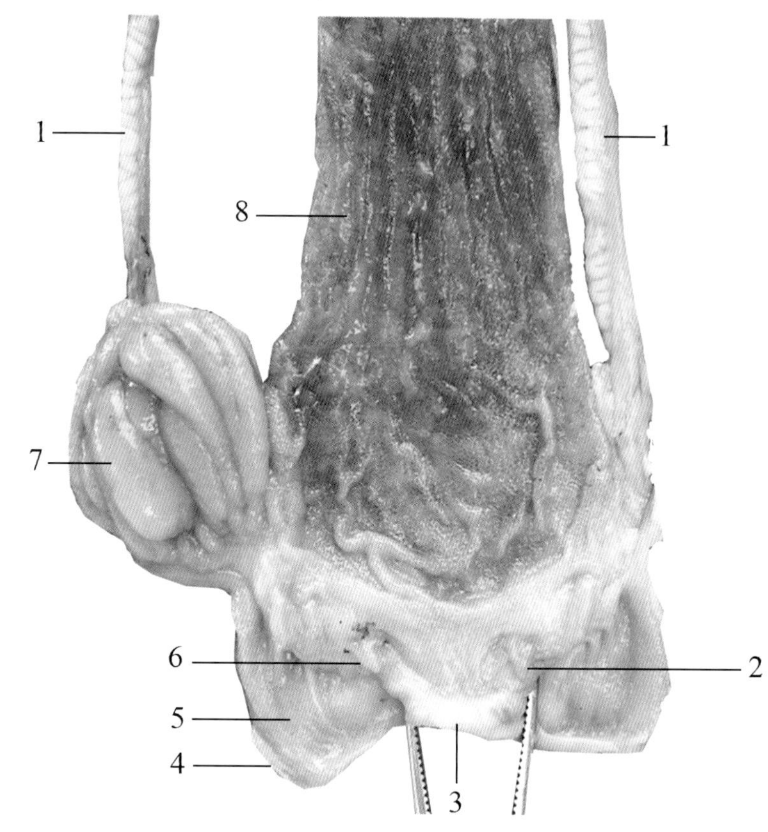

1.输精管　2.右输精管乳头　3.正中阴茎体　4.泄殖腔壁切缘
5.泄殖腔黏膜　6.左输精管乳头　7.法氏囊黏膜皱襞　8.直肠黏膜

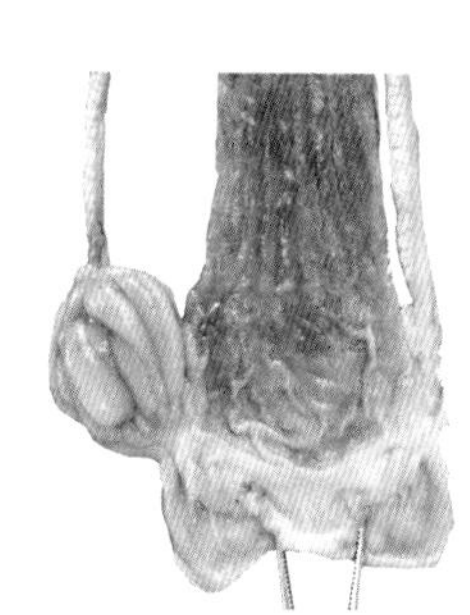

图1-8-6　公鸡泄殖腔内膜

九、鸡内分泌系统和免疫系统

ᠵᡳᡵᡠᡤ 1-9-1 ᠲᠠᡣᡳᠶᠠᠨ ᠤ ᠬᠠᠯᠠᠭᠤᠨ ᠪᠥᠭᠡᠷᠡ ᠪᠠ ᠬᠠᠯᠠᠭᠤᠨ ᠪᠥᠭᠡᠷᠡ ᠶᠢᠨ ᠳᠡᠷᠭᠡᠳᠡ ᠬᠢ ᠪᠥᠭᠡᠷᠡ ᠵᠢᠷᠤᠭ

1.甲状腺　2.锁骨下动脉　3.胸骨气管肌　4.左颈总动脉
5.臂头动脉　6.支气管　7.鸣管　8.甲状旁腺　9.气管

9. ᠬᠡᠢ ᠶᠢᠨ ᠵᠠᠮ
8. ᠬᠠᠯᠠᠭᠤᠨ ᠤ ᠳᠡᠷᠭᠡᠳᠡ ᠬᠢ ᠪᠥᠭᠡᠷᠡ
7. ᠳᠠᠭᠤᠨ ᠤ ᠵᠠᠮ
6. ᠰᠠᠯᠠᠭᠠ ᠬᠡᠢ ᠶᠢᠨ ᠵᠠᠮ
5. ᠭᠠᠷ ᠲᠣᠯᠤᠭᠠᠢ ᠶᠢᠨ ᠴᠢᠰᠤᠨ ᠰᠤᠳᠠᠯ
4. ᠵᠡᠭᠦᠨ ᠬᠥᠵᠦᠭᠦᠨ ᠦ ᠶᠡᠷᠦᠩᠬᠡᠢ ᠴᠢᠰᠤᠨ ᠰᠤᠳᠠᠯ
3. ᠡᠪᠴᠢᠭᠦᠨ ᠦ ᠬᠡᠢ ᠶᠢᠨ ᠵᠠᠮ ᠤᠨ ᠪᠤᠯᠴᠢᠩ
2. ᠡᠭᠡᠮ ᠦᠨ ᠳᠣᠣᠷᠠᠬᠢ ᠴᠢᠰᠤᠨ ᠰᠤᠳᠠᠯ
1. ᠬᠠᠯᠠᠭᠤᠨ ᠪᠥᠭᠡᠷᠡ

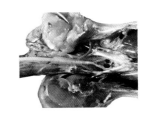

图1-9-1　鸡的甲状腺和甲状旁腺

ᠲᠠᠬᠢᠶᠠᠨ ᠤ 1-9-2 ᠵᠢᠷᠤᠭ

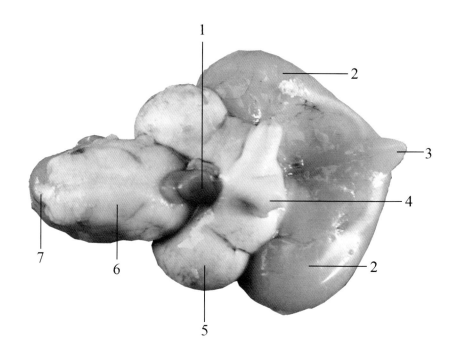

1.脑垂体　2.大脑半球　3.嗅球　4.视神经
5.中脑丘（视叶）　6.延脑　7.脊髓

7.ᠨᠢᠷᠤᠭᠤ
6.ᠬᠣᠢᠲᠤ ᠲᠠᠷᠢᠬᠢᠨ ᠤ ᠰᠢᠷᠪᠣᠰᠣ
5.ᠳᠤᠮᠳᠠ ᠲᠠᠷᠢᠬᠢᠨ ᠤ ᠲᠣᠪᠣ
4.ᠬᠠᠷᠠᠭᠠᠨ ᠤ ᠮᠡᠳᠡᠷᠡᠯ
3.ᠦᠨᠦᠷᠯᠡᠬᠦ ᠪᠦᠮᠪᠦᠭᠡ
2.ᠶᠡᠬᠡ ᠲᠠᠷᠢᠬᠢᠨ ᠤ (ᠬᠠᠭᠠᠰ) ᠪᠦᠮᠪᠦᠷᠴᠡᠭ
1.ᠲᠠᠷᠢᠬᠢᠨ ᠤ ᠰᠢᠷᠪᠣᠰᠣ

图1-9-2　鸡脑垂体

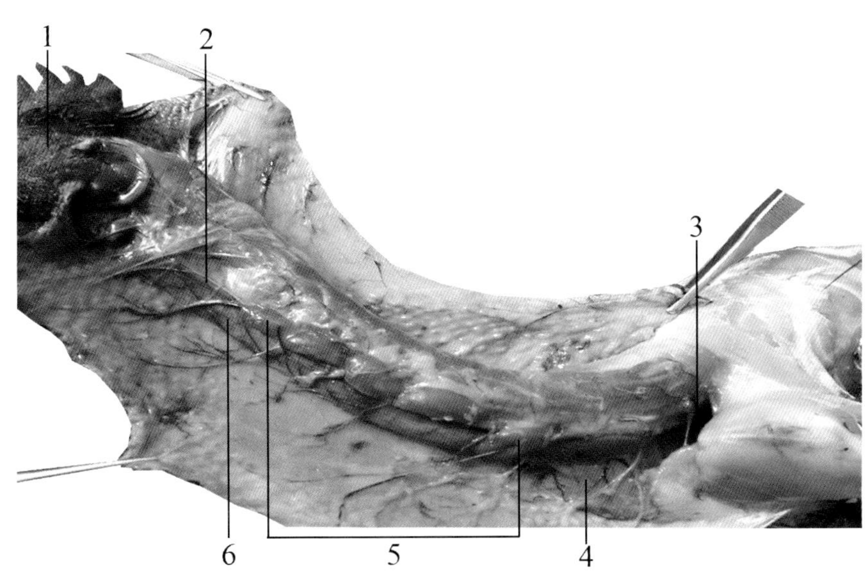

1.头部　2.颈静脉　3.胸腔前口　4.嗉囊　5 胸腺　6.食管

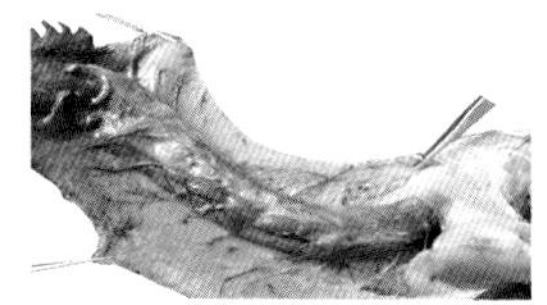

图 1-9-3　鸡的左侧胸腺

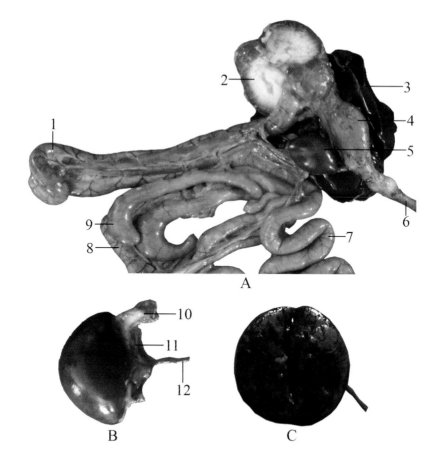

A.脾脏及其相对位置　B.脾　C.脾脏纵切面
1.十二指肠　2.肌胃　3.肝　4.腺胃　5.脾　6.食管　7.空肠
8.直肠　9.盲肠　10.脾动脉　11.脾韧带　12.脾静脉

图1-9-4　鸡脾脏及其纵切面

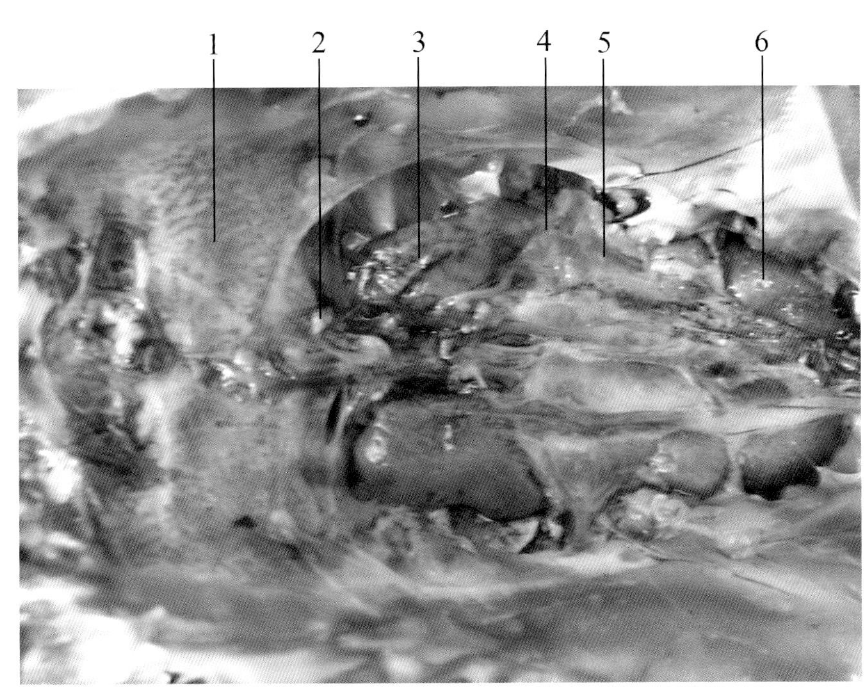

1.左肺　2.左侧肾上腺　3.左肾前部
4.髂总静脉　5.左肾中部　6.左肾后部

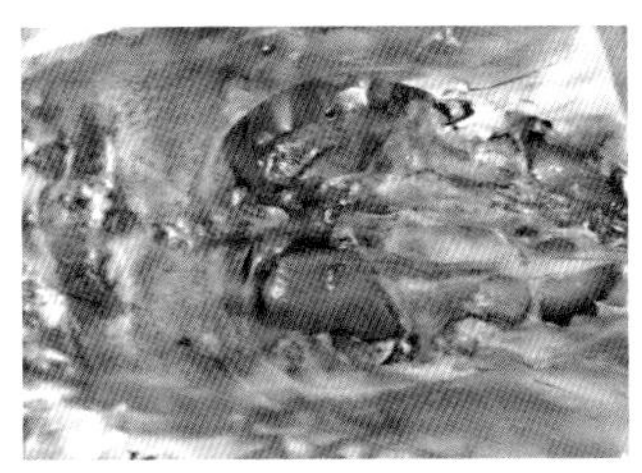

图1-9-5　鸡肾上腺

十、鸡运动系统

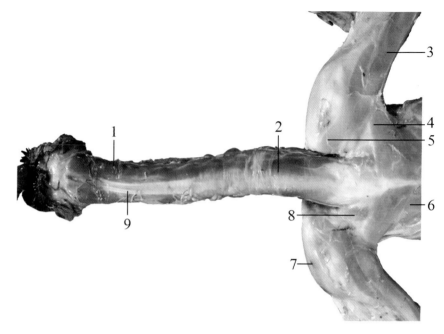

ᠵᠢᠷᠤᠭ 1-10-1 ᠲᠠᠬᠢᠶᠠᠨ᠎ᠤ ᠬᠦᠵᠦᠭᠦᠦ ᠮᠦᠷᠦᠨ᠎ᠤ ᠨᠢᠷᠤᠭᠤ ᠲᠠᠯ᠎ᠠ᠎ᠶᠢᠨ ᠪᠤᠯᠴᠢᠩ

1.复肌　2.颈二腹肌(头棘肌)　3.臂三头肌肩胛部　4.前背阔肌
5.大三角肌　6.后背阔肌　7.前翼膜肌　8.浅菱形肌
9.颈二腹肌腱

1. ᠳᠠᠪᠬᠤᠷ ᠪᠤᠯᠴᠢᠩ
2. ᠬᠦᠵᠦᠭᠦᠦ᠎ᠶᠢᠨ ᠬᠣᠶᠠᠷ ᠬᠡᠪᠡᠯᠢᠲᠦ ᠪᠤᠯᠴᠢᠩ
3. ᠲᠠᠬᠢᠮᠠᠢ ᠭᠤᠷᠪᠠᠨ ᠲᠣᠯᠤᠭᠠᠢᠲᠤ ᠪᠤᠯᠴᠢᠩ
4. ᠡᠮᠦᠨᠡᠲᠦ ᠨᠢᠷᠤᠭᠤᠨ᠎ᠤ ᠠᠭᠤᠳᠠᠮ ᠪᠤᠯᠴᠢᠩ
5. ᠶᠡᠬᠡ ᠭᠤᠷᠪᠠᠯᠵᠢᠨ ᠪᠤᠯᠴᠢᠩ
6. ᠬᠣᠢᠲᠤ ᠨᠢᠷᠤᠭᠤᠨ᠎ᠤ ᠠᠭᠤᠳᠠᠮ ᠪᠤᠯᠴᠢᠩ
7. ᠡᠮᠦᠨᠡᠲᠦ ᠳᠠᠯᠠᠪᠴᠢᠨ ᠪᠦᠷᠬᠦᠪᠴᠢ ᠪᠤᠯᠴᠢᠩ
8. ᠦᠨᠳᠦᠷ ᠷᠣᠮᠪᠠᠨ ᠪᠤᠯᠴᠢᠩ
9. ᠬᠦᠵᠦᠭᠦᠦ᠎ᠶᠢᠨ ᠬᠣᠶᠠᠷ ᠬᠡᠪᠡᠯᠢᠲᠦ ᠪᠤᠯᠴᠢᠩ᠎ᠤ ᠱᠦᠷᠮᠦᠰᠦ

图 1-10-1　鸡颈肩部背侧肌肉

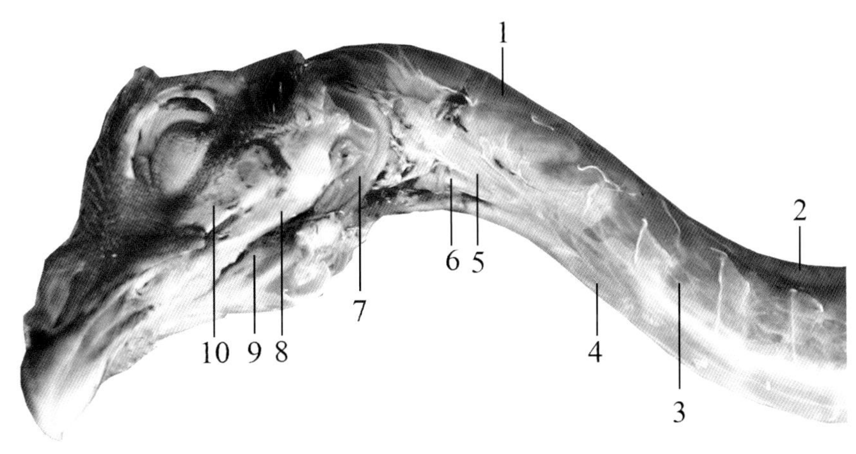

1.复肌　2.颈二腹肌(头棘肌)　3.横突间肌　4.颈腹侧长肌
5.头外侧直肌　6.头腹侧直肌　7.下颌降肌
8.下颌舌骨肌　9.下颌间肌　10.下颌外收肌

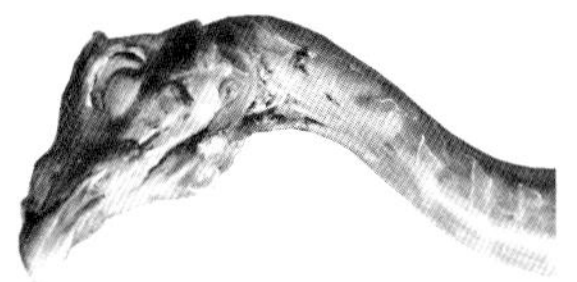

图 1-10-2　鸡头颈部浅层肌肉

ᠵᠢᠷᠤᠭ 1-10-3 ᠳᠠᠬᠢᠶᠠᠨ ᠤ ᠵᠢᠭᠦᠷ ᠦᠨ ᠨᠢᠷᠤᠭᠤ ᠲᠠᠯ ᠠ ᠶᠢᠨ ᠥᠡᠭᠭᠡᠨ ᠪᠤᠯᠴᠢᠩ

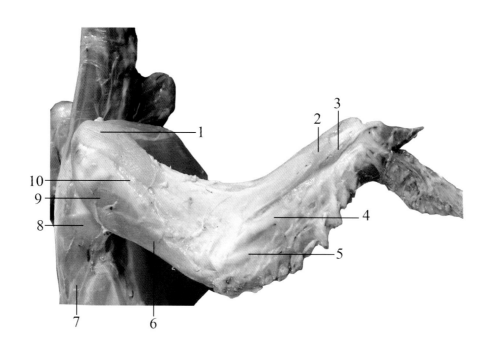

1.前翼膜肌　2.掌桡侧伸肌　3.第二指长伸肌　4.指总伸肌
5.掌尺侧伸肌　6.臂三头肌肩胛部　7.后背阔肌　8.前背阔肌
9.大三角肌　10.臂二头肌

10. ᠱᠠᠭᠠᠢ ᠶᠢᠨ ᠬᠣᠶᠠᠷ ᠲᠣᠯᠤᠭᠠᠢᠲᠤ ᠪᠤᠯᠴᠢᠩ
9. ᠶᠡᠬᠡ ᠭᠤᠷᠪᠠᠯᠵᠢᠨ ᠪᠤᠯᠴᠢᠩ
8. ᠡᠮᠦᠨᠡᠬᠢ ᠨᠢᠷᠤᠭᠤᠨ ᠥᠷᠭᠡᠨ ᠪᠤᠯᠴᠢᠩ
7. ᠬᠣᠢᠲᠤ ᠨᠢᠷᠤᠭᠤᠨ ᠥᠷᠭᠡᠨ ᠪᠤᠯᠴᠢᠩ
6. ᠱᠠᠭᠠᠢ ᠶᠢᠨ ᠭᠤᠷᠪᠠᠨ ᠲᠣᠯᠤᠭᠠᠢᠲᠤ ᠪᠤᠯᠴᠢᠩ ᠤᠨ ᠳᠠᠯᠤ ᠶᠢᠨ ᠬᠡᠰᠡᠭ
5. ᠠᠯᠠᠭ ᠠ ᠶᠢᠨ ᠱᠠᠭᠠᠢ ᠲᠠᠯ ᠠ ᠶᠢᠨ ᠰᠤᠩᠭᠠᠭᠴᠢ ᠪᠤᠯᠴᠢᠩ
4. ᠬᠤᠷᠤᠭᠤᠨ ᠤ ᠶᠡᠷᠦᠩᠬᠡᠢ ᠰᠤᠩᠭᠠᠭᠴᠢ ᠪᠤᠯᠴᠢᠩ
3. ᠬᠣᠶᠠᠳᠤᠭᠠᠷ ᠬᠤᠷᠤᠭᠤᠨ ᠤ ᠤᠷᠲᠤ ᠰᠤᠩᠭᠠᠭᠴᠢ ᠪᠤᠯᠴᠢᠩ
2. ᠠᠯᠠᠭ ᠠ ᠶᠢᠨ ᠱᠠᠭᠠᠢ ᠲᠠᠯ ᠠ ᠶᠢᠨ ᠰᠤᠩᠭᠠᠭᠴᠢ ᠪᠤᠯᠴᠢᠩ
1. ᠡᠮᠦᠨᠡᠬᠢ ᠵᠢᠭᠦᠷ ᠦᠨ ᠪᠦᠷᠬᠦᠪᠴᠢ ᠪᠤᠯᠴᠢᠩ

图1-10-3　鸡翼部背侧浅层肌肉

ᠲᠠᠬᠢᠶ᠎ᠠ 1-10-4 ᠳᠠᠯᠠᠪᠴᠢ ᠶᠢᠨ ᠬᠡᠪᠡᠯᠢ ᠲᠠᠯ᠎ᠠ ᠶᠢᠨ ᠦᠡ ᠨᠢᠮᠭᠡᠨ ᠳᠠᠪᠬᠤᠷᠭ᠎ᠠ ᠶᠢᠨ ᠪᠤᠯᠴᠢᠩ

1.尺侧外展肌(翼膜外展肌)　2.旋前浅肌　3.掌桡侧伸肌　4.臂二头肌

5.臂三头肌臂部　6.前翼膜肌　7.胸浅(大)肌　8.腕尺侧屈肌

8. ᠣᠯᠠᠨ ᠰᠢᠭᠤᠷᠠᠭ ᠤᠨ ᠡᠮᠦᠨᠡᠬᠢ ᠬᠤᠷᠢᠶᠠᠭᠴᠢ ᠪᠤᠯᠴᠢᠩ

7. ᠴᠡᠭᠡᠵᠢᠨ ᠤ ᠭᠦᠨ ᠪᠤᠯᠴᠢᠩ

6. ᠳᠠᠯᠠᠪᠴᠢᠨ ᠤ ᠡᠮᠦᠨᠡᠬᠢ ᠪᠤᠯᠴᠢᠩ

5. ᠱᠠᠭᠠᠢᠬᠠᠨ ᠤ ᠭᠤᠷᠪᠠᠨ ᠳᠣᠯᠣᠭᠠᠢᠲᠤ ᠪᠤᠯᠴᠢᠩ

4. ᠱᠠᠭᠠᠢᠬᠠᠨ ᠤ ᠬᠤᠶᠠᠷ ᠳᠣᠯᠣᠭᠠᠢᠲᠤ ᠪᠤᠯᠴᠢᠩ

3. ᠠᠯᠠᠭᠠᠨ ᠤ ᠴᠠᠴᠠᠷᠠᠭᠴᠢ ᠪᠤᠯᠴᠢᠩ

2. ᠡᠮᠦᠨ᠎ᠡ ᠡᠷᠭᠢᠭᠦᠯᠦᠭᠴᠢ ᠨᠢᠮᠭᠡᠨ ᠪᠤᠯᠴᠢᠩ

1. ᠣᠯᠠᠨ ᠰᠢᠭᠤᠷᠠᠭ ᠤᠨ ᠬᠤᠷᠢᠶᠠᠭᠴᠢ ᠪᠤᠯᠴᠢᠩ

图1-10-4　鸡翼部腹侧浅层肌肉

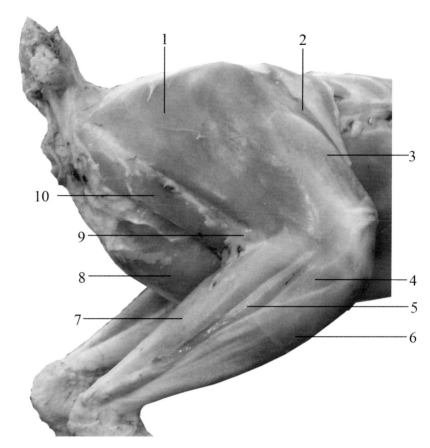

1.髂胫外侧肌　2.髂胫前肌　3.股胫肌　4.胫骨前肌　5.第三趾有孔穿屈肌
6.腓骨长肌　7.腓肠肌外侧部　8.腹肌　9.髂腓肌　10.股外侧屈肌

10. ᠣᠷᠣᠢ ᠶᠢᠨ ᠭᠠᠳᠠᠭᠠᠳᠤ 6 ᠱᠢᠯᠠ ᠬᠠᠪᠢᠰᠤ ᠶᠢᠨ ᠤᠷᠳᠤ ᠪᠤᠯᠴᠢᠩ
9. ᠣᠷᠣᠢ ᠣᠷᠣᠢᠯᠠᠭᠠᠳᠤ ᠶᠢᠨ ᠵᠠᠩᠭᠢᠯᠠᠭᠠᠨ ᠤ ᠪᠤᠯᠴᠢᠩ
8. ᠬᠡᠪᠡᠯᠢ ᠶᠢᠨ ᠪᠤᠯᠴᠢᠩ
7. ᠲᠤᠭᠣᠷᠤᠭ ᠤ ᠨᠠᠷᠢᠨ ᠭᠡᠳᠡᠰᠦᠨ ᠤ ᠭᠠᠳᠠᠭᠠᠳᠤ ᠪᠤᠯᠴᠢᠩ
6. ᠱᠢᠯᠠ ᠬᠠᠪᠢᠰᠤ ᠶᠢᠨ ᠤᠷᠳᠤ ᠪᠤᠯᠴᠢᠩ
5. ᠭᠤᠷᠪᠠᠳᠤᠭᠠᠷ ᠬᠤᠷᠤᠭᠤᠨ ᠤ ᠨᠦᠬᠡᠳᠡᠢ ᠨᠡᠪᠳᠡᠷᠡᠬᠦ ᠪᠤᠯᠴᠢᠩ
4. ᠱᠢᠯᠠ ᠶᠢᠨ ᠡᠮᠦᠨᠡᠳᠤ ᠪᠤᠯᠴᠢᠩ
3. ᠠᠷᠤ ᠱᠢᠯᠠ ᠶᠢᠨ ᠪᠤᠯᠴᠢᠩ
2. ᠣᠷᠣᠢ ᠱᠢᠯᠠ ᠶᠢᠨ ᠡᠮᠦᠨᠡᠳᠤ ᠪᠤᠯᠴᠢᠩ
1. ᠣᠷᠣᠢ ᠱᠢᠯᠠ ᠶᠢᠨ ᠭᠠᠳᠠᠭᠠᠳᠤ ᠪᠤᠯᠴᠢᠩ

图1-10-5　鸡腿部外侧肌肉

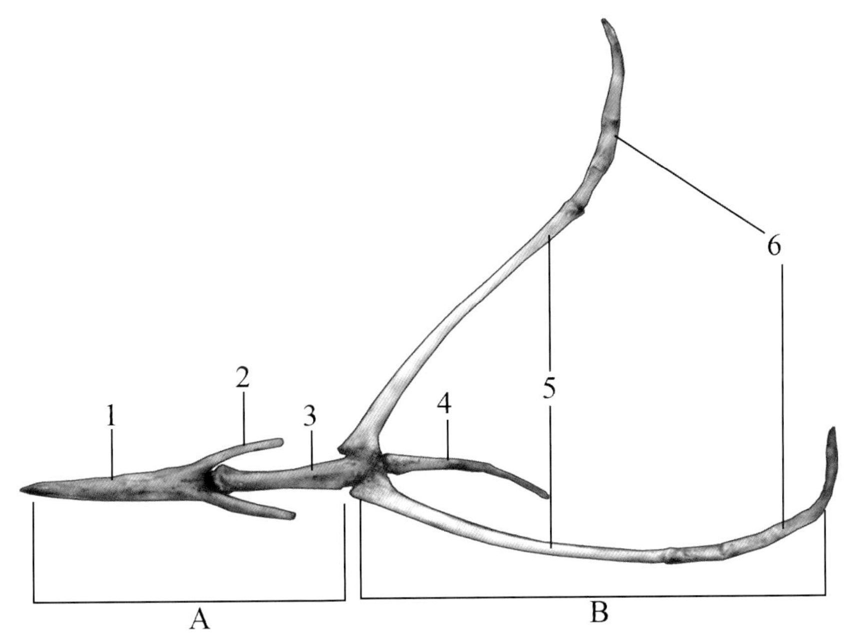

A.舌骨体　　B.舌骨支
1.舌内骨（舌突）　　2.舌骨角　　3.基舌骨　　4.尾舌骨
5.角舌骨　　6.外舌骨

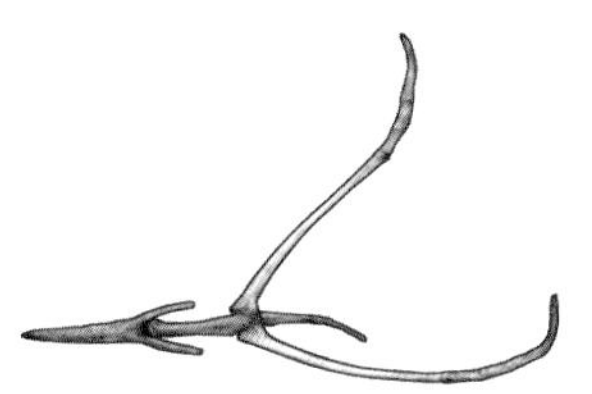

图1-10-20　鸡舌骨

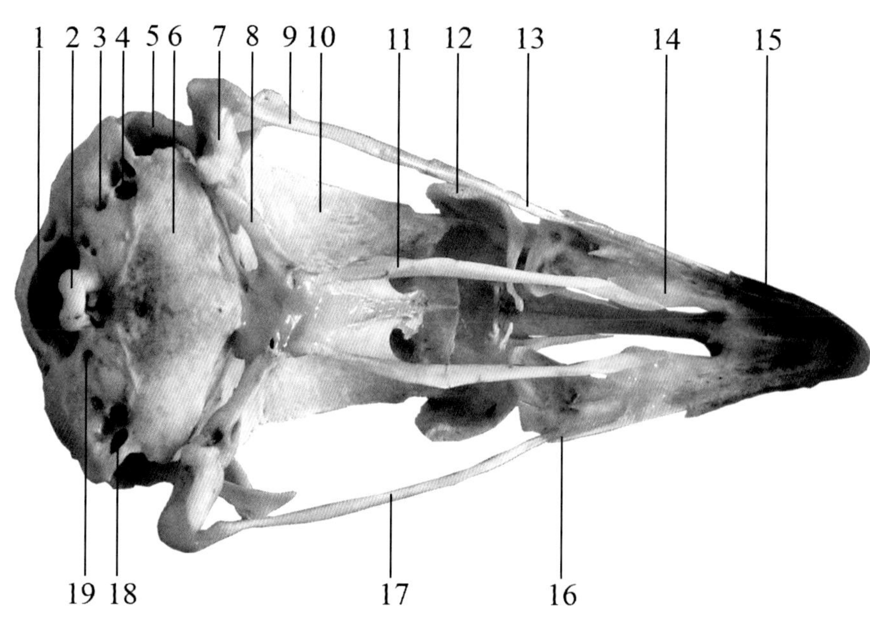

1.枕骨　2.枕髁　3.副神经孔　4.颈动脉孔　5.鼓室
6.基蝶骨　7.方骨　8.翼骨　9.方轭骨　10.额骨　11.腭骨
12.泪骨　13.轭骨　14.颌前骨腭突　15.颌前骨　16.上颌骨
17.颧弓　18.颈静脉孔　19.迷走神经和舌下神经孔

图 1-10-21　鸡头骨腹侧观

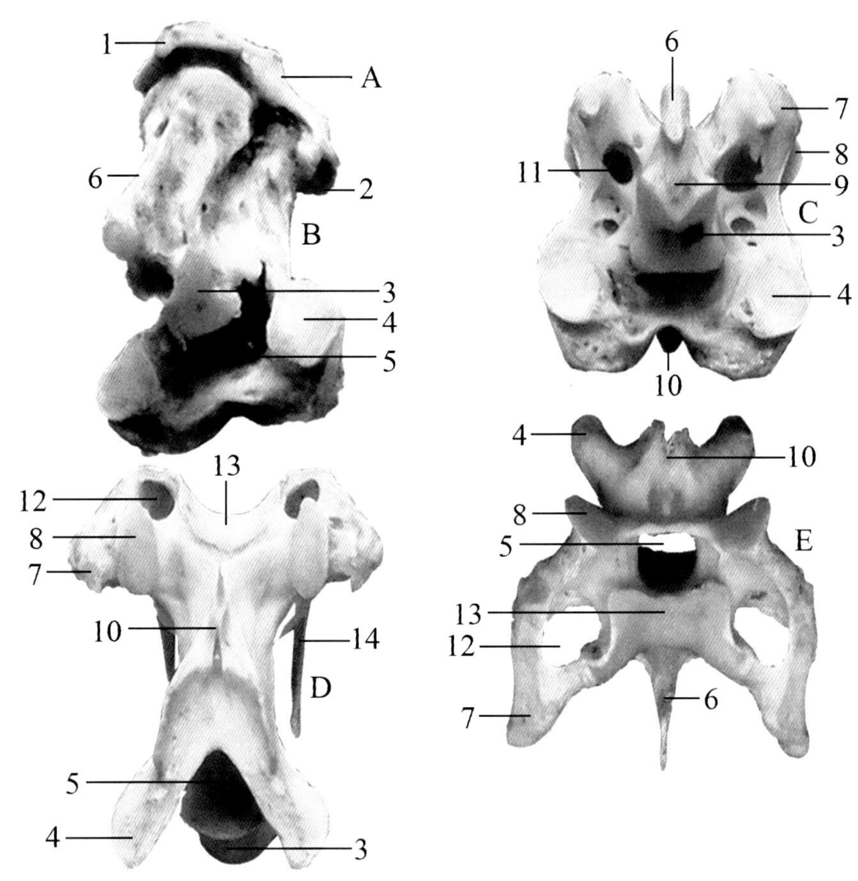

A.寰椎　B.枢椎(后腹侧观)　C.第三颈椎(后腹侧观)

D.第九颈椎(背侧观)　E.第十三颈椎(前面观)

1.寰椎腹侧弓　2.寰椎背侧弓　3.后关节窝　4.后关节突

5.椎孔　6.腹嵴　7.横突　8.前关节突　9.椎体　10.棘突

11.翼孔　12.横突孔　13.前关节面　14.横突突起(颈肋)

图1-10-22　鸡颈椎

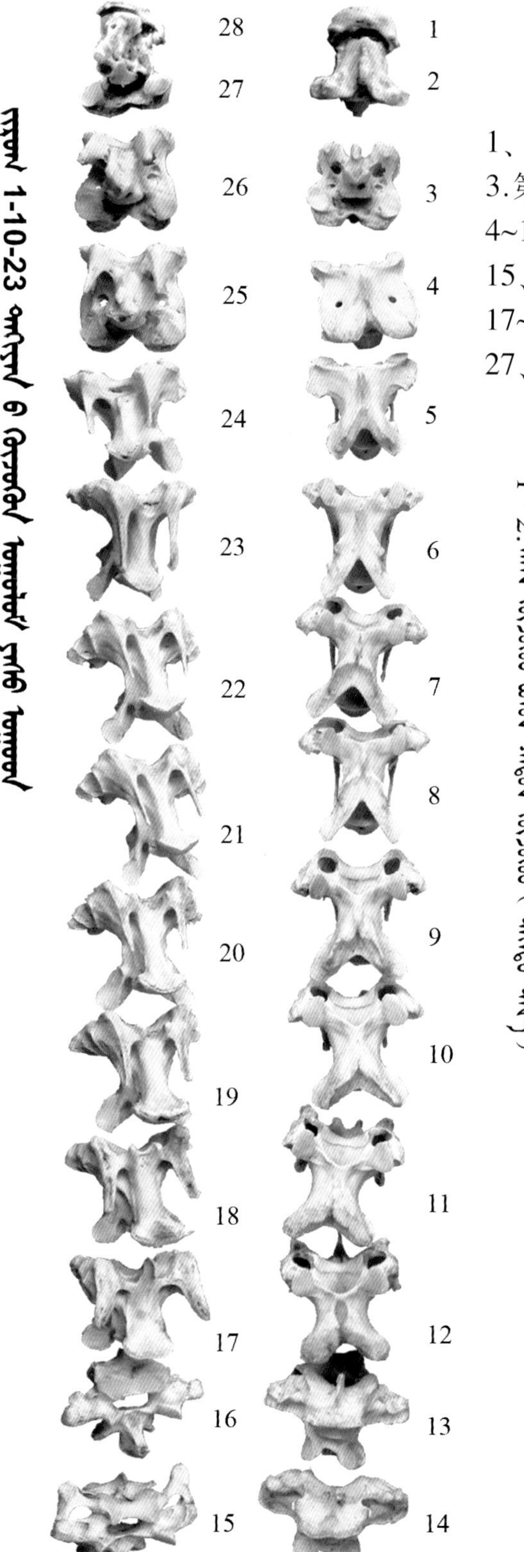

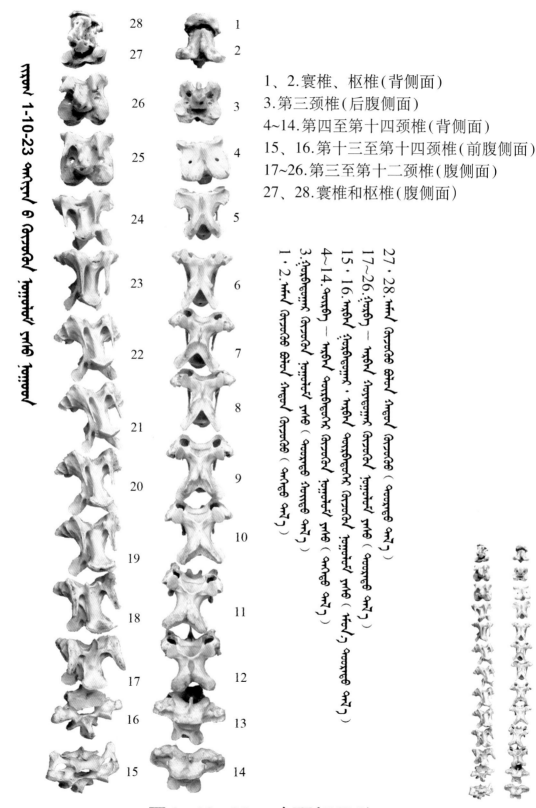

1、2.寰椎、枢椎(背侧面)

3.第三颈椎(后腹侧面)

4~14.第四至第十四颈椎(背侧面)

15、16.第十三至第十四颈椎(前腹侧面)

17~26.第三至第十二颈椎(腹侧面)

27、28.寰椎和枢椎(腹侧面)

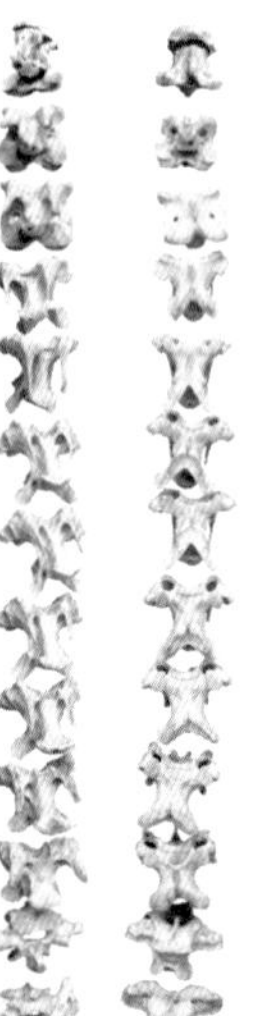

图 1—10—23　鸡颈部骨骼

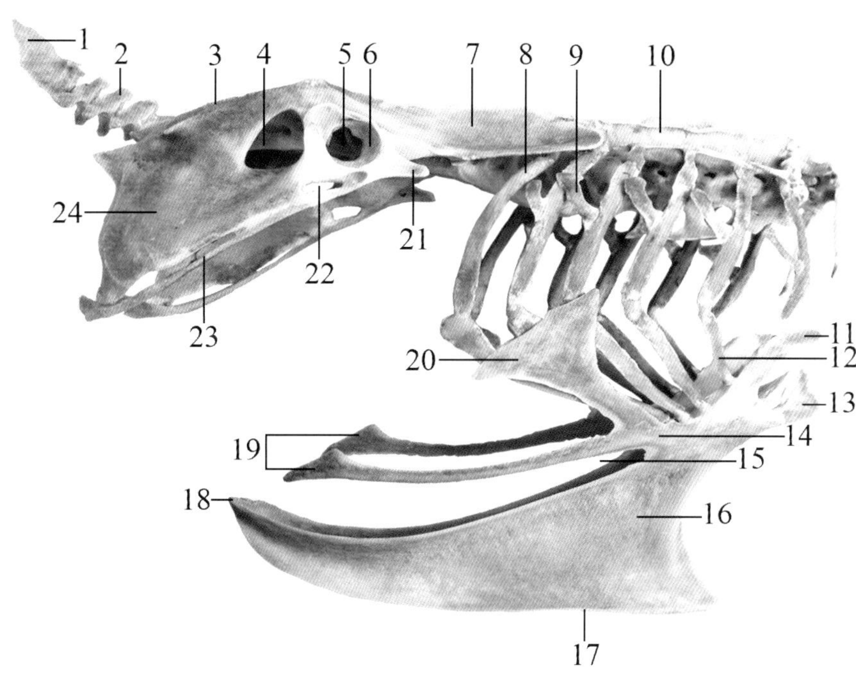

1.尾综骨　2.尾椎　3.腰荐骨　4.坐骨孔　5.髋臼孔
6.髋臼关节面　7.髂骨　8.椎肋　9.钩突　10.胸椎
11.肋突　12.胸肋　13.喙突　14.后外侧突
15.胸骨切迹　16.胸骨（龙骨）　17.胸骨嵴（龙骨嵴）
18.剑突　19.后内侧突　20.斜突　21.股骨突起　22.闭孔
23.耻骨　24.坐骨

图 1－10－24　鸡躯干骨侧面观

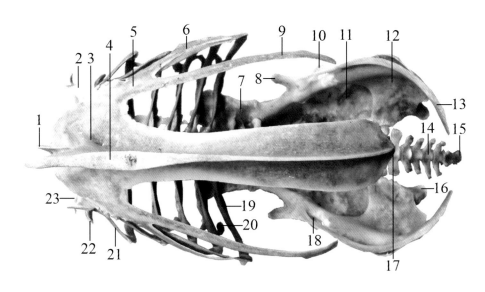

1.喙突　2.肋突　3.胸骨（龙骨）　4.胸骨嵴（龙骨嵴）　5.后外侧突
6.斜突　7.髂骨前部　8.股骨突起　9.后内侧突　10.对转子
11.髂骨后部及肾窝　12.坐骨　13.耻骨　14.尾椎　15.尾综骨
16.髋后突　17.剑突　18.闭孔　19.椎肋　20.钩突　21.胸肋
22.第二肋骨　23.第一肋骨

23. ᠦᠷᠭᠡᠨ ᠬᠠᠪᠢᠷᠭ᠎ᠠ ᠶᠢᠨ ᠶᠠᠰᠤ
22. ᠬᠤᠶᠠᠳᠤᠭᠠᠷ ᠬᠠᠪᠢᠷᠭ᠎ᠠ ᠶᠢᠨ ᠶᠠᠰᠤ
21. ᠡᠪᠴᠢᠭᠦᠦ ᠬᠠᠪᠢᠷᠭ᠎ᠠ
20. ᠳᠡᠭᠡᠭᠡᠢ ᠤᠷᠭᠤᠴᠠ
19. ᠨᠢᠷᠤᠭᠤᠨ ᠬᠠᠪᠢᠷᠭ᠎ᠠ
18. ᠪᠢᠲᠡᠭᠦᠦ ᠨᠦᠬᠡ
17. ᠰᠡᠯᠡᠮᠡᠨ ᠤᠷᠭᠤᠴᠠ
16. ᠰᠡᠭᠦᠵᠢᠨ ᠠᠷᠤ ᠶᠢᠨ ᠤᠷᠭᠤᠴᠠ
15. ᠰᠡᠭᠦᠯᠡᠨ ᠨᠡᠭᠡᠳᠡᠯ ᠶᠠᠰᠤ
14. ᠰᠡᠭᠦᠯᠡᠨ ᠨᠢᠷᠤᠭᠤ
13. ᠪᠡᠯᠡᠭᠦᠰᠦᠨ ᠶᠠᠰᠤ
12. ᠬᠤᠨᠳᠤᠯᠠᠢ ᠶᠢᠨ ᠶᠠᠰᠤ
11. ᠬᠤᠨᠳᠤᠯᠠᠢ ᠶᠢᠨ ᠠᠷᠤ ᠬᠡᠰᠡᠭ ᠪᠤᠯᠤᠨ ᠪᠦᠭᠡᠷᠡᠨ ᠤᠬᠤᠷ
10. ᠳᠡᠭᠡᠭᠡᠢ ᠤᠷᠭᠤᠴᠠ
9. ᠳᠤᠲᠤᠭᠠᠳᠤ ᠠᠷᠤ ᠶᠢᠨ ᠤᠷᠭᠤᠴᠠ
8. ᠰᠢᠭᠢᠷᠠ ᠶᠢᠨ ᠤᠷᠭᠤᠴᠠ
7. ᠬᠤᠨᠳᠤᠯᠠᠢ ᠶᠢᠨ ᠡᠮᠦᠨᠡᠲᠤ ᠬᠡᠰᠡᠭ (ᠤᠷᠤᠭᠤᠯ)
6. ᠬᠡᠯᠪᠡᠢ ᠤᠷᠭᠤᠴᠠ
5. ᠭᠠᠳᠠᠭᠠᠳᠤ ᠠᠷᠤ ᠶᠢᠨ ᠤᠷᠭᠤᠴᠠ
4. ᠡᠪᠴᠢᠭᠦᠦ ᠶᠠᠰᠤᠨ ᠤ ᠢᠷᠮᠡᠭ (ᠬᠢᠯ)
3. ᠡᠪᠴᠢᠭᠦᠦ ᠶᠠᠰᠤ (ᠬᠢᠯ)
2. ᠬᠠᠪᠢᠷᠭᠠᠨ ᠤᠷᠭᠤᠴᠠ
1. ᠬᠤᠰᠢᠭᠤ ᠤᠷᠭᠤᠴᠠ (ᠤᠷᠤᠭᠤᠯ)

图 1-10-25　鸡躯干骨腹侧观

图 1-10-26 鸡躯干骨和髋骨背侧观

1.第一胸椎　2.第一肋骨　3.第二肋骨　4.钩突　5.椎肋　6.胸骨（龙骨）　7.胸肋　8.第六胸椎　9.腰荐骨棘突嵴　10.髂骨前部　11.胸骨后内侧突　12.髂骨股骨突起　13.髋臼　14.腰荐骨　15.髂骨后部　16.坐骨　17.尾椎　18.尾椎棘突　19.尾椎横突　20.尾综骨　21.耻骨　22.髋后突　23.髋后嵴　24.对转子　25.胸肋突

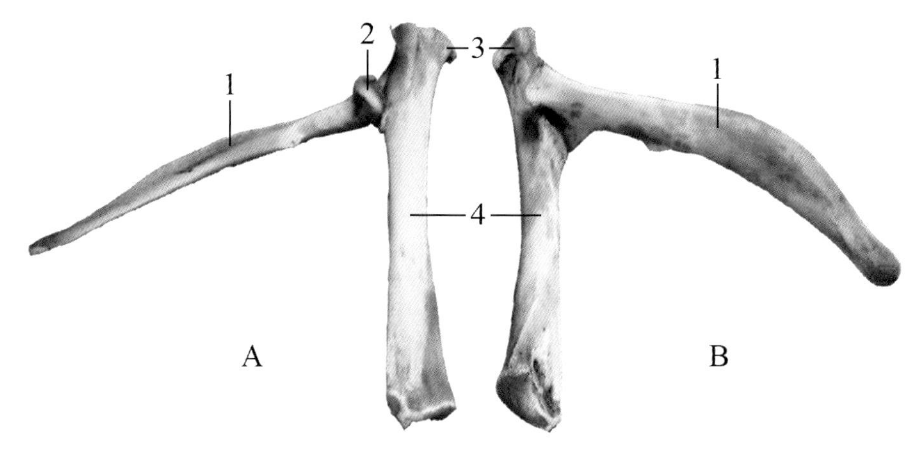

A.肩胛骨和乌喙骨外侧面　B.肩胛骨和乌喙骨内侧面

1.肩胛骨　2.关节窝　3.钩突　4.乌喙骨

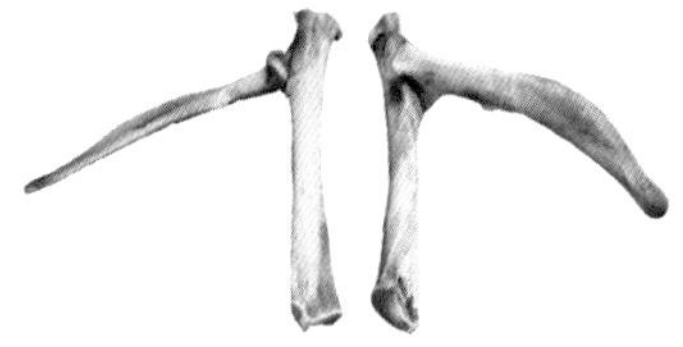

图1-10-27　鸡肩胛骨和乌喙骨

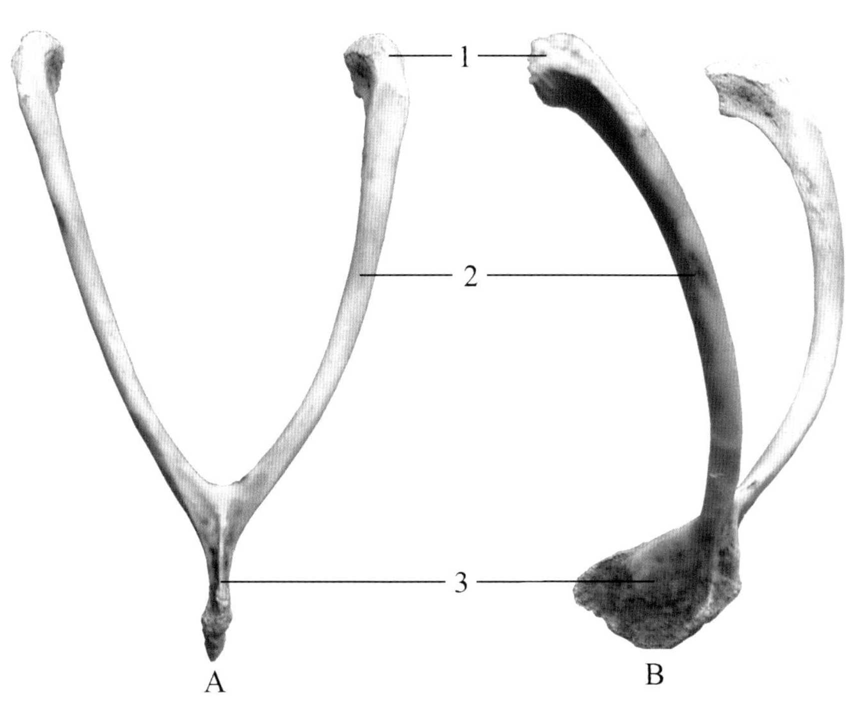

A.锁骨正面　B.锁骨右前侧面
1.锁骨近端　2.锁骨体　3.叉突(锁间骨)

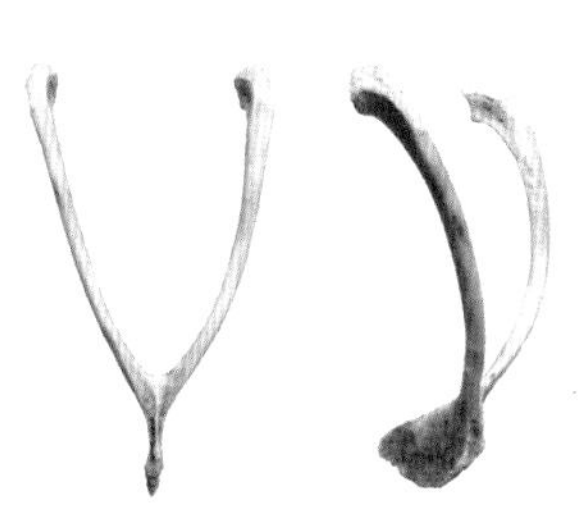

图1-10-28　鸡锁骨（叉骨）

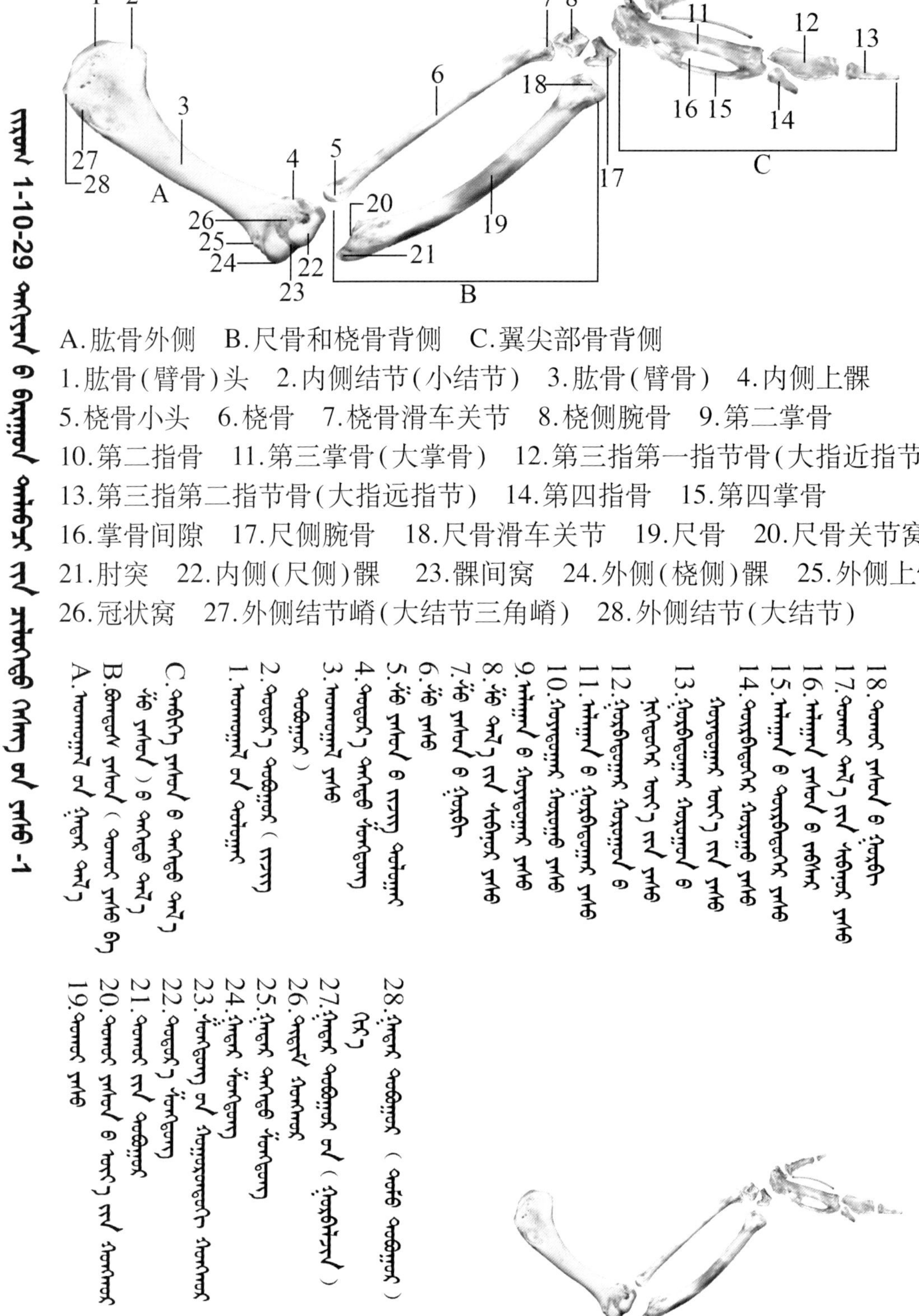

A.肱骨外侧　　B.尺骨和桡骨背侧　　C.翼尖部骨背侧

1.肱骨(臂骨)头　　2.内侧结节(小结节)　　3.肱骨(臂骨)　　4.内侧上髁

5.桡骨小头　　6.桡骨　　7.桡骨滑车关节　　8.桡侧腕骨　　9.第二掌骨

10.第二指骨　　11.第三掌骨(大掌骨)　　12.第三指第一指节骨(大指近指节)

13.第三指第二指节骨(大指远指节)　　14.第四指骨　　15.第四掌骨

16.掌骨间隙　　17.尺侧腕骨　　18.尺骨滑车关节　　19.尺骨　　20.尺骨关节窝

21.肘突　　22.内侧(尺侧)髁　　23.髁间窝　　24.外侧(桡侧)髁　　25.外侧上髁

26.冠状窝　　27.外侧结节嵴(大结节三角嵴)　　28.外侧结节(大结节)

图 1-10-29　　鸡右翼游离部骨骼-1

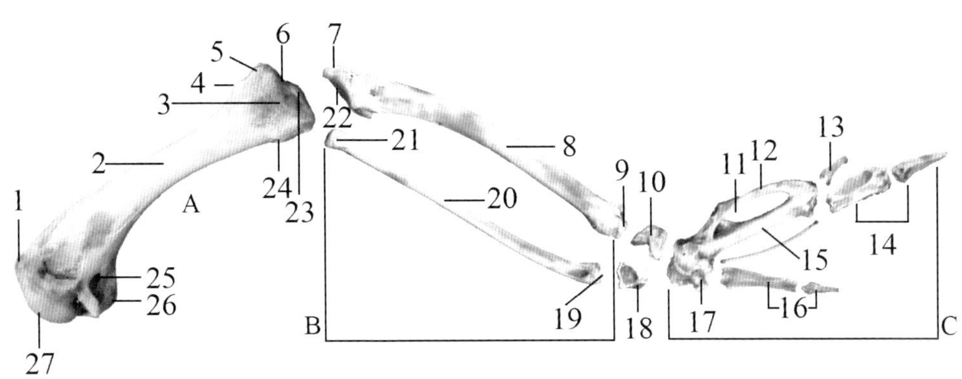

A.肱骨内侧　　B.尺骨和桡骨腹侧　　C.翼尖部骨腹侧

1. 外侧结节(大结节)　　2.肱骨(臂骨)　　3.肘突窝(鹰嘴窝)　　4.外侧上髁

5. 外侧(桡侧)髁　　6.髁间窝　　7.肘突　　8.尺骨　　9.尺骨滑车关节　　10.尺侧腕骨

11. 掌骨间隙　　12.第四掌骨　　13.第四指骨　　14.第三指骨　　15.第三掌骨

(大掌骨)　　16.第二指骨　　17.第二掌骨　　18.桡侧腕骨　　19.桡骨滑车关节

20. 桡骨　　21.桡骨小头　　22.尺骨关节窝　　23.内侧(尺侧)髁　　24.内侧上髁

25. 气孔　　26.内侧结节(小结节)　　27.肱骨(臂骨)头

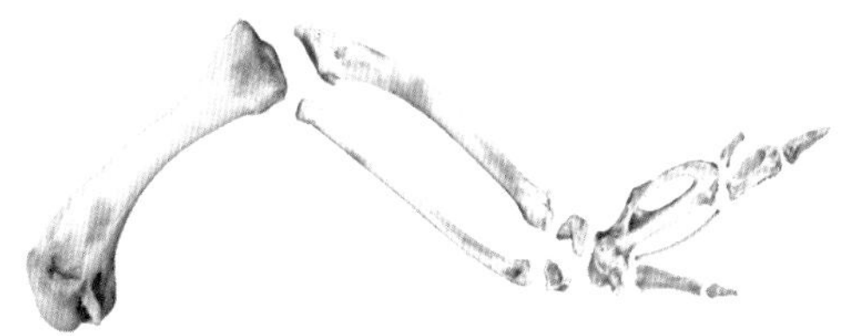

图1—10—30　　鸡右翼游离部骨骼－2

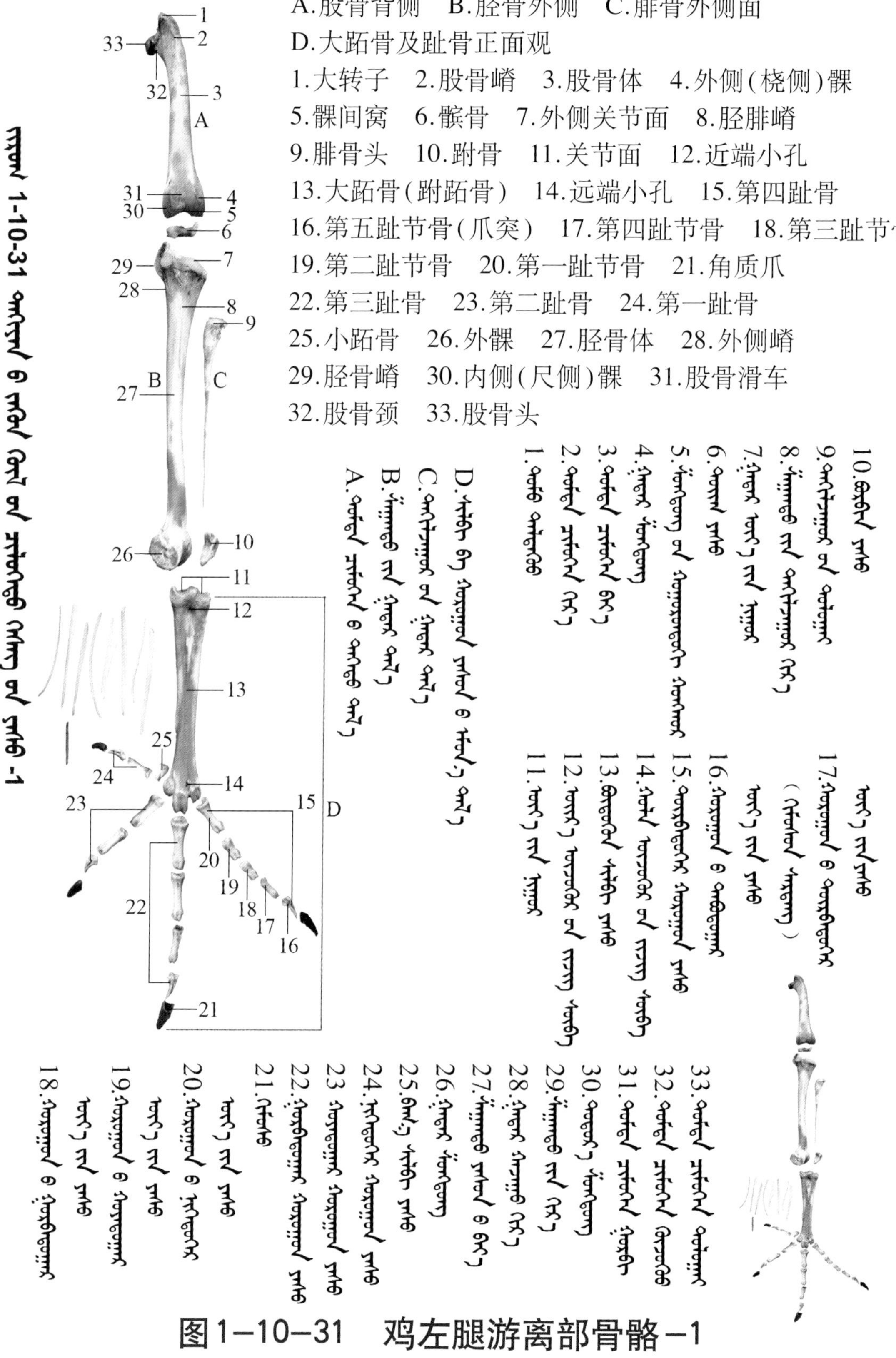

A.股骨背侧　B.胫骨外侧　C.腓骨外侧面

D.大跖骨及趾骨正面观

1.大转子　2.股骨嵴　3.股骨体　4.外侧(桡侧)髁

5.髁间窝　6.髌骨　7.外侧关节面　8.胫腓嵴

9.腓骨头　10.跗骨　11.关节面　12.近端小孔

13.大跖骨(跗跖骨)　14.远端小孔　15.第四趾骨

16.第五趾节骨(爪突)　17.第四趾节骨　18.第三趾节骨

19.第二趾节骨　20.第一趾节骨　21.角质爪

22.第三趾骨　23.第二趾骨　24.第一趾骨

25.小跖骨　26.外髁　27.胫骨体　28.外侧嵴

29.胫骨嵴　30.内侧(尺侧)髁　31.股骨滑车

32.股骨颈　33.股骨头

图 1-10-31　鸡左腿游离部骨骼-1

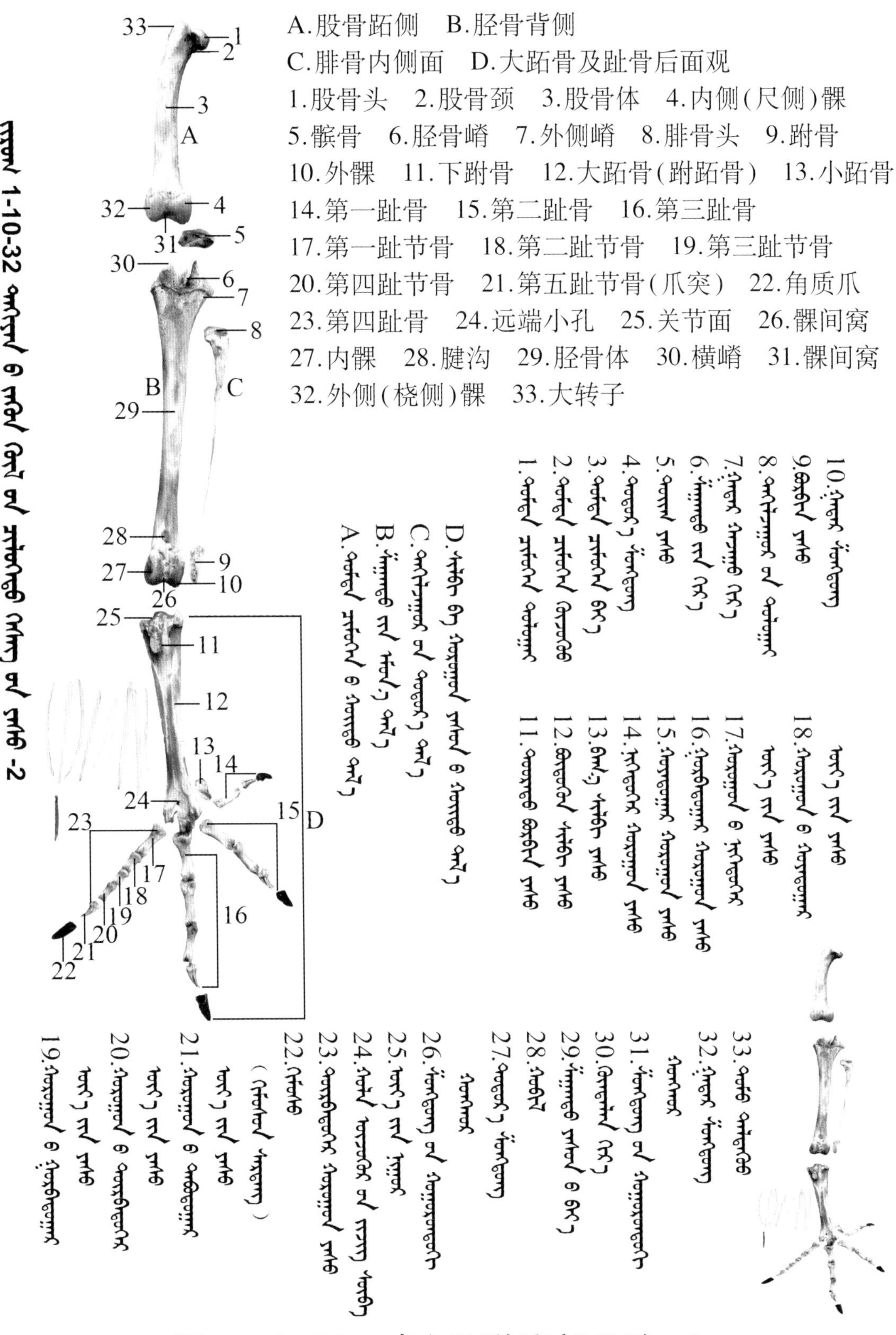

A.股骨跖侧　　B.胫骨背侧

C.腓骨内侧面　　D.大跖骨及趾骨后面观

1.股骨头　2.股骨颈　3.股骨体　4.内侧(尺侧)髁

5.髌骨　6.胫骨嵴　7.外侧嵴　8.腓骨头　9.跗骨

10.外髁　11.下跗骨　12.大跖骨(跗跖骨)　13.小跖骨

14.第一趾骨　15.第二趾骨　16.第三趾骨

17.第一趾节骨　18.第二趾节骨　19.第三趾节骨

20.第四趾节骨　21.第五趾节骨(爪突)　22.角质爪

23.第四趾骨　24.远端小孔　25.关节面　26.髁间窝

27.内髁　28.腱沟　29.胫骨体　30.横嵴　31.髁间窝

32.外侧(桡侧)髁　33.大转子

图 1-10-32　鸡左腿游离部骨骼 -2

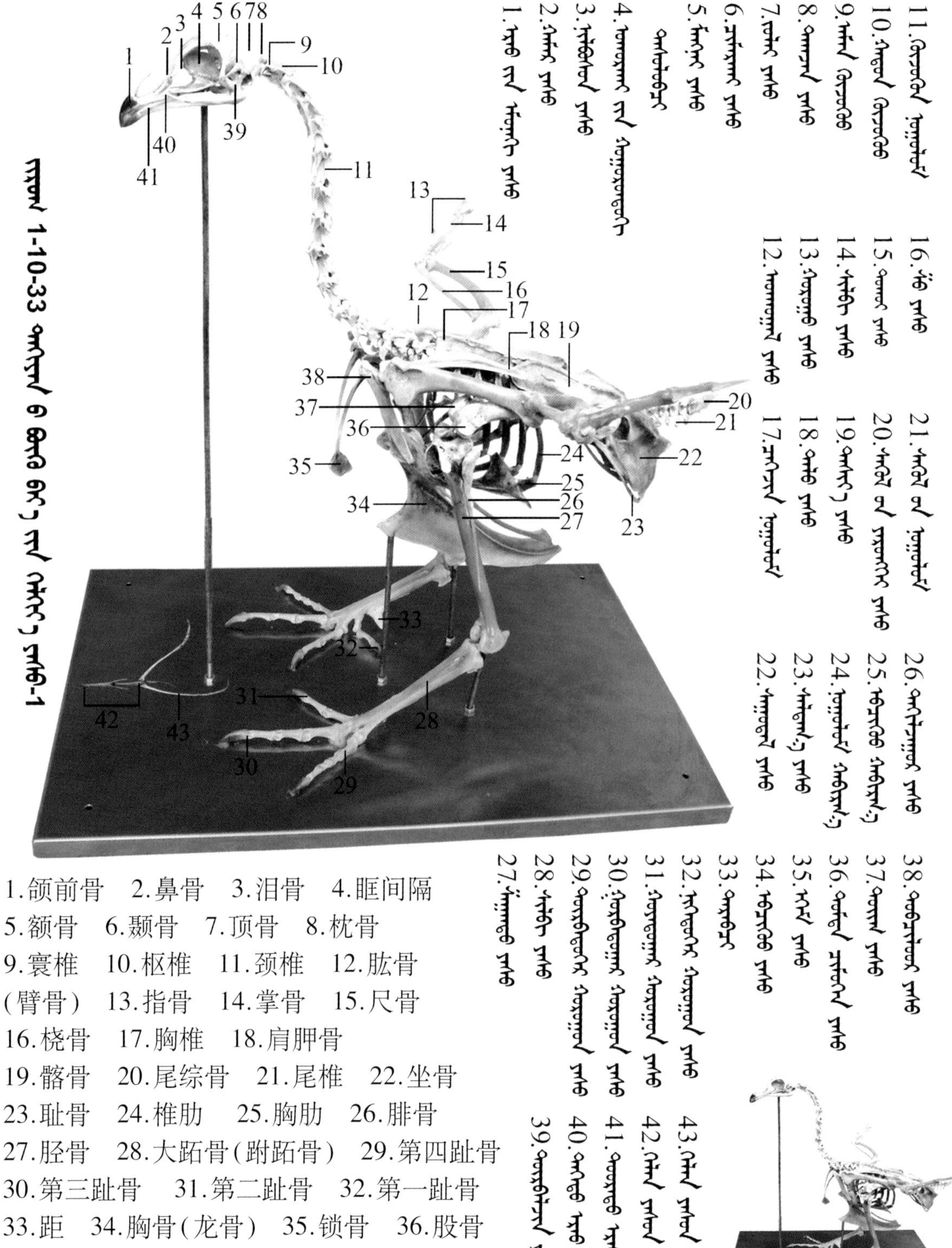

图 1-10-33　鸡全身骨骼 -1

1.颌前骨　2.鼻骨　3.泪骨　4.眶间隔

5.额骨　6.颞骨　7.顶骨　8.枕骨

9.寰椎　10.枢椎　11.颈椎　12.肱骨

（臂骨）13.指骨　14.掌骨　15.尺骨

16.桡骨　17.胸椎　18.肩胛骨

19.髂骨　20.尾综骨　21.尾椎　22.坐骨

23.耻骨　24.椎肋　25.胸肋　26.腓骨

27.胫骨　28.大跖骨(跗跖骨)　29.第四趾骨

30.第三趾骨　31.第二趾骨　32.第一趾骨

33.距　34.胸骨(龙骨)　35.锁骨　36.股骨

37.髌骨　38.乌喙骨　39.方骨　40.上颌骨

41.下颌骨　42.舌骨体　43.舌骨支

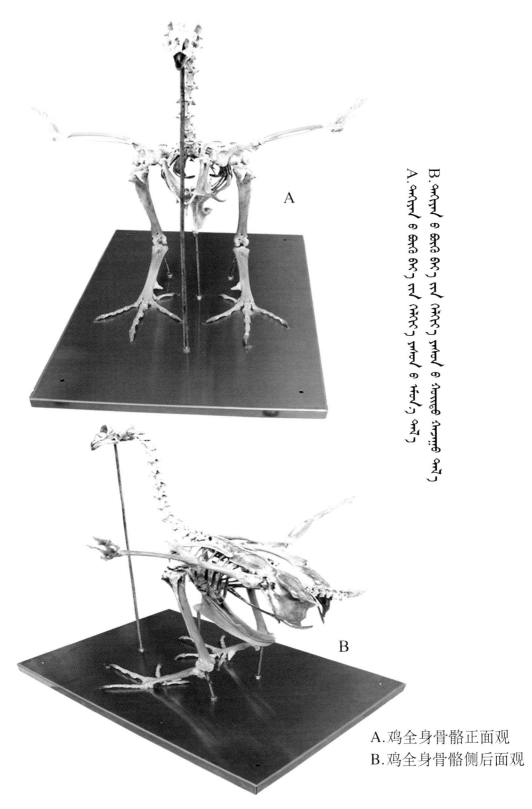

A

B

ᠵᠢᠷᠤᠭ 1-10-34 ᠲᠠᠬᠢᠶᠠᠨ ᠤ ᠪᠡᠶᠡᠨ ᠤ ᠶᠠᠰᠤ ᠬᠡᠪᠡᠯᠢ 2

B. ᠲᠠᠬᠢᠶᠠᠨ ᠤ ᠪᠡᠶᠡᠨ ᠤ ᠶᠠᠰᠤ ᠬᠡᠪᠡᠯᠢ ᠶᠢᠨ ᠬᠠᠵᠠᠭᠤ ᠬᠣᠢᠲᠤ ᠲᠠᠯ᠎ᠠ ᠶᠢᠨ ᠦᠵᠡᠮᠵᠢ
A. ᠲᠠᠬᠢᠶᠠᠨ ᠤ ᠪᠡᠶᠡᠨ ᠤ ᠶᠠᠰᠤ ᠬᠡᠪᠡᠯᠢ ᠶᠢᠨ ᠡᠮᠦᠨ᠎ᠡ ᠲᠠᠯ᠎ᠠ ᠶᠢᠨ ᠦᠵᠡᠮᠵᠢ

A.鸡全身骨骼正面观
B.鸡全身骨骼侧后面观

图1-10-34 鸡全身骨骼-2

第二篇 鸭

家禽解剖学上，鸭机体分为头部、颈部、躯干部、尾部、翼部和腿部。头部分颅部和面部；躯干部包括胸部、背部、腰部、腹部和尾部；鸭前肢为翼，翼分为肩部、游离部（臂部、桡部、掌指部）；腿部分为髋部、股部、小腿部、跖和趾部。

鸭体表及被皮系统主要由头部器官和皮肤及其衍生组织器官组成。头部器官有耳、鼻、眼等。鸭的皮肤及其衍生物有羽毛、尾脂腺、嘴（喙）、脚鳞、脚蹼和爪等，羽毛是禽类表皮特有的皮肤衍生物，根据体表覆盖部位分区命名（如颈背侧羽区），羽毛可分为主羽、覆羽和绒羽等，鸭绒羽很丰满。

鸭消化系统由消化道和消化腺及实质器官组成。消化道包括口腔、咽、食管、胃（腺胃和肌胃）、小肠（十二指肠、空肠和回肠）、大肠（有两条盲肠和直肠）、泄殖腔。鸭没有嗉囊，只有食管膨大部。泄殖腔为消化、泌尿和生殖三个系统共同的通道，前部称粪道，中部称泄殖道，后部称肛道。消化腺及实质器官包括唾液腺、肝、胆、胰等实质器官。鸭消化系统缺少唇、齿、软腭和结肠等。

鸭呼吸系统发达，由鼻腔、喉、气管、鸣管、支气管、气囊和肺组成，鸭鸣管很发达。

鸭心血管系统是由心脏、动脉、毛细血管和静脉组成的密闭管道系统。

鸭泌尿系统仅有左右一对肾和输尿管，缺少膀胱和尿道，输尿管直接开口于泄殖腔。双肾狭长，各分为前、中、后三叶。

鸭的神经系统由中枢神经、外周神经和感觉器官组成。

母鸭生殖系统由生殖腺卵巢和生殖道组成。生殖道分为输卵管（伞部、壶腹部、峡部）、子宫部、阴道部和泄殖腔等组成。在成体，仅左侧卵巢和输卵管具有生殖功能。

公鸭生殖系统由睾丸、附睾、输精管和交配器官组成。交配器官较发达。缺少副性腺和精索等构造。

鸭内分泌系统包括脑垂体、松果体、甲状腺、甲状旁腺、腮后腺和肾上腺等；免疫系统由胸腺、腔上囊、脾、淋巴结和淋巴管组成。

鸭运动系统由骨骼、肌肉和关节构成，鸭的全身骨骼分为头骨、颈骨、躯干骨、前肢（翼）骨和后肢骨。鸭的全身肌肉根据骨骼位置分为头部肌、颈部肌、体中轴肌、胸壁肌、腹壁肌、肩带和前肢（翼游离部）肌、骨盆肢（腿部）肌。

ᠲᠡᠭᠦᠰᠦᠭᠡᠳᠦᠢ ᠬᠠᠮᠠᠭᠠᠯᠠᠯᠲᠠ

ᠰᠡᠷᠭᠡᠢᠯᠡᠯᠲᠡ

一、鸭体表及被皮系统

ᠨᠢᠭᠡ᠂ ᠨᠤᠭᠤᠰᠤᠨ ᠤ ᠪᠡᠶ᠎ᠡ ᠶᠢᠨ ᠭᠠᠳᠠᠷᠭᠤ ᠪᠠ ᠦᠰᠦᠨ ᠪᠦᠷᠬᠦᠪᠴᠢ ᠶᠢᠨ ᠰᠢᠰᠲ᠋ᠧᠮ

ᠵᠢᠷᠤᠭ 2-1-1 ᠡᠷ᠎ᠡ ᠨᠤᠭᠤᠰᠤᠨ ᠤ ᠦᠰᠦᠨ ᠬᠤᠪᠴᠠᠰᠤ

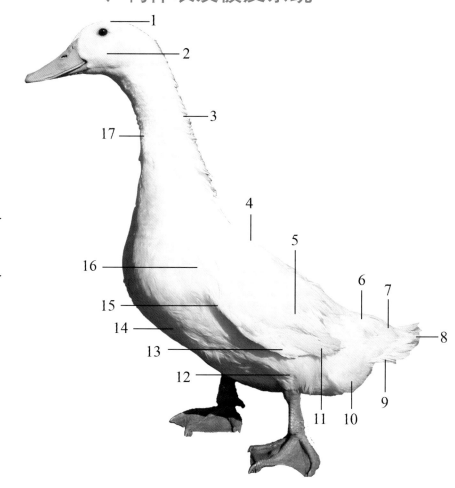

1.冠羽区　2.颊羽区　3.颈背羽区　4.背羽区　5.翼覆羽

6.尾背羽区　7.尾上覆羽　8.尾羽区　9.尾腹侧羽区　10.腹羽区

11.副翼羽　12.小腿羽区　13.主翼羽　14.胸羽区　15.臂羽区

16.肩羽区　17.颈腹侧羽区

1.ᠵᠡᠭᠦᠨ ᠤ ᠦᠰᠦ
2.ᠬᠠᠴᠠᠷ ᠤᠨ ᠦᠰᠦ
3.ᠬᠦᠵᠦᠭᠦᠨ ᠨᠢᠷᠤᠭᠤᠨ ᠤ ᠦᠰᠦ
4.ᠨᠢᠷᠤᠭᠤᠨ ᠤ ᠦᠰᠦ
5.ᠳᠠᠯᠠᠪᠴᠢ ᠶᠢᠨ ᠪᠦᠷᠬᠦᠬᠦ ᠦᠰᠦ
6.ᠰᠡᠭᠦᠯ ᠨᠢᠷᠤᠭᠤᠨ ᠤ ᠦᠰᠦ
7.ᠰᠡᠭᠦᠯ ᠤᠨ ᠳᠡᠭᠡᠷᠡᠬᠢ ᠪᠦᠷᠬᠦᠬᠦ ᠦᠰᠦ
8.ᠰᠡᠭᠦᠯ ᠤᠨ ᠦᠰᠦ
9.ᠰᠡᠭᠦᠯ ᠬᠡᠪᠡᠯᠢ ᠶᠢᠨ ᠬᠠᠵᠠᠭᠤ ᠶᠢᠨ ᠦᠰᠦ
10.ᠬᠡᠪᠡᠯᠢ ᠶᠢᠨ ᠦᠰᠦ
11.ᠬᠠᠪᠰᠤᠷᠭᠠ ᠳᠠᠯᠠᠪᠴᠢ ᠶᠢᠨ ᠦᠰᠦ
12.ᠰᠢᠭᠢᠷ ᠤᠨ ᠦᠰᠦ
13.ᠭᠤᠤᠯ ᠳᠠᠯᠠᠪᠴᠢ ᠶᠢᠨ ᠦᠰᠦ
14.ᠴᠡᠭᠡᠵᠢᠨ ᠤ ᠦᠰᠦ
15.ᠭᠠᠷ ᠤᠨ ᠦᠰᠦ
16.ᠮᠦᠷᠦᠨ ᠤ ᠦᠰᠦ
17.ᠬᠦᠵᠦᠭᠦᠨ ᠬᠡᠪᠡᠯᠢ ᠶᠢᠨ ᠬᠠᠵᠠᠭᠤ ᠶᠢᠨ ᠦᠰᠦ

图 2-1-1　公鸭羽衣

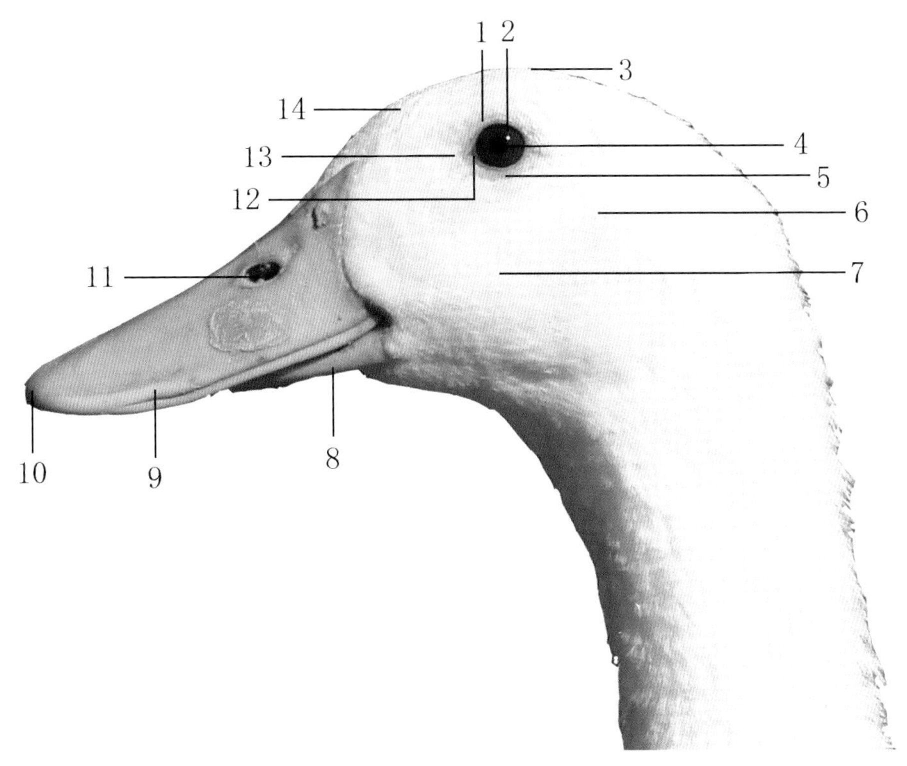

1.上眼睑　2.眼角膜与虹膜　3.冠羽区　4.瞳孔　5.下眼睑
6.耳羽区　7.颊羽区　8.下颌(下喙)　9.嘴(上喙)　10.嘴豆
11.鼻孔　12.瞬膜(第三睑)　13.眼角　14.额羽区

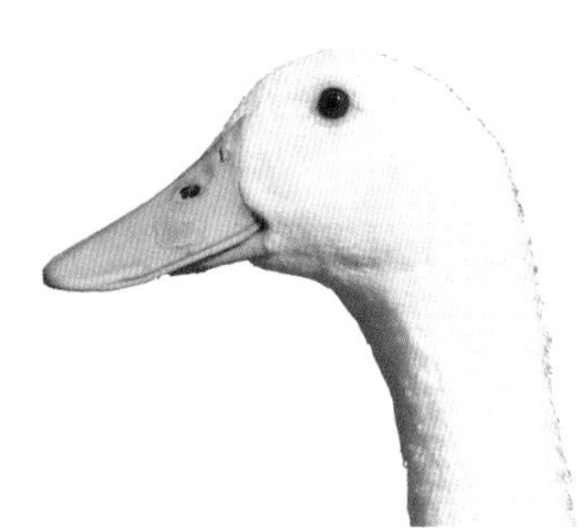

图2-1-2　公鸭头部

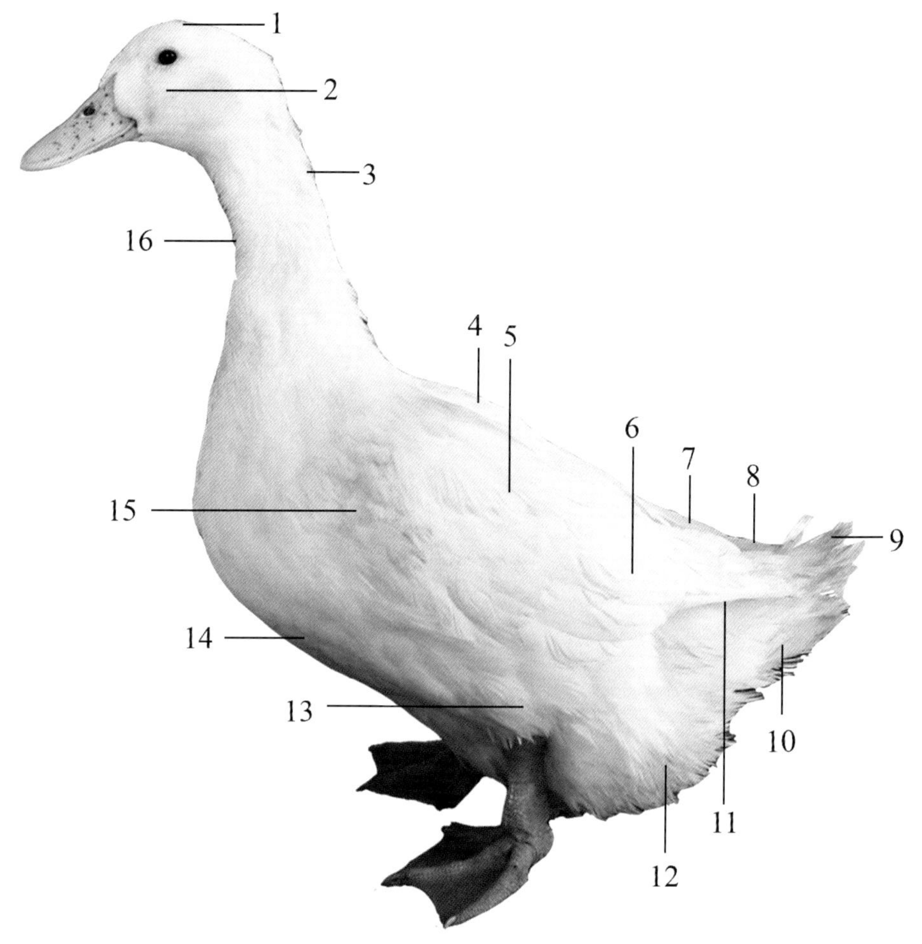

1.冠羽区　2.颊羽区　3.颈背羽区　4.背羽区　5.覆小翼羽

6.覆主翼羽　7.尾背羽区　8.尾上覆羽　9.尾羽区

10.尾腹侧羽区　11.主翼羽　12.腹羽区　13.小腿羽区

14.胸羽区　15.肩羽区　16.颈腹侧羽区

图 2-1-3　母鸭羽衣

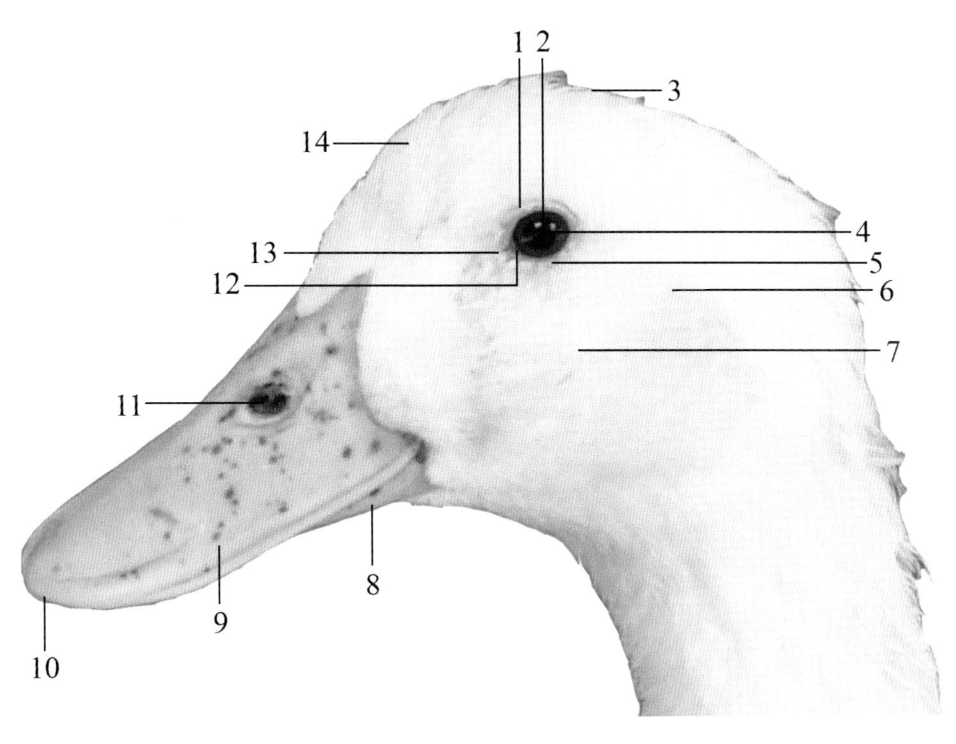

图 2-1-4

1.上眼睑　2.眼角膜与虹膜　3.冠羽区　4.瞳孔　5.下眼睑
6.耳羽区　7.颊羽区　8.下颌(下喙)　9.嘴(上喙)　10.嘴豆
11.鼻孔　12.瞬膜(第三睑)　13.眼角　14.额羽区

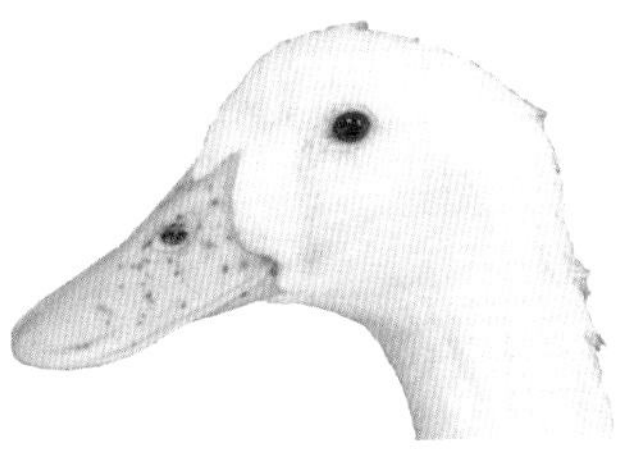

图 2-1-4　母鸭头部

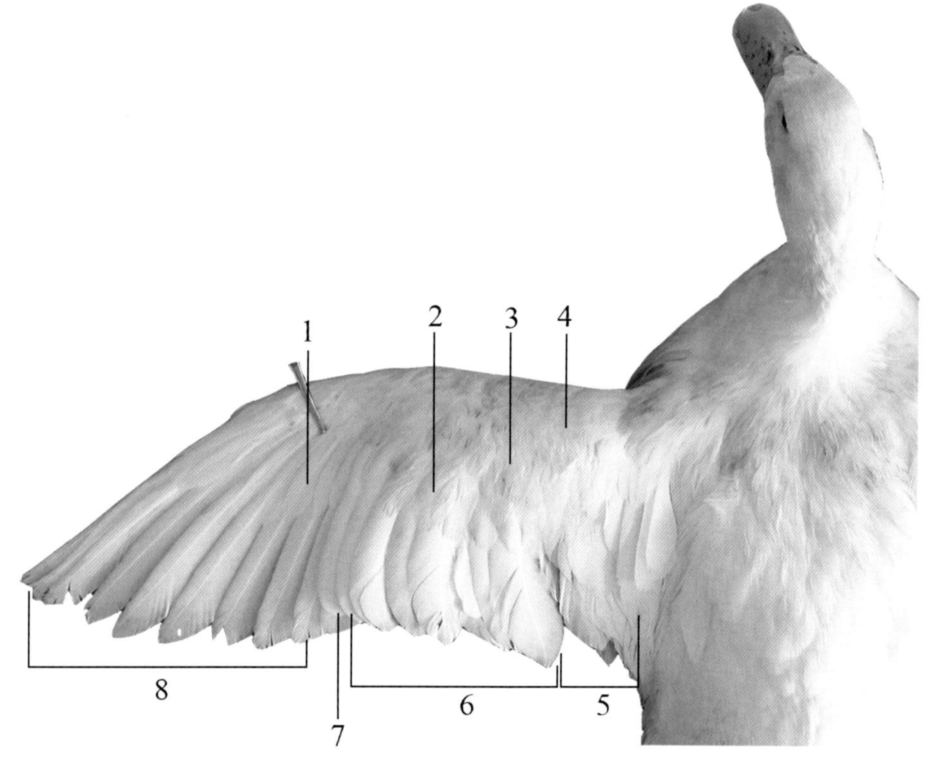

1.覆主翼羽　2.覆副翼羽　3.覆中翼羽　4.覆小翼羽
5.小翼羽　6.副翼羽　7.轴羽　8.主翼羽

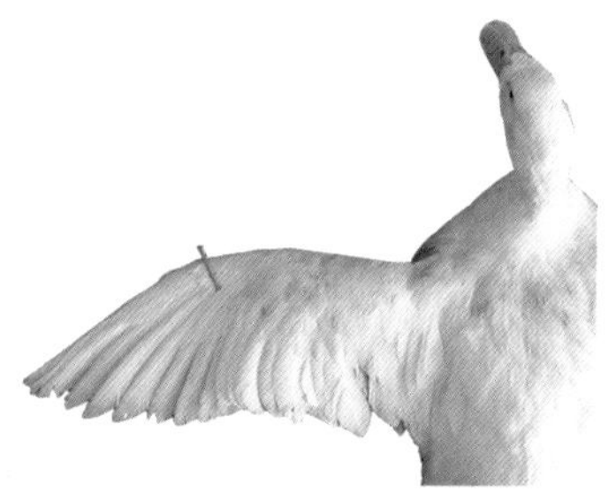

图2-1-5　母鸭翼羽（背侧面）

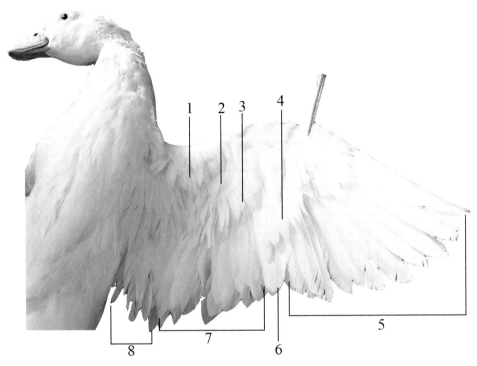

ᠵᠢᠷᠤᠭ 2-1-6 ᠡᠮᠡᠭᠡᠶᠢᠨ ᠨᠣᠭᠤᠰᠤᠨ ᠤ ᠵᠢᠭᠦᠷ (ᠬᠡᠪᠡᠯᠢ ᠲᠠᠯ᠎ᠠ)

1.覆小翼羽　2.覆中翼羽　3.覆副翼羽　4.覆主翼羽

5.主翼羽　6.轴羽　7.副翼羽　8.小翼羽

8.ᠵᠢᠵᠢᠭ ᠵᠢᠭᠦᠷ ᠦᠨ ᠥᠳᠦ

7.ᠳᠡᠳ᠋ ᠵᠢᠭᠦᠷ ᠦᠨ ᠥᠳᠦ

6.ᠭᠣᠣᠯᠴᠢ ᠵᠢᠭᠦᠷ ᠦᠨ ᠥᠳᠦ (ᠳᠠᠮᠤᠷ ᠥᠳᠦ)

5.ᠭᠣᠣᠯ ᠵᠢᠭᠦᠷ ᠦᠨ ᠥᠳᠦ

4.ᠵᠢᠭᠦᠷ ᠦᠨ ᠭᠣᠣᠯ ᠪᠦᠷᠬᠦᠭᠦᠯ ᠥᠳᠦ

3.ᠵᠢᠭᠦᠷ ᠦᠨ ᠳᠡᠳ᠋ ᠪᠦᠷᠬᠦᠭᠦᠯ ᠥᠳᠦ

2.ᠵᠢᠭᠦᠷ ᠦᠨ ᠳᠤᠮᠳᠠᠬᠢ ᠪᠦᠷᠬᠦᠭᠦᠯ ᠥᠳᠦ

1.ᠵᠢᠵᠢᠭ ᠵᠢᠭᠦᠷ ᠦᠨ ᠪᠦᠷᠬᠦᠭᠦᠯ ᠥᠳᠦ

图 2-1-6　母鸭翼羽（腹侧面）

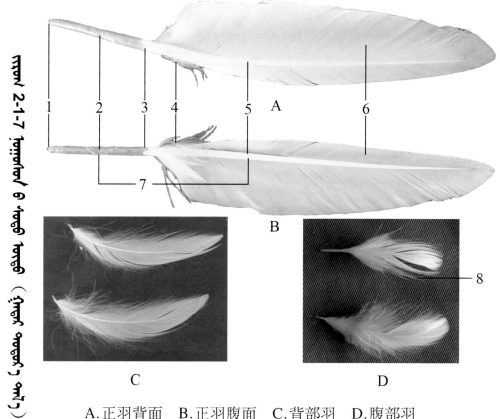

ᠵᡠᡳᠷᠤᠭ 2-1-7 ᠨᠤᠭᠤᠰᠤᠨ ᠤ ᠵᡳᠩᠬᡳᠨᠢ ᠥᠳᠦ (ᠬᡡᠪᠡ ᠥᠳᠦᠯᠵᠢᠨ ᠥᠳᠦ)

A.正羽背面　B.正羽腹面　C.背部羽　D.腹部羽
1.近脐　2.羽根(基翮)　3.远脐　4.正羽绒羽部　5.羽茎
6.羽片(翈)　7.羽轴　8.羽枝

A. ᠵᡳᠩᠬᡳᠨᠢ ᠥᠳᠦᠨ ᠤ ᠠᠷᠤ ᠲᠠᠯ ᠠ
B. ᠵᡳᠩᠬᡳᠨᠢ ᠥᠳᠦᠨ ᠤ ᠡᠪᠡᠷ ᠲᠠᠯ ᠠ
C. ᠨᠢᠷᠤᠭᠤᠨ ᠤ ᠥᠳᠦ
D. ᠬᡁᠷᠦᡁ ᠎ᠤᠨ ᠥᠳᠦ

1. ᠵᡳᠩᠬᡳᠨᠢ ᠶᠢᠨ ᠣᠢᠷᠠᠬᠠᠨ ᠬᡡᠢᠰᠦ
2. ᠥᠳᠦᠨ ᠦ ᠢᠵᠠᡎᡉᠷ (ᠰᠠᠭᡠᠷᠢ ᠥᠳᠦ)
3. ᠵᡳᠩᠬᡳᠨᠢ ᠶᠢᠨ ᠵᠠᠶᠢᠲᠠᠢ ᠬᡡᠢᠰᠦ
4. ᠵᡳᠩᠬᡳᠨᠢ ᠥᠳᠦᠨ ᠦ ᠵᠥᠭᠡᠯᠡᠨ ᠥᠳᠦ
5. ᠥᠳᠦᠨ ᠦ ᠢᠰᠬᡉᠯ
6. ᠥᠳᠦᠨ ᠦ ᠬᠠᠪᠲᠠᠰᡠ (ᠬᠠᠯᠢᠰᡠ ᠥᠳᠦ)
7. ᠥᠳᠦᠨ ᠦ ᠲᠡᠩᠭᠡᠯᠢᠭ
8. ᠥᠳᠦᠨ ᠦ ᠮᠥᠴᠢᠷ

图 2-1-7　鸭正羽(廓羽、翼)

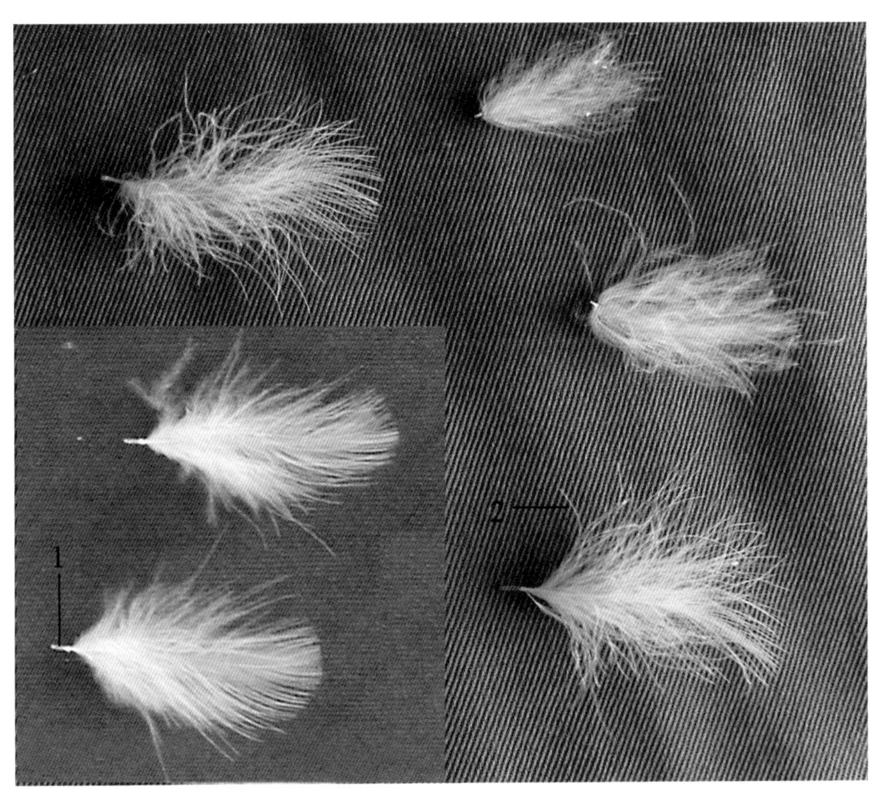

1.羽根(基翩)　2.羽枝

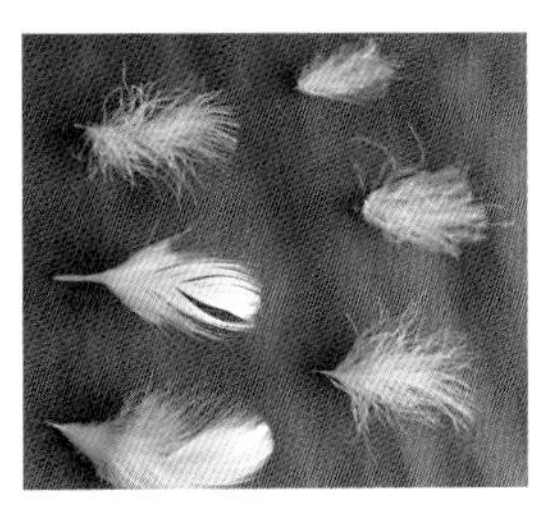

图 2-1-8　鸭绒羽

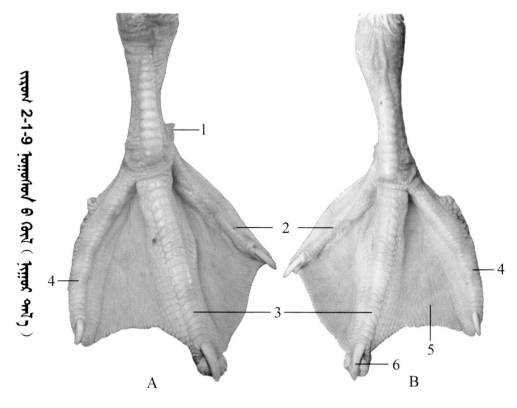

ᠲᠠᠬᠢᠶᠠᠨ᠎ 2-1-9 ᠭᠠᠷᠬᠠᠨ᠎ ᠨᠢ ᠨᠤᠭᠤᠰᠤᠨ᠎ (ᠭᠠᠷᠴᠠᠭ᠎ ᠲᠠᠯ᠎ᠠ)

A.右脚　B.左脚

1.第一趾　2.第二趾　3.第三趾　4.第四趾　5.脚蹼　6.爪

6. ᠬᠢᠮᠦᠰᠦ

5. ᠰᠠᠷᠠᠪᠴᠢ

4. ᠳᠥᠷᠪᠡᠳᠦᠭᠡᠷ ᠬᠤᠷᠤᠭᠤ

3. ᠭᠤᠷᠪᠠᠳᠤᠭᠠᠷ ᠬᠤᠷᠤᠭᠤ

2. ᠬᠤᠶᠠᠳᠤᠭᠠᠷ ᠬᠤᠷᠤᠭᠤ

1. ᠨᠢᠭᠡᠳᠦᠭᠡᠷ ᠬᠤᠷᠤᠭᠤ

B. ᠵᠡᠭᠦᠨ ᠭᠠᠷ

A. ᠪᠠᠷᠠᠭᠤᠨ ᠭᠠᠷ

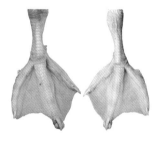

图 2-1-9　鸭脚部（背侧）

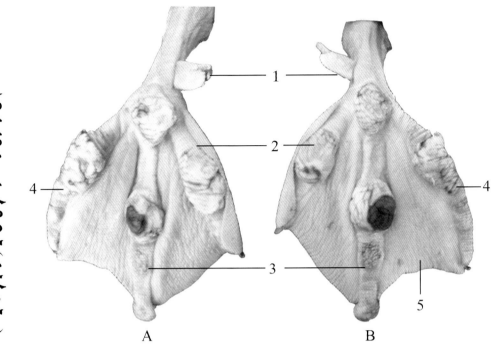

ᠳᠥᠷᠰᠥ 2-1-10 ᠨᠤᠭᠤᠰᠤᠨ ᠤ ᠬᠥᠯ (ᠲᠠᠪᠠᠭ ᠲᠠᠯ᠎ᠠ)

A.左脚　B.右脚
1.第一趾　2.第二趾　3.第三趾　4.第四趾　5.脚蹼

5. ᠲᠠᠪᠠᠭ
4. ᠳᠥᠷᠪᠡᠳᠦᠭᠡᠷ ᠬᠤᠷᠤᠭᠤ
3. ᠭᠤᠷᠪᠠᠳᠤᠭᠠᠷ ᠬᠤᠷᠤᠭᠤ
2. ᠬᠤᠶᠠᠳᠤᠭᠠᠷ ᠬᠤᠷᠤᠭᠤ
1. ᠨᠢᠭᠡᠳᠦᠭᠡᠷ ᠬᠤᠷᠤᠭᠤ

B. ᠪᠠᠷᠠᠭᠤᠨ ᠬᠥᠯ
A. ᠵᠡᠭᠦᠨ ᠬᠥᠯ

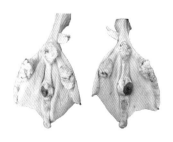

图 2-1-10　鸭脚部（跖侧）

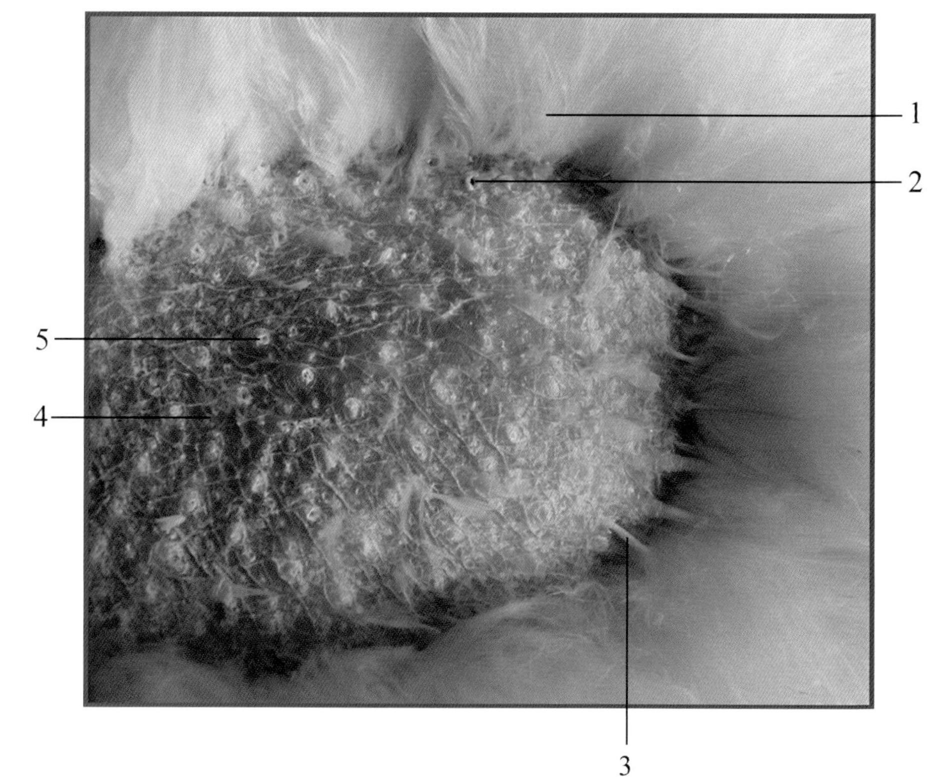

1.绒羽　2.羽囊　3.羽根(基翮)　4.表皮　5.羽根鞘壁

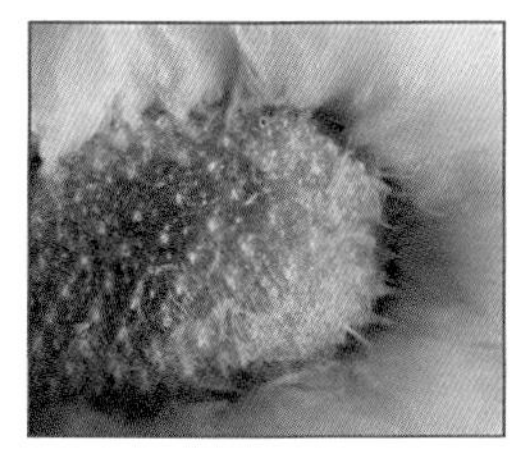

图 2-1-11　鸭羽区皮肤及羽毛

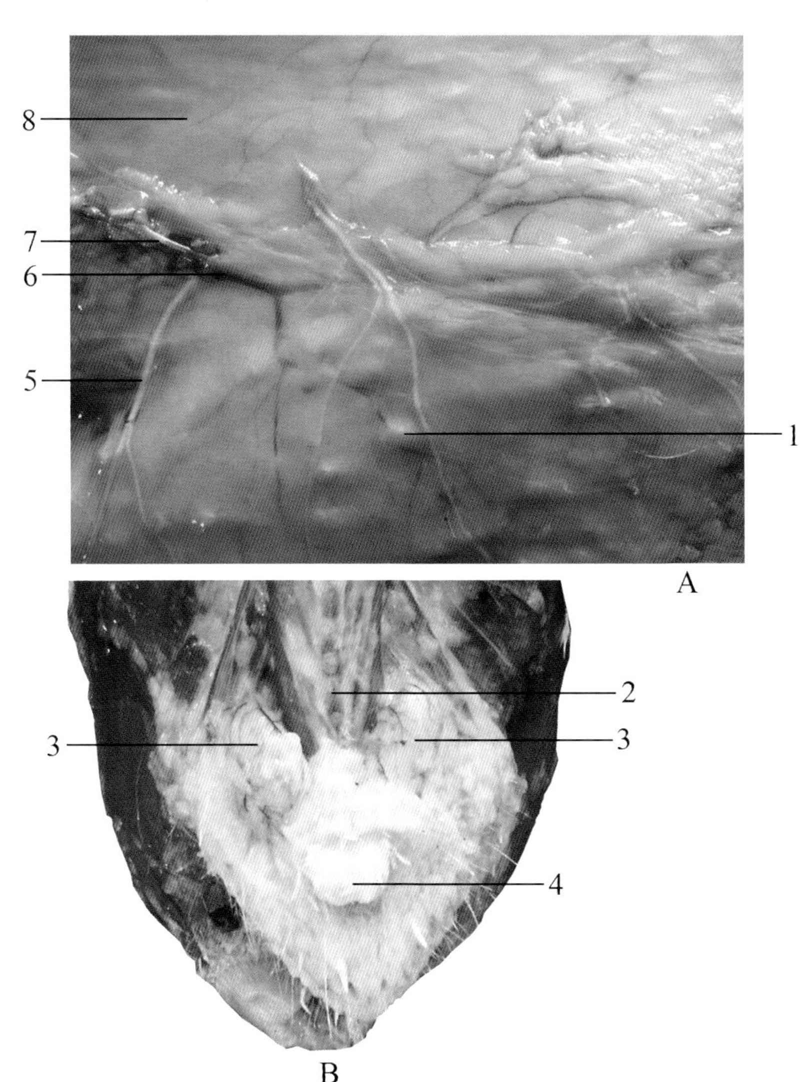

A.皮肤内表面　　B.荐尾部

1.羽囊　　2.荐部　　3.尾脂腺　　4.尾脂腺乳头

5.神经　　6.静脉　　7.动脉　　8.皮肤内表层

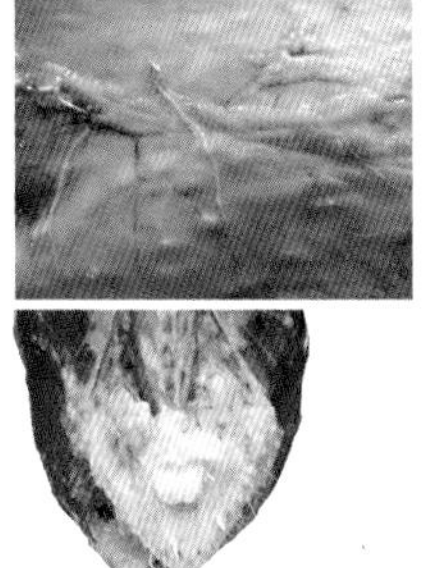

图2-1-12　鸭皮肤内表面及荐尾部

二、鸭消化系统

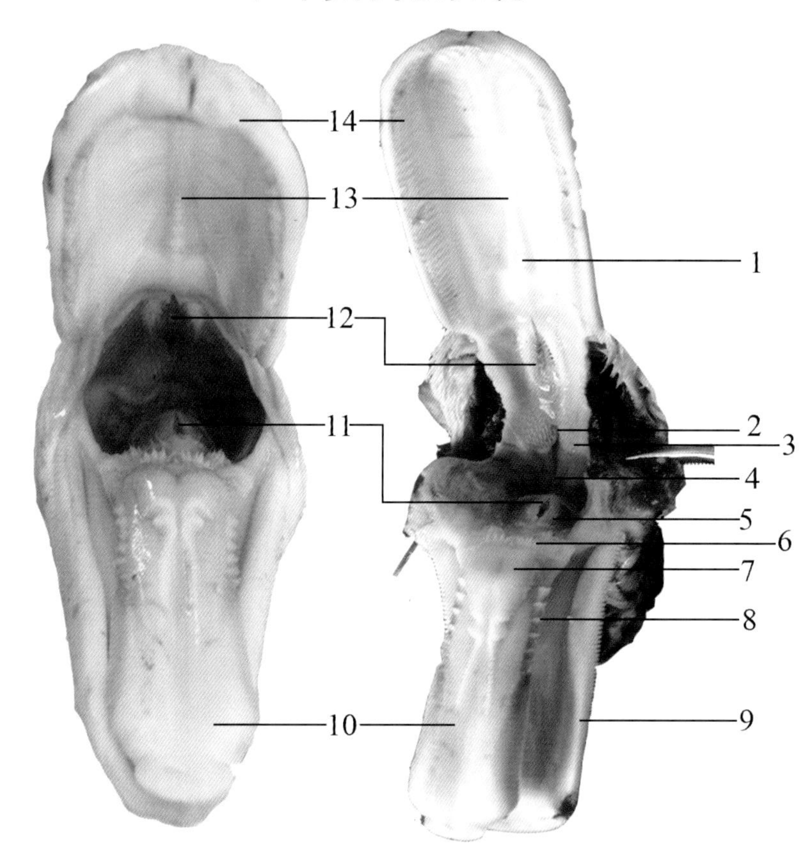

1.腭乳头　2.咽鼓管裂　3.咽乳头　4.食管口(咽部)　5.喉
6.乳头　7.舌隆凸　8.大乳头　9.下颌(下喙)　10.舌
11.喉口　12.鼻后孔裂　13.纵行正中嵴　14.嘴(上喙)

图 2-2-1　鸭口腔及咽部

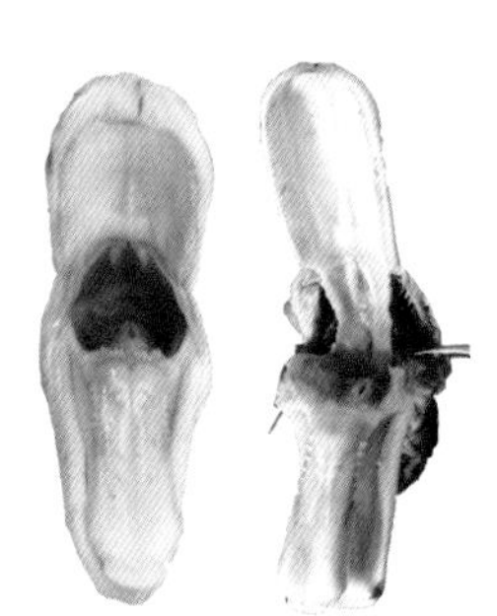

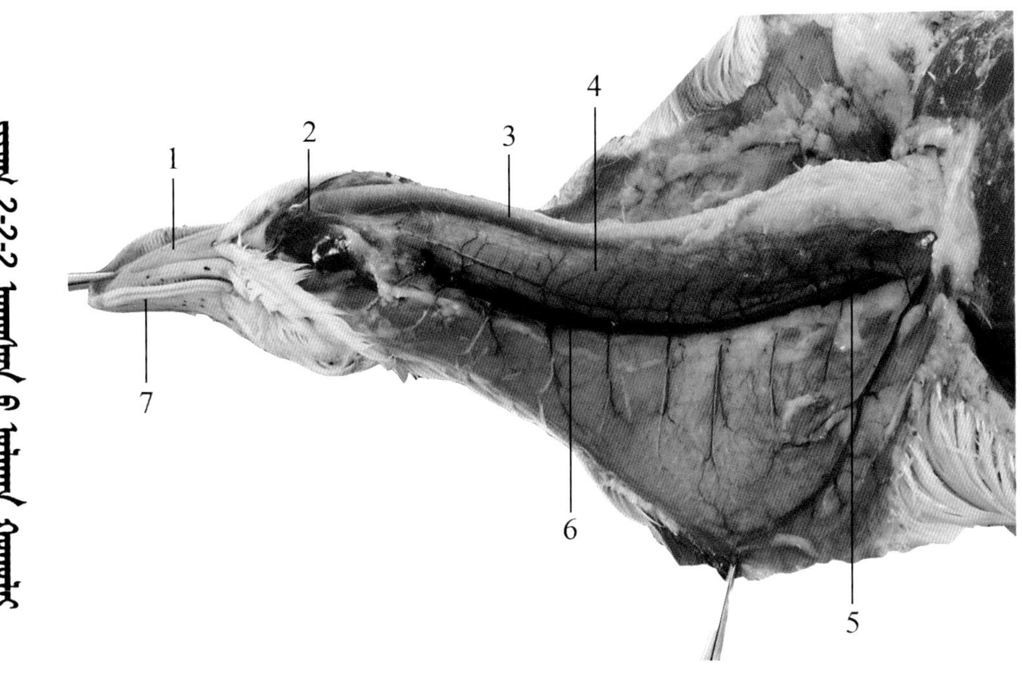

1.下颌(下喙)　2.喉部　3.气管　4.食管
5.食管膨大部　6.颈静脉　7.嘴(上喙)

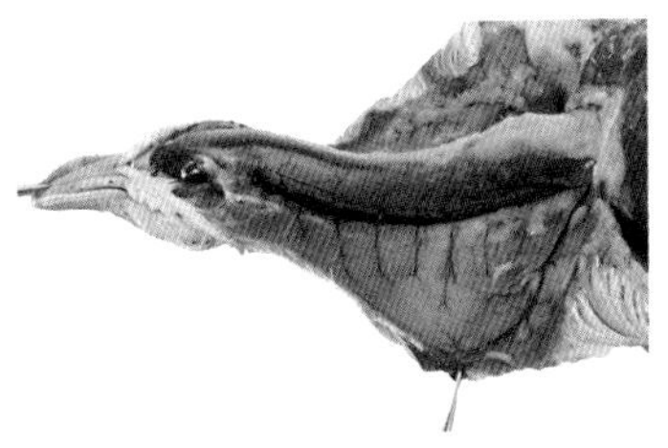

图2-2-2　鸭食管

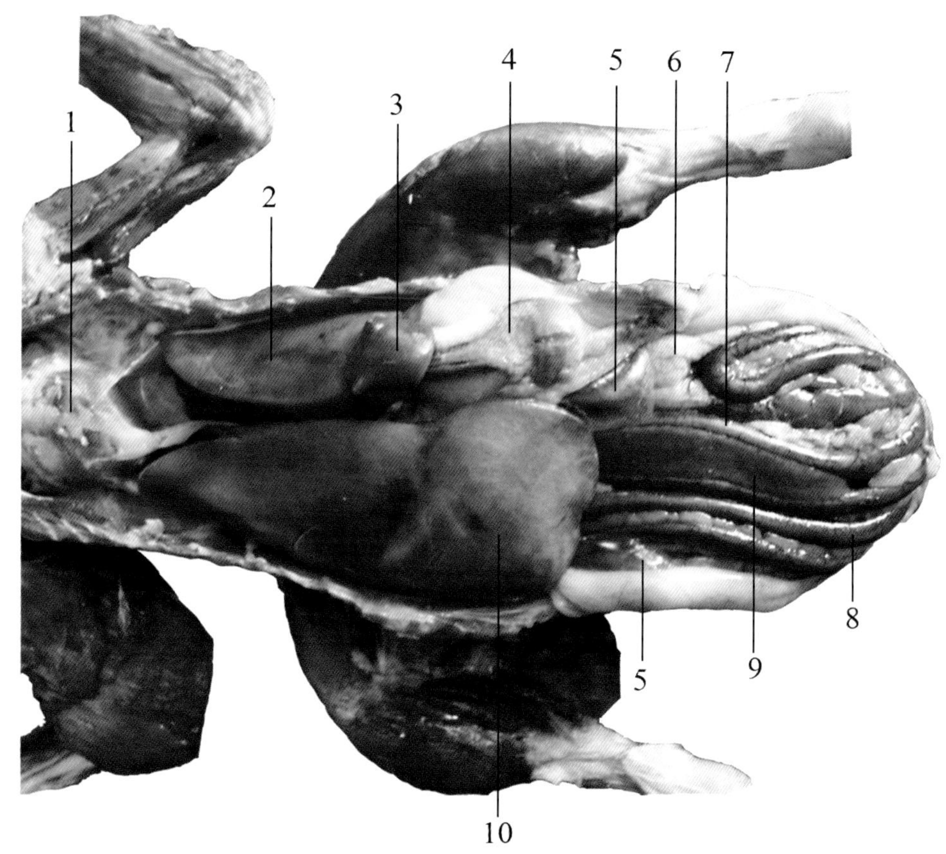

1.心包、心脏　2.肝左叶　3.脾　4.肌胃　5.腹气囊　6.输卵管
7.十二指肠　8.空肠　9.腹侧胰叶　10.肝右叶

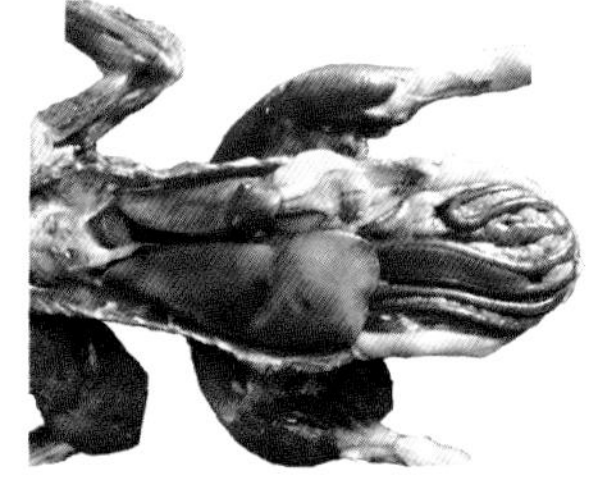

图 2-2-3　鸭消化系统在体内的腹面观-1

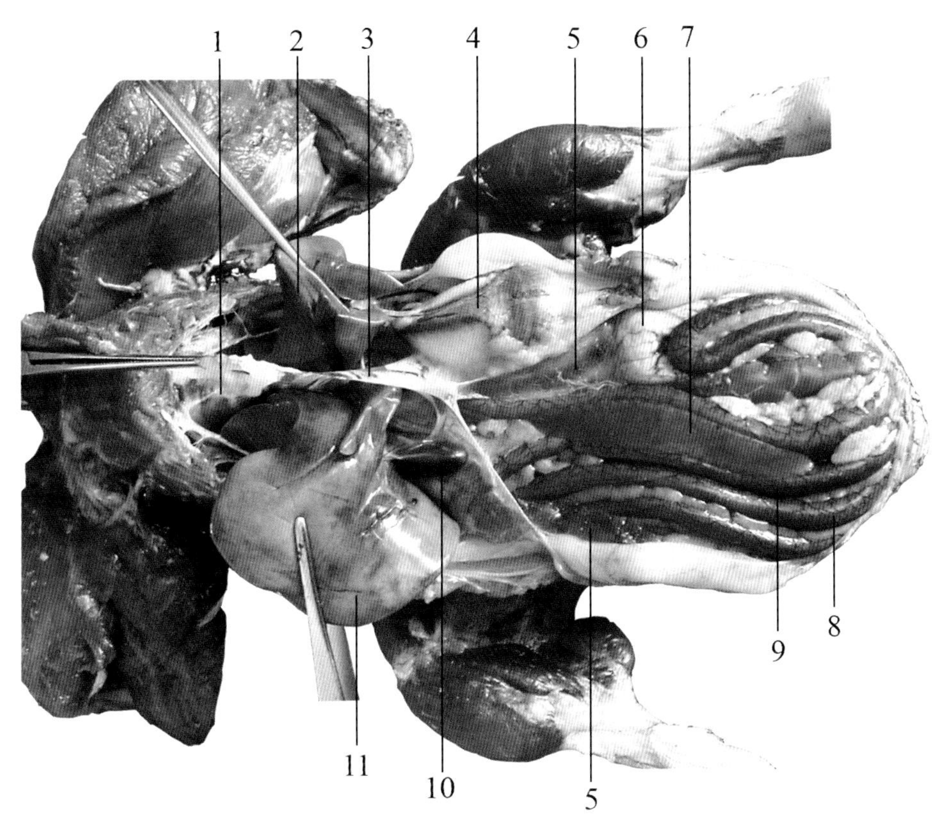

1.心包、心脏　2.肝左叶　3.纵隔　4.肌胃　5.腹气囊　6.输卵管
7.腹侧胰叶　8.空肠　9.十二指肠　10.胆囊　11.肝右叶

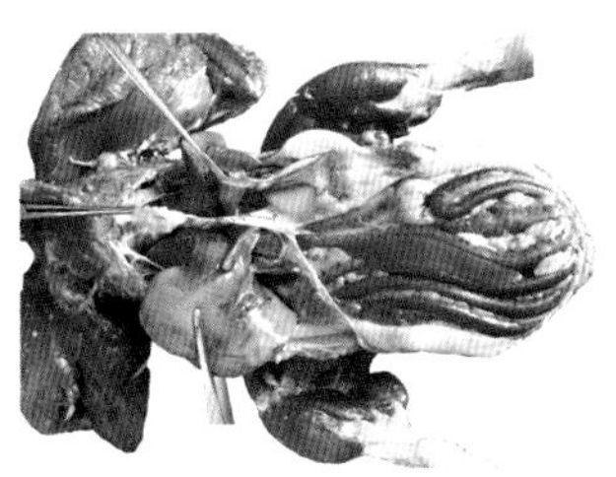

图 2-2-4　鸭消化系统在体内的腹面观-2

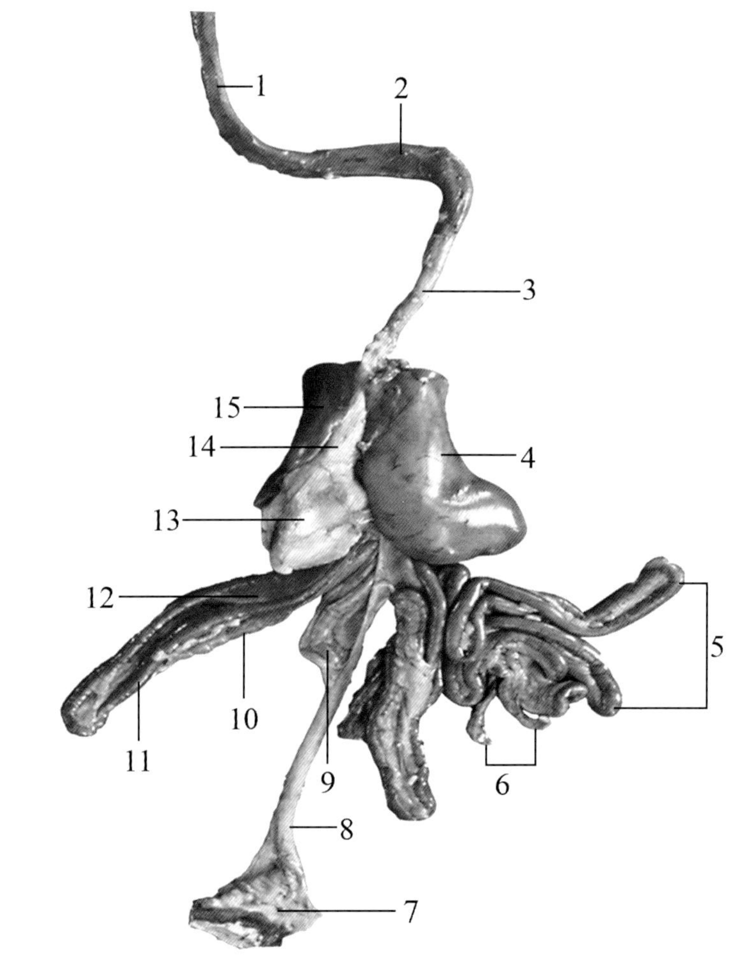

1.食管　2.食管膨大部　3.胸段食管　4.肝右叶　5.空肠　6.盲肠
7.泄殖腔　8.直肠　9.回肠　10.背侧胰叶　11.十二指肠
12.腹侧胰叶　13.肌胃　14.腺胃　15.肝左叶

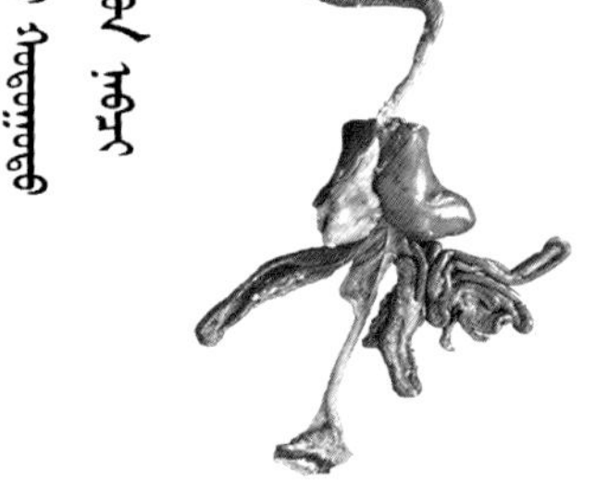

图 2-2-5　鸭消化系统的组成-1

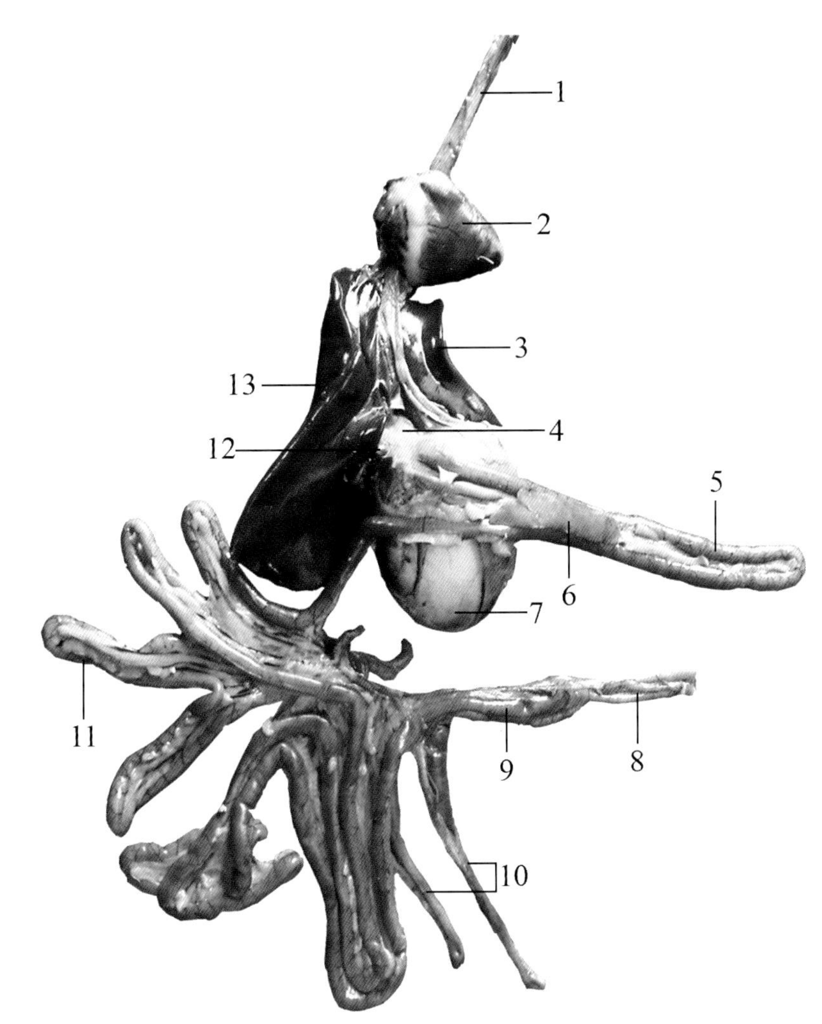

1.食管　2.心脏　3.肝左叶　4.腺胃　5.十二指肠　6.胰　7.肌胃
8.直肠　9.回肠　10.盲肠　11.空肠　12.胆囊　13.肝右叶

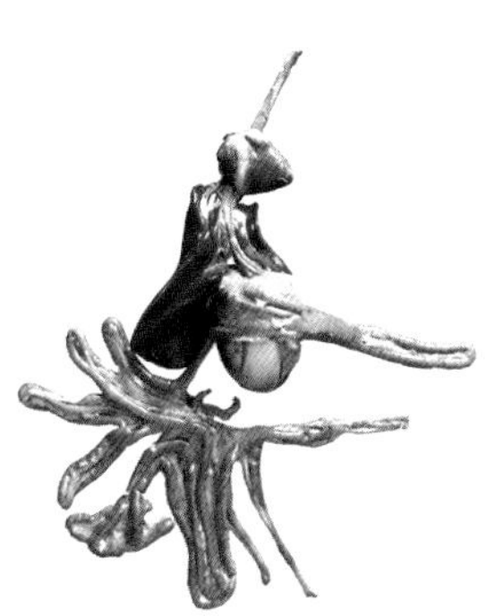

图 2-2-6　鸭消化系统的组成 -2

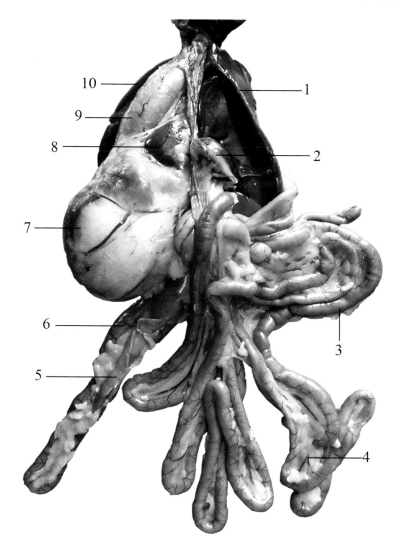

ᠲᠠᠬᠢᠶᠠᠨ ᠤ ᠪᠡᠶᠡᠲᠦ ᠺᠢᠭᠡᠳᠬᠡᠭᠡᠨ ᠵᠢᠷᠤᠭ 2-2-7

1.肝右叶　2.胆囊　3.空肠　4.肠系膜　5.背侧胰叶
6.十二指肠　7.肌胃　8.脾　9.腺胃　10.肝左叶

1. ᠡᠯᠢᠭᠡᠨ ᠤ ᠪᠠᠷᠠᠭᠤᠨ ᠳᠡᠯᠪᠢ
2. ᠴᠥᠰᠦᠨ ᠠᠭᠤᠯᠠᠢ
3. ᠬᠣᠭᠣᠰᠤᠨ ᠭᠡᠳᠡᠰᠦ
4. ᠭᠡᠳᠡᠰᠦᠨ ᠪᠥᠰᠡᠯᠡᠭᠦᠷ
5. ᠨᠢᠷᠤᠭᠤ ᠲᠠᠯ ᠠ ᠶᠢᠨ ᠨᠣᠵᠢᠭᠤᠷ
6. ᠠᠷᠪᠠᠨ ᠬᠣᠶᠠᠷ ᠬᠤᠷᠤᠭᠤᠲᠤ ᠭᠡᠳᠡᠰᠦ
7. ᠪᠤᠯᠴᠢᠩᠲᠤ ᠬᠣᠳᠣᠭᠣᠳᠣ
8. ᠳᠡᠯᠢᠭᠦᠦ
9. ᠪᠤᠯᠴᠢᠷᠬᠠᠢᠲᠤ ᠬᠣᠳᠣᠭᠣᠳᠣ
10. ᠡᠯᠢᠭᠡᠨ ᠤ ᠵᠡᠭᠦᠨ ᠳᠡᠯᠪᠢ

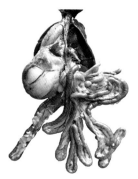

图 2-2-7　鸭消化系统的组成 -3

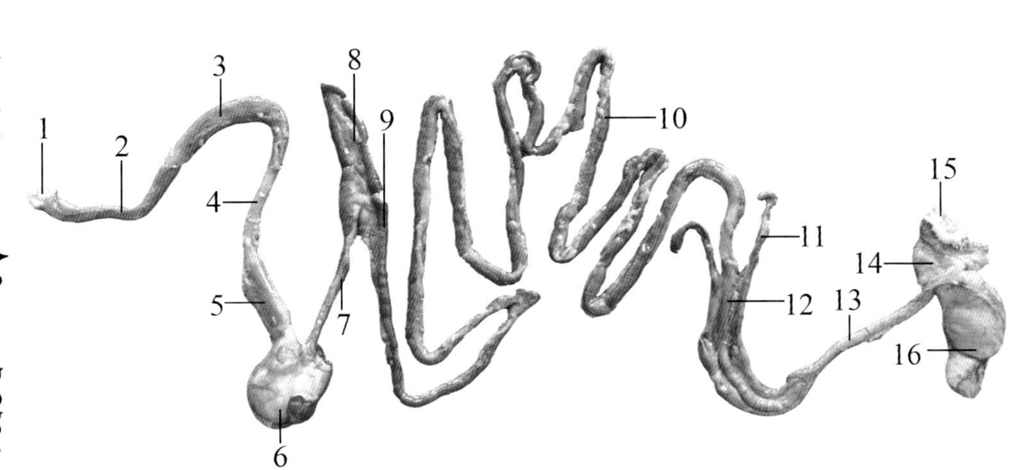

1.咽　2.食管　3.食管膨大部　4.胸段食管　5.腺胃　6.肌胃
7.十二指肠降祥　8.胰　9.十二指肠升祥　10.空肠　11.盲肠
12.回肠　13.直肠　14.泄殖腔　15.肛门　16.子宫部

图 2-2-8　鸭消化道

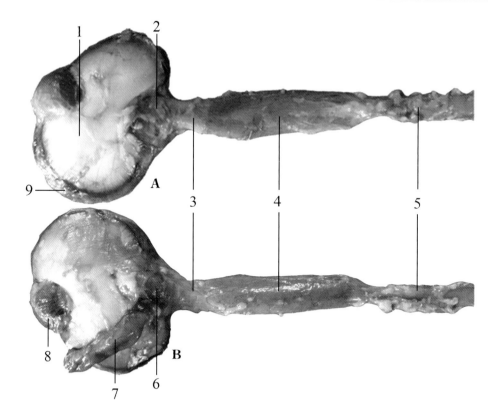

ᠵᠢᠷᠤᠭ 2-2-9 ᠨᠤᠭᠤᠰᠤᠨ ᠤ ᠪᠤᠯᠴᠢᠷᠬᠠᠶᠢᠲᠤ ᠬᠣᠳᠣᠭᠣᠳᠣ ᠪᠠ ᠪᠤᠯᠴᠢᠩᠲᠤ ᠬᠣᠳᠣᠭᠣᠳᠣ

A.鸭肌胃背侧　B.鸭肌胃腹侧

1.腱镜(腱质中心)　2.背中间肌　3.中间带(胃峡)　4.腺胃
5.食管　6.前背中间肌　7.十二指肠　8.后腹中间肌　9.肌胃背侧肌

1. ᠪᠤᠯᠴᠢᠩ ᠤ ᠲᠣᠯᠢ
2. ᠨᠢᠷᠤᠭᠤᠨ ᠳᠤᠮᠳᠠ ᠶᠢᠨ ᠪᠤᠯᠴᠢᠩ
3. ᠳᠤᠮᠳᠠ ᠶᠢᠨ ᠪᠦᠰᠡ (ᠬᠣᠳᠣᠭᠣᠳᠤᠨ ᠤ ᠬᠦᠵᠦᠭᠦᠦ)
4. ᠪᠤᠯᠴᠢᠷᠬᠠᠶᠢᠲᠤ ᠬᠣᠳᠣᠭᠣᠳᠣ
5. ᠤᠯᠠᠭᠠᠨ ᠬᠣᠭᠣᠯᠠᠢ
6. ᠡᠮᠦᠨᠡᠬᠢ ᠨᠢᠷᠤᠭᠤᠨ ᠳᠤᠮᠳᠠ ᠶᠢᠨ ᠪᠤᠯᠴᠢᠩ
7. ᠠᠷᠪᠠᠨ ᠬᠣᠶᠠᠷ ᠬᠤᠷᠤᠭᠤ ᠭᠡᠳᠡᠰᠦ
8. ᠠᠷᠤ ᠶᠢᠨ ᠳᠤᠮᠳᠠ ᠶᠢᠨ ᠪᠤᠯᠴᠢᠩ
9. ᠪᠤᠯᠴᠢᠩᠲᠤ ᠬᠣᠳᠣᠭᠣᠳᠤᠨ ᠤ ᠨᠢᠷᠤᠭᠤᠨ ᠬᠠᠵᠠᠭᠤ ᠶᠢᠨ ᠪᠤᠯᠴᠢᠩ
A. ᠨᠤᠭᠤᠰᠤᠨ ᠤ ᠪᠤᠯᠴᠢᠩᠲᠤ ᠬᠣᠳᠣᠭᠣᠳᠤᠨ ᠤ ᠨᠢᠷᠤᠭᠤ ᠲᠠᠯ᠎ᠠ
B. ᠨᠤᠭᠤᠰᠤᠨ ᠤ ᠪᠤᠯᠴᠢᠩᠲᠤ ᠬᠣᠳᠣᠭᠣᠳᠤᠨ ᠤ ᠭᠡᠳᠡᠰᠦ ᠲᠠᠯ᠎ᠠ

图 2-2-9　鸭腺胃和肌胃

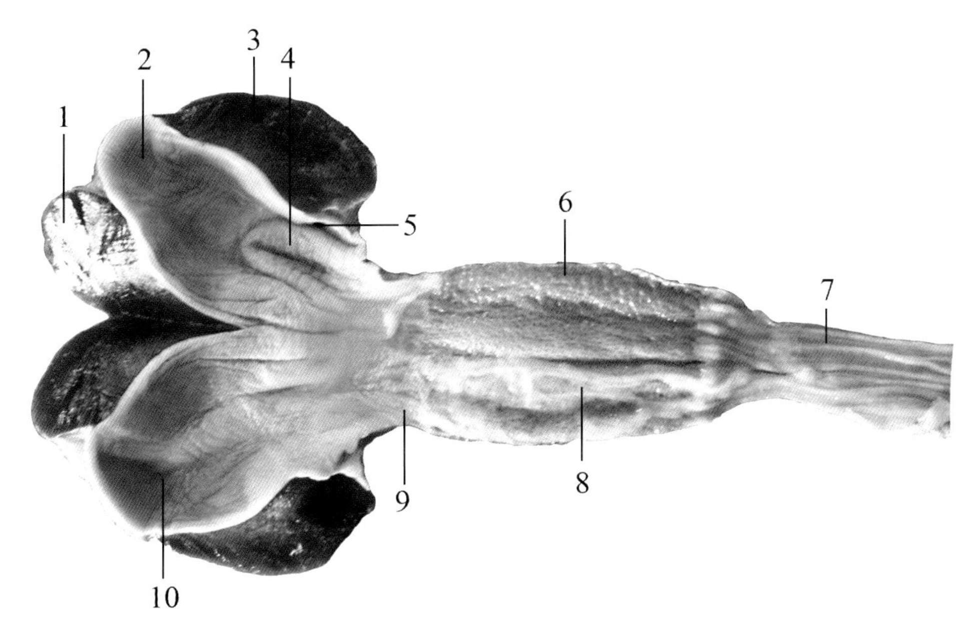

1.背侧厚肌　2.后腹盲囊　3.腹侧厚肌　4.前背盲囊
5.十二指肠口　6.腺胃黏膜乳头　7.食管黏膜
8.腺胃黏液　9.中间带（胃峡）　10.后背盲囊

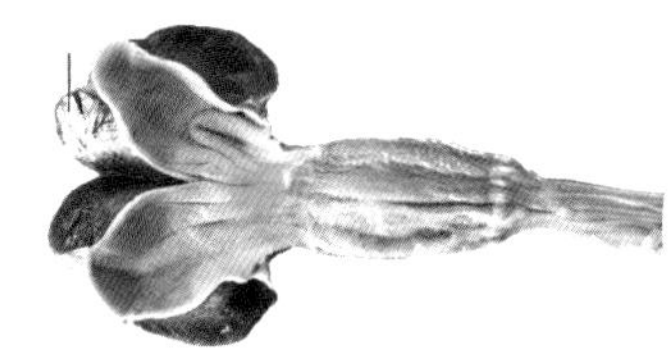

图 2-2-10　鸭胃黏膜

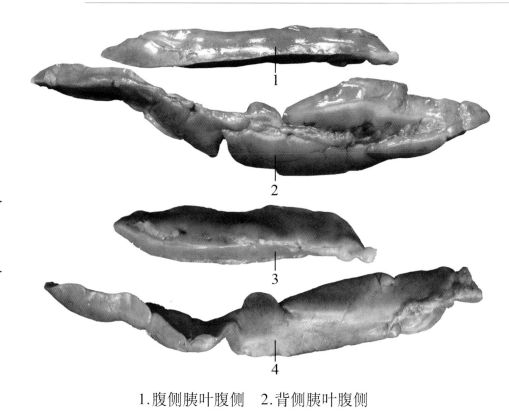

1.腹侧胰叶腹侧　2.背侧胰叶腹侧
3.腹侧胰叶背侧　4.背侧胰叶背侧

4. ᠨᠣᠵᠢ ᠶᠢᠨ ᠨᠢᠷᠤᠭᠤ ᠶᠢᠨ ᠳᠠᠯ᠎ᠠ ᠶᠢᠨ ᠨᠢᠷᠤᠭᠤᠨ ᠳᠠᠯ᠎ᠠ

3. ᠨᠣᠵᠢ ᠶᠢᠨ ᠭᠡᠳᠡᠰᠦᠨ ᠳᠠᠯ᠎ᠠ ᠶᠢᠨ ᠨᠢᠷᠤᠭᠤᠨ ᠳᠠᠯ᠎ᠠ

2. ᠨᠣᠵᠢ ᠶᠢᠨ ᠨᠢᠷᠤᠭᠤ ᠶᠢᠨ ᠳᠠᠯ᠎ᠠ ᠶᠢᠨ ᠭᠡᠳᠡᠰᠦᠨ ᠳᠠᠯ᠎ᠠ

1. ᠨᠣᠵᠢ ᠶᠢᠨ ᠭᠡᠳᠡᠰᠦᠨ ᠳᠠᠯ᠎ᠠ ᠶᠢᠨ ᠭᠡᠳᠡᠰᠦᠨ ᠳᠠᠯ᠎ᠠ

图 2-2-11　鸭胰脏背侧和腹侧

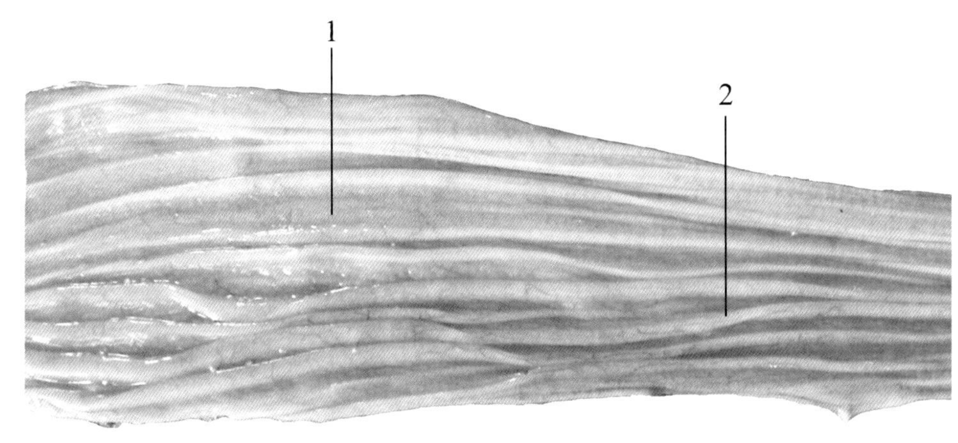

1.食管黏膜　2.黏膜皱襞

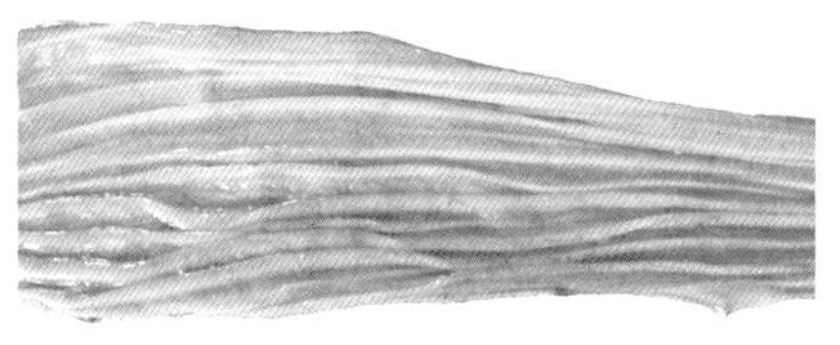

图 2-2-12　鸭食管黏膜

A

B

C

D

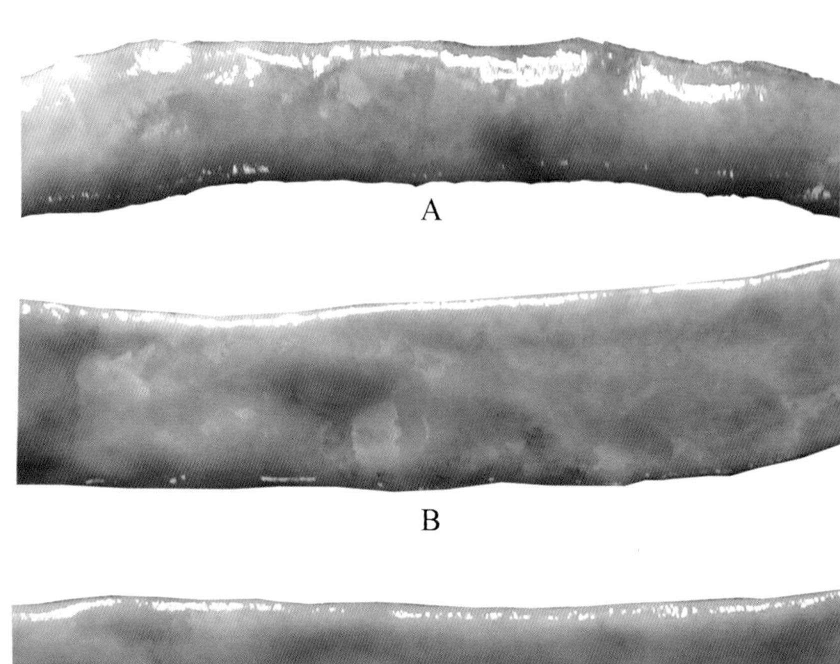

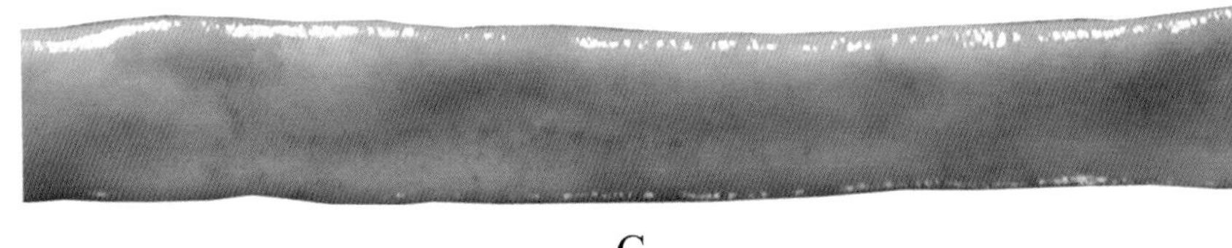

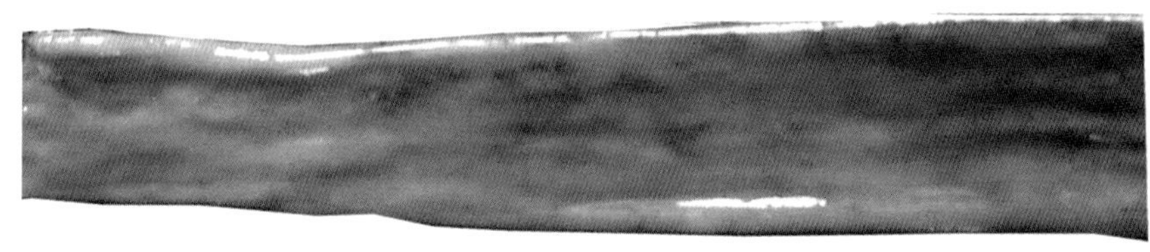

A.十二指肠黏膜　B.空肠黏膜　C.回肠黏膜　D.盲肠黏膜

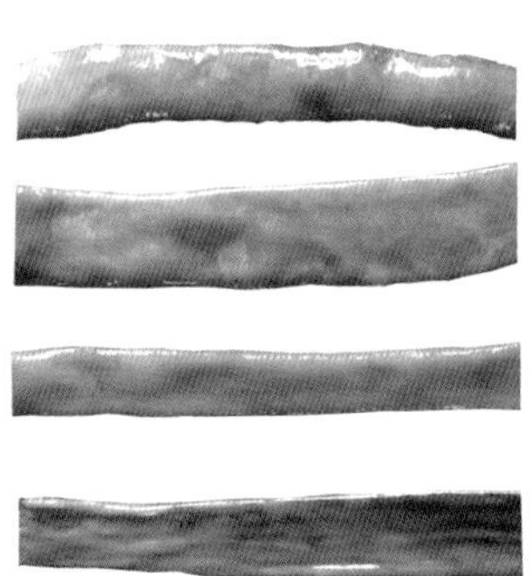

图 2-2-13　鸭消化管黏膜

三、鸭呼吸系统

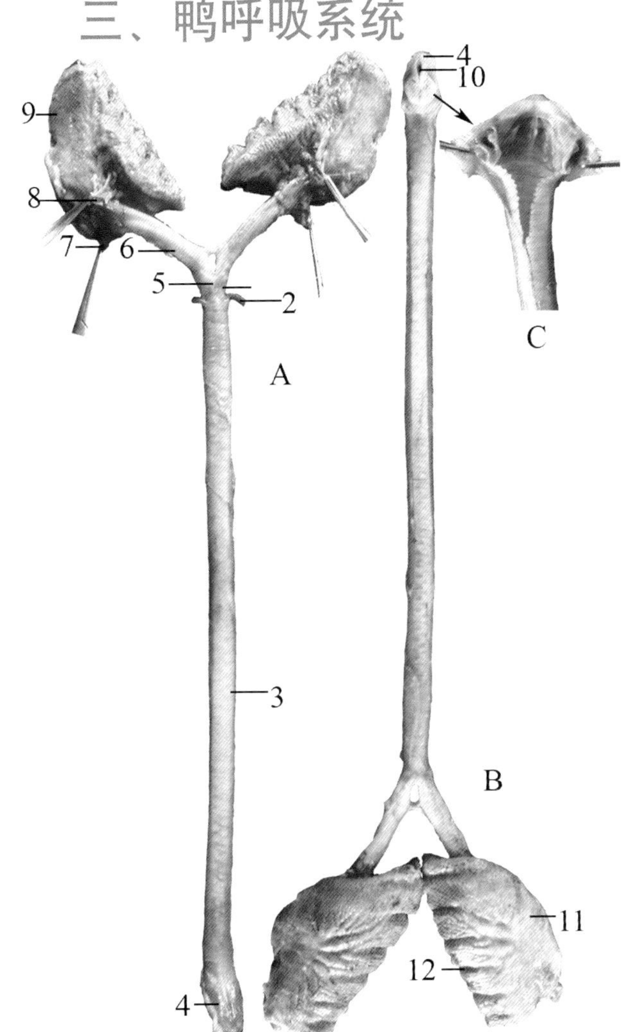

A.鸭肺和气管(腹侧)　B.鸭肺和气管(背侧)　C.喉内剖面

1.外鸣膜　2.胸骨气管肌和气管肌　3.气管　4.喉　5.鸣囊　6.支气管
7.肺动脉　8.肺静脉　9.左肺　10.喉口　11.右肺　12.肋沟

图2-3-1　鸭肺脏及气管

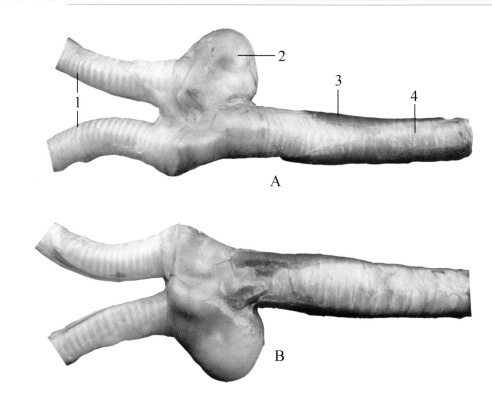

ᠲᠠᠬᠢᠶᠠᠨ 2-3-2 ᠠᠽᠠᠷᠭᠠᠨ ᠨᠣᠭᠤᠰᠤᠨ ᠤ ᠳᠠᠭᠤᠯᠠᠬᠤ ᠬᠣᠭᠤᠯᠠᠢ

A.鸣管腹侧　B.鸣管背侧
1.支气管　2.鸣囊泡　3.胸骨气管肌和气管肌　4.气管

4. ᠳᠠᠭᠤᠯᠠᠬᠤ ᠬᠣᠭᠤᠯᠠᠢ
3. ᠡᠪᠡᠷᠴᠦᠦ ᠶᠢᠨ ᠳᠠᠭᠤᠯᠠᠬᠤ ᠬᠣᠭᠤᠯᠠᠢ ᠶᠢᠨ ᠪᠤᠯᠴᠢᠩ ᠪᠠ ᠬᠣᠭᠤᠯᠠᠢ ᠶᠢᠨ ᠪᠤᠯᠴᠢᠩ
2. ᠳᠠᠭᠤᠯᠠᠬᠤ ᠤᠭᠤᠲᠠᠨ ᠤ ᠬᠥᠭᠡᠰᠦ
1. ᠰᠠᠯᠠᠭᠠᠯᠠᠭᠰᠠᠨ ᠬᠣᠭᠤᠯᠠᠢ

B. ᠳᠠᠭᠤᠯᠠᠬᠤ ᠬᠣᠭᠤᠯᠠᠢ ᠶᠢᠨ ᠨᠢᠷᠤᠭᠤ ᠲᠠᠯ᠎ᠠ
A. ᠳᠠᠭᠤᠯᠠᠬᠤ ᠬᠣᠭᠤᠯᠠᠢ ᠶᠢᠨ ᠬᠡᠪᠡᠯᠢ ᠲᠠᠯ᠎ᠠ

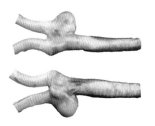

图2-3-2　公鸭鸣管

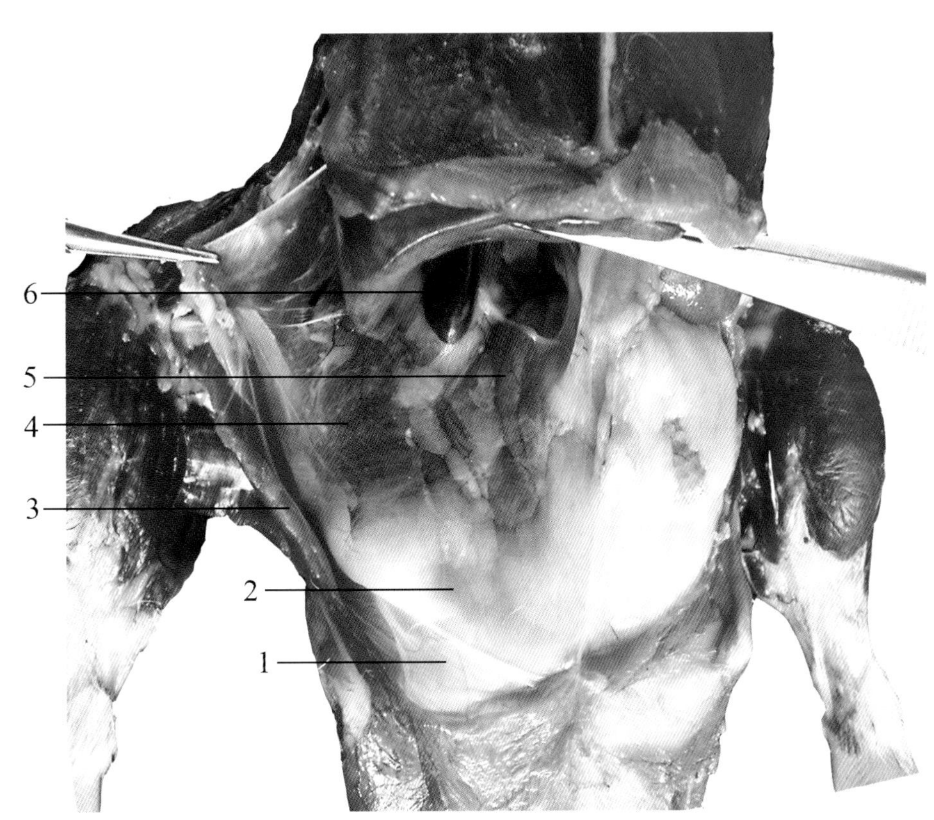

1.腹膜　2.网膜脂肪　3.腹壁肌
4.腹气囊　5.十二指肠　6.胆囊

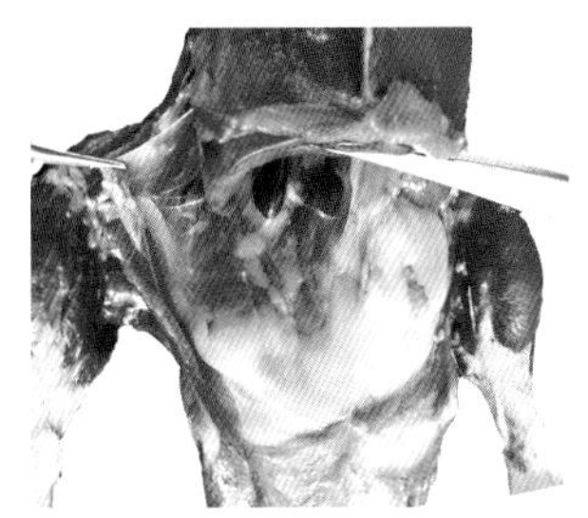

图2-3-7　鸭腹部气囊

四、鸭心血管系统

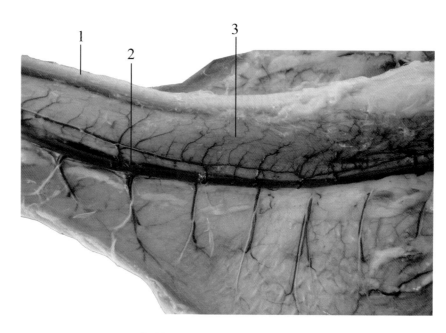

ᠵᠢᠷᠤᠭ 2-4-1 ᠨᠤᠭᠤᠰᠤᠨ ᠤ ᠬᠦᠵᠦᠭᠦᠨ ᠤ ᠰᠤᠳᠠᠯ

ᠨᠤᠭᠤᠰᠤᠨ᠂ ᠵᠢᠷᠦᠬᠡᠨ ᠤ ᠴᠢᠰᠤᠨ ᠰᠤᠳᠠᠯ ᠤᠨ ᠰᠢᠰᠲ᠋ᠧᠮ

1.气管　2.颈静脉　3.食管

3. ᠪᠠᠷᠠᠭ᠎ᠠ ᠵᠠᠮ
2. ᠬᠦᠵᠦᠭᠦᠨ ᠤ ᠰᠤᠳᠠᠯ
1. ᠰᠠᠯᠬᠢᠨ ᠵᠠᠮ

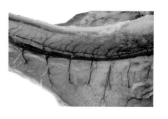

图 2-4-1　　鸭颈静脉

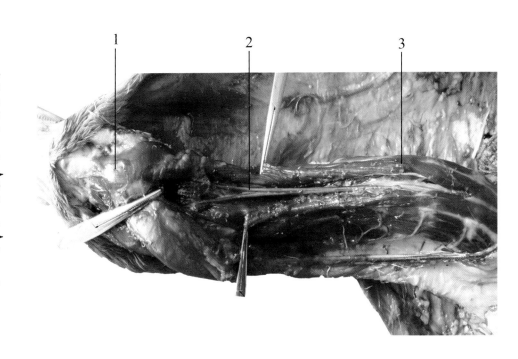

ᠵᠢᠷᠤᠭ 2-4-2 ᠨᠣᠭᠣᠯᠣᠷ ᠦ ᠰᠤᠳᠠᠯ ᠬᠠᠷᠭᠤᠢ

1.喉部　2.颈动脉　3.颈部

3.ᠬᠦᠵᠦᠭᠦᠨ ᠦ ᠬᠡᠰᠡᠭ
2.ᠰᠤᠳᠠᠯ ᠬᠠᠷᠭᠤᠢ
1.ᠬᠣᠭᠣᠯᠠᠢ ᠶᠢᠨ ᠬᠡᠰᠡᠭ

图 2-4-2　鸭颈动脉

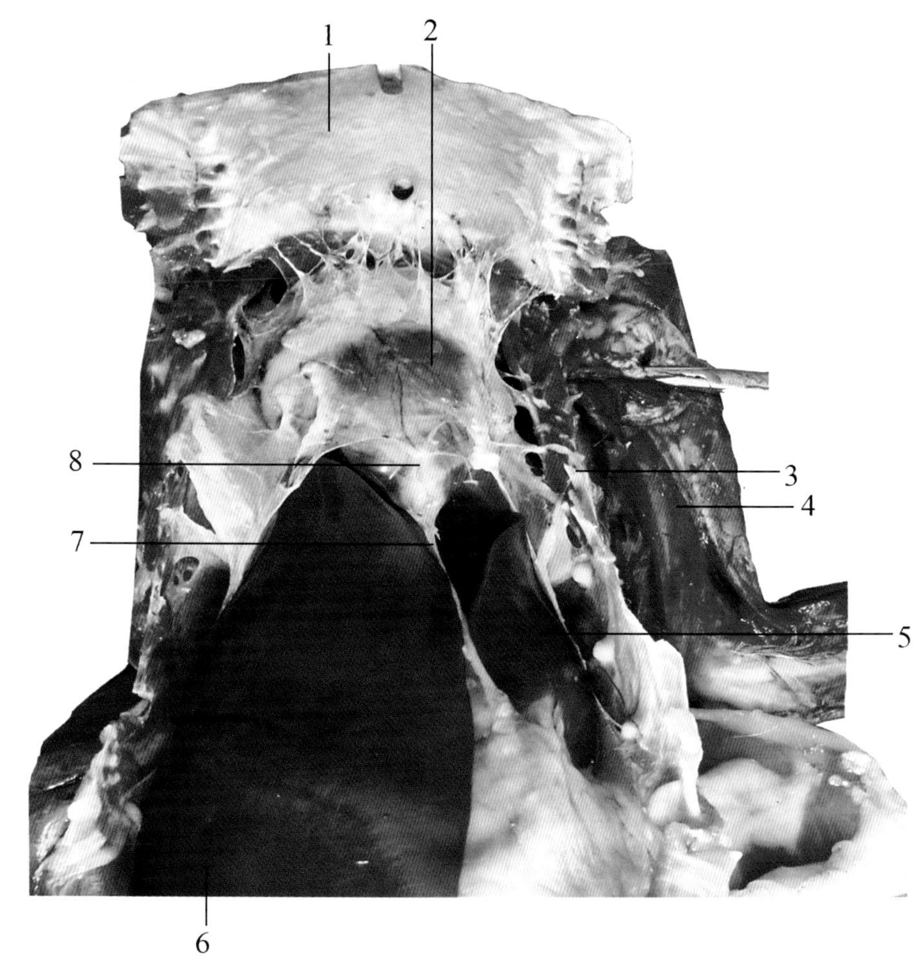

1.胸骨内壁　2.心包、心脏　3.肋骨断端　4.左臂部
5.肝左叶　6.肝右叶　7.纵隔　8.心尖

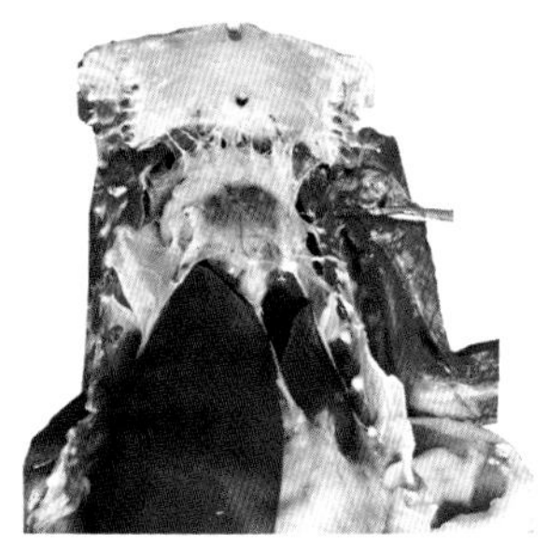

图 2-4-3　鸭心包和心脏

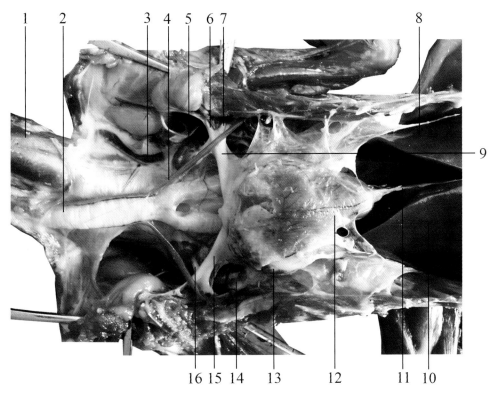

1.颈部　2.气管　3.左前腔静脉　4.胸骨气管肌　5.甲状腺
6.锁骨下动脉　7.腋动脉　8.肝左叶　9.左臂头动脉　10.肝右叶
11.纵隔　12.心包、心脏　13.右心房　14.胸气囊　15.右臂头动脉
16.右颈总动脉

图 2-4-4　鸭胸腔内心血管（前腹侧）

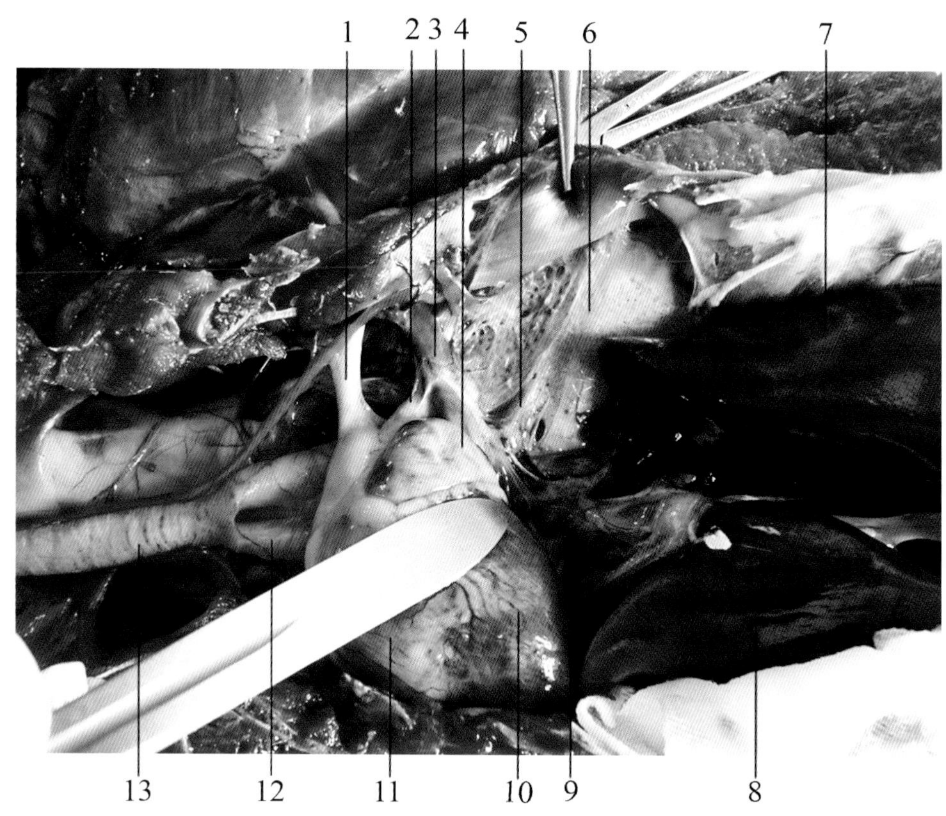

1.左臂头动脉　2.左肺动脉　3.左前腔静脉　4.左心房　5.左肺静脉
6.左肺　7.肝左叶　8.肝右叶　9.后腔静脉　10.左心室　11.右心室
12.右支气管　13.气管

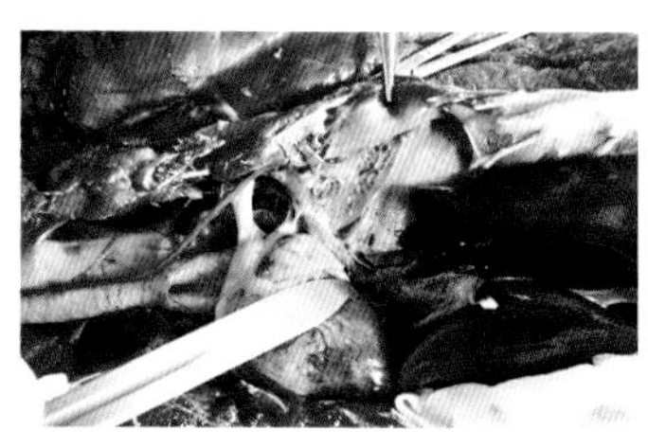

图2-4-5　鸭肺脏动静脉

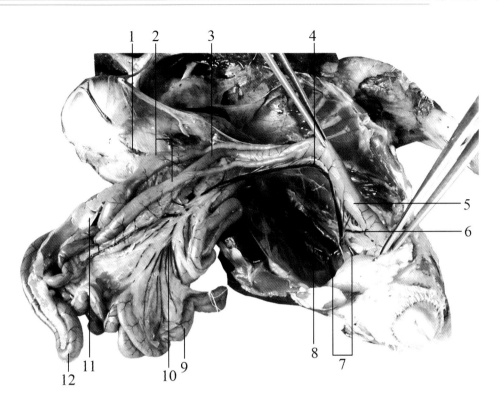

ᠵᠢᠷᠤᠭ 2-4-6 ᠨᠤᠭᠤᠰᠤᠨ ᠤ ᠬᠡᠪᠡᠯᠢ ᠶᠢᠨ ᠬᠥᠨᠳᠡᠢ ᠳᠡᠬᠢ ᠰᠤᠳᠠᠰᠤ -1

1.肌胃静脉　2.盲肠　3.回肠　4.肠系膜后静脉　5.直肠
6.肠系膜后静脉后支　7.髂内静脉　8.肾门后静脉　9.空肠
10.肠系膜后静脉前支及其分支　11.胰　12.十二指肠

12. ᠪᠥᠭᠡᠷᠡᠨ ᠤ ᠬᠤᠷᠮᠠᠢ ᠰᠤᠳᠠᠰᠤ
11. ᠨᠤᠭᠤᠯᠤᠷ

10. ᠬᠤᠳᠤᠭᠤᠳᠤᠨ ᠬᠠᠪᠢᠰᠤᠨ ᠤ ᠬᠣᠢᠨ᠋ᠠ ᠰᠤᠳᠠᠰᠤᠨ ᠤ ᠡᠮᠦᠨᠡᠬᠢ ᠰᠠᠯᠠᠭ᠎ᠠ
9. ᠬᠣᠭᠤᠰᠤᠨ ᠭᠡᠳᠡᠰᠦ

8. ᠪᠥᠭᠡᠷᠡᠨ ᠤ ᠬᠠᠭᠠᠯᠭ᠎ᠠ ᠶᠢᠨ ᠬᠣᠢᠨ᠋ᠠ ᠰᠤᠳᠠᠰᠤ
7. ᠳᠣᠲᠤᠭᠠᠳᠤ ᠰᠢᠯᠪᠢᠨ ᠤ ᠰᠤᠳᠠᠰᠤ

6. ᠬᠤᠳᠤᠭᠤᠳᠤᠨ ᠬᠠᠪᠢᠰᠤᠨ ᠤ ᠬᠣᠢᠨ᠋ᠠ ᠰᠤᠳᠠᠰᠤᠨ ᠤ ᠬᠣᠢᠨᠠᠬᠢ ᠰᠠᠯᠠᠭ᠎ᠠ
5. ᠰᠢᠭᠤᠳ ᠭᠡᠳᠡᠰᠦ

4. ᠬᠤᠳᠤᠭᠤᠳᠤᠨ ᠬᠠᠪᠢᠰᠤᠨ ᠤ ᠬᠣᠢᠨ᠋ᠠ ᠰᠤᠳᠠᠰᠤ
3. ᠡᠷᠭᠢᠨ ᠭᠡᠳᠡᠰᠦ

2. ᠰᠣᠬᠤᠷ ᠭᠡᠳᠡᠰᠦ
1. ᠪᠤᠯᠴᠢᠩᠲᠤ ᠬᠤᠳᠤᠭᠤᠳᠤᠨ ᠤ ᠰᠤᠳᠠᠰᠤ

图 2-4-6　鸭腹腔内血管 -1

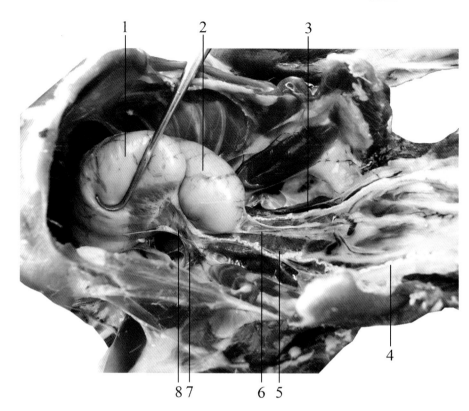

1.右侧睾丸　2.左侧睾丸　3.左侧输精管　4.右侧输精管
5.肾门后静脉　6.肾后静脉　7.髂外静脉　8.睾丸静脉

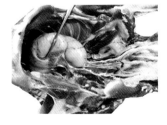

图2-4-7　鸭腹腔内血管-2

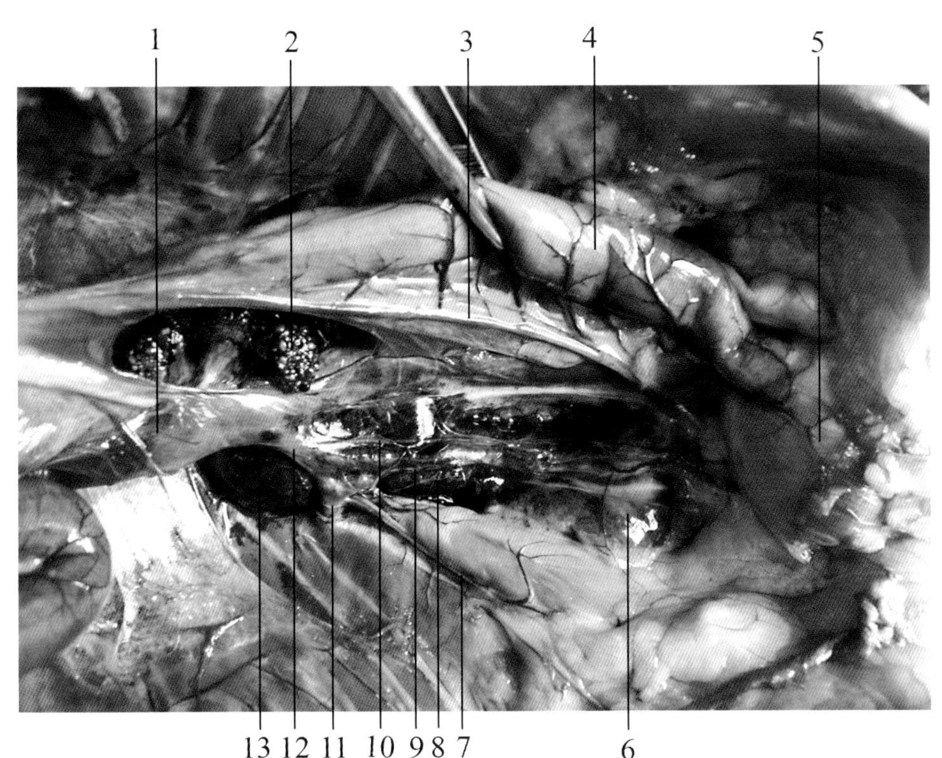

1.后腔静脉　2.卵巢　3.肠系膜静脉　4.直肠　5.泄殖腔部
6.肾后部　7.体壁静脉　8.肾中部　9.肾门后静脉
10.肾后静脉　11.髂外静脉　12.髂总静脉　13.肾前部

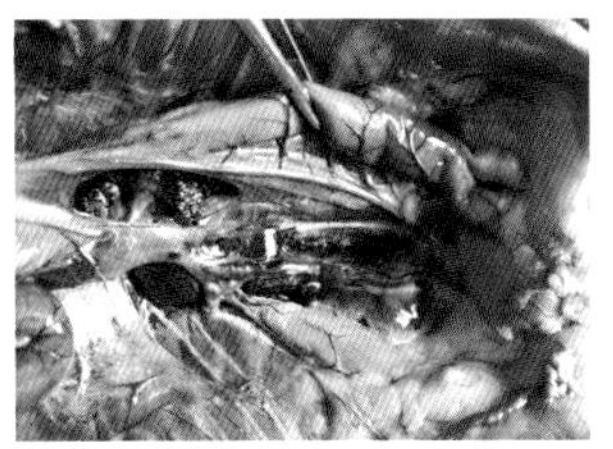

图 2-4-8　鸭腹腔内血管-3

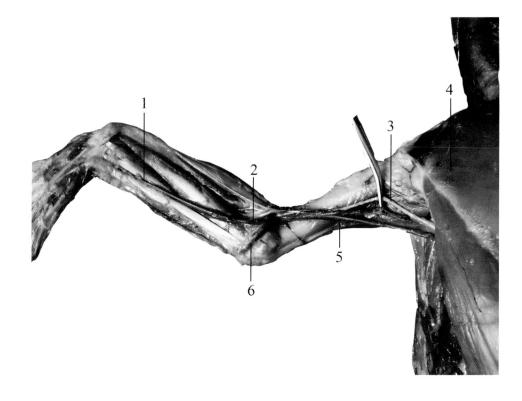

ᠲᠠᠰᠤᠯᠠ 2-4-9 ᠨᠤᠭᠤᠰᠤᠨ ᠤ ᠵᠢᠭᠦᠷ ᠦᠨ ᠳᠣᠲᠣᠷ᠎ᠠ ᠲᠠᠯ᠎ᠠ ᠶᠢᠨ ᠴᠢᠰᠤᠨ ᠰᠤᠳᠠᠯ

1.尺深静脉　2.臂静脉　3.腋神经

4.胸浅(大)肌　5.腋静脉　6.贵要静脉

6. ᠠᠷᠠᠯᠵᠢᠨ ᠤ ᠰᠤᠳᠠᠯ

5. ᠰᠤᠭᠤᠨ ᠤ ᠰᠤᠳᠠᠯ

4. ᠴᠡᠭᠡᠵᠢᠨ ᠦ ᠭᠠᠳᠠᠷ᠎ᠠ (ᠶᠡᠬᠡ) ᠪᠤᠯᠴᠢᠩ

3. ᠰᠤᠭᠤᠨ ᠤ ᠮᠡᠳᠡᠷᠡᠯ

2. ᠳᠠᠯᠤ ᠶᠢᠨ ᠰᠤᠳᠠᠯ

1. ᠱᠠᠭᠠᠢ ᠶᠢᠨ ᠭᠦᠨ ᠰᠤᠳᠠᠯ

图2—4—9　　鸭翼部内侧血管

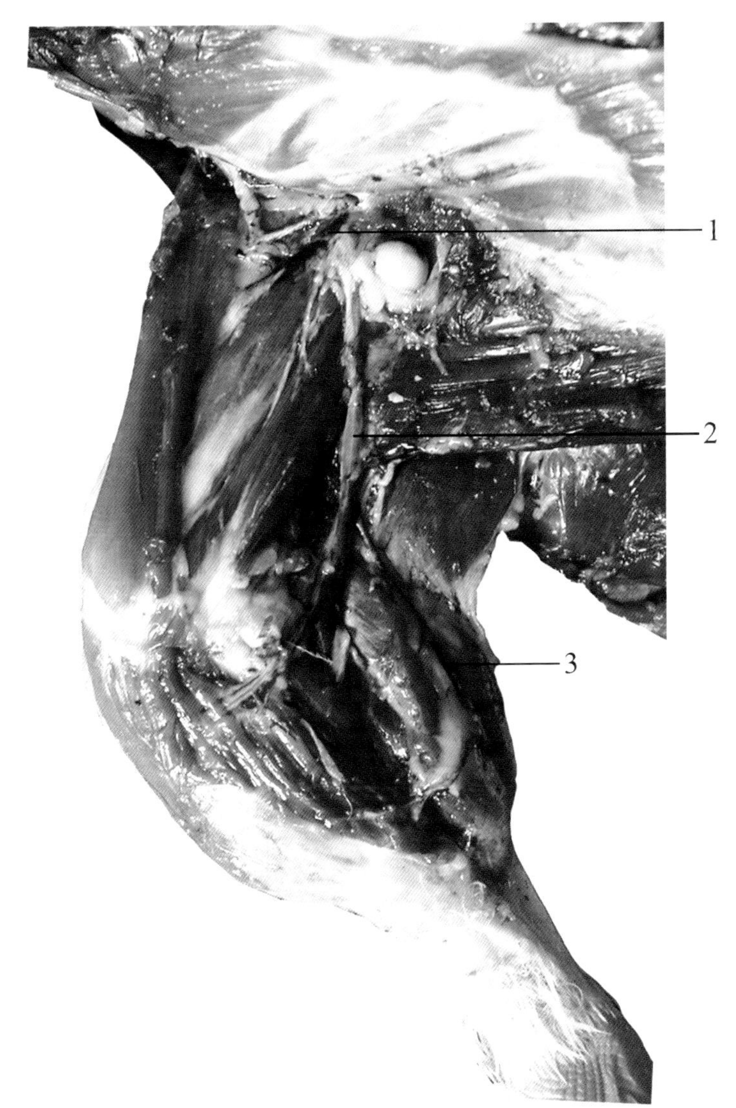

1.坐骨静脉　2.股静脉　3.胫静脉

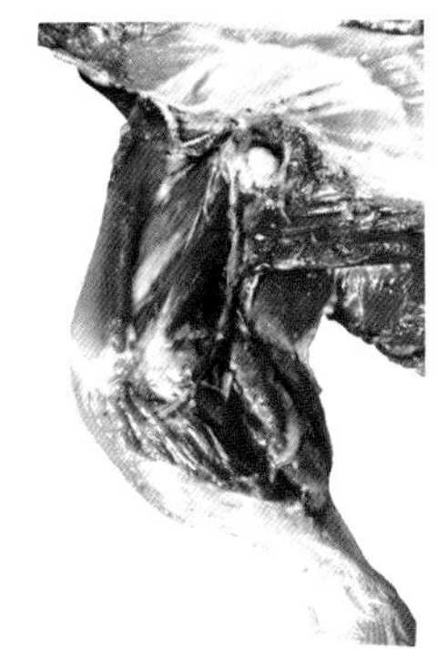

图2—4—10　鸭腿部外侧血管

五、鸭泌尿系统

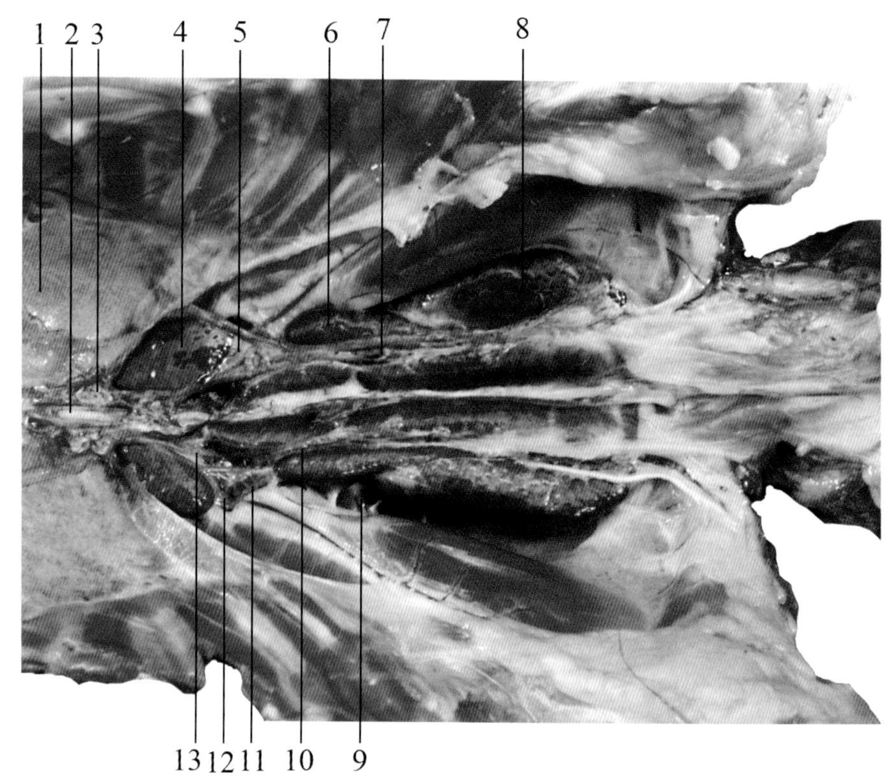

1.肺　2.主动脉　3.肾上腺　4.左肾前部　5.左髂外静脉
6.左肾中部　7.左肾后静脉　8.左肾后部　9.坐骨静脉
10.右肾后静脉　11.肾门后静脉　12.髂外静脉　13.髂总静脉

图2-5-1　鸭肾脏在腹腔内的位置

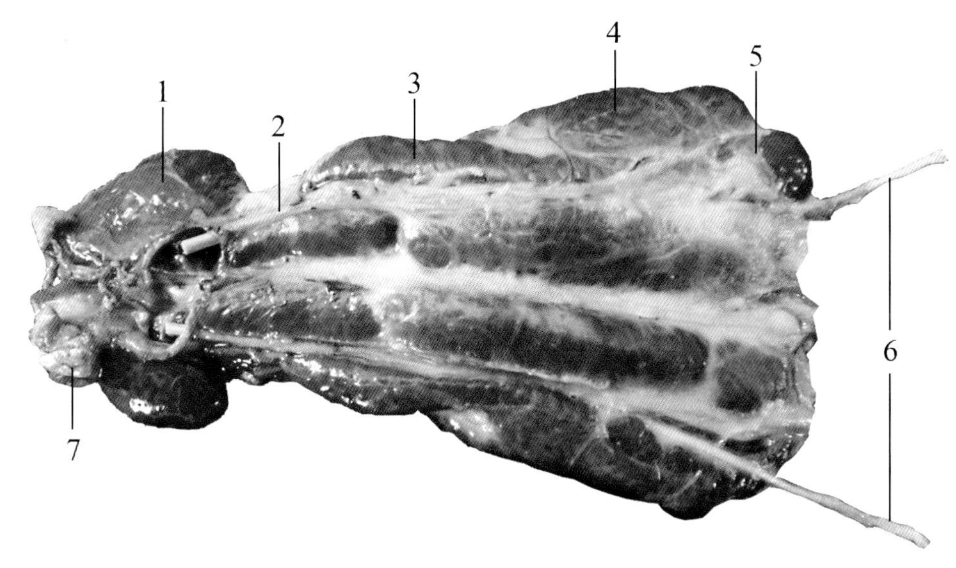

1.左肾前部　2.肾后静脉　3.左肾中部　4.左肾后部
5.结缔组织膜(表层)　6.输尿管　7.肾上腺

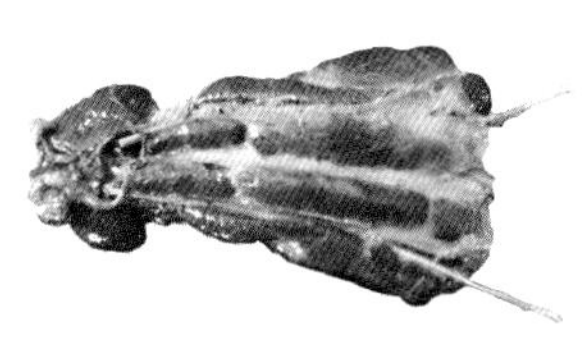

图 2-5-2　鸭肾脏及输尿管(腹面)

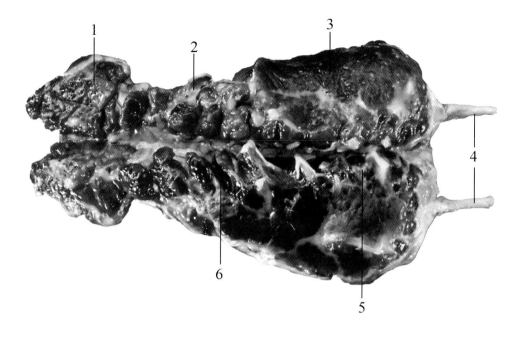

ᠳᠡᠭᠡᠷ᠎ᠡ 2-5-3 ᠨᠤᠭᠤᠰᠤᠨ᠎ᠤ ᠪᠥᠭᠡᠷ᠎ᠡ ᠶᠢᠨ ᠠᠷᠤ ᠲᠠᠯ᠎ᠠ

1.右肾前部　2.右肾中部　3.右肾后部
4.输尿管　5.荐骨压迹　6.腰椎骨压迹

6. ᠨᠤᠭᠤᠯᠤᠭ᠎ᠠ ᠨᠢᠷᠤᠭᠤᠨ᠎ᠤ ᠶᠠᠰᠤᠨ᠎ᠤ ᠬᠠᠪᠴᠢᠯ
5. ᠱᠠᠭᠠᠵᠠᠩ ᠶᠠᠰᠤᠨ᠎ᠤ ᠬᠠᠪᠴᠢᠯ
4. ᠰᠢᠭᠡᠰᠦ ᠵᠥᠭᠡᠭᠡᠭᠦᠷ ᠭᠤᠤᠷᠰᠤ
3. ᠪᠠᠷᠠᠭᠤᠨ ᠪᠥᠭᠡᠷ᠎ᠡ ᠶᠢᠨ ᠠᠷᠤ ᠬᠡᠰᠡᠭ
2. ᠪᠠᠷᠠᠭᠤᠨ ᠪᠥᠭᠡᠷ᠎ᠡ ᠶᠢᠨ ᠳᠤᠮᠳᠠ ᠬᠡᠰᠡᠭ
1. ᠪᠠᠷᠠᠭᠤᠨ ᠪᠥᠭᠡᠷ᠎ᠡ ᠶᠢᠨ ᠡᠮᠦᠨ᠎ᠡ ᠬᠡᠰᠡᠭ

图 2-5-3　鸭肾脏背面

六、鸭神经系统

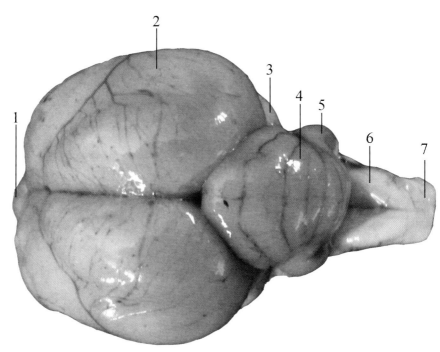

ᠲᠠᠯᠪᠢᠭᠰᠠᠨ᠎ᠤ᠂ ᠵᠢᠷᠤᠭ 2-6-1 ᠨᠤᠭᠤᠰᠤᠨ᠎ᠤ᠎ᠤ ᠡᠬᠢᠨ᠎ᠢ᠎ᠤᠨ ᠠᠷᠤ ᠲᠠᠯ᠎ᠠ (ᠮᠠᠰᠠᠨ᠎ᠤ ᠠᠷᠤ)

1.嗅球　2.大脑半球　3.中脑丘(视叶)　4.小脑蚓部

5.小脑耳　6.延脑　7.脊髓

7.ᠨᠤᠭᠤᠷᠠᠯ
6.ᠠᠷᠤᠭᠤᠯᠤᠭᠰᠠᠨ ᠡᠬᠢᠨ
5.ᠡᠬᠢᠨ᠎ᠤ ᠠᠭᠤᠯᠤᠭᠰᠠᠨ ᠴᠢᠬᠢ
4.ᠡᠬᠢᠨ᠎ᠤ ᠠᠭᠤᠯᠤᠭᠰᠠᠨ᠎ᠤ ᠵᠤᠷᠪᠤᠰᠤᠯ
3.ᠳᠤᠮᠳᠠᠳᠤ ᠡᠬᠢᠨ᠎ᠤ ᠲᠣᠪᠣ (ᠬᠠᠷᠠᠬᠤ ᠨᠠᠪᠴᠢ)
2.ᠶᠡᠬᠡ ᠡᠬᠢᠨ᠎ᠤ ᠬᠠᠭᠠᠰ ᠪᠥᠮᠪᠥᠷᠴᠡᠭ
1.ᠦᠨᠦᠷᠯᠡᠬᠦ ᠪᠥᠮᠪᠥᠭᠡ

图 2-6-1　鸭脑背面观

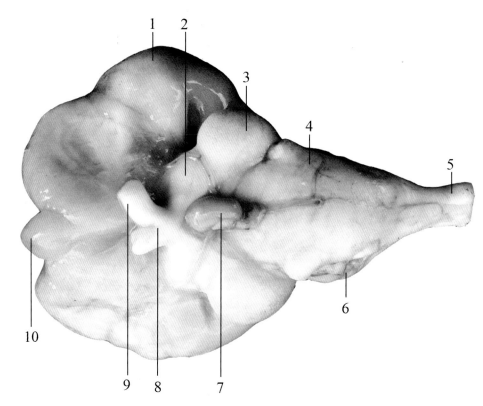

1.大脑半球　2.间脑　3.中脑丘(视叶)　4.延脑　5.脊髓

6.小脑耳　7.脑垂体　8.视交叉　9.视神经　10.嗅球

10. ᠦᠨᠦᠷᠯᠡᠬᠦ ᠪᠥᠮᠪᠦᠭᠡ
9. ᠬᠠᠷᠠᠭᠠᠨ ᠤ ᠮᠡᠳᠡᠷᠡᠯ
8. ᠬᠠᠷᠠᠭᠠᠨ ᠤ ᠵᠠᠭᠠᠯᠮᠠᠢ
7. ᠲᠠᠷᠢᠬᠢᠨ ᠤ ᠵᠠᠯᠭᠠᠭ᠎ᠠ
6. ᠪᠠᠭ᠎ᠠ ᠲᠠᠷᠢᠬᠢᠨ ᠤ ᠴᠢᠬᠢ
5. ᠨᠤᠭᠤᠭ
4. ᠰᠤᠩᠭᠠᠭᠤ ᠲᠠᠷᠢᠬᠢ
3. ᠲᠤᠮᠳᠠᠳᠤ ᠲᠠᠷᠢᠬᠢᠨ ᠤ ᠲᠣᠪᠣ (ᠬᠠᠷᠠᠭᠠᠨ ᠤ ᠨᠠᠪᠴᠢ)
2. ᠵᠠᠸᠰᠠᠷ ᠲᠠᠷᠢᠬᠢ
1. ᠶᠡᠬᠡ ᠲᠠᠷᠢᠬᠢᠨ ᠤ ᠪᠥᠮᠪᠦᠭᠡ

图 2-6-2　鸭脑腹面观

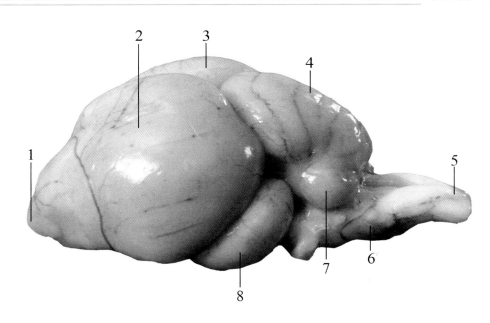

1.嗅球　2.大脑左半球　3.大脑右半球　4.小脑蚓部　5.脊髓
6.延脑　7.小脑耳　8.中脑丘(视叶)

8. ᠬᠠᠷᠠᠭᠠᠨ ᠤ ᠳᠣᠪᠣ (ᠲᠠᠷᠢᠬᠢᠨ ᠤ ᠳᠣᠪᠣ)
7. ᠳᠤᠮᠳᠠᠳᠤ ᠲᠠᠷᠢᠬᠢᠨ ᠤ ᠴᠢᠬᠢ
6. ᠰᠤᠩᠭᠢᠨᠠᠭᠰᠠᠨ ᠲᠠᠷᠢᠬᠢ
5. ᠨᠢᠷᠤᠭᠤ
4. ᠪᠢᠴᠢᠯ ᠲᠠᠷᠢᠬᠢᠨ ᠤ ᠬᠣᠷᠣᠬᠠᠢᠯᠢᠭ ᠬᠡᠰᠡᠭ
3. ᠪᠠᠷᠠᠭᠤᠨ ᠲᠠᠷᠢᠬᠢᠨ ᠤ ᠪᠦᠮᠪᠦᠷᠴᠡᠭ
2. ᠵᠡᠭᠦᠨ ᠲᠠᠷᠢᠬᠢᠨ ᠤ ᠪᠦᠮᠪᠦᠷᠴᠡᠭ
1. ᠦᠨᠦᠷᠯᠡᠬᠦ ᠪᠦᠮᠪᠦᠭᠡ

图2-6-3　鸭脑侧面观

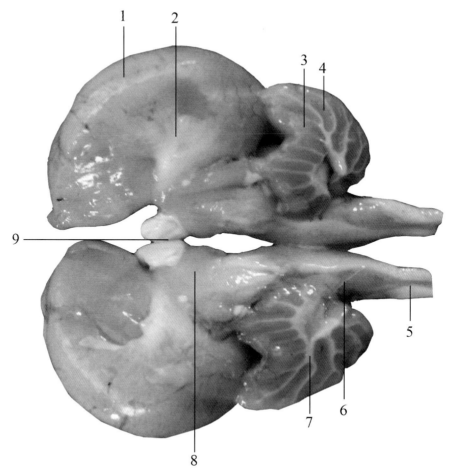

ᠨᠢᠭᠡᠳᠦᠭᠡᠷ 2-6-4 ᠨᠤᠭᠤᠰᠤᠨ ᠣ ᠲᠠᠷᠢᠬᠢ ᠶᠢᠨ ᠪᠣᠰᠤᠭ᠎ᠠ ᠣᠭᠲᠤᠯᠤᠯᠲᠠ

1.大脑半球　2.大脑半球间隔　3.小脑纵切面　4.小脑灰质
5.脊髓纵切面　6.延脑纵切面　7.小脑白质　8.丘脑纵切面
9.视交叉纵切面

9.ᠬᠠᠷᠠᠭᠠᠨ ᠣ ᠵᠥᠷᠢᠯᠳᠦᠯᠭᠡ ᠶᠢᠨ ᠪᠣᠰᠤᠭ᠎ᠠ ᠣᠭᠲᠤᠯᠤᠯᠲᠠ
8.ᠲᠣᠯᠤᠭᠠᠢ ᠲᠠᠷᠢᠬᠢ ᠶᠢᠨ ᠪᠣᠰᠤᠭ᠎ᠠ ᠣᠭᠲᠤᠯᠤᠯᠲᠠ
7.ᠪᠠᠭ᠎ᠠ ᠲᠠᠷᠢᠬᠢ ᠶᠢᠨ ᠴᠠᠭᠠᠨ ᠪᠣᠳᠠᠰ
6.ᠤᠷᠲᠤᠭᠴᠢᠨ ᠲᠠᠷᠢᠬᠢ ᠶᠢᠨ ᠪᠣᠰᠤᠭ᠎ᠠ ᠣᠭᠲᠤᠯᠤᠯᠲᠠ
5.ᠨᠢᠷᠤᠭᠤᠨ ᠣ ᠪᠣᠰᠤᠭ᠎ᠠ ᠣᠭᠲᠤᠯᠤᠯᠲᠠ
4.ᠪᠠᠭ᠎ᠠ ᠲᠠᠷᠢᠬᠢ ᠶᠢᠨ ᠬᠥᠬᠡ ᠪᠣᠳᠠᠰ
3.ᠪᠠᠭ᠎ᠠ ᠲᠠᠷᠢᠬᠢ ᠶᠢᠨ ᠪᠣᠰᠤᠭ᠎ᠠ ᠣᠭᠲᠤᠯᠤᠯᠲᠠ
2.ᠶᠡᠬᠡ ᠲᠠᠷᠢᠬᠢ ᠶᠢᠨ ᠬᠠᠭᠠᠰ ᠪᠥᠮᠪᠦᠭᠡ ᠶᠢᠨ ᠬᠠᠯᠬᠠᠪᠴᠢ
1.ᠶᠡᠬᠡ ᠲᠠᠷᠢᠬᠢ ᠶᠢᠨ ᠬᠠᠭᠠᠰ ᠪᠥᠮᠪᠦᠭᠡ

图 2-6-4　鸭脑纵切面

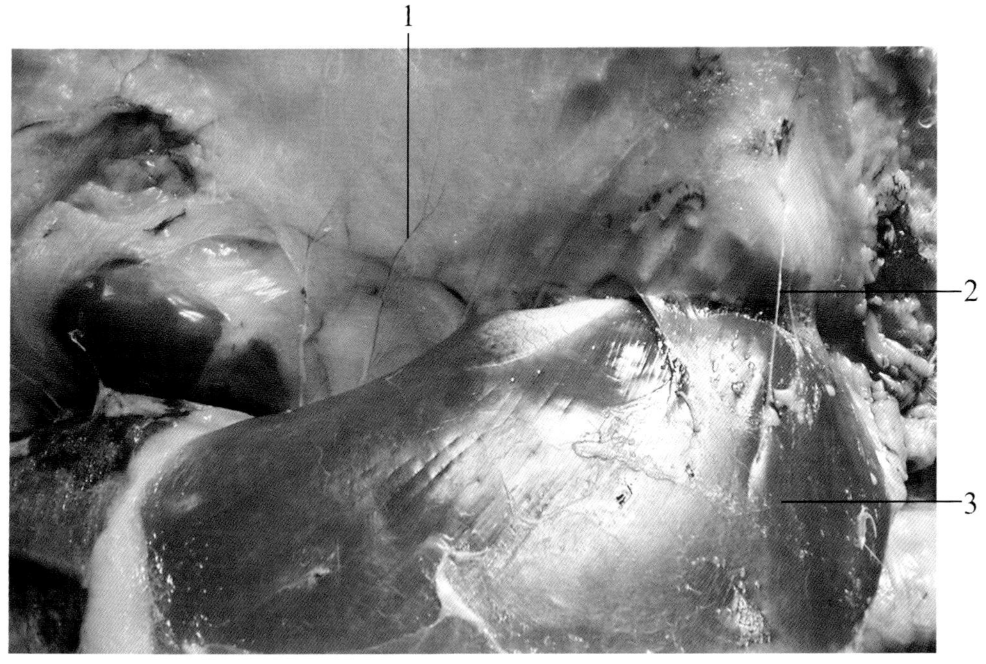

1.皮下组织及血管　2.皮神经　3.胸浅(大)肌

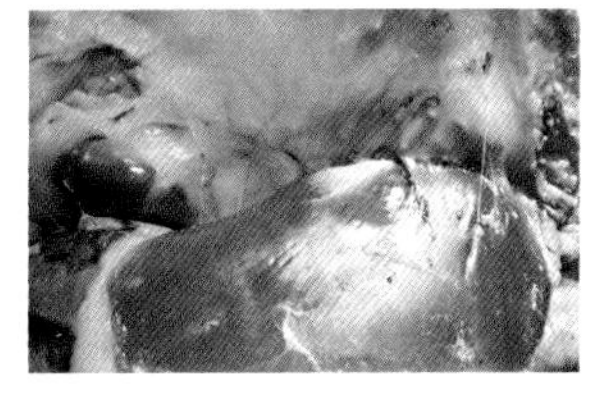

图2-6-5　鸭皮神经

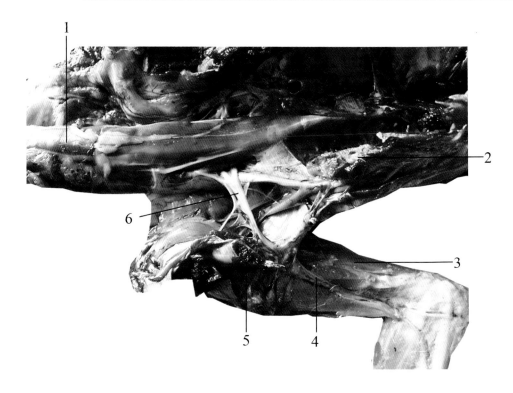

ᠵᠢᠷᠤᠭ 2-6-6 ᠨᠤᠭᠤᠰᠤᠨ ᠤ ᠳᠠᠯᠠᠪᠴᠢ ᠶᠢᠨ ᠮᠡᠳᠡᠷᠡᠯ (ᠳᠣᠲᠤᠭᠠᠳᠤ ᠲᠠᠯ᠎ᠠ)

1.颈部　2.肋骨断端　3.臂部
4.腋神经　5.锁骨断端　6.臂神经丛

6. ᠳᠠᠯᠠᠪᠴᠢ ᠶᠢᠨ ᠮᠡᠳᠡᠷᠡᠯ ᠤᠨ ᠰᠦᠯᠵᠢᠶ᠎ᠡ)
5. ᠡᠭᠡᠮ ᠤᠨ ᠶᠠᠰᠤᠨ ᠤ ᠲᠠᠰᠤᠷᠬᠠᠢ
4. ᠰᠤᠭᠤ ᠶᠢᠨ ᠮᠡᠳᠡᠷᠡᠯ
3. ᠳᠠᠯᠠᠪᠴᠢ ᠶᠢᠨ ᠬᠡᠰᠡᠭ
2. ᠬᠠᠪᠢᠷᠭᠠᠨ ᠤ ᠲᠠᠰᠤᠷᠬᠠᠢ
1. ᠬᠥᠵᠦᠭᠦᠦ ᠶᠢᠨ ᠬᠡᠰᠡᠭ)

图 2-6-6　鸭翼部神经 (内侧)

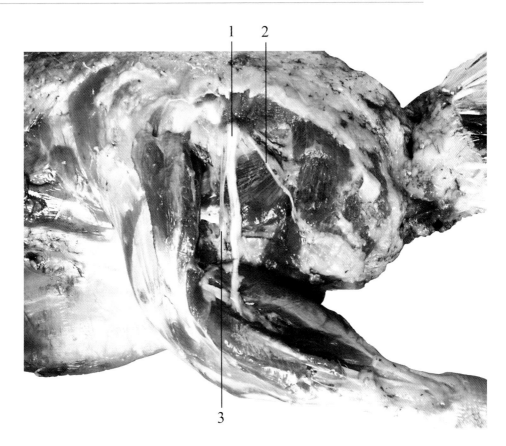

ᠠᠷᠠᠰᠤᠨ 2-6-7 ᠲᠤᠭᠤᠰᠬᠠᠶ ᠶ ᠭᠡᠰᠢᠭᠦᠨ ᠦ ᠮᠡᠳᠡᠷᠡᠯ -1

1.坐骨神经　2.坐骨神经肌支　3.股静脉

3. ᠥᠭᠡᠯᠢ ᠵᠢᠷᠦᠬᠡᠨ ᠦ ᠰᠤᠳᠠᠯ
2. ᠨᠤᠷᠤᠭᠤᠨ ᠤ ᠮᠡᠳᠡᠷᠡᠯ ᠦᠨ ᠮᠢᠬᠠᠯᠢᠭ
1. ᠨᠤᠷᠤᠭᠤᠨ ᠤ ᠮᠡᠳᠡᠷᠡᠯ

图 2-6-7　鸭腿部神经 -1

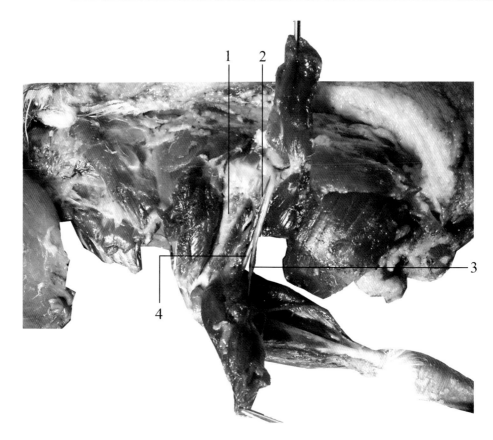

ᠵᠢᠷᠤᠭ 2-6-8 ᠨᠤᠭᠤᠰᠤᠨ ᠤ ᠱᠠᠭᠠᠢ ᠶᠢᠨ ᠮᠡᠳᠡᠷᠡᠯ -2

1.股骨　2.股静脉　3.胫神经　4.腓总神经

4. ᠪᠦᠬᠦᠯᠢ ᠲᠤᠭᠤᠷᠠᠢ ᠶᠢᠨ ᠮᠡᠳᠡᠷᠡᠯ
3. ᠰᠢᠭᠢᠷ ᠤᠨ ᠮᠡᠳᠡᠷᠡᠯ
2. ᠪᠦᠭᠰᠡᠨ ᠤ ᠰᠤᠳᠠᠯ ᠤᠨ ᠮᠡᠳᠡᠷᠡᠯ
1. ᠪᠦᠭᠰᠡᠨ ᠤ ᠶᠠᠰᠤ

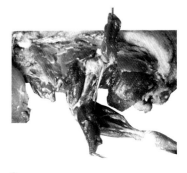

图 2-6-8　鸭腿部神经 -2

七、母鸭生殖系统

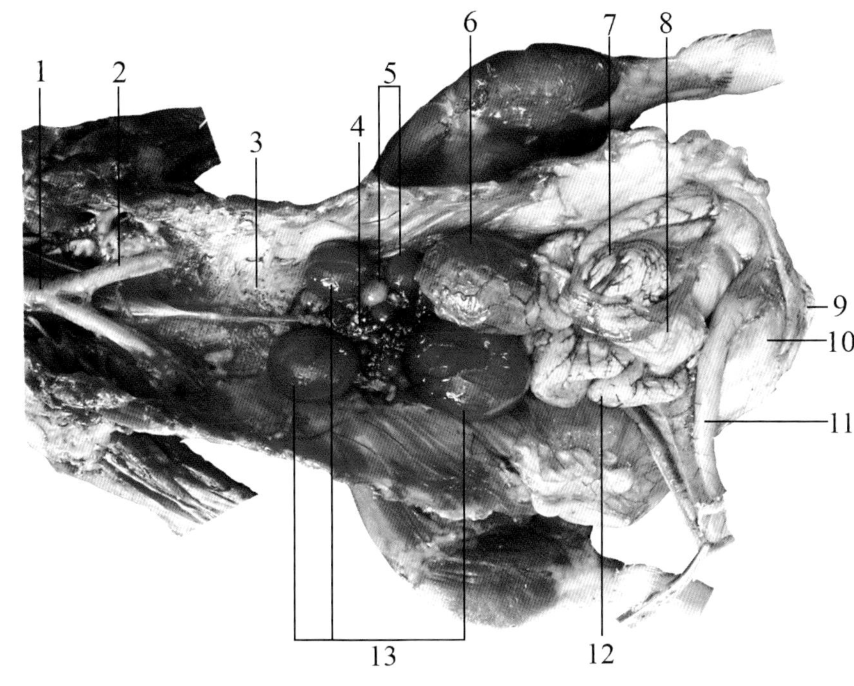

1.气管　2.支气管　3.肺　4.卵巢　5.次级卵泡
6.成熟卵泡(输卵管漏斗内)　7.输卵管膨大部　8.子宫部
9.肛门　10.泄殖腔　11.直肠　12.输卵管峡部　13.生长卵泡

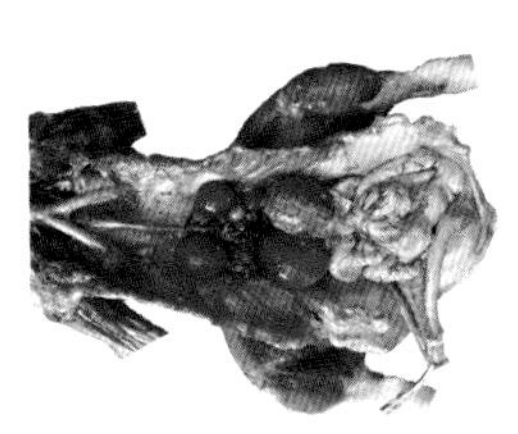

图 2-7-1　母鸭生殖系统在体内的腹面观

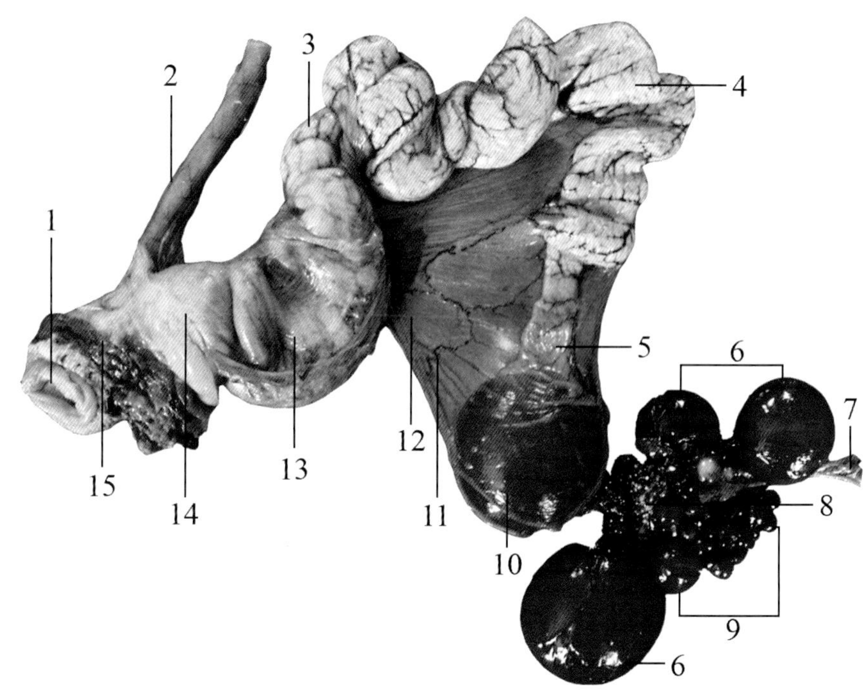

1.肛门　2.直肠　3.输卵管峡部　4.输卵管膨大部
5.输卵管漏斗部　6.生长卵泡　7.卵巢韧带　8.卵巢
9.次级卵泡　10.成熟卵泡(输卵管漏斗内)　11.输卵管血管
12.输卵管系膜　13.子宫部　14.阴道部　15.泄殖腔部

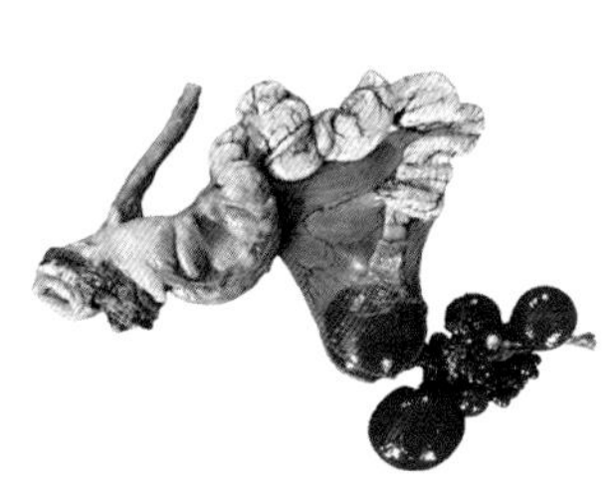

图 2-7-2　母鸭生殖系统的组成 -1（繁殖期）

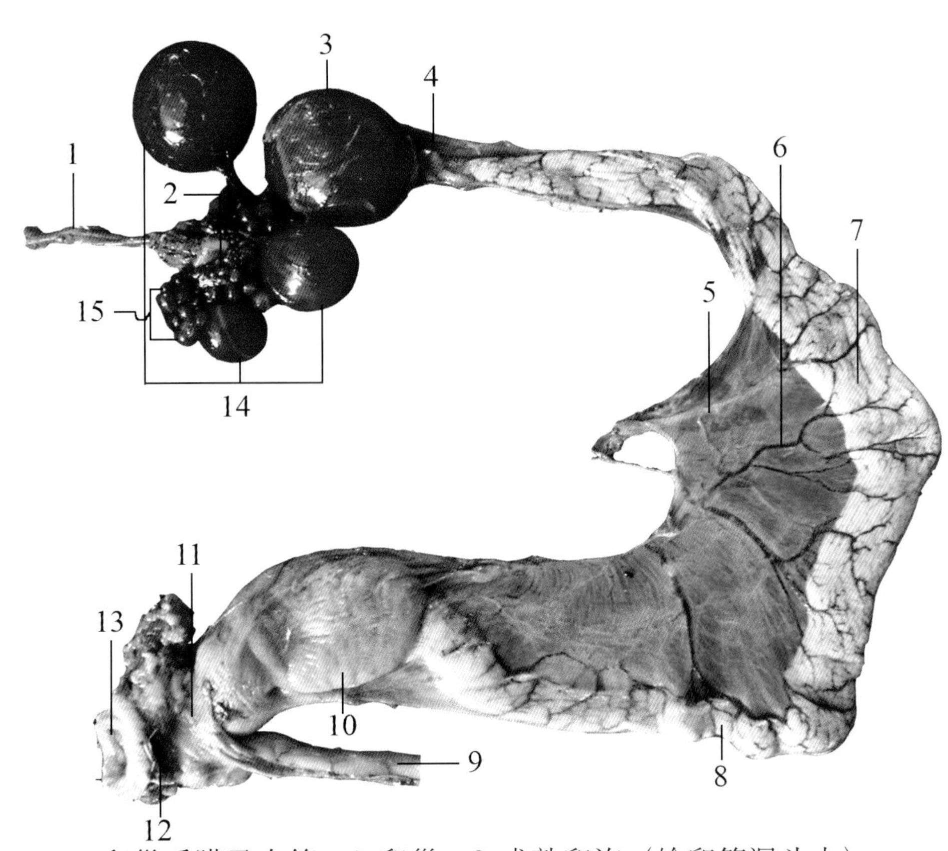

1.卵巢系膜及血管　2.卵巢　3.成熟卵泡（输卵管漏斗内）
4.输卵管漏斗　5.输卵管系膜　6.输卵管血管　7.输卵管膨大部
8.输卵管峡部　9.直肠　10.子宫部　11.阴道部　12.泄殖腔部
13.肛门　14.生长卵泡　15.次级卵泡

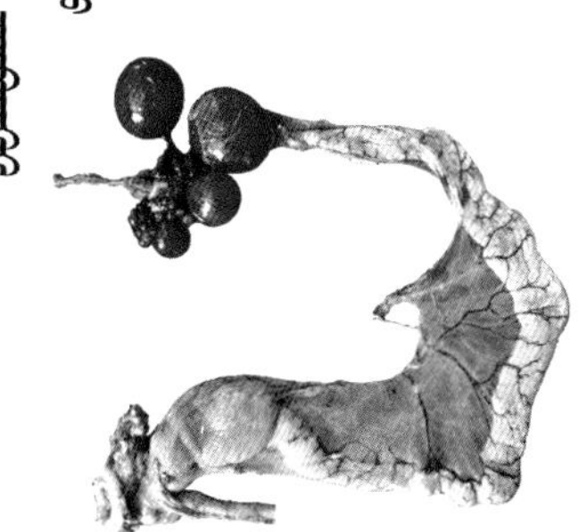

图 2-7-3　母鸭生殖系统的组成 -2（繁殖期）

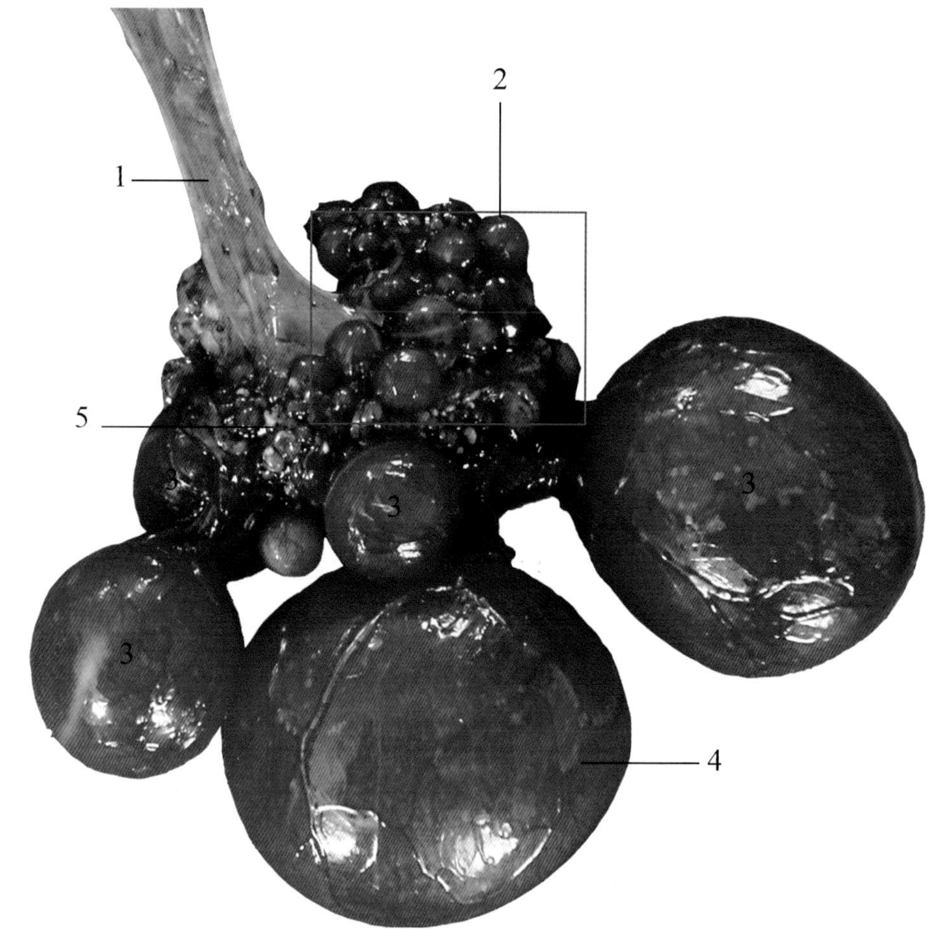

1.卵巢系膜　2.次级卵泡　3.生长卵泡
4.成熟卵泡(卵黄)　5.卵巢

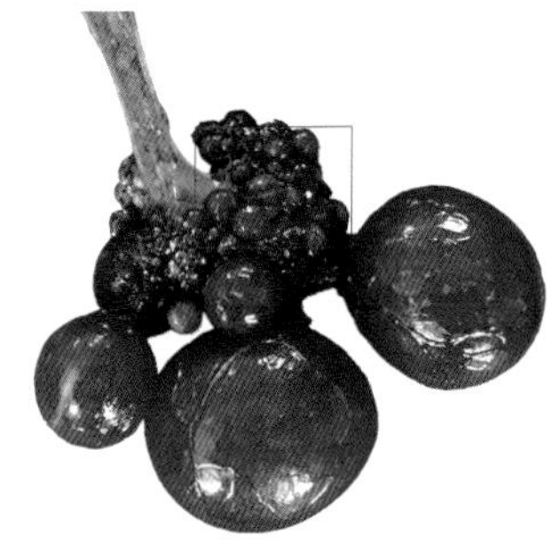

图2-7-4　母鸭卵巢及卵泡（繁殖期）

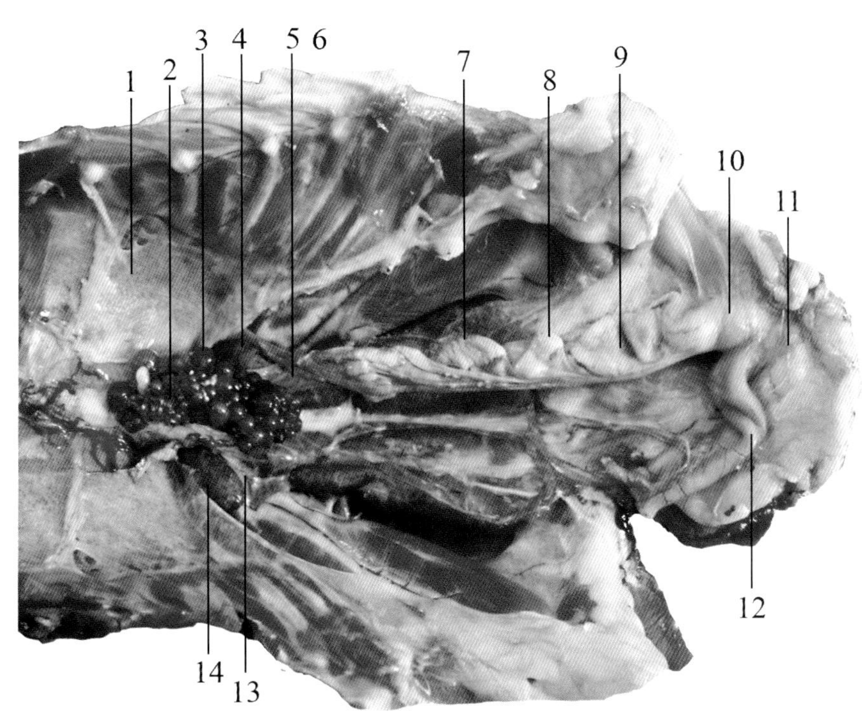

1.肺　2.卵巢　3.次级卵泡　4.左肾前叶　5.左髂总静脉
6.输卵管漏斗部　7.输卵管膨大部　8.输卵管峡部　9.子宫部
10.阴道部　11.泄殖腔部　12.直肠　13.右髂总静脉　14.右肾前叶

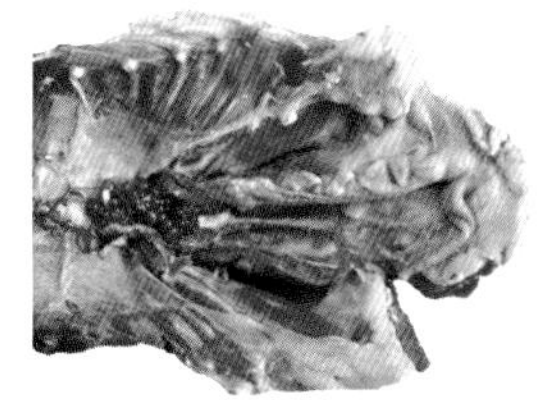

图2-7-5　母鸭生殖器官在腹腔内的位置（非繁殖期）

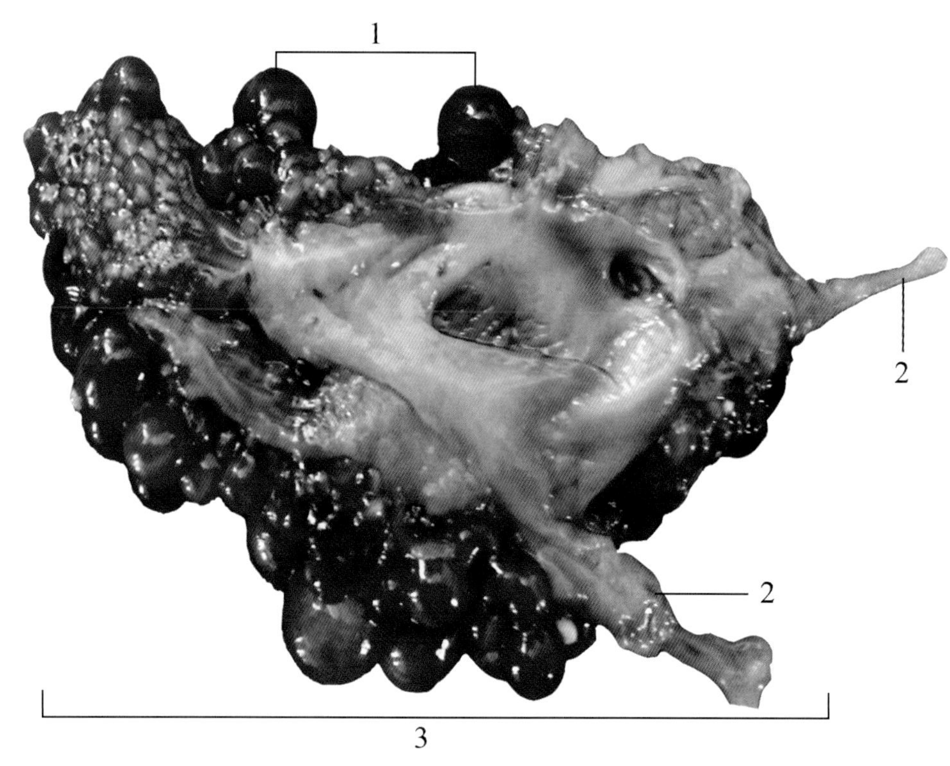

1.生长卵泡　　2.卵巢系膜　　3.卵巢

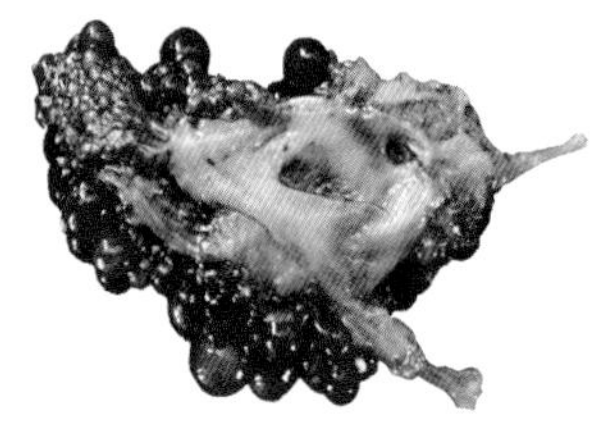

图2-7-6　　母鸭卵巢背面观（非繁殖期）

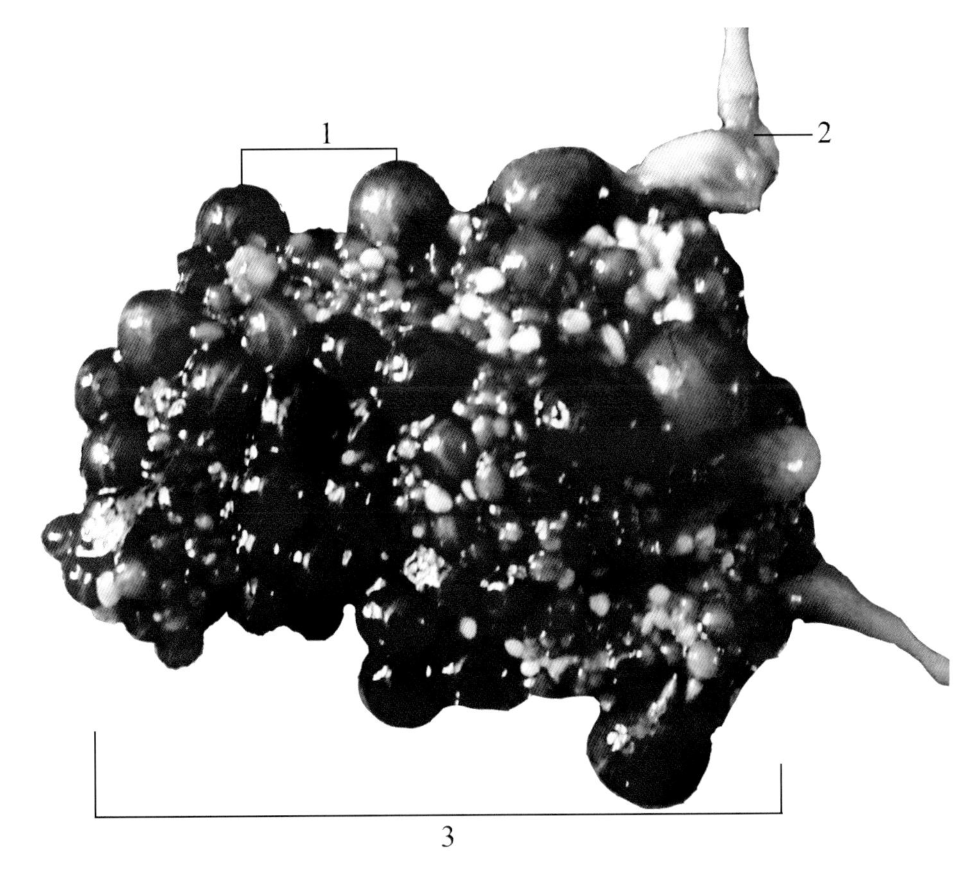

1.生长卵泡　2.卵巢系膜　3.卵巢

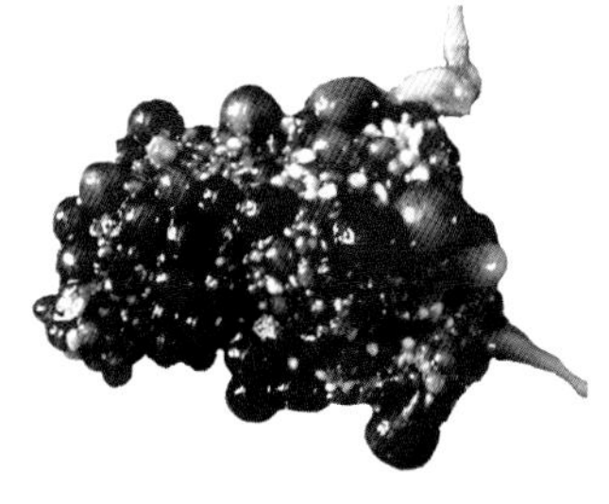

图2-7-7　母鸭卵巢腹面观（非繁殖期）

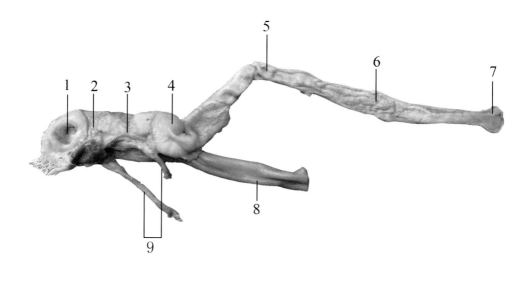

ᠲᠠᠯᠠᠪᠤᠷ 2-7-8 ᠬᠤᠨᠭᠭᠠᠨ ᠡᠮ᠎ᠡ ᠨ᠋ᠣᠭᠤᠰᠤᠨ᠎ᠤ᠋ ᠦᠷ᠎ᠡ ᠲᠥᠯᠵᠢᠬᠦ ᠵᠠᠮ ᠤᠨ ᠪᠦᠷᠢᠯᠳᠦᠭᠦᠨ (ᠦᠷᠡᠵᠢᠯ ᠦᠨ ᠪᠤᠰᠤ ᠴᠠᠭ᠋ ᠢᠶᠠᠷ)

1.肛门　2.泄殖腔部　3.阴道部　4.子宫部　5.输卵管峡部

6.输卵管膨大部　7.输卵管漏斗　8.直肠　9.输尿管

1. ᠬᠤᠨᠭᠭᠠᠨ
2. ᠪᠠᠭᠠᠰᠤ ᠰᠢᠭᠡᠰᠦ ᠨᠡᠢᠯᠡᠭᠰᠡᠨ ᠬᠥᠨᠳᠡᠢ ᠶᠢᠨ ᠬᠡᠰᠡᠭ
3. ᠦᠲᠡᠭᠡᠨ ᠦ ᠬᠡᠰᠡᠭ
4. ᠤᠮᠠᠢ ᠶᠢᠨ ᠬᠡᠰᠡᠭ (ᠤᠮᠠᠢ)
5. ᠥᠨᠳᠡᠭᠡ ᠳᠠᠮᠵᠢᠭᠤᠯᠬᠤ ᠭᠤᠤᠷᠰᠤᠨ ᠤ ᠬᠠᠪᠴᠢᠯ
6. ᠥᠨᠳᠡᠭᠡ ᠳᠠᠮᠵᠢᠭᠤᠯᠬᠤ ᠭᠤᠤᠷᠰᠤᠨ ᠤ ᠳᠥᠷᠪᠡᠯᠵᠢᠭ ᠬᠡᠰᠡᠭ
7. ᠥᠨᠳᠡᠭᠡ ᠳᠠᠮᠵᠢᠭᠤᠯᠬᠤ ᠭᠤᠤᠷᠰᠤᠨ ᠤ ᠵᠤᠸᠠᠭ᠎ᠠ
8. ᠰᠢᠯᠦᠭᠡᠢ ᠭᠡᠳᠡᠰᠦ
9. ᠰᠢᠭᠡᠰᠦ ᠳᠠᠮᠵᠢᠭᠤᠯᠬᠤ ᠭᠤᠤᠷᠰᠤ

图2-7-8　母鸭生殖道的组成（非繁殖期）

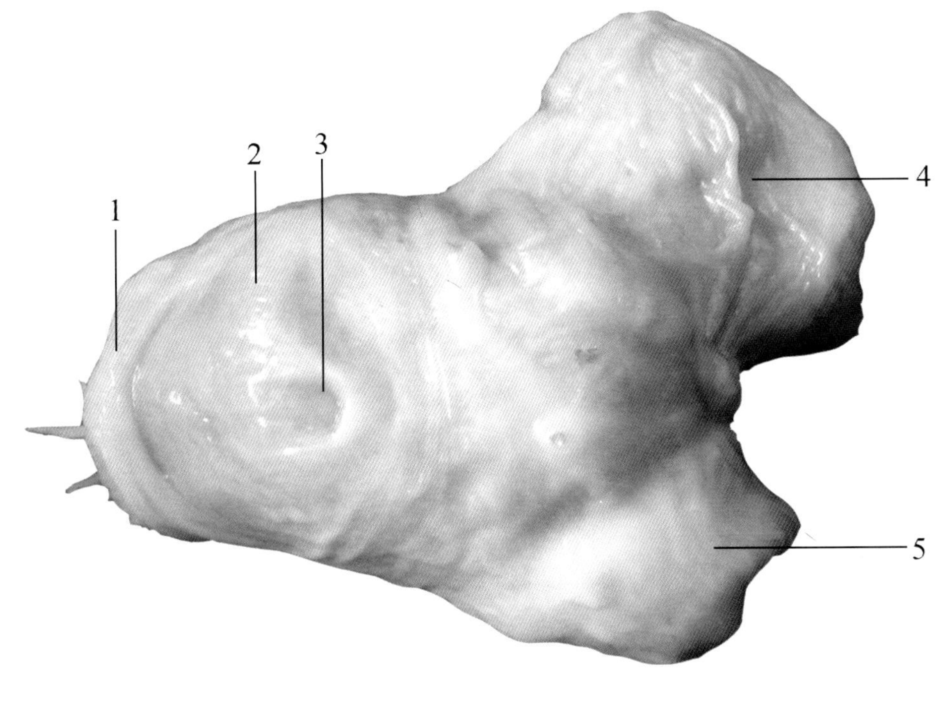

1.肛门口　2.泄殖腔黏膜　3.尿道口　4.阴道黏膜　5.直肠黏膜

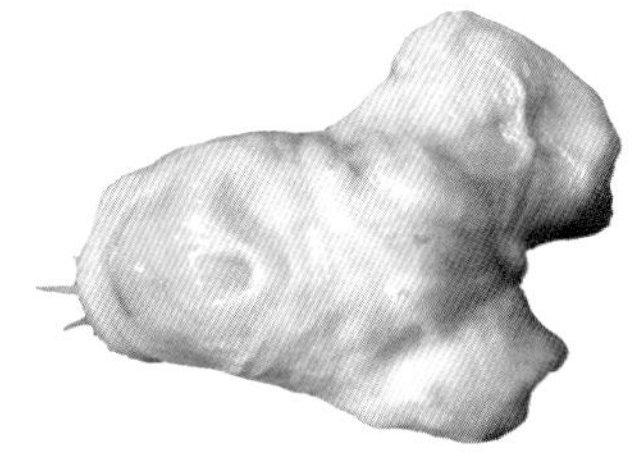

图 2-7-9　母鸭泄殖腔黏膜

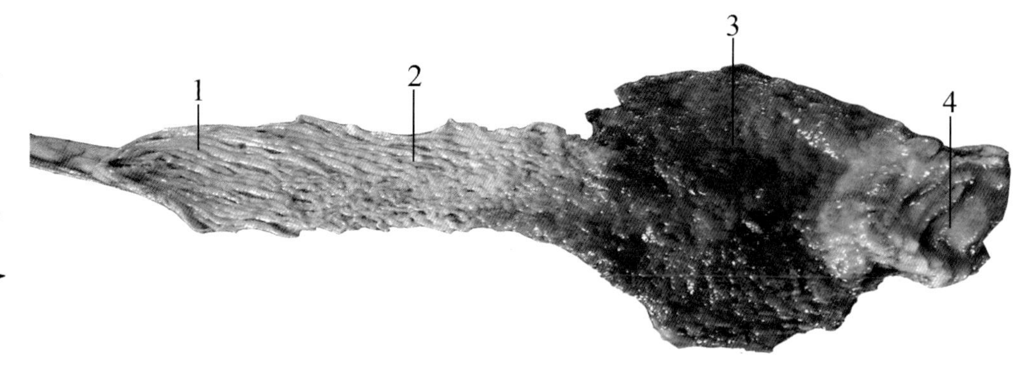

1.输卵管膨大部黏膜　2.输卵管峡部黏膜　3.子宫黏膜
4.阴道黏膜

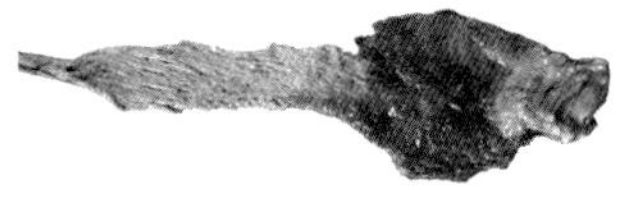

图2-7-10　母鸭生殖道黏膜（繁殖期）

八、公鸭生殖系统

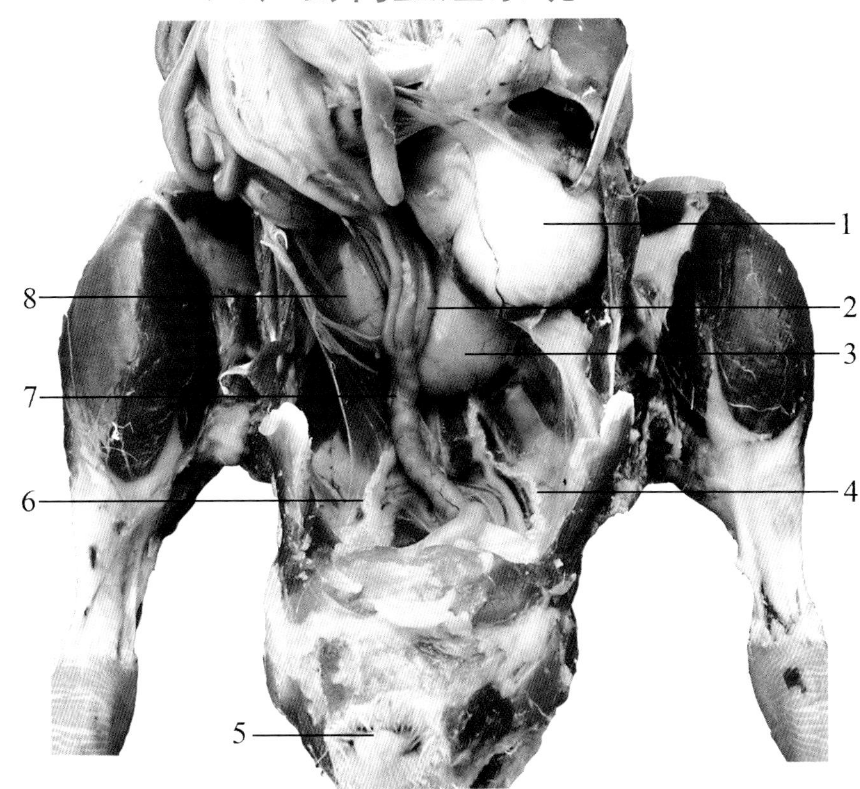

1.肌胃　2.盲肠　3.左侧睾丸　4.左侧输精管
5.肛门　6.右侧输精管　7.直肠　8.右侧睾丸

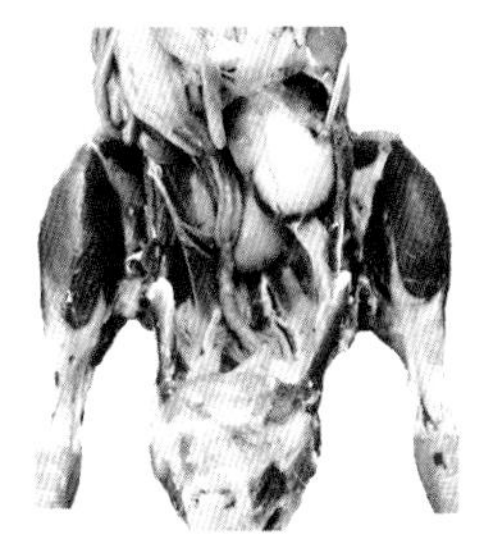

图2-8-1　公鸭生殖器官在腹腔内的位置-1

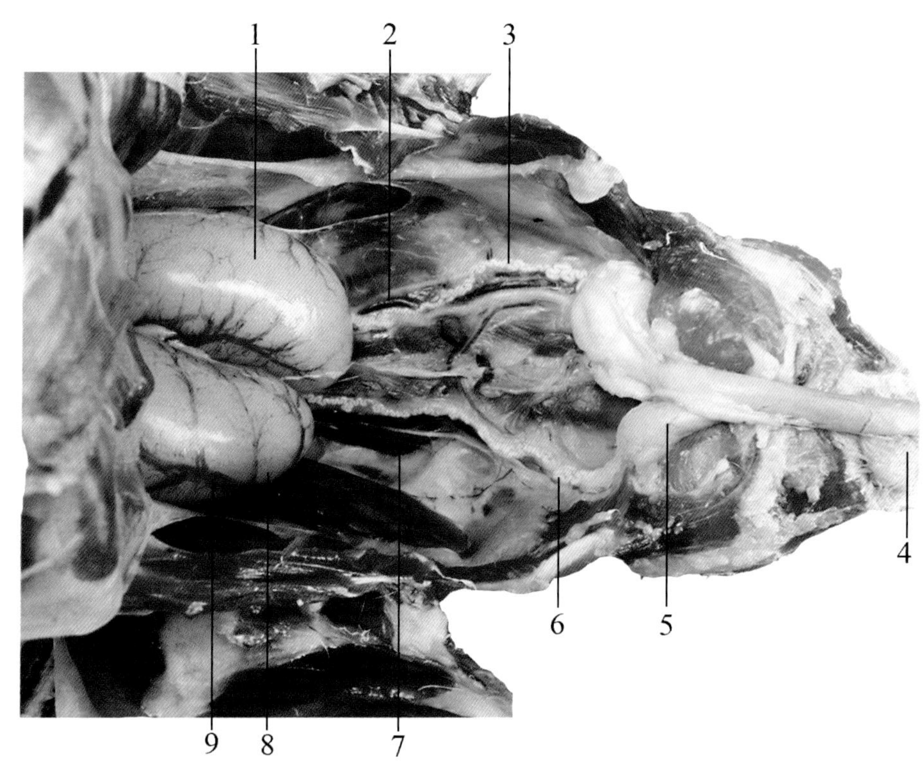

1.左侧睾丸　2.肾后静脉　3.左侧输精管　4.肛门　5.直肠
6.右侧输精管　7.右肾中部　8.右侧睾丸　9.睾丸血管

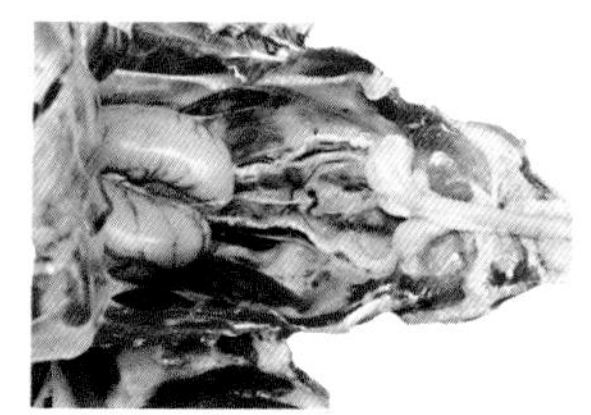

图 2-8-2　公鸭生殖器官在腹腔内的位置 -2

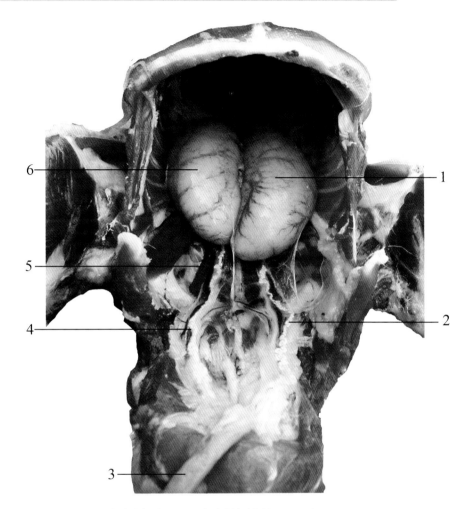

1.左侧睾丸　2.左侧输精管　3.直肠
4.右侧输精管　5.右肾中部　6.右侧睾丸

6. ᠪᠠᠷᠠᠭᠤᠨ ᠲᠥᠮᠥᠰᠥ
5. ᠪᠠᠷᠠᠭᠤᠨ ᠪᠥᠭᠡᠷᠡ ᠶ᠋ᠢᠨ ᠳᠤᠮᠳᠠ ᠬᠡᠰᠡᠭ
4. ᠪᠠᠷᠠᠭᠤᠨ ᠦᠷ᠎ᠡ ᠶ᠋ᠢᠨ ᠭᠤᠳᠤᠰᠤ
3. ᠰᠢᠯᠤᠭᠤᠨ ᠭᠡᠳᠡᠰᠦ
2. ᠵᠡᠭᠦᠨ ᠦᠷ᠎ᠡ ᠶ᠋ᠢᠨ ᠭᠤᠳᠤᠰᠤ
1. ᠵᠡᠭᠦᠨ ᠲᠥᠮᠥᠰᠥ

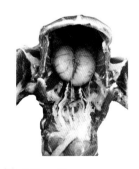

图 2-8-3　公鸭生殖器官在腹腔内的位置-3

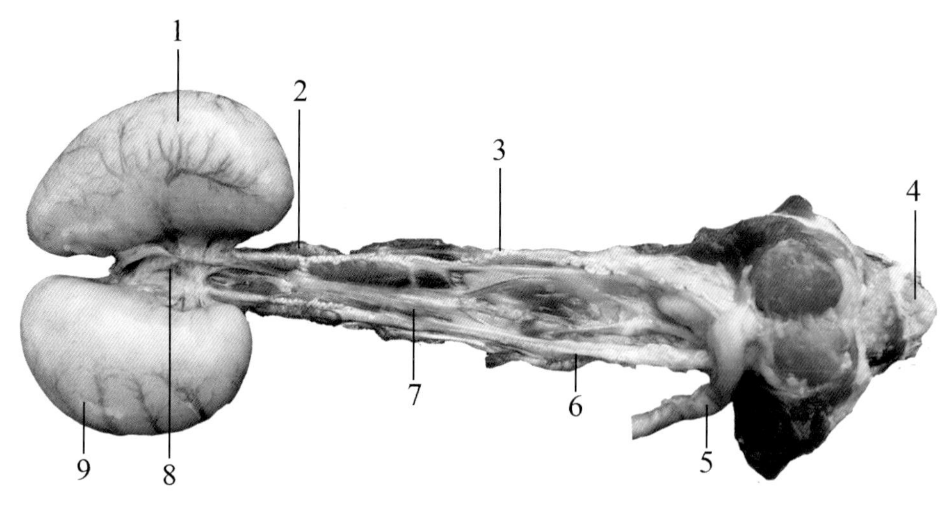

1.左侧睾丸　2.左肾前部　3.左侧输精管　4.肛门　5.直肠
6.右侧输精管　7.右肾中部　8.睾丸韧带　9.右侧睾丸

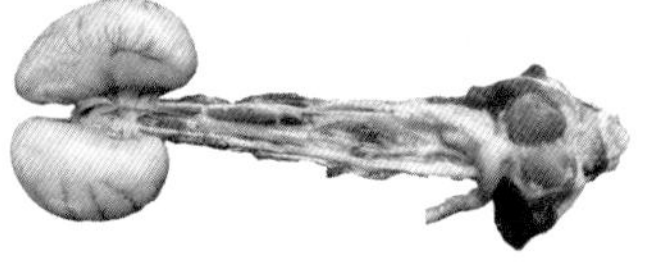

图2-8-4　公鸭睾丸及输精管

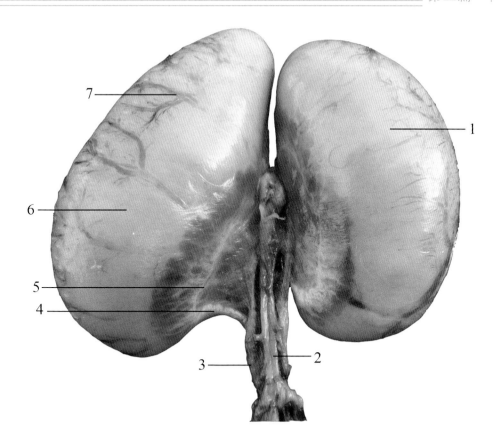

ᠲᠠᠬᠢᠶᠠᠨ 2-8-5 ᠡᠷᠡᠭᠴᠢᠨ ᠨᠤᠭᠤᠰᠤ ᠢᠢᠨ ᠦᠷᠡᠴᠢᠯᠡᠭᠦᠷ

1.右侧睾丸　2.后腔静脉　3.睾丸韧带　4.输精管
5.附睾区　6.左侧睾丸　7.睾丸血管

7.ᠦᠷᠡᠴᠢᠯᠡᠭᠦᠷ ᠤᠨ ᠴᠢᠰᠤᠨ ᠰᠤᠳᠠᠯ
6.ᠵᠡᠭᠦᠨ ᠦᠷᠡᠴᠢᠯᠡᠭᠦᠷ
5.ᠳᠠᠭᠠᠯᠳᠤᠮᠠᠯ ᠦᠷᠡᠴᠢᠯᠡᠭᠦᠷ ᠤᠨ ᠣᠷᠤᠨ
4.ᠦᠷ᠎ᠡ ᠳᠠᠮᠵᠢᠭᠤᠯᠬᠤ ᠭᠤᠤᠷᠰᠤ
3.ᠦᠷᠡᠴᠢᠯᠡᠭᠦᠷ ᠤᠨ ᠬᠦᠪᠴᠢᠭᠦᠷ
2.ᠬᠣᠶᠢᠳᠤ ᠬᠦᠨᠳᠡᠢ ᠢᠢᠨ ᠰᠤᠳᠠᠯ
1.ᠪᠠᠷᠠᠭᠤᠨ ᠦᠷᠡᠴᠢᠯᠡᠭᠦᠷ

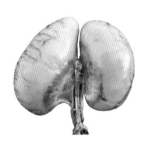

图 2-8-5　公鸭睾丸

ᠲᠠᠪᠤᠨ 2-8-6 ᠡᠷᠡᠭᠴᠢᠨ ᠨᠤᠭᠤᠰᠤᠨ ᠦ ᠭᠠᠳᠠᠨᠠᠬᠢ ᠦᠷᠡᠵᠢᠯ ᠦᠨ ᠡᠷᠬᠡᠲᠡᠨ -1

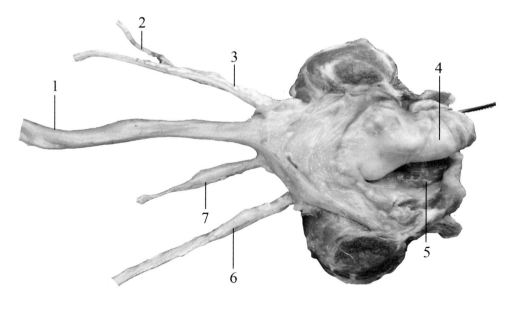

1.直肠　2.右侧输尿管　3.右侧输精管　4.阴茎及阴茎淋巴体
5.泄殖腔　6.左侧输精管　7.左侧输尿管

7.ᠵᠡᠭᠦᠨ ᠲᠠᠯ᠎ᠠ ᠶᠢᠨ ᠰᠢᠭᠡᠰᠦ ᠰᠢᠯᠭᠠᠭᠤᠯᠬᠤ ᠨᠠᠢᠢᠷᠠᠮ
6.ᠵᠡᠭᠦᠨ ᠲᠠᠯ᠎ᠠ ᠶᠢᠨ ᠦᠷ᠎ᠡ ᠰᠢᠯᠭᠠᠭᠤᠯᠬᠤ ᠨᠠᠢᠢᠷᠠᠮ
5.ᠰᠢᠭᠡᠰᠦᠯᠢᠭ ᠪᠤᠯᠴᠢᠷᠬᠠᠢ ᠶᠢᠨ ᠬᠦᠨᠳᠡᠢ
4.ᠪᠡᠯᠭᠡ ᠪᠠ ᠪᠡᠯᠭᠡ ᠶᠢᠨ ᠰᠢᠩᠭᠡᠨ ᠦ ᠪᠡᠶ᠎ᠡ
3.ᠪᠠᠷᠠᠭᠤᠨ ᠲᠠᠯ᠎ᠠ ᠶᠢᠨ ᠦᠷ᠎ᠡ ᠰᠢᠯᠭᠠᠭᠤᠯᠬᠤ ᠨᠠᠢᠢᠷᠠᠮ
2.ᠪᠠᠷᠠᠭᠤᠨ ᠲᠠᠯ᠎ᠠ ᠶᠢᠨ ᠰᠢᠭᠡᠰᠦ ᠰᠢᠯᠭᠠᠭᠤᠯᠬᠤ ᠨᠠᠢᠢᠷᠠᠮ
1.ᠰᠢᠭᠤᠷᠭᠠᠢ ᠭᠡᠳᠡᠰᠦ

图 2-8-6　公鸭外生殖器 -1

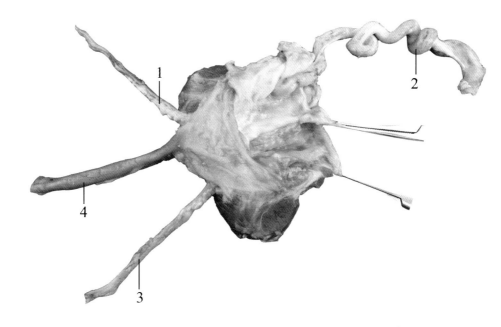

ᠳᠡᠯᠭᠡᠷᠡᠩᠭᠦᠢ ᠬᠤᠸᠠᠳᠤᠰᠤᠨ ᠤ ᠭᠠᠳᠠᠭᠠᠳᠤ ᠪᠡᠯᠭᠡ ᠡᠷᠬᠡᠲᠡᠨ -2

1.右侧输精管　2.阴茎及阴茎淋巴体
3.左侧输精管　4.直肠

4. ᠰᠢᠭᠡᠰᠦᠨ ᠭᠤᠤᠷᠰᠤ
3. ᠵᠡᠭᠦᠨ ᠲᠠᠯ ᠤᠨ ᠦᠷ ᠡ ᠰᠢᠩᠭᠡᠭᠡᠭᠴᠢ ᠭᠤᠤᠷᠰᠤ
2. ᠪᠡᠯᠭᠡ ᠶ ᠠᠮᠠ ᠪᠠ ᠪᠡᠯᠭᠡ ᠶ ᠱᠦᠭᠦᠰᠦᠲᠦ ᠪᠡᠶᠡ
1. ᠪᠠᠷᠠᠭᠤᠨ ᠲᠠᠯ ᠤᠨ ᠦᠷ ᠡ ᠰᠢᠩᠭᠡᠭᠡᠭᠴᠢ ᠭᠤᠤᠷᠰᠤ

图 2-8-7　公鸭外生殖器 -2

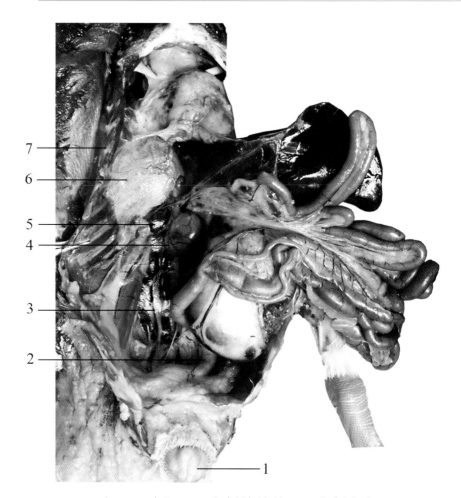

ᠵᠢᠷᠤᠭ 2-8-8 ᠡᠷᠡᠭᠴᠢᠨ ᠨᠤᠭᠤᠰᠤᠨ ᠤ ᠦᠷᠡᠵᠢᠯ ᠦᠨ ᠡᠷᠬᠡᠲᠡᠨ ᠦ ᠬᠡᠪᠡᠯᠢ ᠳᠣᠲᠣᠷᠠᠬᠢ ᠪᠠᠢᠳᠠᠯ (ᠦᠷᠡᠵᠢᠯ ᠦᠨ ᠪᠣᠰᠣ ᠬᠤᠭᠤᠴᠠᠭᠠᠨ ᠳᠤ)

1.肛门　2.直肠　3.右侧输精管　4.右侧睾丸
5.右肾前部　6.肺　7.肋骨断端

7.ᠬᠠᠪᠢᠷᠭᠠᠨ ᠤ ᠲᠠᠰᠤᠷᠬᠠᠢ
6.ᠠᠭᠤᠱᠬᠢ
5.ᠪᠥᠭᠡᠷᠡᠨ ᠦ ᠡᠮᠦᠨᠡᠬᠢ ᠬᠡᠰᠡᠭ
4.ᠪᠠᠷᠠᠭᠤᠨ ᠲᠥᠪᠡᠷᠡᠭᠦᠦ
3.ᠪᠠᠷᠠᠭᠤᠨ ᠦᠷᠡ ᠶᠢᠨ ᠦᠵᠦᠭᠦᠷ ᠤᠨ ᠰᠤᠪᠠᠭ
2.ᠰᠢᠯᠤᠭᠤᠨ ᠭᠡᠳᠡᠰᠦ
1.ᠬᠤᠰᠢᠶ᠎ᠠ

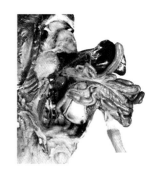

图2-8-8　公鸭生殖器官在腹腔内的状态（非繁殖期）

九、鸭内分泌系统和免疫系统

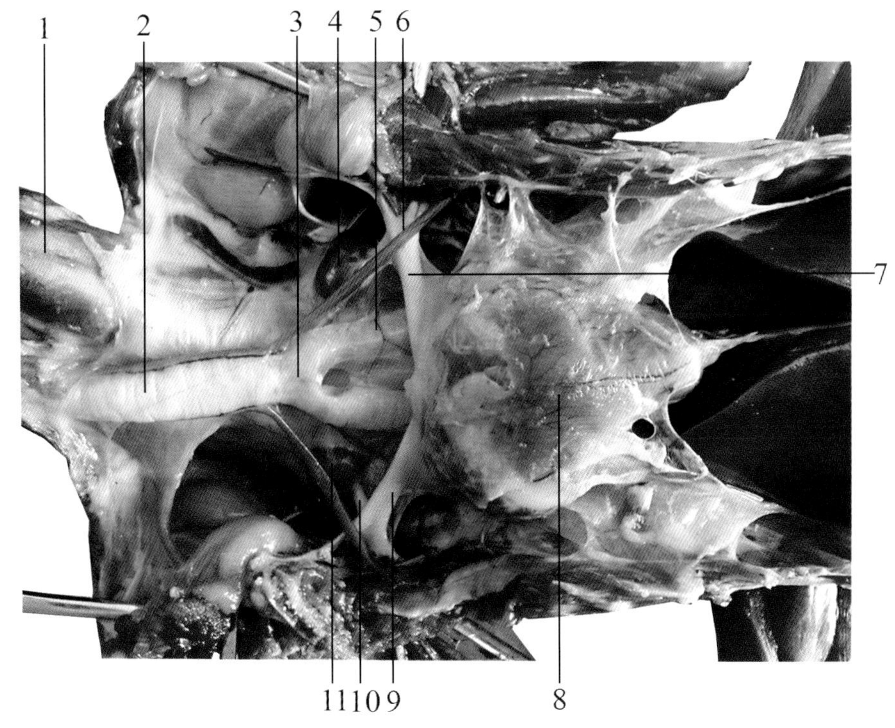

1.颈部　2.气管　3.鸣囊　4.左侧甲状腺　5.支气管
6.胸骨气管肌　7.左臂头动脉　8.心包、心脏　9.右臂头动脉
10.锁骨下动脉　11.右侧甲状腺

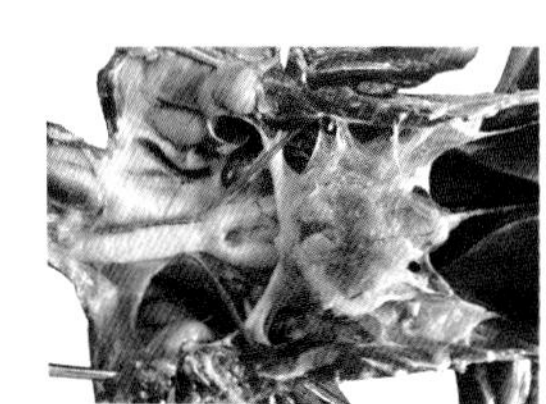

图 2-9-1　鸭甲状腺位置

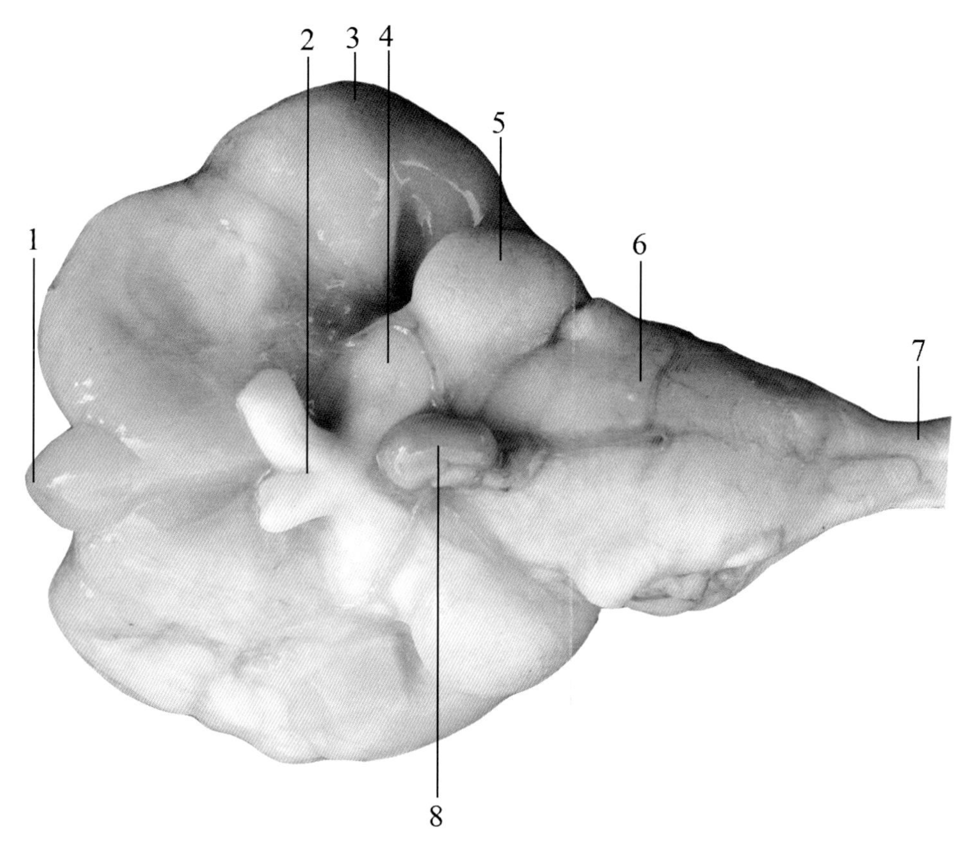

1.嗅球　2.视交叉　3.大脑半球　4.间脑　5.中脑丘(视叶)
6.延脑　7.脊髓　8.脑垂体

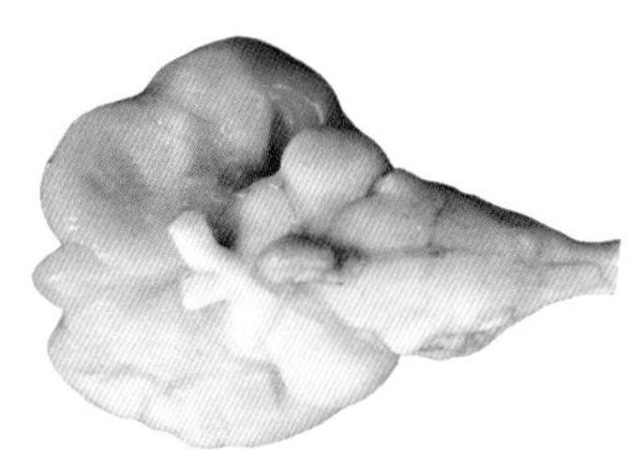

图 2-9-2　鸭脑垂体

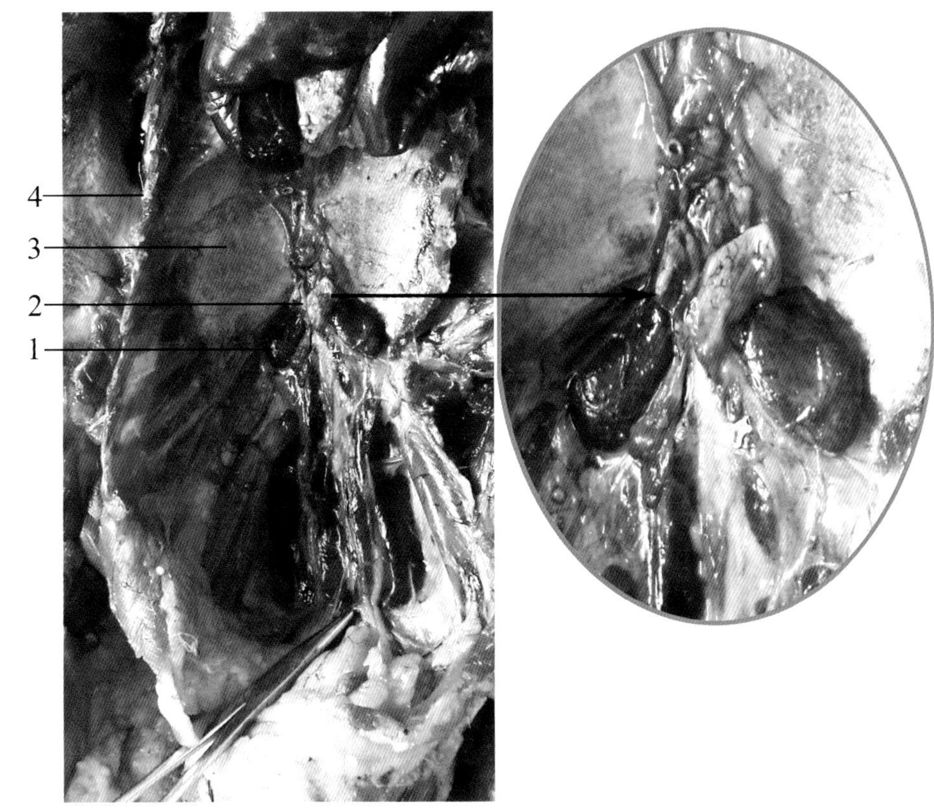

1.右肾前部　2.肾上腺　3.肺　4.肋骨断端

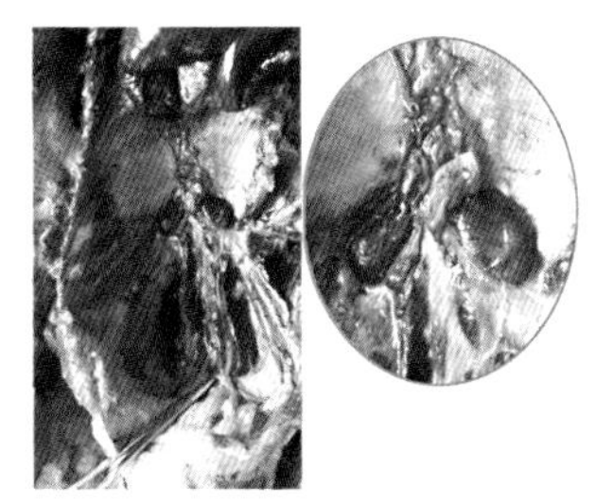

图 2-9-3　鸭肾上腺 -1

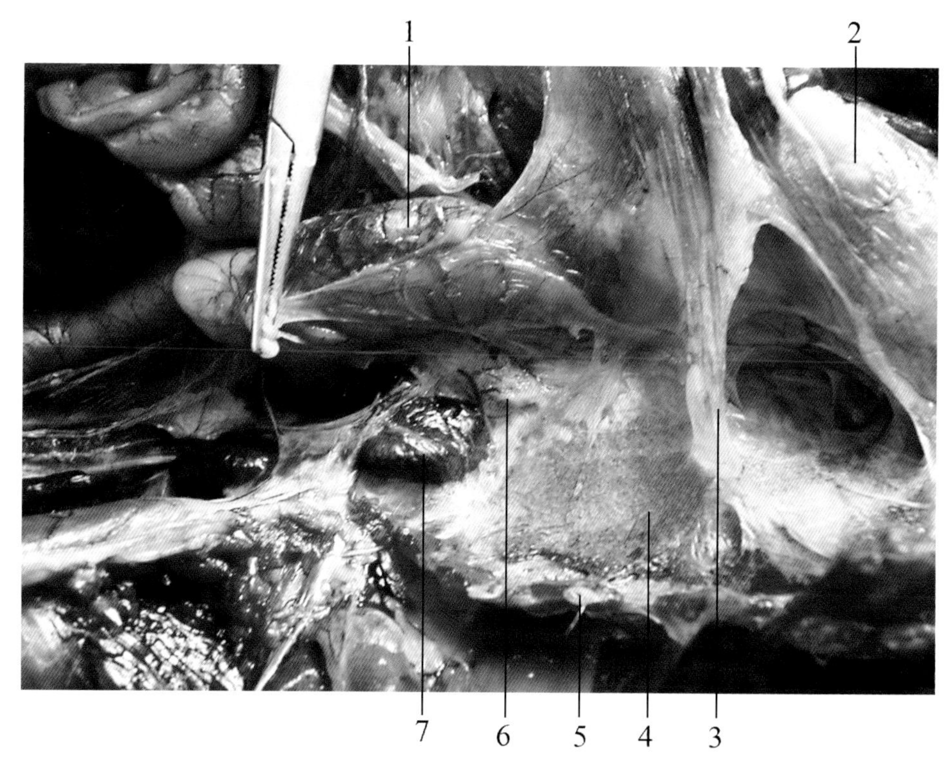

1.左侧睾丸　2.心包、心脏　3.胸气囊膜　4.左肺
5.肋骨断端　6.肾上腺　7.左肾前部

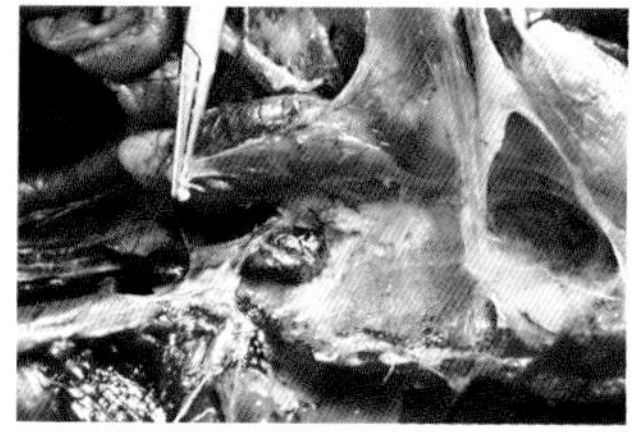

图2-9-4　鸭肾上腺-2

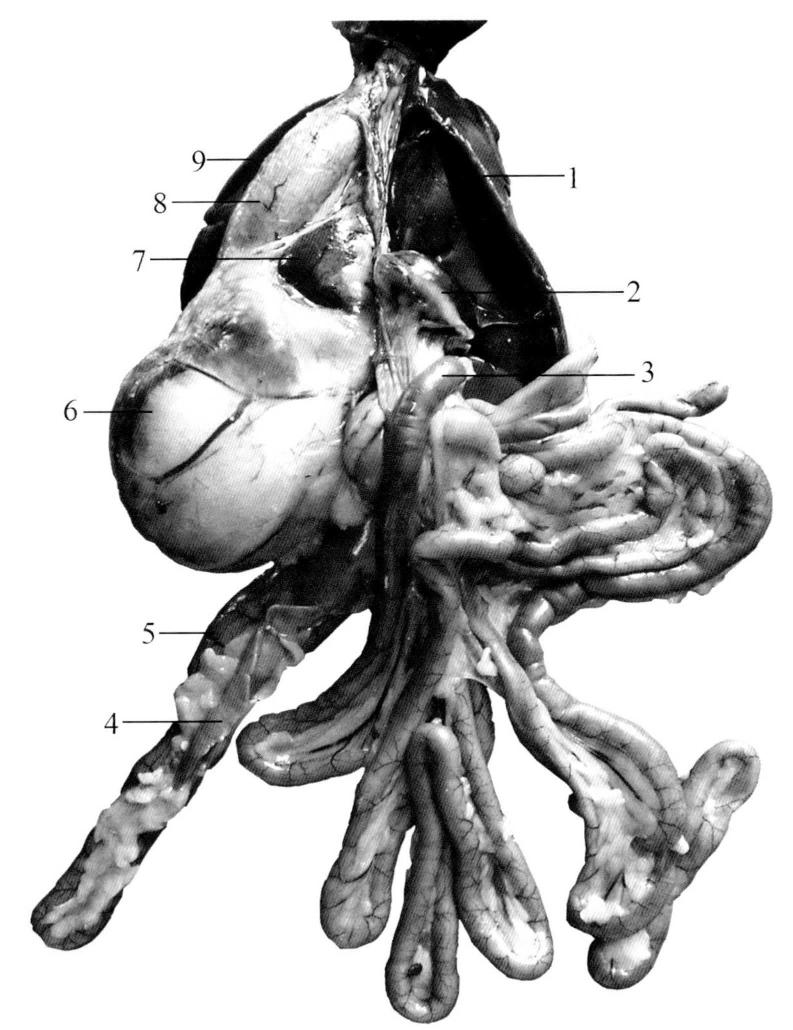

1.肝右叶　2.胆囊　3.空肠　4.胰　5 十二指肠

6.肌胃　7.脾　8.腺胃　9.肝左叶

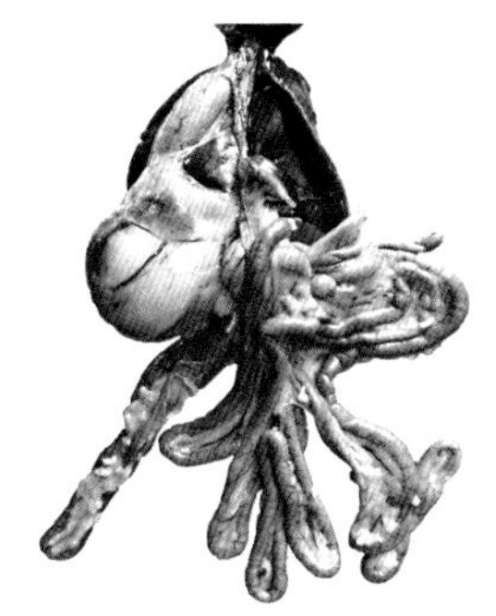

图 2-9-5　鸭脾脏相对位置

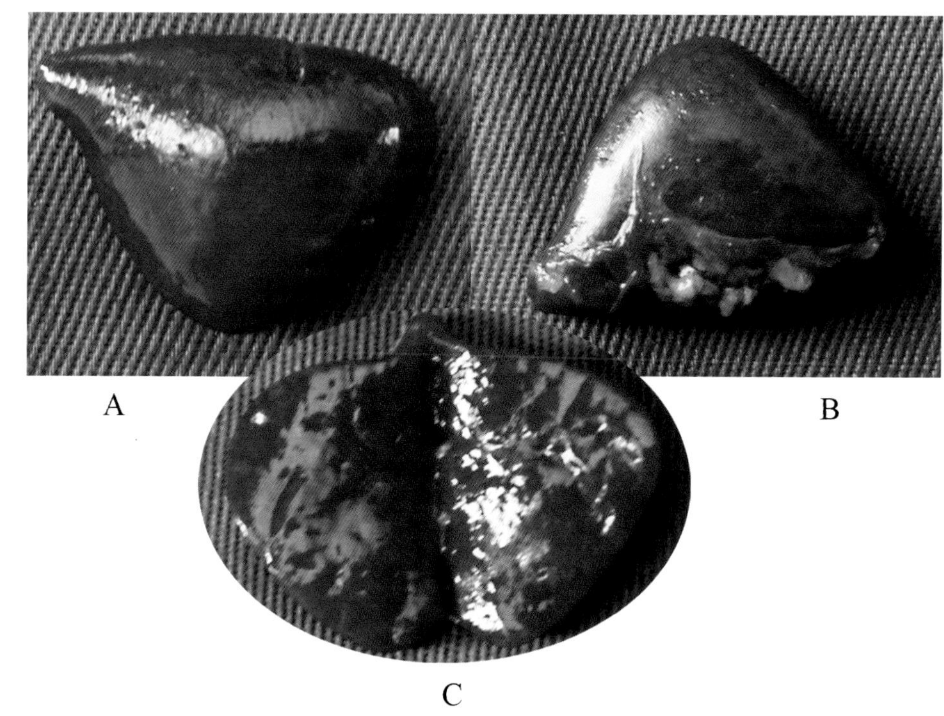

A.脾脏背面　B.脾脏腹面　C.脾脏纵切面

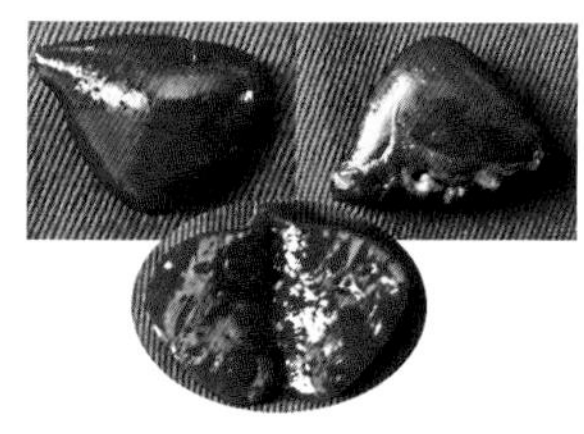

图 2-9-6　鸭脾脏及其纵切面

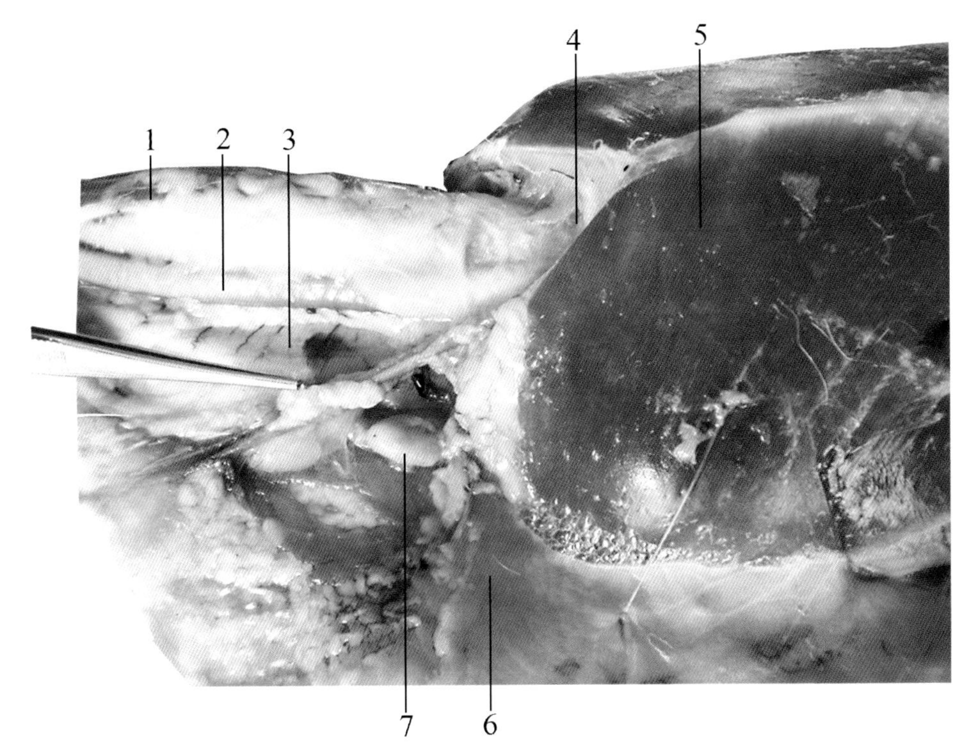

1.颈部　2.气管　3.食管　4.胸腔入口　5.胸浅(大)肌
6.皮下组织及脂肪　7.颈胸淋巴结

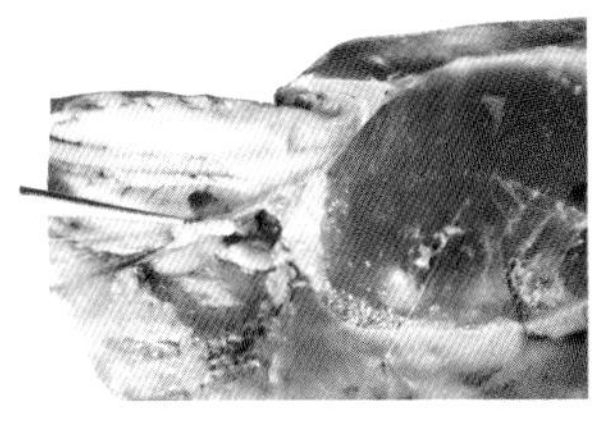

图2-9-7　鸭颈胸淋巴结

十、鸭运动系统

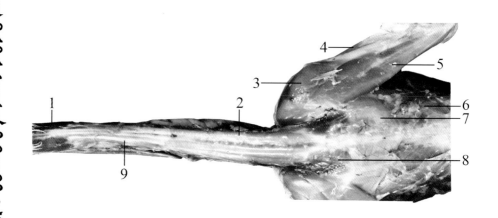

1.复肌　2.颈二腹肌(头棘肌)　3.大三角肌
4.前翼膜肌　5.臂三头肌肩胛部
6.后背阔肌　7.前背阔肌　8.浅菱形肌
9.颈二腹肌腱

图2-10-1　鸭颈肩部背侧肌肉

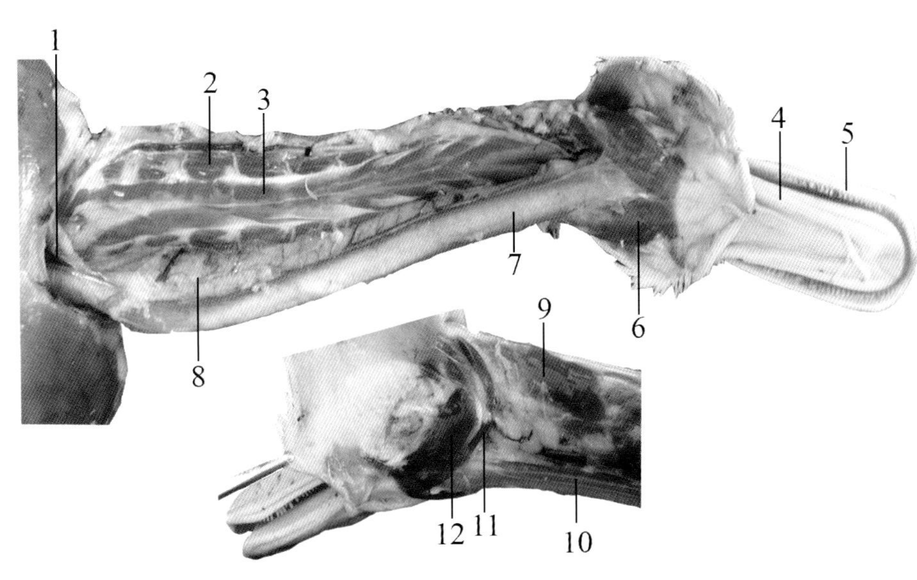

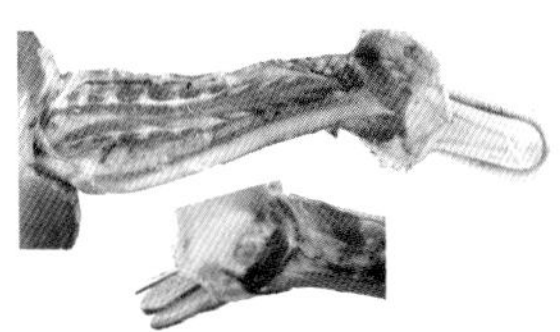

1.胸腔前口　2.横突间肌　3.颈腹侧长肌
4.下颌　5.上颌　6.下颌舌骨肌　7.气管
8.食管　9.复肌　10.气管喉肌及气管
11.下颌降肌　12.下颌外收肌

图 2-10-2　鸭头颈部浅层肌肉

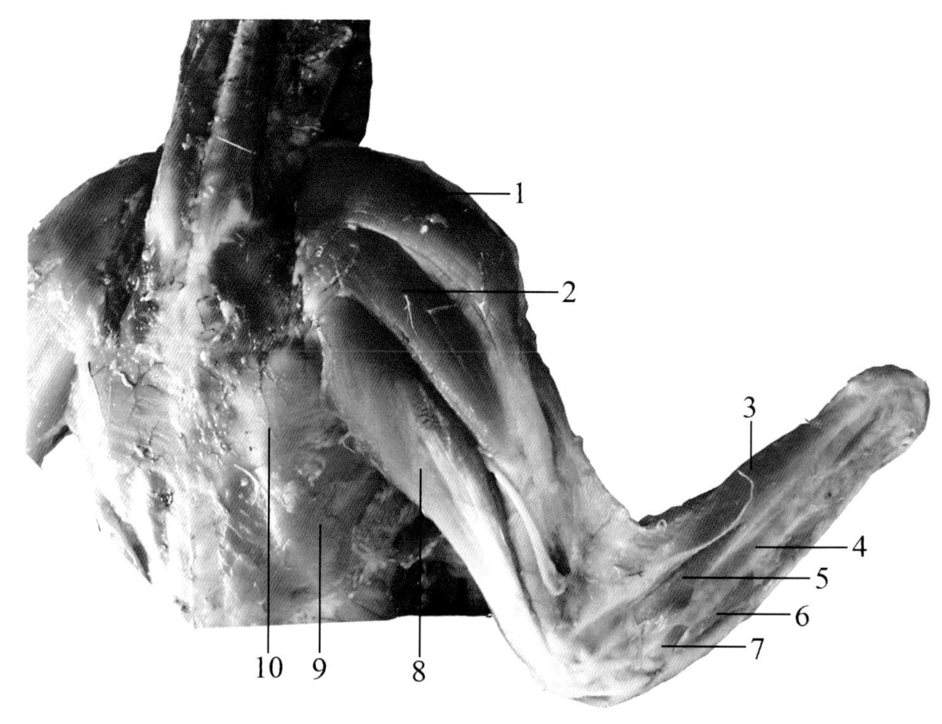

1.前翼膜肌　2.大三角肌　3.掌桡侧伸肌　4.掌尺侧伸肌
5.指总伸肌　6.腕尺侧屈肌　7.肘肌　8.臂三头肌肩胛部
9.后背阔肌　10.前背阔肌

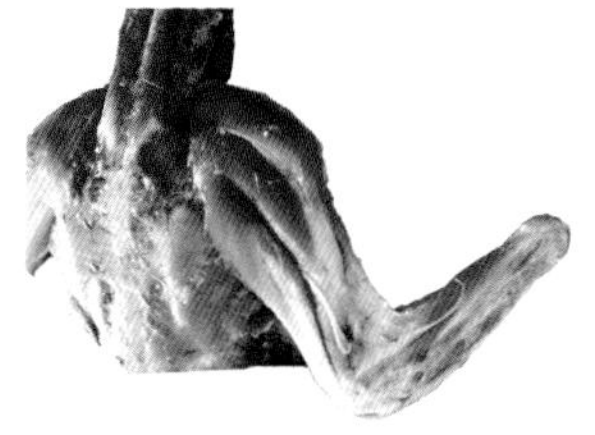

图2-10-3　鸭翼部背侧浅层肌肉

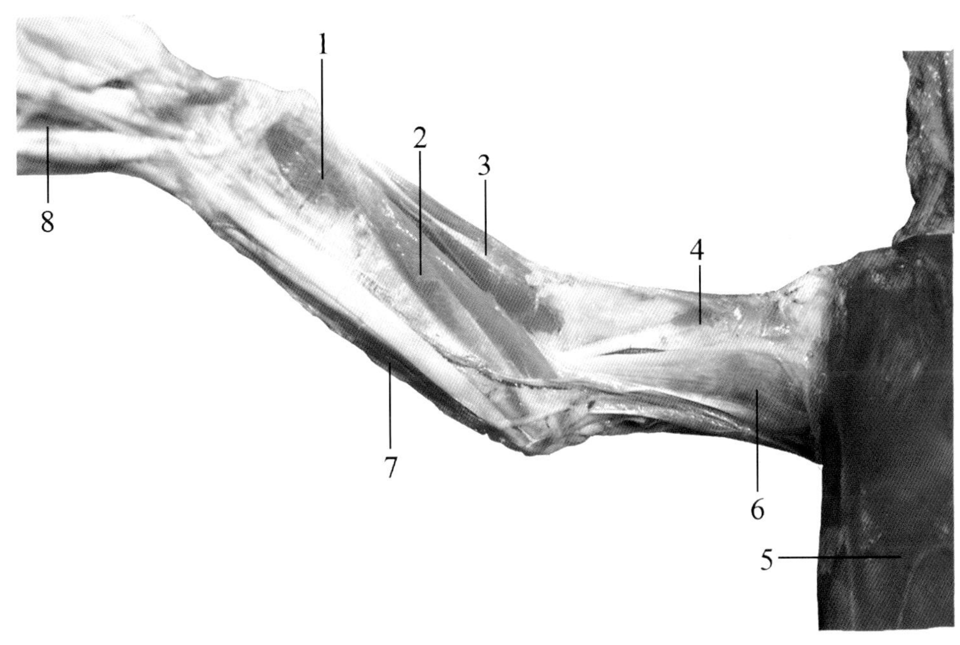

1.指深屈肌　2.旋前浅肌　3.掌桡侧伸肌　4.臂二头肌
5.胸浅(大)肌　6.臂三头肌臂部　7.腕尺侧屈肌　8.骨间腹侧肌

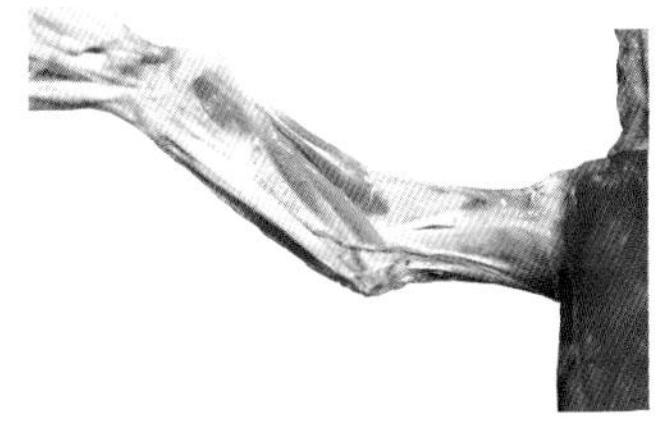

图2-10-4　鸭翼部腹侧浅层肌肉

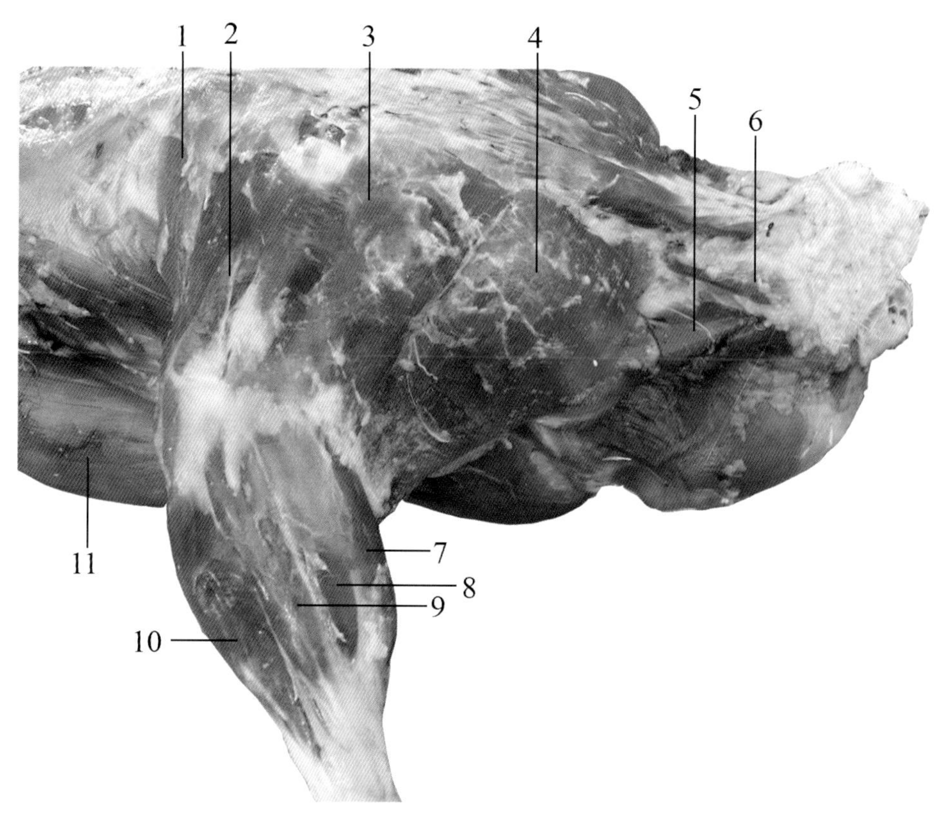

1.髂胫前肌　2.股胫肌　3.髂胫外侧肌　4.髂腓肌
5.尾股肌　6.尾提肌　7.腓肠肌外部　8.第二趾有孔穿屈肌
9.第三趾有孔穿屈肌　10.腓骨长肌　11.胸浅(大)肌

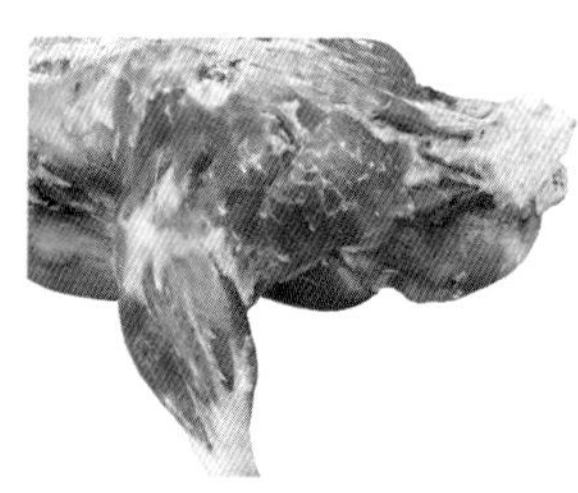

图2-10-5　鸭腿部外侧肌肉

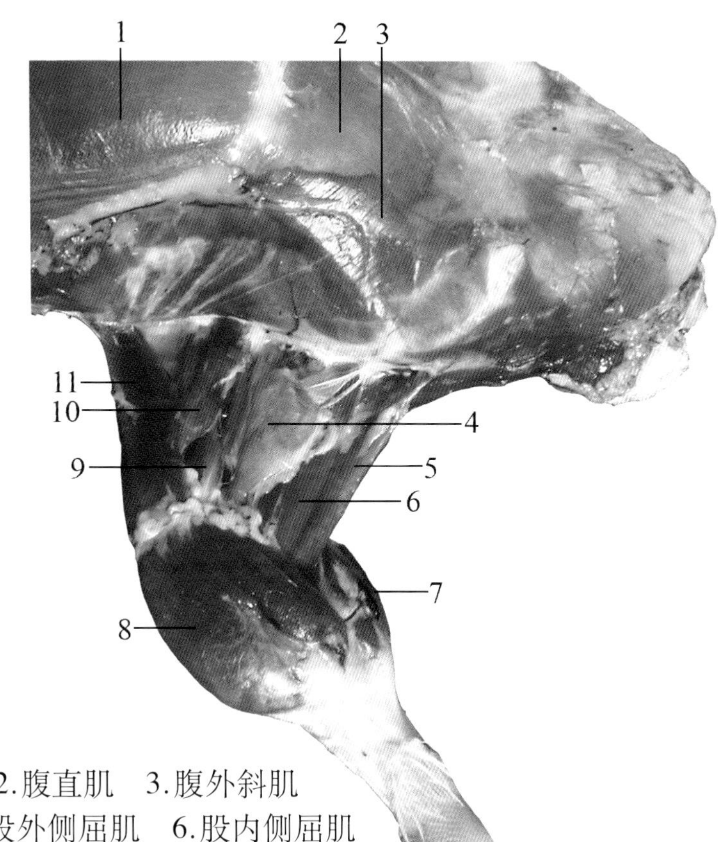

1.胸浅(大)肌　2.腹直肌　3.腹外斜肌
4.耻坐股肌　5.股外侧屈肌　6.股内侧屈肌
7.腓肠肌外侧部　8.腓肠肌内侧部
9.股胫肌　10.栖肌(耻骨肌)　11.髂胫前肌

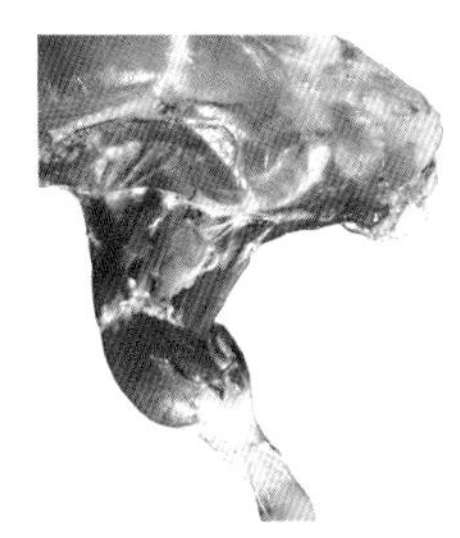

图2–10–6　鸭腿部内侧肌肉

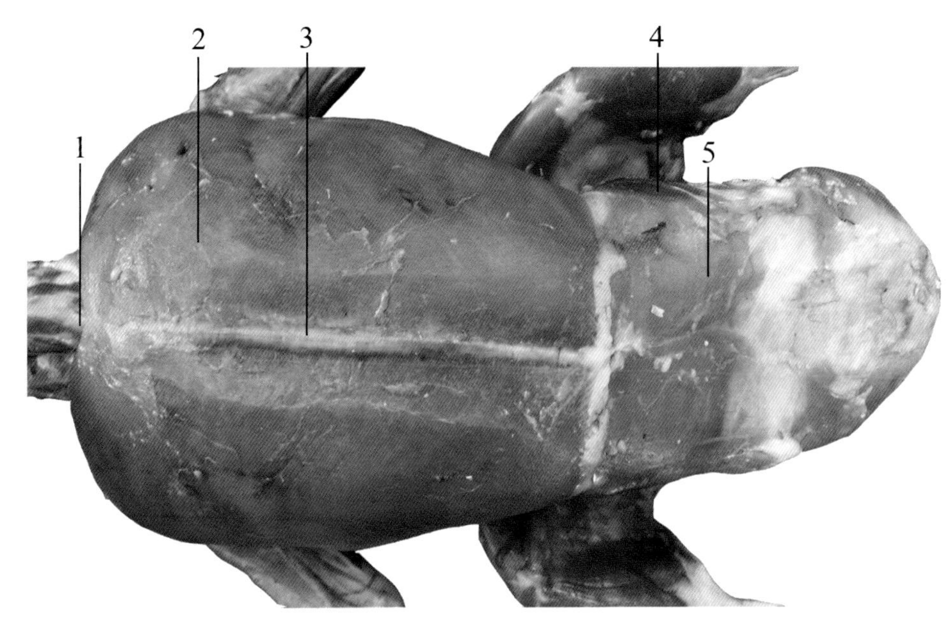

1.胸腔前口　2.胸浅(大)肌　3.胸骨嵴(龙骨嵴)
4.腹外斜肌　5.腹直肌

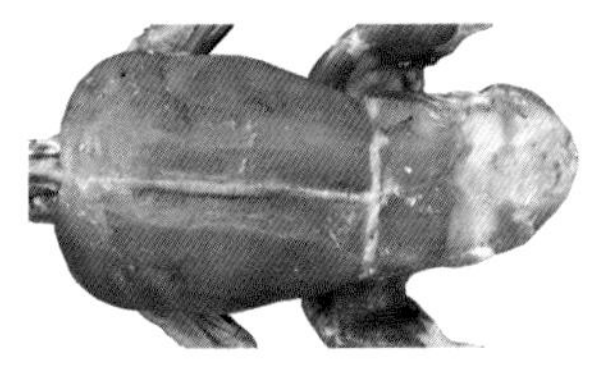

图2-10-7　鸭胸腹部肌肉-1

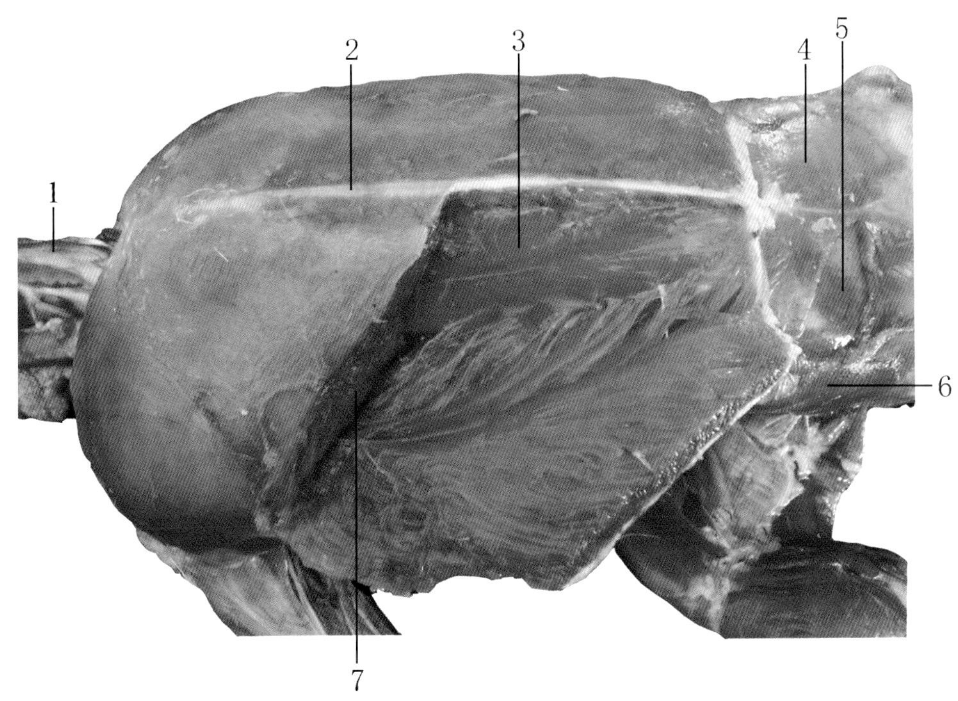

1.颈部　2.胸骨嵴(龙骨嵴)　3.胸深(小)肌　4.腹直肌
5.腹横肌　6.腹外斜肌　7.胸浅肌断面

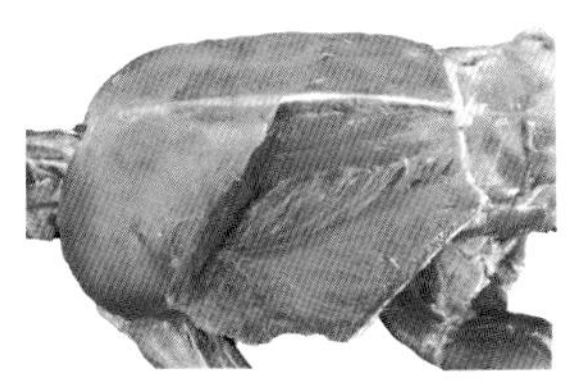

图2-10-8　鸭胸腹部肌肉-2

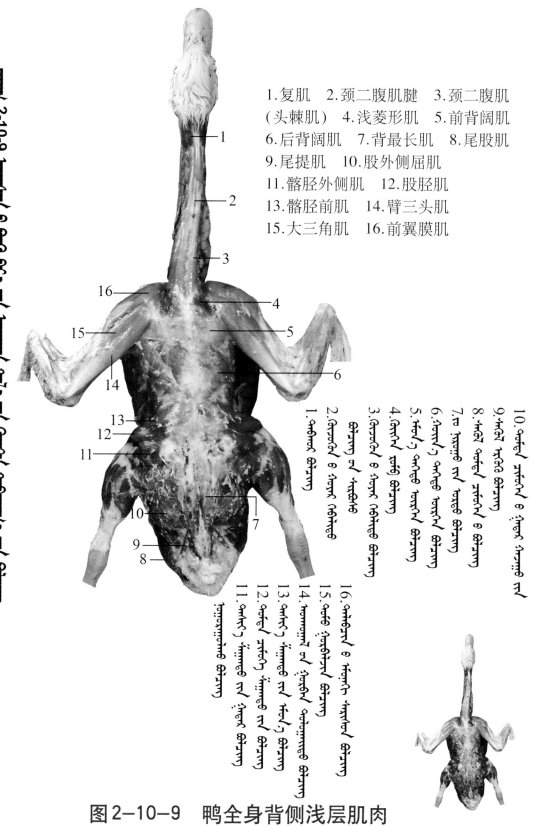

1.复肌　2.颈二腹肌腱　3.颈二腹肌
（头棘肌）　4.浅菱形肌　5.前背阔肌
6.后背阔肌　7.背最长肌　8.尾股肌
9.尾提肌　10.股外侧屈肌
11.髂胫外侧肌　12.股胫肌
13.髂胫前肌　14.臂三头肌
15.大三角肌　16.前翼膜肌

图 2-10-9　鸭全身背侧浅层肌肉

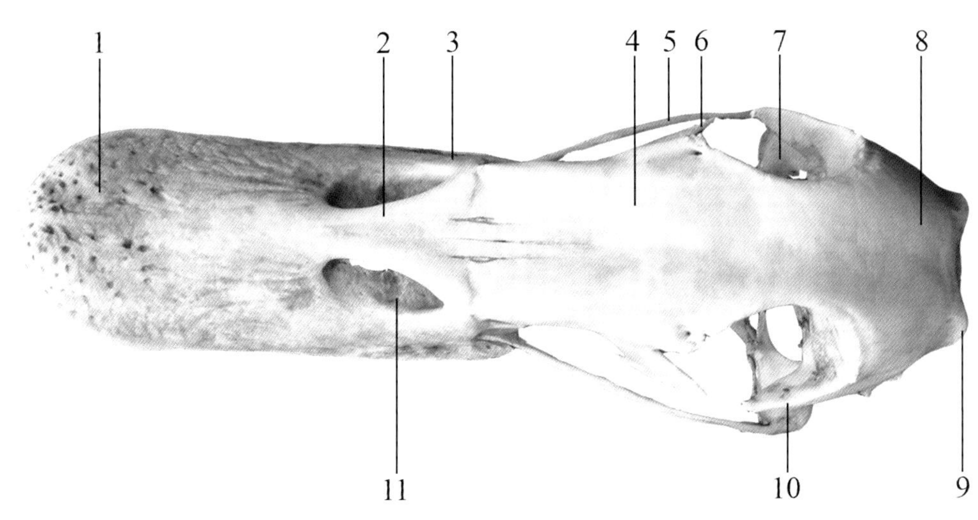

1.颌前骨　2.颌前骨鼻突　3.上颌骨　4.额骨
5.方轭骨　6.泪骨　7.方骨　8.顶骨　9.颞骨
10.颧突　11.颌骨鼻孔

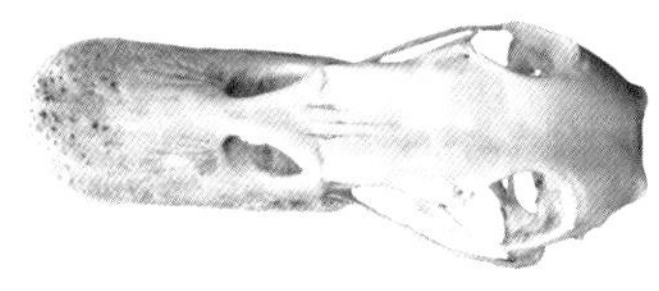

图 2-10-10　鸭头骨背侧观

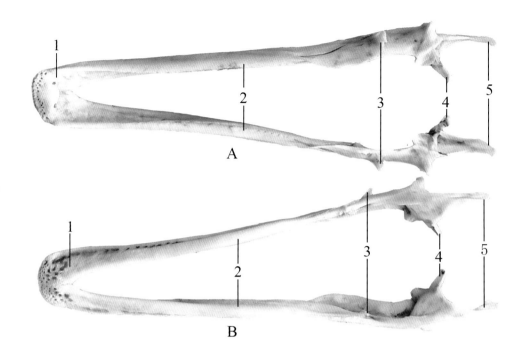

A.下颌骨背面　B.下颌骨腹面

1.下颌骨体(齿骨部)　2.下颌支　3.下颌髁

4.内侧突(冠状突)　5.外侧突(角状突)

5. ᠵᠢᠷᠦᠬᠡ ᠳᠣᠪᠣᠢᠯᠲᠠ（ ᠥᠨᠴᠥᠭ ᠳᠣᠪᠣᠢᠯᠲᠠ ）
4. ᠳᠣᠲᠣᠭᠠᠳᠤ ᠳᠣᠪᠣᠢᠯᠲᠠ（ ᠲᠢᠲᠢᠮ ᠳᠣᠪᠣᠢᠯᠲᠠ ）
3. ᠳᠣᠣᠷᠠᠳᠤ ᠡᠷᠦᠦᠨ ᠶᠢᠨ ᠳᠣᠯᠤᠭᠠᠢ
2. ᠳᠣᠣᠷᠠᠳᠤ ᠡᠷᠦᠦᠨ ᠶᠢᠨ ᠮᠥᠴᠢᠷ
1. ᠳᠣᠣᠷᠠᠳᠤ ᠡᠷᠦᠦᠨ ᠶᠢᠨ ᠪᠡᠶ᠎ᠡ
B. ᠳᠣᠣᠷᠠᠳᠤ ᠡᠷᠦᠦᠨ ᠶᠠᠰᠤ ᠶᠢᠨ ᠭᠡᠳᠡᠰᠦ ᠲᠠᠯ᠎ᠠ
A. ᠳᠣᠣᠷᠠᠳᠤ ᠡᠷᠦᠦᠨ ᠶᠠᠰᠤ ᠶᠢᠨ ᠨᠢᠷᠤᠭᠤ ᠲᠠᠯ᠎ᠠ

图 2-10-11　鸭下颌骨

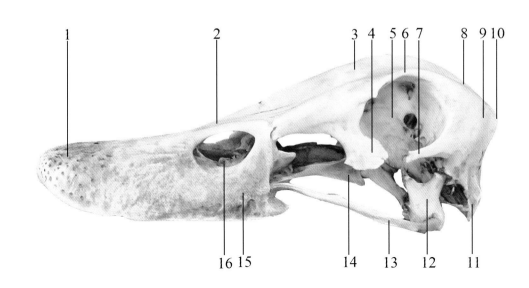

1.颌前骨　2.颌前骨鼻突　3.额骨　4.泪骨　5.眶间隔
6.额骨眶上缘　7.颧突　8.顶骨　9.颞骨　10.枕骨
11.蝶骨　12.方骨　13.方轭骨　14.腭骨　15.上颌骨
16.颌骨鼻孔

1. ᠬᠣᠰᠢᠭᠤ ᠶᠢᠨ ᠡᠮᠦᠨᠡᠬᠢ ᠶᠠᠰᠤ
2. ᠬᠣᠰᠢᠭᠤ ᠶᠢᠨ ᠡᠮᠦᠨᠡᠬᠢ ᠶᠠᠰᠤᠨ ᠤ ᠬᠠᠮᠠᠷ ᠤᠨ ᠦᠰᠦᠷᠭᠡ
3. ᠮᠠᠩᠨᠠᠢ ᠶᠢᠨ ᠶᠠᠰᠤ
4. ᠨᠢᠯᠪᠤᠰᠤᠨ ᠤ ᠶᠠᠰᠤ
5. ᠨᠢᠳᠦᠨ ᠤ ᠬᠣᠩᠬᠣᠷ ᠤᠨ ᠬᠣᠭᠣᠷᠣᠨᠳᠤᠬᠢ ᠬᠠᠯᠬᠠᠪᠴᠢ
6. ᠮᠠᠩᠨᠠᠢ ᠶᠢᠨ ᠶᠠᠰᠤᠨ ᠤ ᠨᠢᠳᠦᠨ ᠤ ᠬᠣᠩᠬᠣᠷ ᠤᠨ ᠳᠡᠭᠡᠳᠦ ᠬᠥᠪᠡᠭᠡ
7. ᠬᠠᠴᠠᠷ ᠤᠨ ᠦᠰᠦᠷᠭᠡ
8. ᠣᠷᠣᠢ ᠶᠢᠨ ᠶᠠᠰᠤ
9. ᠵᠢᠭᠠᠯᠳᠠᠰᠤᠨ ᠤ ᠶᠠᠰᠤ
10. ᠳᠠᠷᠢᠬᠢᠨ ᠤ ᠶᠠᠰᠤ
11. ᠡᠷᠪᠡᠭᠡᠢ ᠶᠢᠨ ᠶᠠᠰᠤ
12. ᠳᠥᠷᠪᠡᠯᠵᠢᠨ ᠶᠠᠰᠤ
13. ᠳᠥᠷᠪᠡᠯᠵᠢᠨ ᠬᠥᠮᠥᠯᠢ ᠶᠢᠨ ᠶᠠᠰᠤ
14. ᠲᠠᠭᠨᠠᠢ ᠶᠢᠨ ᠶᠠᠰᠤ
15. ᠳᠡᠭᠡᠳᠦ ᠡᠷᠡᠦ ᠶᠢᠨ ᠶᠠᠰᠤ
16. ᠬᠣᠰᠢᠭᠤ ᠶᠢᠨ ᠶᠠᠰᠤᠨ ᠤ ᠬᠠᠮᠠᠷ ᠤᠨ ᠨᠦᠬᠡ

图2–10–12　鸭头骨侧面观

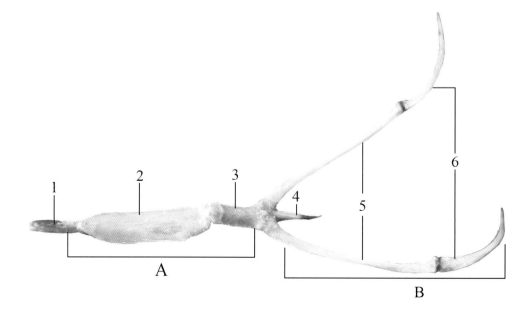

ᠪᠠᠳᠠᠷ 2-10-13 ᠨᠤᠭᠤᠰᠤᠨ ᠤ ᠬᠡᠯᠡᠨ ᠤ ᠶᠠᠰᠤ

A.舌骨体　B.舌骨支

1.舌内骨前软骨　2.舌内骨(舌突)　3.基舌骨

4.尾舌骨　5.角舌骨　6.外舌骨

6. ᠭᠠᠳᠠᠨᠠᠬᠢ ᠬᠡᠯᠡᠨ ᠤ ᠶᠠᠰᠤ

5. ᠡᠪᠡᠷᠲᠦ ᠬᠡᠯᠡᠨ ᠤ ᠶᠠᠰᠤ

4. ᠰᠡᠭᠦᠯᠲᠦ ᠬᠡᠯᠡᠨ ᠤ ᠶᠠᠰᠤ

3. ᠰᠠᠭᠤᠷᠢ ᠬᠡᠯᠡᠨ ᠤ ᠶᠠᠰᠤ

2. ᠳᠣᠲᠣᠷ ᠬᠡᠯᠡᠨ ᠤ ᠶᠠᠰᠤ (ᠬᠡᠯᠡᠨ ᠤ ᠲᠣᠪᠴᠢ)

1. ᠳᠣᠲᠣᠷ ᠬᠡᠯᠡᠨ ᠤ ᠶᠠᠰᠤᠨ ᠤ ᠡᠮᠦᠨᠡᠬᠢ ᠵᠥᠭᠡᠯᠡᠨ ᠶᠠᠰᠤ

B. ᠬᠡᠯᠡᠨ ᠤ ᠶᠠᠰᠤᠨ ᠤ ᠮᠥᠴᠢᠷ

A. ᠬᠡᠯᠡᠨ ᠤ ᠶᠠᠰᠤᠨ ᠤ ᠪᠡᠶᠡ)

图 2-10-13　鸭舌骨

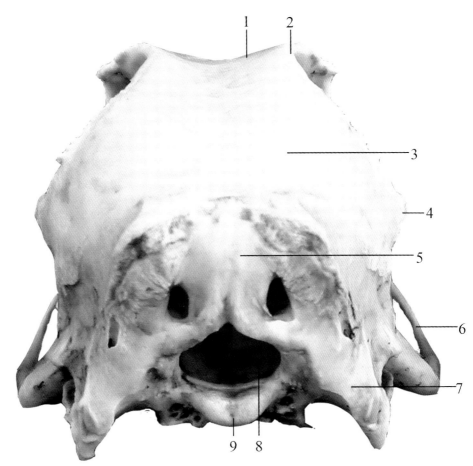

1.额骨　2.额骨眶上缘　3.顶骨　4.颞突　5.枕骨
6.方轭骨　7.鼓室　8.枕骨大孔　9.枕髁

9. ᠣᠮᠤᠷᠠᠢ ᠶᠠᠰᠤ ᠶᠢᠨ ᠶᠡᠬᠡ ᠨᠦᠬᠡ
8. ᠣᠮᠤᠷᠠᠢ ᠶᠠᠰᠤ ᠶᠢᠨ ᠶᠡᠬᠡ ᠨᠦᠬᠡ
7. ᠬᠡᠩᠬᠡᠷᠭᠡᠨ ᠤ ᠥᠷᠦᠭᠡ
6. ᠲᠦᠷᠪᠡᠯᠵᠢᠨ ᠶᠠᠰᠤ
5. ᠣᠮᠤᠷᠠᠢ ᠶᠠᠰᠤ
4. ᠵᠠᠩᠭᠢᠯᠠᠭ᠎ᠠ ᠶᠢᠨ ᠲᠦᠷᠦᠭᠦᠦ
3. ᠣᠷᠤᠢ ᠶᠢᠨ ᠶᠠᠰᠤ
2. ᠮᠠᠩᠨᠠᠢ ᠶᠢᠨ ᠶᠠᠰᠤ ᠶᠢᠨ ᠨᠢᠳᠦᠨ ᠤ ᠬᠦᠨᠳᠡᠢ ᠶᠢᠨ ᠳᠡᠭᠡᠳᠦ ᠬᠥᠪᠡᠭᠡ
1. ᠮᠠᠩᠨᠠᠢ ᠶᠢᠨ ᠶᠠᠰᠤ

图2-10-14　鸭头骨后侧观

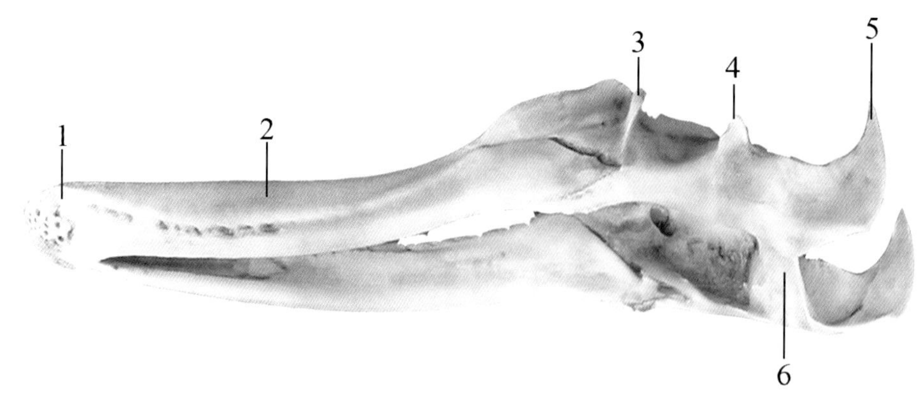

1.下颌骨体(齿骨部)　2.下颌支　3.下颌髁
4.肌突　5.外侧突(角状突)　6.内侧突(冠状突)

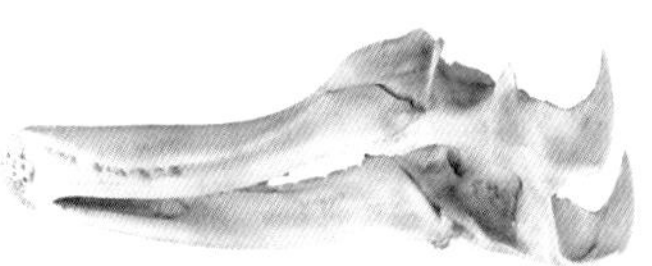

图2-10-15　鸭下颌骨侧面观

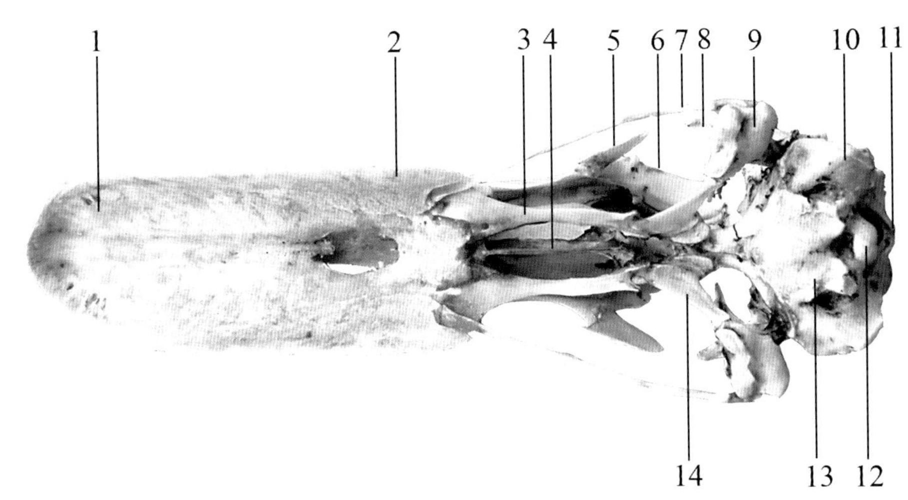

1.颌前骨　2.上颌骨　3.腭骨　4.犁骨　5.泪骨
6.额骨眶上缘　7.方轭骨　8.颧突　9.方骨　10.鼓室
11.枕骨　12.枕髁　13.蝶骨　14.翼骨

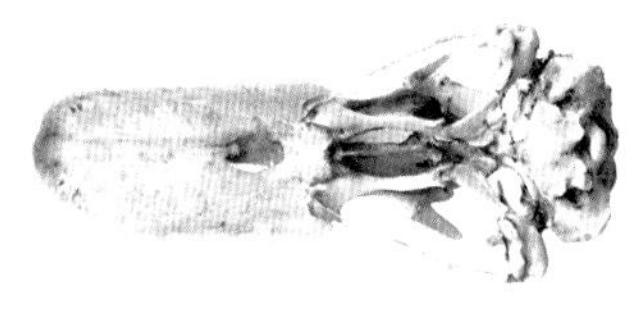

图2-10-16　鸭头骨腹侧观

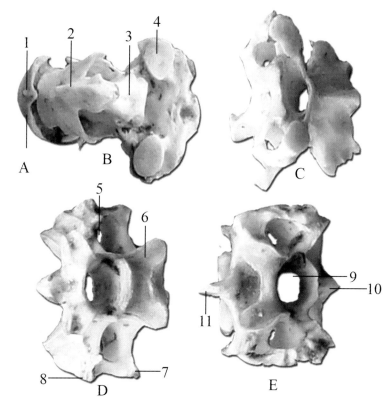

A.寰椎　B.枢椎后腹侧　C.第四颈椎关节前面

D.第十一颈椎后关节面　E.第十四颈椎前关节面

1.寰椎腹侧弓　2.枢椎腹嵴　3.枢椎后关节窝　4.后关节突　5.横突孔

6.后关节面　7.前关节突　8.横突　9.椎孔　10.棘突　11.腹嵴

图 2-10-17　鸭颈椎骨 -1

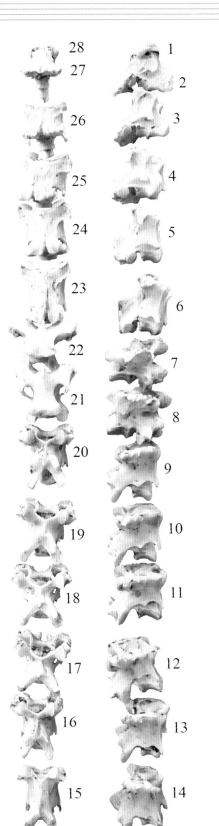

ᠳᠣᠭᠤᠷ 2-10-18　ᠨᠣᠭᠤᠰᠤᠨ ᠤ ᠬᠦᠵᠦᠭᠦᠦᠨ ᠨᠣᠭᠤᠯᠤᠷ -2 （14 ᠦᠶ᠎ᠡ ᠨᠣᠭᠤᠯᠤᠷ᠎ᠠ）

1.寰椎右侧面

2.枢椎右侧面

3~6.第三至第六颈椎右侧面

7、8.第七、八颈椎腹面

9~14.第九至第十四颈椎右侧面

15~26.第三至第十四颈椎背面

27.枢椎背面

28.寰椎背面

28. ᠮᠠᠷ ᠨᠣᠭᠤᠯᠤᠷ ᠤᠨ ᠠᠷᠤ ᠲᠠᠯ᠎ᠠ

27. ᠨᠠᠷ ᠨᠣᠭᠤᠯᠤᠷ ᠤᠨ ᠠᠷᠤ ᠲᠠᠯ᠎ᠠ

15~26. ᠭᠤᠷᠪᠠ ᠡᠴᠡ ᠠᠷᠪᠠ ᠳᠦᠷᠪᠡᠳᠦᠭᠡᠷ ᠬᠦᠵᠦᠭᠦᠦᠨ ᠨᠣᠭᠤᠯᠤᠷ ᠤᠨ ᠠᠷᠤ ᠲᠠᠯ᠎ᠠ

9~14. ᠶᠢᠰᠦ ᠡᠴᠡ ᠠᠷᠪᠠ ᠳᠦᠷᠪᠡᠳᠦᠭᠡᠷ ᠬᠦᠵᠦᠭᠦᠦᠨ ᠨᠣᠭᠤᠯᠤᠷ ᠤᠨ ᠪᠠᠷᠠᠭᠤᠨ ᠬᠠᠵᠠᠭᠤ ᠲᠠᠯ᠎ᠠ

7、8. ᠳᠣᠯᠤᠭᠠ ᠂ ᠨᠠᠢᠮᠠᠳᠤᠭᠠᠷ ᠬᠦᠵᠦᠭᠦᠦᠨ ᠨᠣᠭᠤᠯᠤᠷ ᠤᠨ ᠭᠡᠳᠡᠰᠦ ᠲᠠᠯ᠎ᠠ

3~6. ᠭᠤᠷᠪᠠ ᠡᠴᠡ — ᠵᠢᠷᠭᠤᠳᠤᠭᠠᠷ ᠬᠦᠵᠦᠭᠦᠦᠨ ᠨᠣᠭᠤᠯᠤᠷ ᠤᠨ ᠪᠠᠷᠠᠭᠤᠨ ᠬᠠᠵᠠᠭᠤ ᠲᠠᠯ᠎ᠠ

2. ᠨᠠᠷ ᠨᠣᠭᠤᠯᠤᠷ ᠤᠨ ᠪᠠᠷᠠᠭᠤᠨ ᠬᠠᠵᠠᠭᠤ ᠲᠠᠯ᠎ᠠ

1. ᠮᠠᠷ ᠨᠣᠭᠤᠯᠤᠷ ᠤᠨ ᠪᠠᠷᠠᠭᠤᠨ ᠬᠠᠵᠠᠭᠤ ᠲᠠᠯ᠎ᠠ

图 2-10-18　鸭颈椎骨-2(14 节)

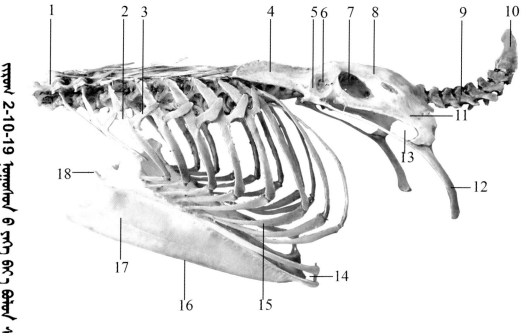

1.第十五颈椎　2.椎肋　3.钩突　4.髂骨前部　5.髋臼关节面
6.髋臼　7.坐骨孔　8.髂骨后部　9.尾椎　10.尾综骨　11.坐骨
12.耻骨　13.闭孔　14.胸骨切迹　15.胸肋　16.胸骨嵴
（龙骨嵴）　17.胸骨（龙骨）　18.喙突

图2-10-19　鸭躯干骨和髋骨侧面观

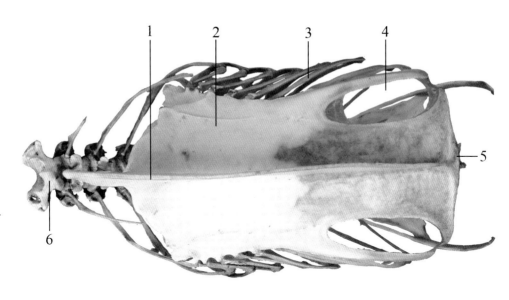

ᠳᠣᠯᠣᠭᠠᠨ 2-10-20 ᠨᠣᠭᠤᠭᠤᠯ ᠤ᠋ ᠡᠪᠡᠷᠦᠨ ᠶᠠᠰᠤ

1.胸骨嵴(龙骨嵴)　2.胸骨体　3.胸肋
4.胸骨切迹　5.剑突　6.第十五颈椎

6. ᠬᠣᠷᠢᠨ ᠣᠷᠪᠠᠩᠳᠣᠭᠠᠷ ᠬᠦᠵᠦᠭᠦᠨ ᠨᠤᠷᠤᠭᠤ
5. ᠢᠯᠳᠦᠯᠢᠭ ᠦᠷᠳᠦᠭᠡᠰᠦ
4. ᠡᠪᠡᠷᠦᠨ ᠶᠠᠰᠤᠨ ᠤ᠋ ᠰᠡᠢᠳᠬᠦᠯᠡᠯ
3. ᠡᠪᠡᠷᠦᠨ ᠬᠠᠪᠢᠷᠭᠠ
2. ᠡᠪᠡᠷᠦᠨ ᠶᠠᠰᠤᠨ ᠤ᠋ ᠪᠡᠶᠡ
1. (ᠬᠦᠯᠢᠨ) ᠶᠠᠰᠤᠨ ᠤ᠋ ᠢᠷᠤ

图 2-10-20　鸭胸骨

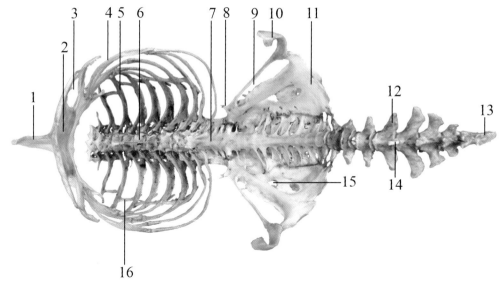

ᠲᠣᠰᠣᠯᠪᠤᠷᠢ 2-10-21 ᠨᠤᠭᠤᠰᠤᠨ ᠤ ᠪᠡᠶ᠎ᠡ ᠶᠢᠨ ᠶᠠᠰᠤ ᠪᠤᠯᠤᠨ ᠰᠡᠭᠦᠵᠢ ᠶᠢᠨ ᠬᠣᠢᠳᠤ ᠭᠡᠳᠡᠰᠤ ᠶᠢᠨ ᠲᠠᠯ᠎ᠠ ᠶᠢᠨ ᠬᠠᠷᠠᠭ᠎ᠠ

1.胸骨（龙骨） 2.胸骨体内面 3.胸骨切迹
4.胸肋 5.椎肋 6.胸椎腹侧 7.腰椎腹侧
8.股骨突起 9.闭孔 10.耻骨 11.坐骨
12.尾椎横突 13.尾综骨 14.尾椎腹侧突
15.坐骨孔 16.钩突

16. ᠰᠡᠭᠦᠯ ᠤᠨ ᠶᠠᠰᠤ
15. ᠰᠠᠭᠤᠷᠢ ᠶᠢᠨ ᠶᠠᠰᠤᠨ ᠤ ᠨᠦᠬᠡ
14. ᠰᠡᠭᠦᠯ ᠤᠨ ᠨᠤᠷᠤᠭᠤᠨ ᠤ ᠬᠡᠪᠡᠯᠢ ᠶᠢᠨ ᠲᠠᠯ᠎ᠠ ᠶᠢᠨ ᠲᠦᠷᠦᠭᠡ
13. ᠰᠡᠭᠦᠯ ᠤᠨ ᠨᠡᠶᠢᠯᠡᠮᠡᠯ ᠶᠠᠰᠤ（ᠰᠡᠭᠦᠯ ᠤᠨ ᠶᠠᠰᠤ）
12. ᠰᠡᠭᠦᠯ ᠤᠨ ᠨᠤᠷᠤᠭᠤᠨ ᠤ ᠬᠥᠨᠳᠡᠯᠡᠨ ᠲᠦᠷᠦᠭᠡ
11. ᠰᠠᠭᠤᠷᠢ ᠶᠢᠨ ᠶᠠᠰᠤ
10. ᠢᠴᠢᠬᠦ ᠶᠢᠨ ᠶᠠᠰᠤ
9. ᠬᠠᠭᠠᠯᠲᠠᠲᠤ ᠨᠦᠬᠡ
8. ᠭᠤᠶ᠎ᠠ ᠶᠢᠨ ᠶᠠᠰᠤᠨ ᠤ ᠲᠦᠷᠦᠭᠡ（ᠭᠤᠶ᠎ᠠ ᠶᠢᠨ ᠲᠦᠷᠦᠭᠡ）
7. ᠪᠥᠭᠡᠷᠡᠨ ᠨᠤᠷᠤᠭᠤᠨ ᠤ ᠬᠡᠪᠡᠯᠢ ᠶᠢᠨ ᠲᠠᠯ᠎ᠠ
6. ᠴᠡᠭᠡᠵᠢᠨ ᠨᠤᠷᠤᠭᠤᠨ ᠤ ᠬᠡᠪᠡᠯᠢ ᠶᠢᠨ ᠲᠠᠯ᠎ᠠ
5. ᠨᠤᠷᠤᠭᠤᠨ ᠤ ᠬᠠᠪᠢᠷᠭ᠎ᠠ
4. ᠴᠡᠭᠡᠵᠢᠨ ᠤ ᠬᠠᠪᠢᠷᠭ᠎ᠠ
3. ᠴᠡᠭᠡᠵᠢᠨ ᠶᠠᠰᠤᠨ ᠤ ᠣᠩᠭᠤᠴᠠ
2. ᠴᠡᠭᠡᠵᠢᠨ ᠶᠠᠰᠤᠨ ᠤ ᠪᠡᠶ᠎ᠡ ᠶᠢᠨ ᠳᠣᠲᠤᠷ ᠲᠠᠯ᠎ᠠ
1. ᠴᠡᠭᠡᠵᠢᠨ ᠶᠠᠰᠤ（ᠳᠡᠭᠡᠳᠤ ᠶᠠᠰᠤ） ᠶᠢᠨ ᠶᠠᠰᠤ

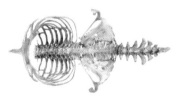

图 2-10-21　鸭躯干骨和髋骨后腹面观

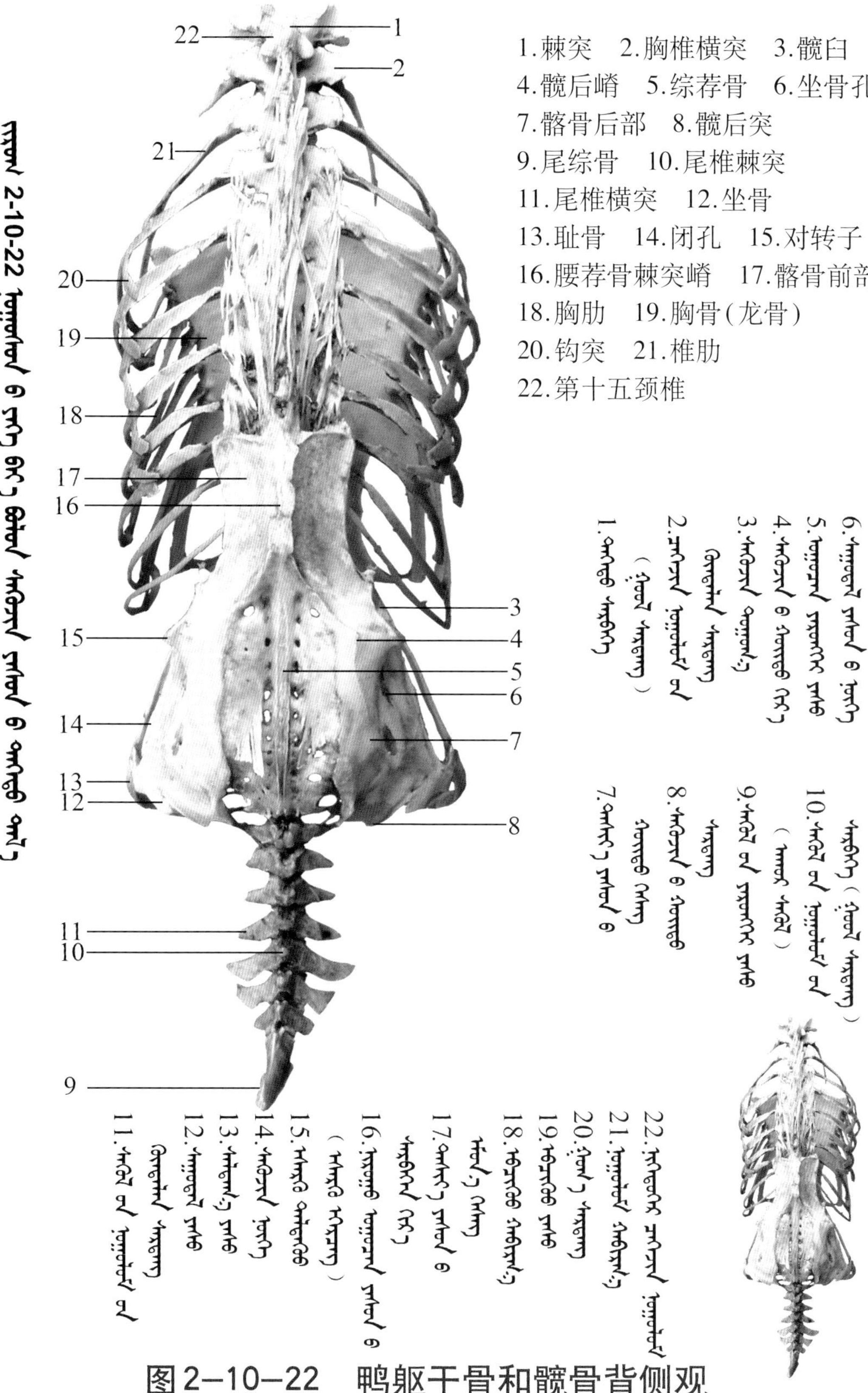

1.棘突 2.胸椎横突 3.髋臼
4.髋后嵴 5.综荐骨 6.坐骨孔
7.髂骨后部 8.髋后突
9.尾综骨 10.尾椎棘突
11.尾椎横突 12.坐骨
13.耻骨 14.闭孔 15.对转子
16.腰荐骨棘突嵴 17.髂骨前部
18.胸肋 19.胸骨(龙骨)
20.钩突 21.椎肋
22.第十五颈椎

图 2—10—22 鸭躯干骨和髋骨背侧观

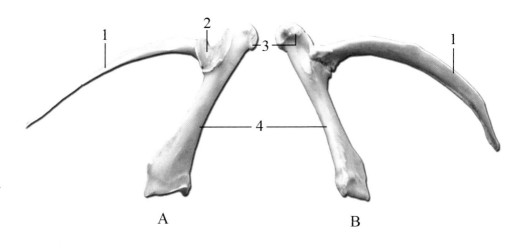

ᠲᠠᠭ᠎ᠠ 2-10-23 ᠨᠤᠭᠤᠰᠤᠨ ᠤ ᠮᠦᠷᠦ ᠶᠢᠨ ᠶᠠᠰᠤ ᠪᠠ ᠬᠡᠷᠡᠶ᠎ᠠ ᠬᠤᠱᠤᠭᠤᠲᠤ ᠶᠠᠰᠤ

A.肩胛骨和乌喙骨外侧面　　B.肩胛骨和乌喙骨内侧面

1.肩胛骨　2.关节窝　3.钩突　4.乌喙骨

4. ᠬᠡᠷᠡᠶ᠎ᠠ ᠬᠤᠱᠤᠭᠤᠲᠤ ᠶᠠᠰᠤ
3. ᠲᠠᠭᠯᠢ ᠶᠢᠨ ᠰᠡᠷᠡᠭᠡ
2. ᠦᠶ᠎ᠡ ᠶᠢᠨ ᠤᠬᠤᠷᠬᠠᠢ
1. ᠮᠦᠷᠦ ᠶᠢᠨ ᠶᠠᠰᠤ

B. ᠮᠦᠷᠦ ᠶᠢᠨ ᠶᠠᠰᠤ ᠪᠠ ᠬᠡᠷᠡᠶ᠎ᠠ ᠬᠤᠱᠤᠭᠤᠲᠤ ᠶᠠᠰᠤᠨ ᠤ ᠳᠤᠲᠤᠷᠠᠬᠢ ᠲᠠᠯ᠎ᠠ
A. ᠮᠦᠷᠦ ᠶᠢᠨ ᠶᠠᠰᠤ ᠪᠠ ᠬᠡᠷᠡᠶ᠎ᠠ ᠬᠤᠱᠤᠭᠤᠲᠤ ᠶᠠᠰᠤᠨ ᠤ ᠭᠠᠳᠠᠨᠠᠬᠢ ᠲᠠᠯ᠎ᠠ

图2-10-23　鸭肩胛骨和乌喙骨

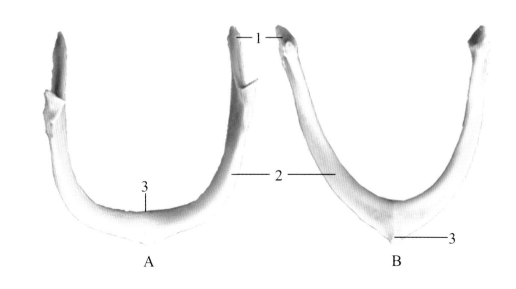

ᠳᠡᠭᠡᠯ 2-10-24 ᠨᠤᠭᠤᠰᠤᠨ ᠤ ᠡᠰᠡᠯ ᠡᠷᠡᠯ （ ᠠᠴᠠ ᠡᠰᠡᠯ ）

A.锁骨正面　B.锁骨背面

1.锁骨近端　2.锁骨体　3.叉突（锁间骨）

（ ᠠᠴᠠᠷᠬᠠᠭ ᠡᠷᠡᠭᠡᠨᠡᠭ᠂ ᠡᠰᠡᠯ ᠠᠷᠤᠬᠠᠷᠤᠬᠠᠭᠳᠤᠭ ᠡᠰᠡᠯ ）

3. ᠢᠰᠡᠯ ᠡᠰᠡ ᠠᠷᠤᠳᠤᠭ᠎

2. ᠡᠰᠡᠯ ᠡᠷᠡᠯ ᠤ ᠡᠷᠡᠯ᠎

1. ᠡᠰᠡᠯ ᠤ ᠡᠷᠡᠯ ᠡᠰᠡᠳᠤᠭ ᠠᠷᠤᠳᠤᠭ᠎

B. ᠡᠰᠡᠯ ᠡᠷᠡᠯ ᠤ ᠠᠷᠤᠬᠠᠭ ᠡᠷᠡᠭ᠎

A. ᠡᠰᠡᠯ ᠡᠷᠡᠯ ᠤ ᠡᠷᠡᠯ ᠡᠷᠡᠭ᠎

图2-10-24　鸭锁骨（叉骨）

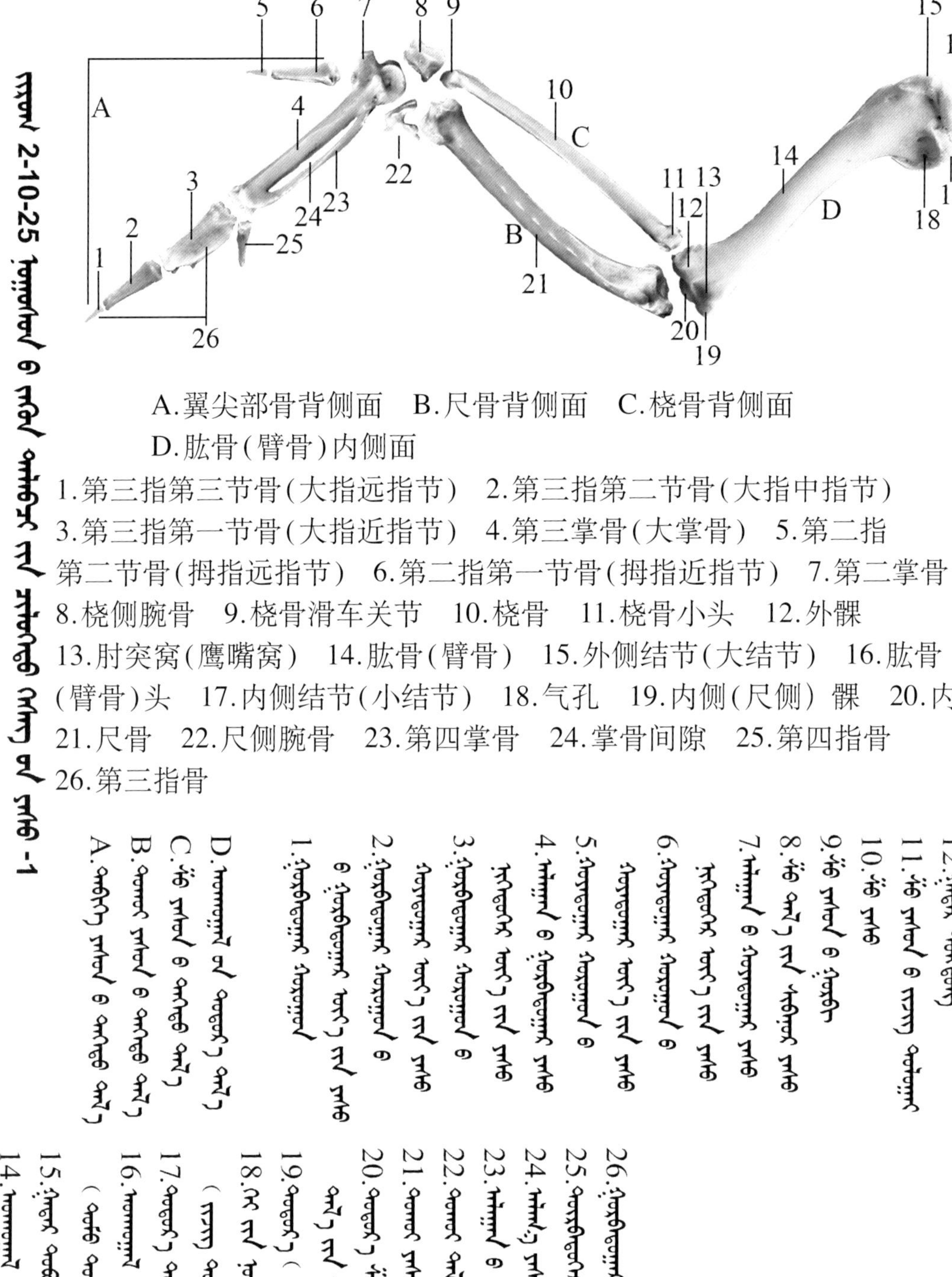

A.翼尖部骨背侧面　　B.尺骨背侧面　　C.桡骨背侧面

D.肱骨(臂骨)内侧面

1.第三指第三节骨(大指远指节)　　2.第三指第二节骨(大指中指节)

3.第三指第一节骨(大指近指节)　　4.第三掌骨(大掌骨)　　5.第二指

第二节骨(拇指远指节)　　6.第二指第一节骨(拇指近指节)　　7.第二掌骨

8.桡侧腕骨　　9.桡骨滑车关节　　10.桡骨　　11.桡骨小头　　12.外髁

13.肘突窝(鹰嘴窝)　　14.肱骨(臂骨)　　15.外侧结节(大结节)　　16.肱骨

(臂骨)头　　17.内侧结节(小结节)　　18.气孔　　19.内侧(尺侧)髁　　20.内髁

21.尺骨　　22.尺侧腕骨　　23.第四掌骨　　24.掌骨间隙　　25.第四指骨

26.第三指骨

图 2-10-25　鸭左翼游离部骨骼-1

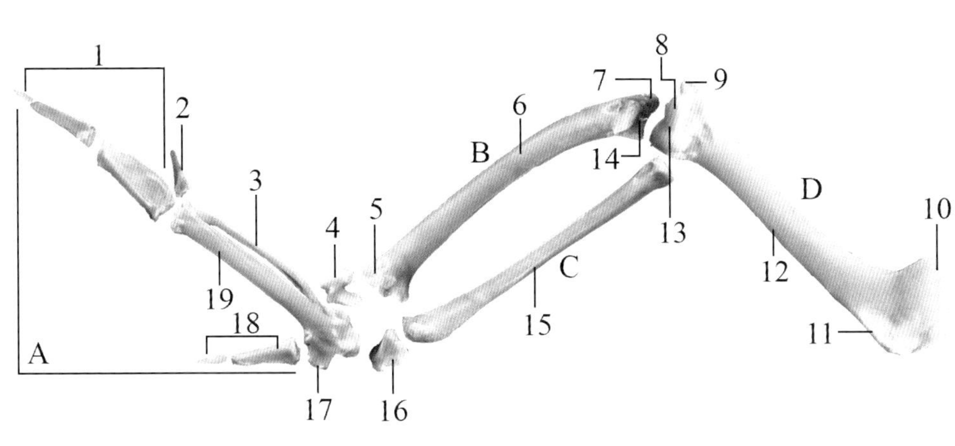

A.翼尖部骨腹侧面　B.尺骨腹侧面　C.桡骨腹侧面
D.肱骨（臂骨）腹外侧面

1.第三指骨　2.第四指骨　3.第四掌骨　4.尺侧腕骨　5.尺骨滑车关节
6.尺骨　7.肘突　8.内髁　9.内侧（尺侧）髁　10.内侧结节（小结节）　11.外侧
结节嵴（大结节三角嵴）　12.肱骨（臂骨）　13.髁间窝　14.尺骨关节窝
15.桡骨　16.桡侧腕骨　17.第二掌骨　18.第二指骨　19.第三掌骨（大掌骨）

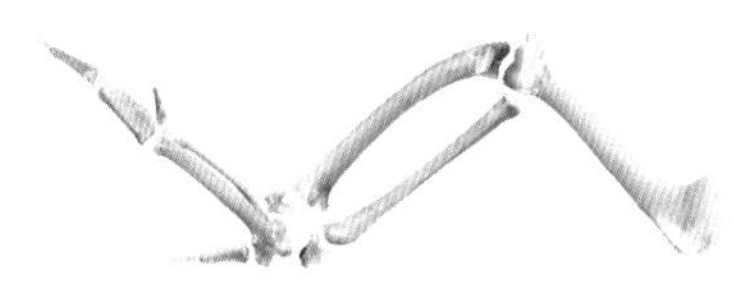

图2-10-26　鸭左翼游离部骨骼-2

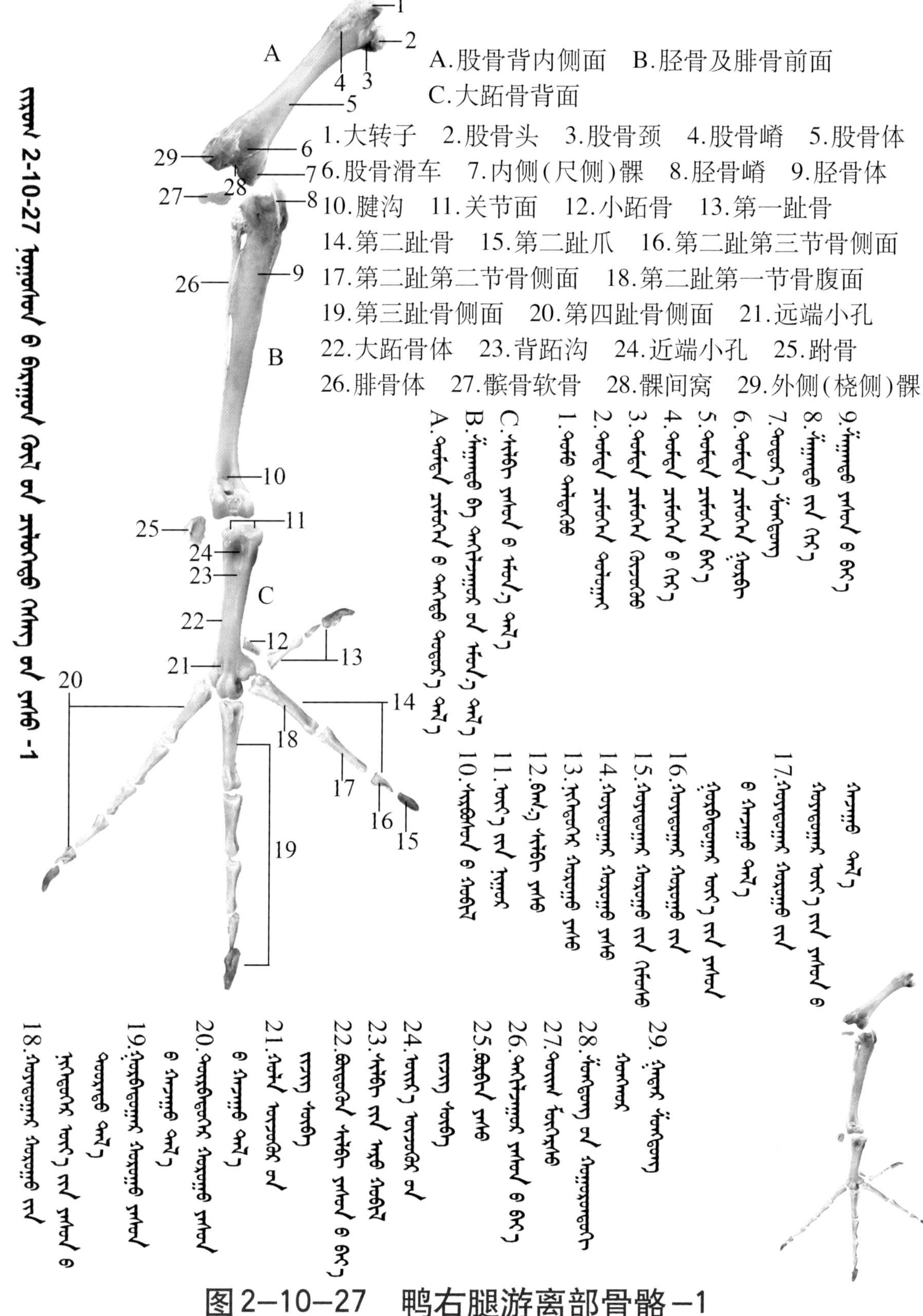

A.股骨背内侧面　B.胫骨及腓骨前面

C.大跖骨背面

1.大转子　2.股骨头　3.股骨颈　4.股骨嵴　5.股骨体

6.股骨滑车　7.内侧(尺侧)髁　8.胫骨嵴　9.胫骨体

10.腱沟　11.关节面　12.小跖骨　13.第一趾骨

14.第二趾骨　15.第二趾爪　16.第二趾第三节骨侧面

17.第二趾第二节骨侧面　18.第二趾第一节骨腹面

19.第三趾骨侧面　20.第四趾骨侧面　21.远端小孔

22.大跖骨体　23.背跖沟　24.近端小孔　25.跗骨

26.腓骨体　27.髌骨软骨　28.髁间窝　29.外侧(桡侧)髁

图2-10-27　鸭右腿游离部骨骼-1

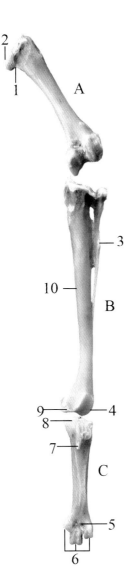

ᠵᠢᠷᠤᠭ 2-10-28 ᠨᠤᠭᠤᠭᠠᠯ ᠤ ᠪᠠᠷᠠᠭᠤᠨ ᠬᠥᠯ ᠤᠨ ᠰᠠᠯᠠᠭᠠᠨ ᠬᠡᠰᠡᠭ ᠦᠨ ᠶᠠᠰᠤ -2

A.股骨后腹面
B.胫骨及腓骨后内侧面
C.大跖骨跖(后)侧面

1.股骨颈　2.股骨头　3.腓骨体
4.外髁　5.远端小孔背侧口
6.第二、三、四趾关节滑车
7.下跗骨　8.关节面　9.内髁
10.胫骨体

10. ᠱᠠᠭᠠᠢ ᠶᠠᠰᠤᠨ ᠤ ᠪᠡᠶᠡ
9. ᠳᠣᠲᠣᠭᠠᠳᠤ ᠲᠥᠪᠡᠭ
8. ᠦᠶᠡ ᠶᠢᠨ ᠨᠢᠭᠤᠷ
7. ᠳᠣᠣᠷᠠᠳᠤ ᠪᠥᠭᠡᠷᠡ ᠶᠢᠨ ᠶᠠᠰᠤ
6. ᠬᠣᠶᠠᠷ ᠭᠤᠷᠪᠠᠨ ᠳᠥᠷᠪᠡᠨ ᠬᠤᠷᠤᠭᠤᠨ ᠤ ᠦᠶᠡ ᠶᠢᠨ ᠱᠠᠯᠪᠤᠷᠠ
5. ᠬᠣᠯᠠ ᠦᠵᠦᠭᠦᠷ ᠦᠨ ᠵᠢᠵᠢᠭ ᠨᠥᠬᠡᠨ ᠤ ᠠᠷᠤ ᠠᠮᠠ
4. ᠭᠠᠳᠠᠭᠠᠳᠤ ᠲᠥᠪᠡᠭ
3. ᠲᠤᠭᠤᠯᠤᠭ ᠶᠠᠰᠤᠨ ᠤ ᠪᠡᠶᠡ
2. ᠭᠤᠶᠠᠨ ᠶᠠᠰᠤᠨ ᠤ ᠲᠣᠯᠣᠭᠠᠢ
1. ᠭᠤᠶᠠᠨ ᠶᠠᠰᠤᠨ ᠤ ᠬᠦᠵᠦᠭᠦᠦ

C. ᠱᠠᠭᠠᠢ ᠶᠠᠰᠤᠨ ᠤ ᠥᠯᠮᠡᠢ (ᠠᠷᠤ) ᠲᠠᠯᠠ
B. ᠲᠤᠭᠤᠯᠤᠭ ᠶᠠᠰᠤ ᠪᠠ ᠲᠤᠭᠤᠯᠤᠭ ᠶᠠᠰᠤᠨ ᠤ ᠠᠷᠤ ᠳᠣᠲᠣᠭᠠᠳᠤ ᠲᠠᠯᠠ
A. ᠭᠤᠶᠠᠨ ᠶᠠᠰᠤᠨ ᠤ ᠠᠷᠤ ᠭᠡᠳᠡᠰᠦᠨ ᠲᠠᠯᠠ

图 2-10-28　鸭右腿游离部骨骼-2

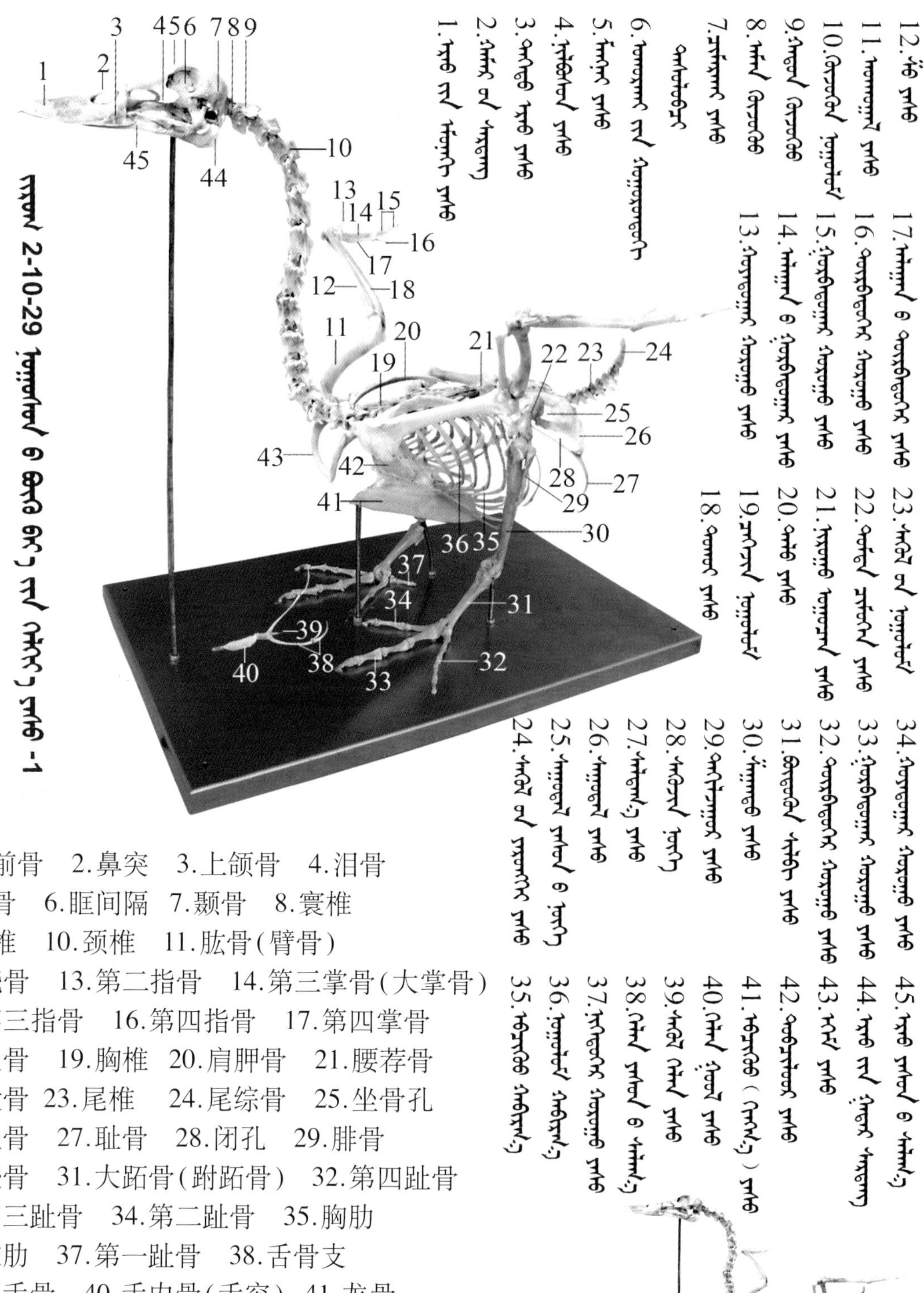

1.颌前骨　2.鼻突　3.上颌骨　4.泪骨

5.额骨　6.眶间隔　7.颞骨　8.寰椎

9.枢椎　10.颈椎　11.肱骨(臂骨)

12.桡骨　13.第二指骨　14.第三掌骨(大掌骨)

15.第三指骨　16.第四指骨　17.第四掌骨

18.尺骨　19.胸椎　20.肩胛骨　21.腰荐骨

22.股骨　23.尾椎　24.尾综骨　25.坐骨孔

26.坐骨　27.耻骨　28.闭孔　29.腓骨

30.胫骨　31.大跖骨(跗跖骨)　32.第四趾骨

33.第三趾骨　34.第二趾骨　35.胸肋

36.椎肋　37.第一趾骨　38.舌骨支

39.尾舌骨　40.舌内骨(舌突)　41.龙骨

42.乌喙骨　43.锁骨　44.下颌骨外侧突

45.下颌支

图 2-10-29　鸭全身骨骼-1

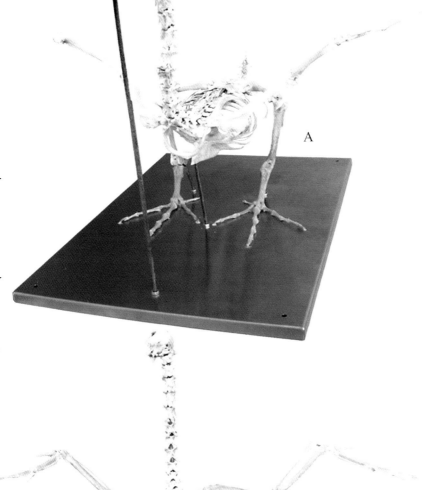

ᠵᠢᠷᠤᠭ 2-10-30 ᠨᠤᠭᠤᠰᠤ ᠶ᠋ᠢᠨ ᠪᠦᠬᠦ ᠪᠡᠶ᠎ᠡ ᠶᠢᠨ ᠶᠠᠰᠤ -2

B. ᠨᠤᠭᠤᠰᠤ ᠶ᠋ᠢᠨ ᠪᠦᠬᠦ ᠪᠡᠶ᠎ᠡ ᠶᠢᠨ ᠶᠠᠰᠤ ᠶᠢᠨ ᠬᠣᠶᠢᠲᠤ ᠬᠠᠵᠠᠭᠤ ᠦᠵᠡᠭᠳᠡᠯ
A. ᠨᠤᠭᠤᠰᠤ ᠶ᠋ᠢᠨ ᠪᠦᠬᠦ ᠪᠡᠶ᠎ᠡ ᠶᠢᠨ ᠶᠠᠰᠤ ᠶᠢᠨ ᠡᠮᠦᠨᠡᠲᠦ ᠲᠠᠯ᠎ᠠ ᠶᠢᠨ ᠦᠵᠡᠭᠳᠡᠯ

A.鸭全身骨骼前面观
B.鸭全身骨骼侧后面观

图 2-10-30　鸭全身骨骼-2

第三篇　鹅

家禽解剖学上，鹅机体分为头部、颈部、躯干部、尾部、翼部和腿部。头部分颅部和面部；躯干部包括胸部、背部、腰部、腹部和尾部；鹅前肢为翼，翼分为肩部、游离部（臂部、桡部、掌指部）；腿部分为髋部、股部、小腿部、跖和趾部。

鹅体表及被皮系统主要由头部器官和皮肤及其衍生组织器官组成。头部器官有耳、鼻、眼等。鹅的皮肤及其衍生物有羽毛、尾脂腺、嘴（喙）、脚鳞、脚蹼和爪等，羽毛是禽类表皮特有的皮肤衍生物，根据体表覆盖部位分区命名（如颈背侧羽区），羽毛可分为主羽、覆羽和绒羽等。

鹅消化系统由消化道和消化腺及实质器官组成。消化道包括口腔、咽、食管、胃（腺胃和肌胃）、小肠（十二指肠、空肠和回肠）、大肠（有两条盲肠和直肠）、泄殖腔。鹅没有嗉囊，只有食管膨大部。泄殖腔为消化、泌尿和生殖三个系统共同的通道，前部称粪道，中部称泄殖道，后部称肛道。消化腺及实质器官包括唾液腺、肝、胆、胰等实质器官，鹅肝很发达。鹅消化系统缺少唇、齿、软腭和结肠等。

鹅呼吸系统发达，由鼻腔、喉、气管、鸣管、支气管、气囊和肺组成，鸭鸣管很发达。

鹅心血管系统是由心脏、动脉、毛细血管和静脉组成的密闭管道系统。

鹅泌尿系统仅有左右一对肾和输尿管，缺少膀胱和尿道，输尿管直接开口于泄殖腔。双肾狭长，各分为前、中、后三叶。

鹅的神经系统由中枢神经、外周神经和感觉器官组成。

母鹅生殖系统由生殖腺卵巢和生殖道组成。生殖道分为输卵管（伞部、壶腹部、峡部）、子宫、阴道部和泄殖腔等组成。在成体，仅左侧卵巢和输卵管具有生殖功能。

公鹅生殖系统由睾丸、附睾、输精管和交配器官组成。交配器官很发达。缺少副性腺和精索等构造。

鹅内分泌系统包括脑垂体、松果体、甲状腺、甲状旁腺、腮后腺和肾上腺等；免疫系统由胸腺、腔上囊、脾、淋巴结和淋巴管组成。

鹅运动系统由骨骼、肌肉和关节构成，全身骨骼分为头骨、颈骨、躯干骨、前肢（翼）骨、后肢骨。全身肌肉根据骨骼位置分为头部肌、颈部肌、体中轴肌、胸壁肌、腹壁肌、肩带和前肢（翼游离部）肌、骨盆肢（腿部）肌。

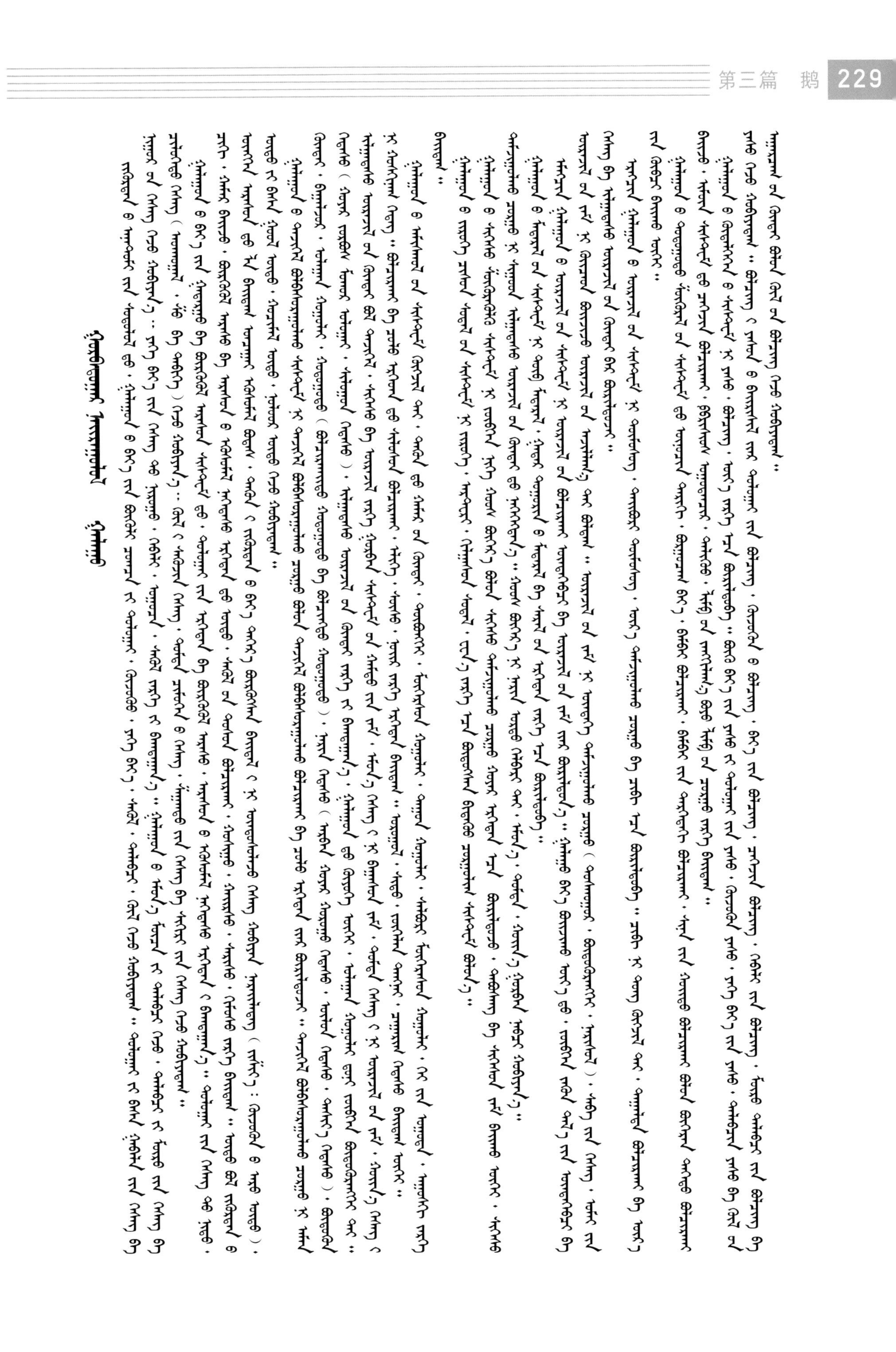

ᠮᠣᠩᠭᠣᠯ ᠦᠨ ᠭᠠᠯᠪᠠᠭᠠᠨ
ᠭᠠᠯᠪᠠᠭᠠᠨ

一、鹅体表及被皮系统

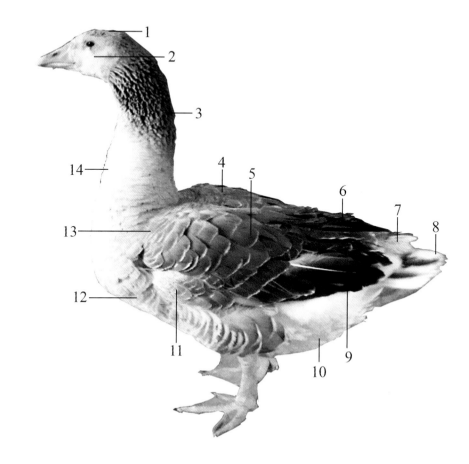

ᠵᠢᠷᠤᠭ 3-1-1 ᠡᠷ ᠭᠠᠯᠠᠭᠤᠨ ᠤ ᠥᠳᠥᠨ ᠬᠤᠪᠴᠠᠰᠤ

1.冠羽区　2.颊羽区　3.颈背羽区　4.背羽区　5.翼覆羽
6.尾背羽区　7.尾上覆羽　8.尾羽区　9.主翼羽　10.腹羽区
11.臂羽区　12.胸羽区　13.肩羽区　14.颈腹侧羽区

图 3-1-1　公鹅羽衣

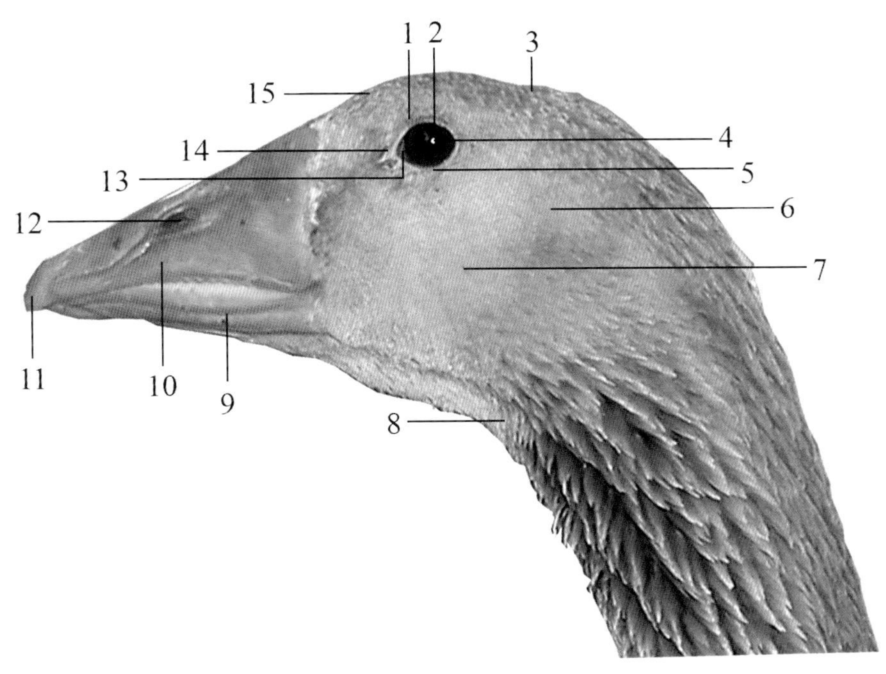

1.上眼睑　2.眼角膜与虹膜　3.冠羽区　4.瞳孔　5.下眼睑
6.耳羽区　7.颊羽区　8.咽喉部　9.下颌(下喙)　10.嘴(上喙)
11.嘴豆　12.鼻孔　13.瞬膜(第三睑)　14.眼角　15.额羽区

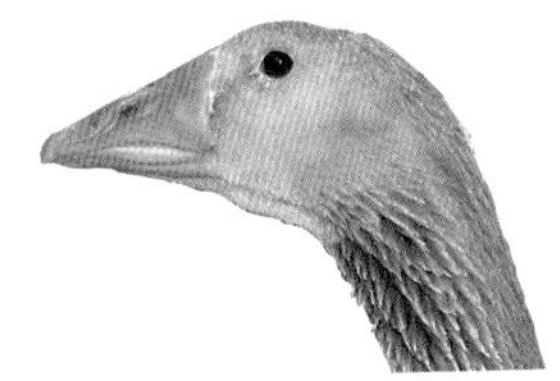

图 3-1-2　公鹅头部

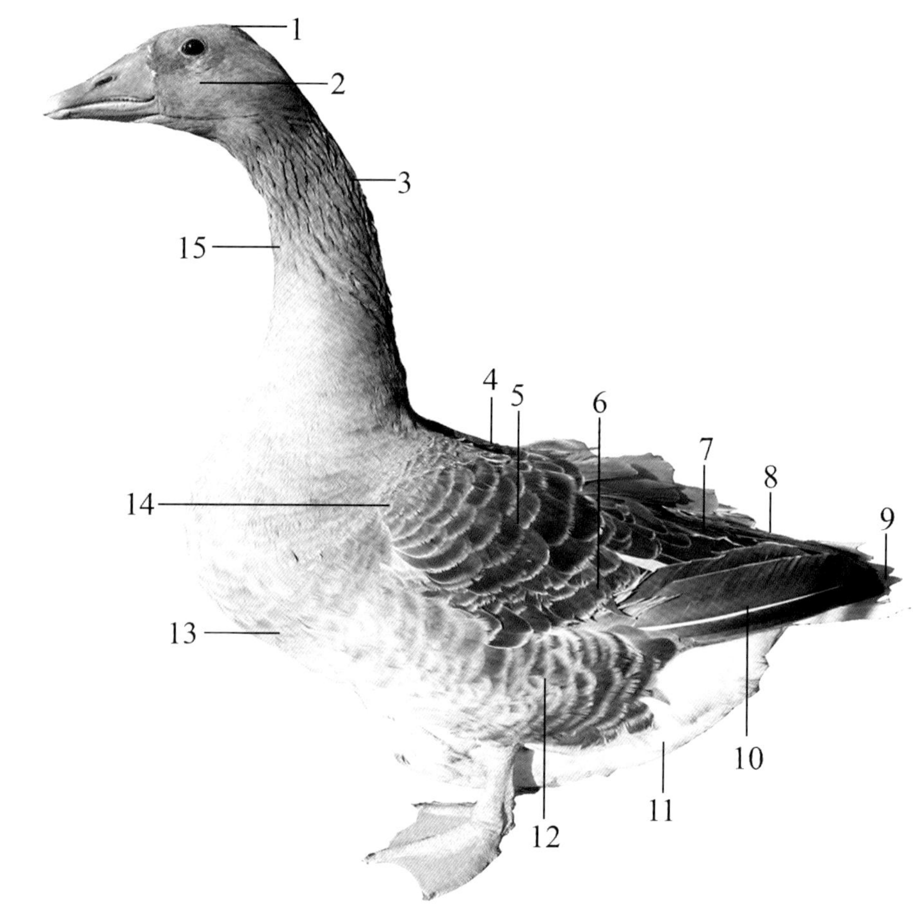

1 冠羽区   2.颊羽区   3.颈背羽区   4.背羽区   5.覆小翼羽
6.覆主翼羽   7.尾背羽区   8.尾上覆羽   9.尾羽区   10.主翼羽
11.腹羽区   12.股羽区   13.胸羽区   14.肩羽区   15.颈腹侧羽区

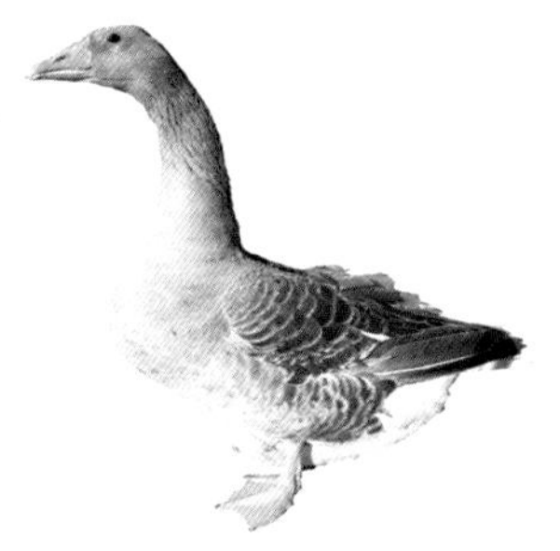

图 3-1-3   母鹅羽衣

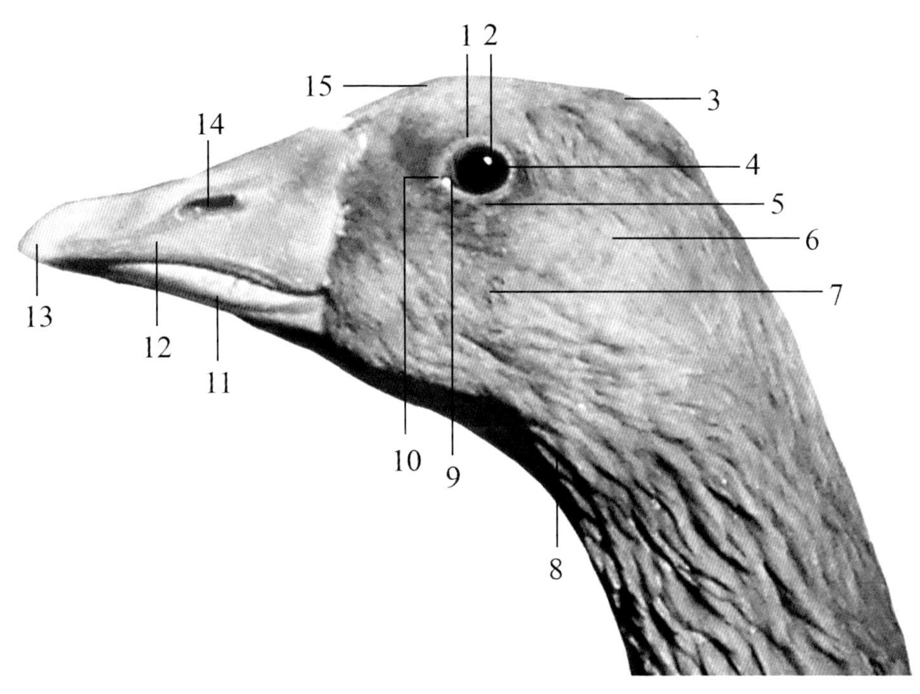

1.上眼睑 2.眼角膜与虹膜 3.冠羽区 4.瞳孔 5.下眼睑
6.耳羽区 7.颊羽区 8.咽喉部 9.瞬膜(第三睑)
10.眼角 11.下颌(下喙) 12.嘴(上喙) 13.嘴豆
14.鼻孔 15.额羽区

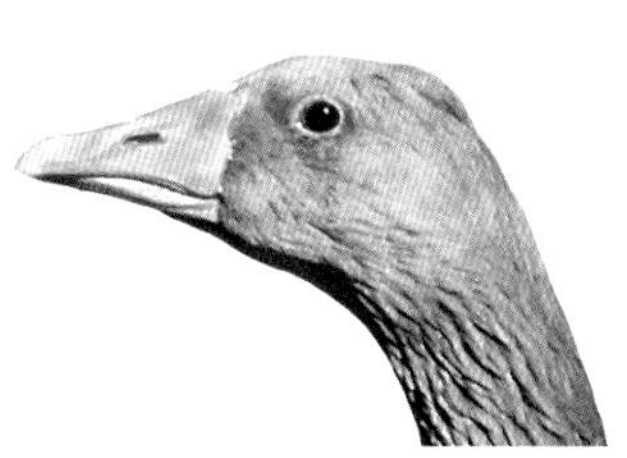

图 3-1-4 母鹅头部

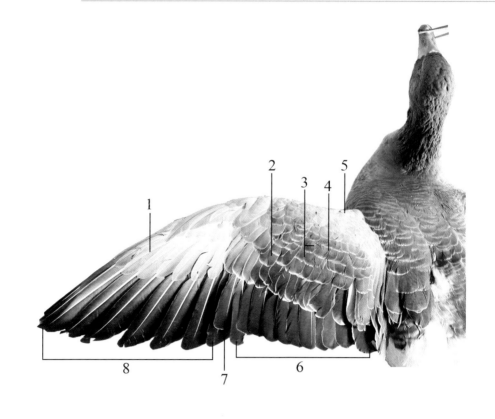

1.覆主翼羽　2.覆副翼羽　3.覆中翼羽　4.覆小翼羽
5.臂羽区　6.副翼羽　7.轴羽　8.主翼羽

8. ᠭᠤᠤᠯ ᠳᠠᠯᠠᠪᠴᠢ ᠦᠳᠦ
7. ᠲᠡᠩᠬᠡᠯᠢᠭ ᠦᠳᠦ (ᠲᠤᠯᠢ ᠦᠳᠦ)
6. ᠬᠤᠶᠠᠷ ᠳᠠᠯᠠᠪᠴᠢ ᠦᠳᠦ
5. ᠰᠠᠬᠠᠯᠳᠠᠭ ᠦᠳᠦ ᠶᠢᠨ ᠣᠷᠤᠨ
4. ᠪᠦᠷᠬᠦᠭᠰᠡᠨ ᠵᠢᠵᠢᠭ ᠳᠠᠯᠠᠪᠴᠢ ᠦᠳᠦ
3. ᠪᠦᠷᠬᠦᠭᠰᠡᠨ ᠳᠤᠮᠳᠠ ᠳᠠᠯᠠᠪᠴᠢ ᠦᠳᠦ
2. ᠪᠦᠷᠬᠦᠭᠰᠡᠨ ᠬᠤᠶᠠᠷ ᠳᠠᠯᠠᠪᠴᠢ ᠦᠳᠦ
1. ᠪᠦᠷᠬᠦᠭᠰᠡᠨ ᠭᠤᠤᠯ ᠳᠠᠯᠠᠪᠴᠢ ᠦᠳᠦ

图 3-1-5　母鹅翼羽（背侧面）

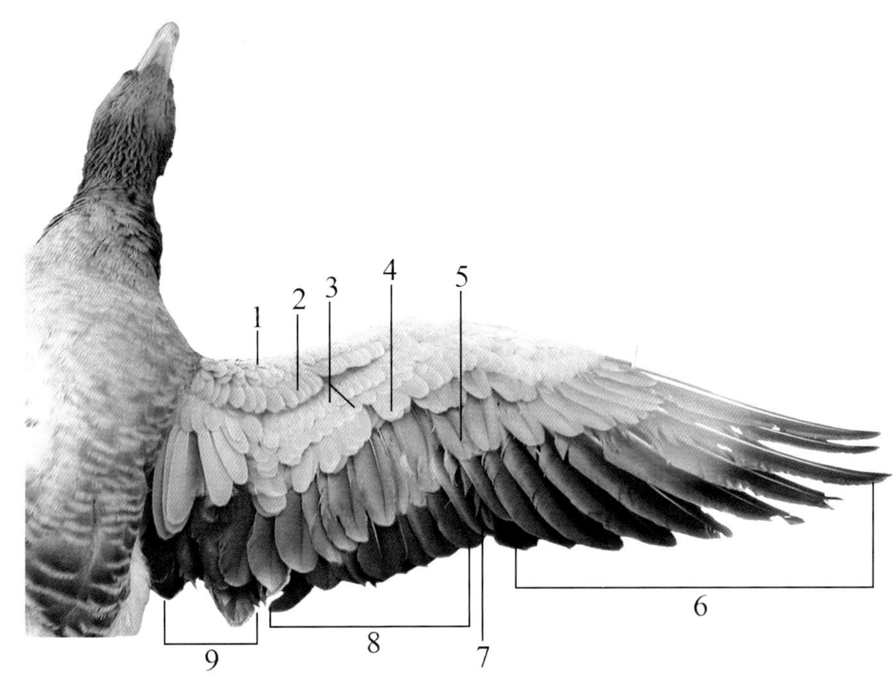

1.臂羽区　2.覆小翼羽　3.覆中翼羽　4.覆副翼羽　5.覆主翼羽
6.主翼羽　7.轴羽　8.副翼羽　9.小翼羽

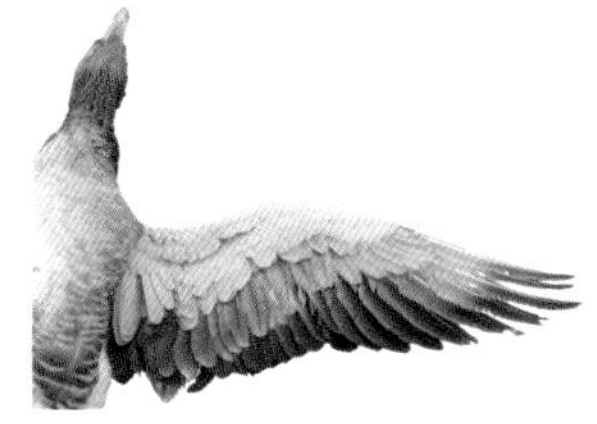

图 3-1-6　母鹅翼羽（腹侧面）

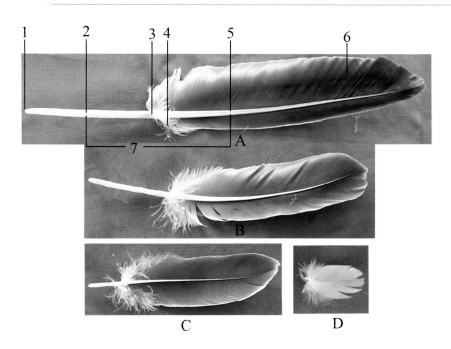

ᠳᠥᠷᠰᠦ 3-1-7 ᠭᠠᠯᠠᠭᠤᠨ ᠤ ᠵᠢᠩᠭᠢᠨᠢ ᠥᠳᠥ

A.正羽（主翼羽） B.正羽（副翼羽） C.背部羽 D.腹部羽

1.近脐 2.羽根（基翮） 3.远脐 4.正羽绒羽部

5.羽茎 6.羽片（翈） 7.羽轴

7. ᠥᠳᠥᠨ ᠴᠥᠮ

6. ᠥᠳᠥᠨ ᠰᠥᠳᠥᠭᠡ（ ᠥᠳᠥᠨ ᠪᠡᠶ᠎ᠡ ）

5. ᠥᠳᠥᠨ ᠭᠤᠤᠯ

4. ᠵᠢᠩᠭᠢᠨᠢ ᠥᠳᠥᠨ ᠤ ᠵᠥᠭᠡᠯᠡᠨ ᠥᠳᠥᠨ ᠤ ᠬᠡᠰᠡᠭ

3. ᠬᠣᠯᠠ ᠶᠢᠨ ᠬᠦᠢᠰᠥ（ ᠬᠣᠯᠠ ）

2. ᠥᠳᠥᠨ ᠦᠨᠳᠥᠰᠥ （ ᠴᠥᠮ ）

1. ᠣᠢᠷ᠎ᠠ ᠶᠢᠨ ᠬᠦᠢᠰᠥ（ ᠣᠢᠷ᠎ᠠ ）

D.ᠬᠡᠪᠡᠯᠢ ᠶᠢᠨ ᠥᠳᠥ

C.ᠨᠢᠷᠤᠭᠤᠨ ᠤ ᠥᠳᠥ

B.ᠵᠢᠩᠭᠢᠨᠢ ᠥᠳᠥ（ ᠬᠣᠶᠠᠳᠤᠭᠠᠷ ᠵᠢᠭᠦᠷ ᠦᠨ ᠥᠳᠥ ）

A.ᠵᠢᠩᠭᠢᠨᠢ ᠥᠳᠥ （ ᠭᠣᠣᠯ ᠵᠢᠭᠦᠷ ᠦᠨ ᠥᠳᠥ ）

图 3-1-7 鹅正羽（廓羽、翟）

ᠵᠢᠷᠤᠭ 3-1-8 ᠭᠠᠯᠠᠭᠤᠨ ᠤ ᠨᠤᠯᠤᠤᠷ ᠦᠳᠦ

1.羽枝　2.羽根(基翮)

2. ᠨᠤᠯᠤᠤᠷ ᠬᠤᠰᠢᠭᠤ（ᠰᠠᠭᠤᠷᠢ）
1. ᠨᠤᠯᠤᠤᠷ ᠰᠠᠯᠠᠭ᠎ᠠ

图 3-1-8　鹅绒羽

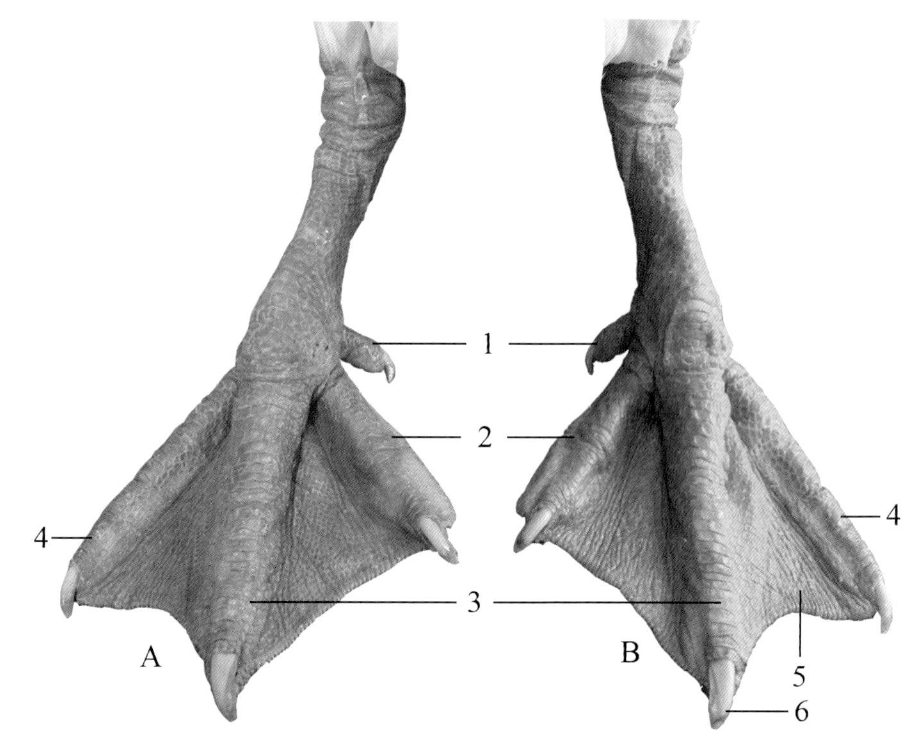

A.右脚　B.左脚
1.第一趾　2.第二趾　3.第三趾　4.第四趾　5.脚蹼　6.爪

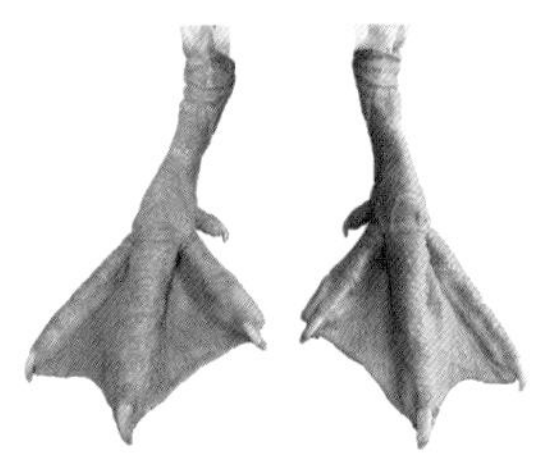

图3-1-9　鹅脚部（背侧）

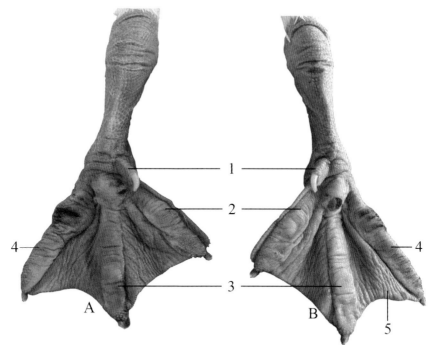

ᠳᠡᠭᠡᠷᠡ 3-1-10 ᠭᠠᠯᠠᠭᠤᠨ ᠤ ᠬᠥᠯ (ᠥᠪᠡᠷ ᠲᠠᠯ᠎ᠠ)

A.左脚　B.右脚
1.第一趾　2.第二趾　3.第三趾　4.第四趾　5.脚蹼

5. ᠬᠠᠨᠵᠢᠭᠠᠢ
4. ᠳᠥᠷᠪᠡᠳᠦᠭᠡᠷ ᠬᠤᠷᠤᠭᠤ
3. ᠭᠤᠷᠪᠠᠳᠤᠭᠠᠷ ᠬᠤᠷᠤᠭᠤ
2. ᠬᠤᠶᠠᠳᠤᠭᠠᠷ ᠬᠤᠷᠤᠭᠤ
1. ᠲᠡᠷᠢᠭᠦᠨ ᠬᠤᠷᠤᠭᠤ

B. ᠪᠠᠷᠠᠭᠤᠨ ᠬᠥᠯ
A. ᠵᠡᠭᠦᠨ ᠬᠥᠯ

图 3-1-10　鹅脚部（跖侧）

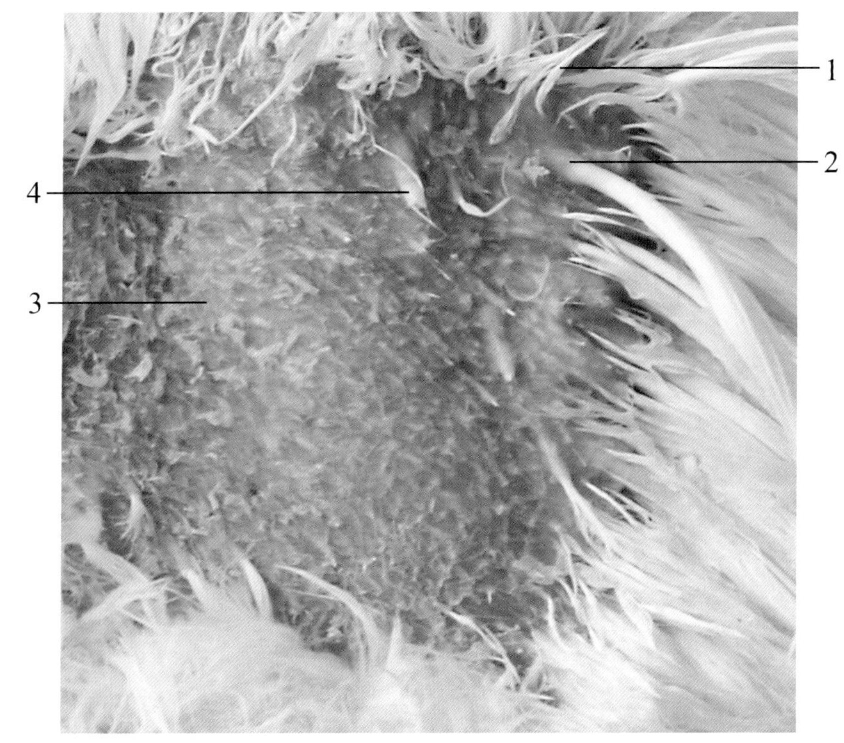

1.绒羽　2.羽囊内羽根　3.表皮　4.羽根鞘壁

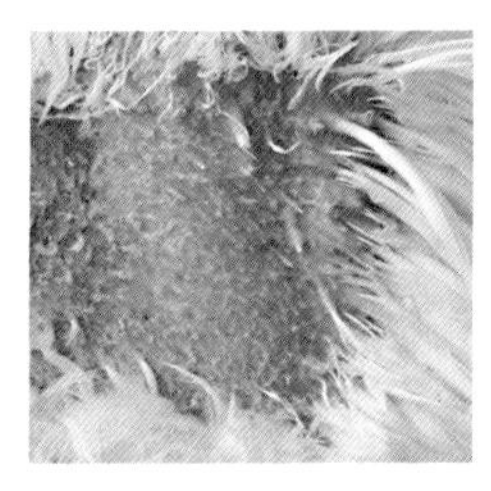

图 3-1-11　鹅羽区皮肤及羽毛

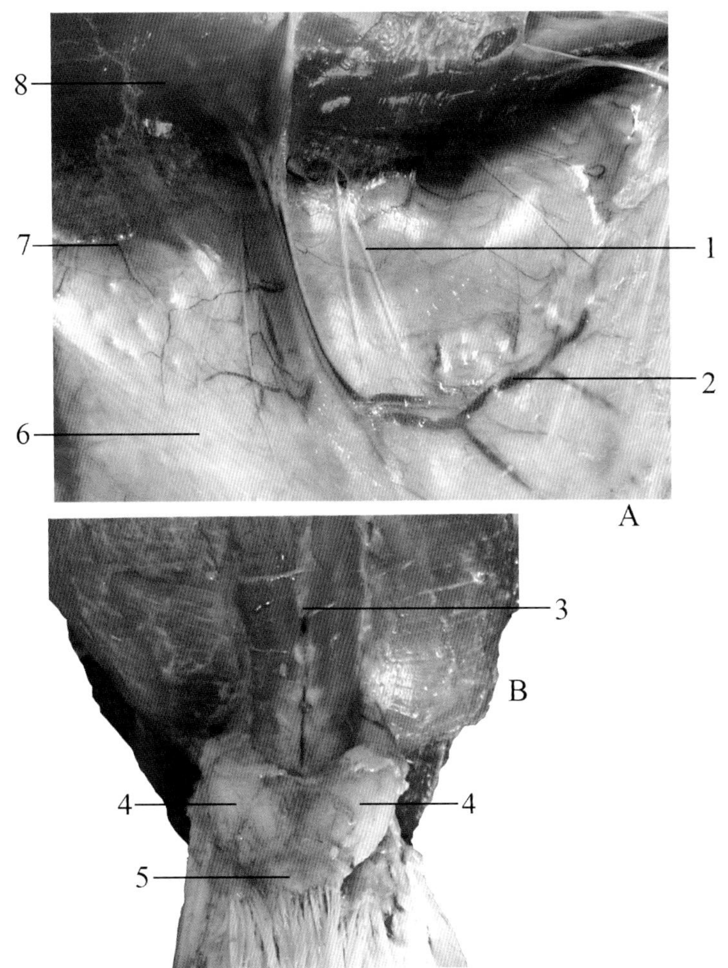

A.皮肤内表面 B.荐尾部

1.神经 2.静脉 3.荐部 4.尾脂腺 5.尾脂腺乳头
6.皮肤内表层 7.动脉 8.腹壁

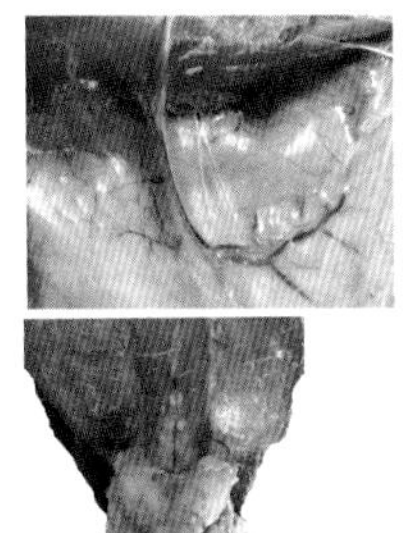

图3-1-12 鹅皮肤内表面及荐尾部

二、鹅消化系统

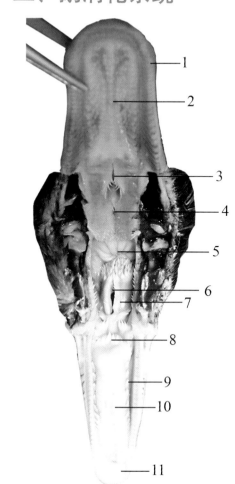

ᠳᠥᠷᠪᠡᠳᠥᠭᠡᠷ 3-2-1 ᠭᠠᠯᠠᠭᠤ ᠶᠢᠨ ᠠᠮᠠ ᠬᠥᠨᠳᠡᠢ ᠪᠠ ᠵᠠᠯᠭᠢᠷᠤᠨ ᠤ ᠪᠦᠳᠦᠴᠡ

1.嘴(上喙)　2.纵行正中嵴　3.鼻后孔裂　4.咽鼓管裂　5.咽
6.喉口　7.喉突　8.乳头　9.大乳头　10.舌　11.下颌(下喙)

11.ᠳᠣᠣᠷᠠᠳᠤ (ᠳᠣᠣᠷᠠᠳᠤ ᠬᠣᠱᠤᠤ)
10.ᠬᠡᠯᠡ
9.ᠶᠡᠬᠡ ᠬᠥᠬᠥᠨ
8.ᠬᠥᠬᠥᠨ
7.ᠬᠣᠭᠣᠯᠠᠢ ᠶᠢᠨ ᠰᠡᠷᠪᠡᠭᠡᠷ
6.ᠬᠣᠭᠣᠯᠠᠢ ᠶᠢᠨ ᠠᠮᠠ
5.ᠵᠠᠯᠭᠢᠷᠤᠨ
4.ᠴᠢᠬᠢᠨ ᠬᠥᠭᠵᠢᠮ ᠤᠨ ᠵᠠᠪᠰᠠᠷ
3.ᠬᠠᠮᠠᠷ ᠤᠨ ᠬᠣᠢᠳᠤ ᠨᠥᠬᠡ ᠶᠢᠨ ᠵᠠᠪᠰᠠᠷ
2.ᠳᠡᠭᠡᠳᠦ ᠳᠤᠮᠳᠠ ᠶᠢᠨ ᠢᠷᠮᠡᠭ
1.ᠠᠮᠠ (ᠳᠡᠭᠡᠳᠦ ᠬᠣᠱᠤᠤ)

图 3-2-1　鹅口腔及咽部

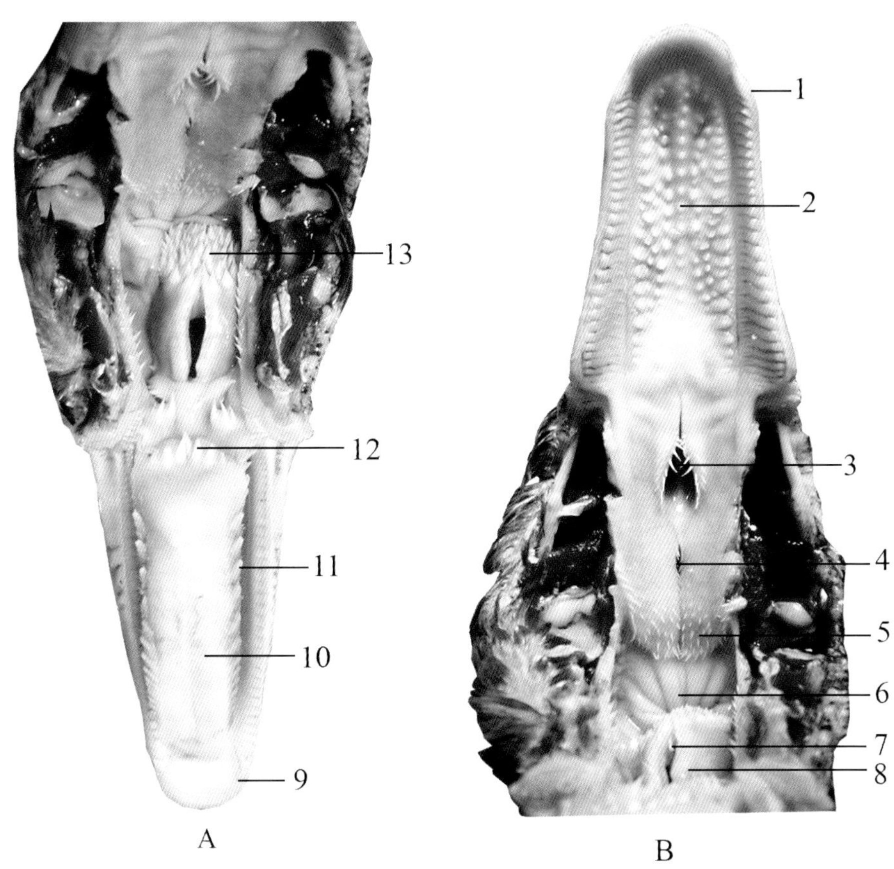

A

B

A.下颌（下喙）　B.嘴（上喙）

1.嘴（上喙）　2.纵行正中嵴　3.鼻后孔裂　4.咽鼓管裂

5.咽乳头　6.咽　7.喉口　8.喉突　9.下颌（下喙）　10.舌

11.大乳头　12.乳头　13.喉乳头

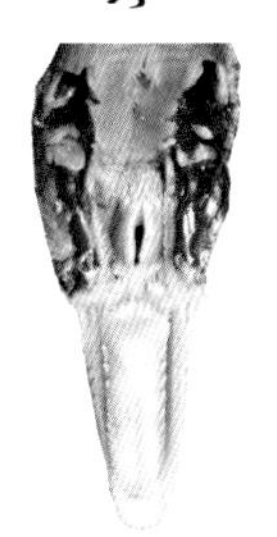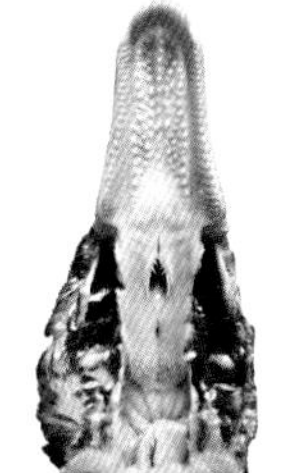

图 3-2-2　鹅上喙和下喙

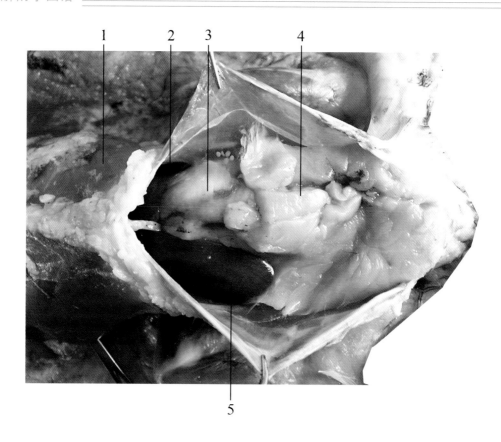

ᠵᠢᠷᠤᠭ 3-2-3 ᠭᠠᠯᠠᠭᠤ ᠶ᠋ᠢᠨ ᠬᠡᠪᠡᠯᠢ ᠶᠢᠨ ᠬᠥᠨᠳᠡᠢ ᠶᠢᠨ ᠡᠷᠬᠡᠲᠡᠨ ᠦ ᠬᠡᠪᠡᠯᠢ ᠲᠠᠯ᠎ᠠ ᠶᠢᠨ ᠦᠵᠡᠮᠵᠢ -1

1.胸肌　2.肝左叶　3.肌胃　4.网膜脂肪　5.肝右叶

5. ᠬᠡᠪᠡᠯᠢ ᠶᠢᠨ ᠪᠠᠷᠠᠭᠤᠨ ᠳᠡᠯᠪᠢ
4. ᠲᠣᠷᠣᠨ ᠥᠬᠡᠬᠦ
3. ᠪᠤᠯᠴᠢᠩᠲᠤ ᠬᠣᠳᠣᠭᠣᠳᠣ
2. ᠡᠯᠢᠭᠡᠨ ᠵᠡᠭᠦᠨ ᠳᠡᠯᠪᠢ
1. ᠴᠡᠭᠡᠵᠢᠨ ᠪᠤᠯᠴᠢᠩ

图 3-2-3　鹅腹腔器官腹侧观 -1

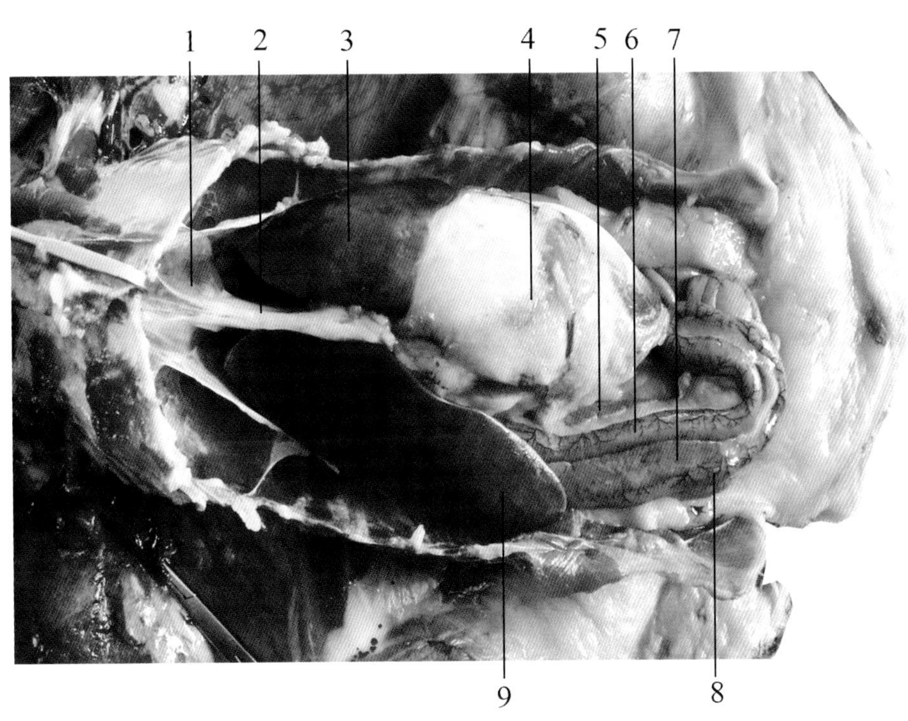

1.心包、心脏　2.纵隔　3.肝左叶　4.肌胃　5.背侧胰叶
6.十二指肠降袢　7.腹侧胰叶　8.十二指肠升袢　9.肝右叶

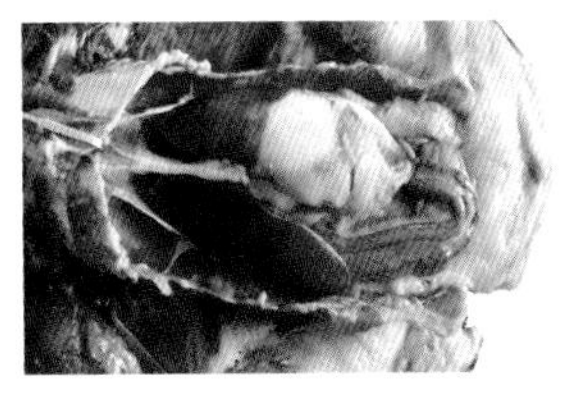

图 3-2-4　鹅腹腔器官腹侧观 -2

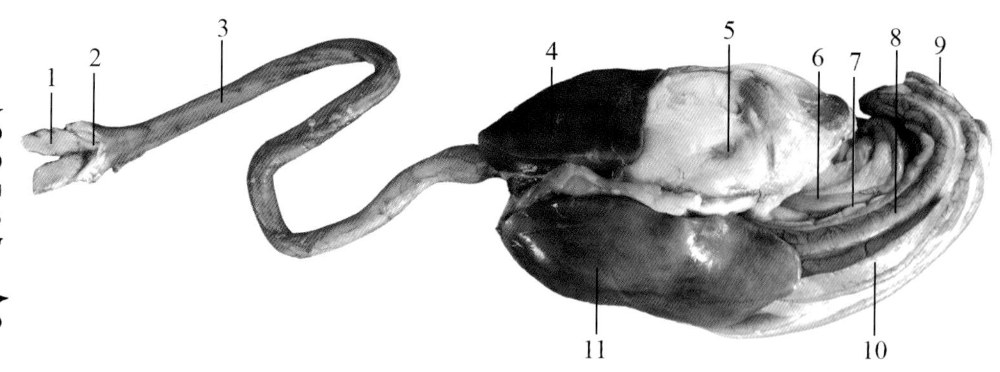

1.喉　2.咽(食管口)　3.食管　4.肝左叶　5.肌胃
6.盲肠　7.背侧胰叶　8.十二指肠降袢　9.空肠
10.腹侧胰叶　11.肝右叶

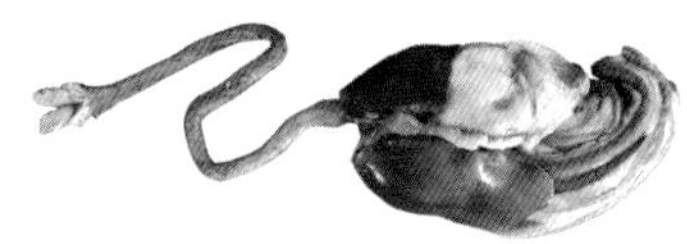

图3-2-5　鹅消化器官相对位置（腹侧）

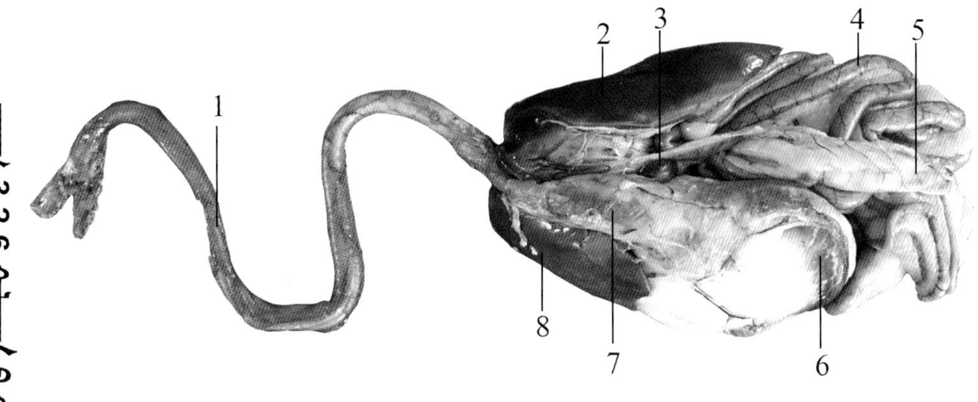

1.食管　2.肝右叶　3.脾　4.空肠
5.直肠　6.肌胃　7.腺胃　8.肝左叶

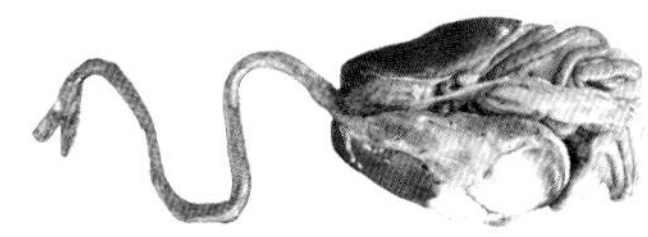

图 3-2-6　鹅消化器官相对位置（背侧）

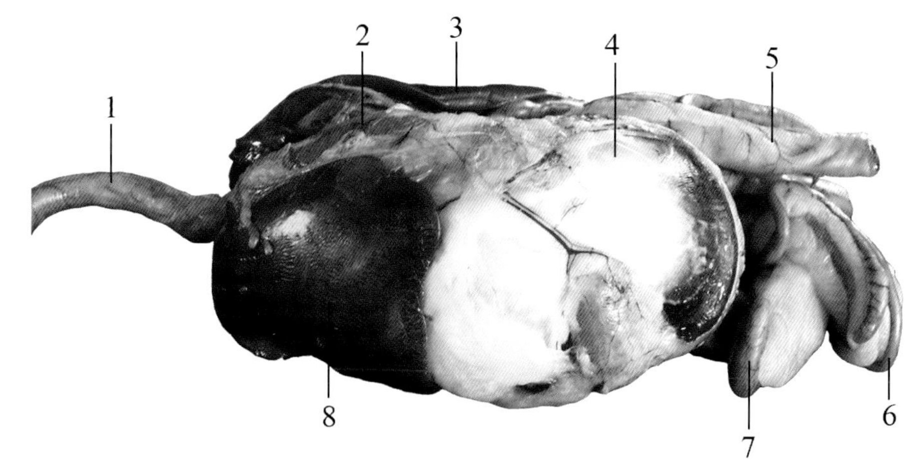

1.食管　2.腺胃　3.肝右叶　4.肌胃　5.直肠
6.盲肠　7.空肠　8.肝左叶

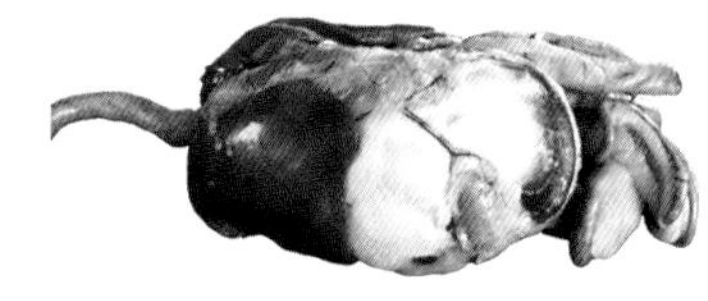

图3-2-7　鹅消化器官相对位置（左侧）

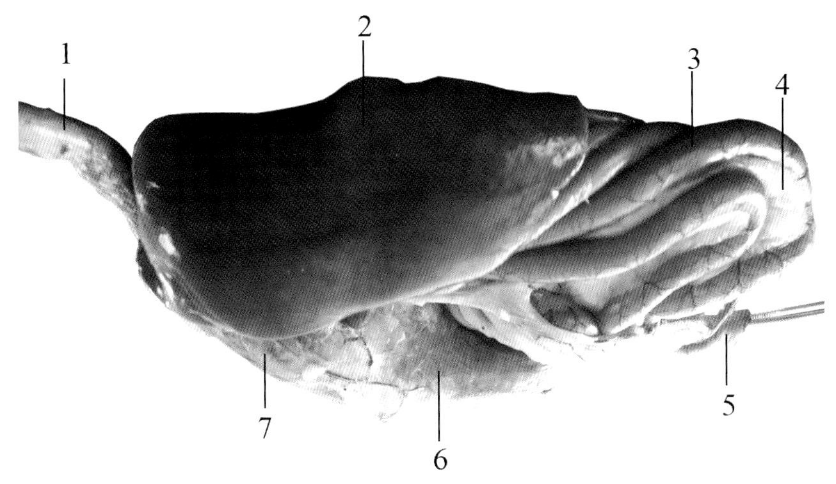

1.食管　2.肝右叶　3.空肠　4.肠系膜脂肪
5.直肠　6.幽门部　7.腺胃

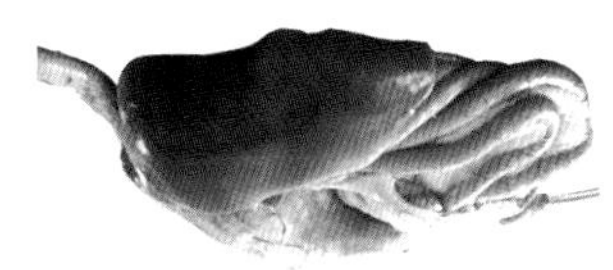

图 3-2-8　鹅消化器官相对位置（右侧）

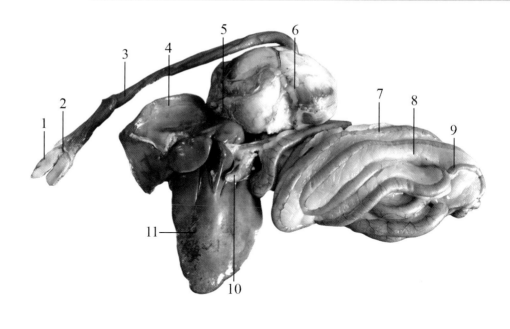

ᠲᠢᠭᠰᠠ 3-2-9 ᠭᠠᠯᠠᠭᠤᠨ ᠤ ᠰᠢᠩᠭᠡᠭᠡᠯᠲᠡ ᠶᠢᠨ ᠰᠢᠰᠲᠧᠮ ᠤᠨ ᠪᠦᠷᠢᠯᠳᠦᠬᠦᠨ -1

1.喉　2.咽(食管口)　3.食管　4.肝左叶　5.腺胃　6.肌胃
7.空肠　8.肠系膜脂肪　9.盲肠　10.胆囊　11.肝右叶

11. ᠡᠯᠢᠭᠡᠨ ᠦ ᠪᠠᠷᠠᠭᠤᠨ ᠳᠡᠯᠪᠢ
10. ᠴᠦᠰᠦᠨ ᠬᠦᠦᠳᠡᠢ
9. ᠰᠣᠬᠤᠷ ᠭᠡᠳᠡᠰᠦ
8. ᠴᠠᠷᠬᠢᠰ ᠦᠭᠡᠬᠦ
7. ᠬᠣᠭᠣᠰᠣᠨ ᠭᠡᠳᠡᠰᠦ
6. ᠪᠤᠯᠴᠢᠩᠲᠤ ᠬᠣᠳᠣᠭᠣᠳᠣ
5. ᠪᠤᠯᠴᠢᠷᠬᠠᠢᠲᠤ ᠬᠣᠳᠣᠭᠣᠳᠣ
4. ᠡᠯᠢᠭᠡᠨ ᠦ ᠵᠡᠭᠦᠨ ᠳᠡᠯᠪᠢ
3. ᠬᠣᠭᠣᠯᠠᠢ
2. ᠵᠠᠯᠭᠢᠷᠤᠭᠤᠯ (ᠬᠣᠭᠣᠯᠠᠢ ᠶᠢᠨ ᠠᠮᠠ)
1. ᠬᠣᠭᠣᠯᠠᠢ

图 3-2-9　鹅消化系统的组成 -1

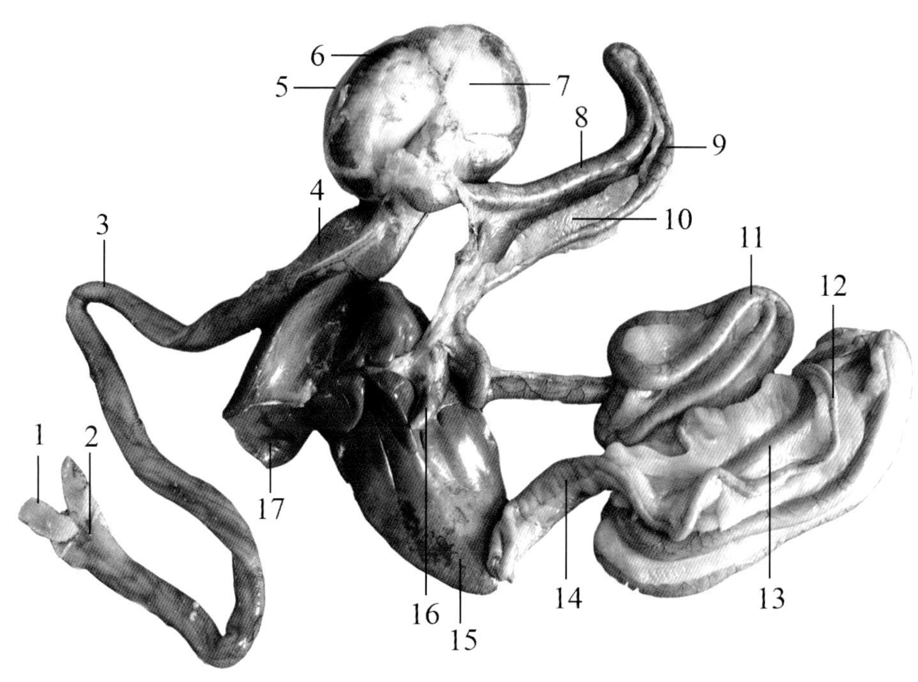

1.喉　2.咽（食管口）　3.食管　4.腺胃　5.肌胃

6.肌胃背侧肌　7.腱镜（腱质中心）　8.十二指肠降袢

9.十二指肠升袢　10.腹侧胰叶　11.空肠　12.盲肠

13.回肠　14.直肠　15.肝右叶　16.胆囊　17.肝左叶

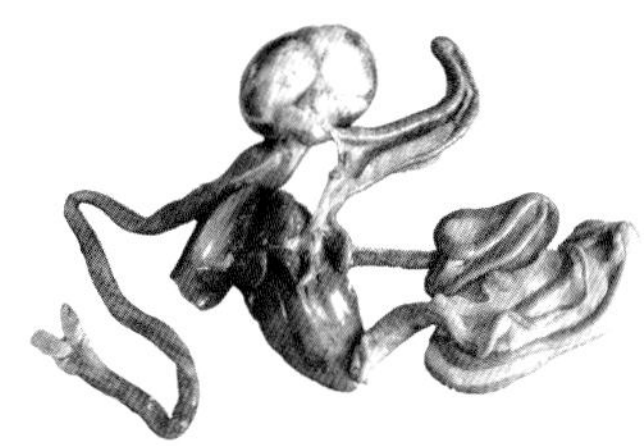

图 3-2-10　鹅消化系统的组成 -2

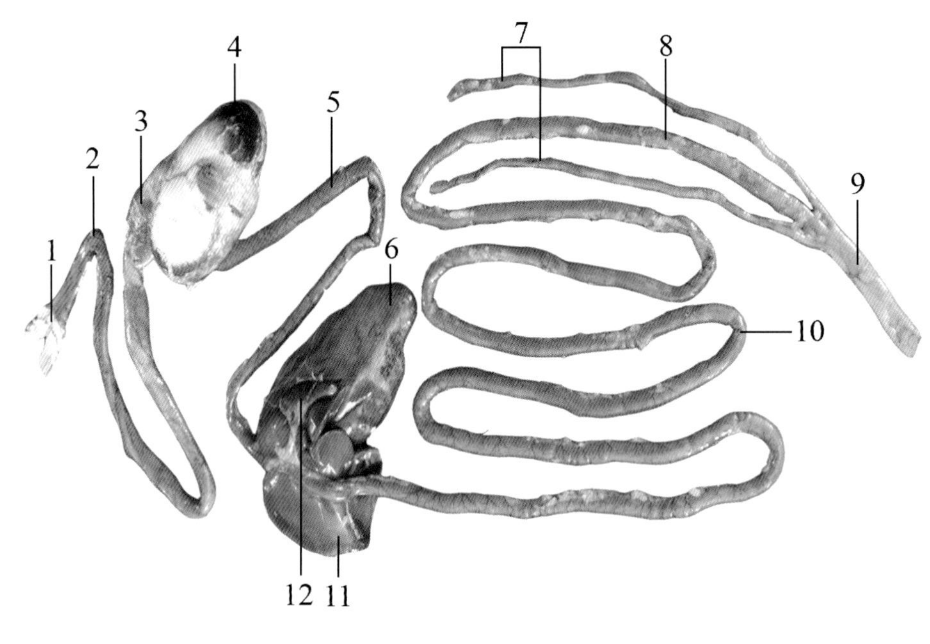

1.咽　2.食管　3.腺胃　4.肌胃　5.十二指肠　6.肝右叶
7.盲肠　8.回肠　9.直肠　10.空肠　11.肝左叶　12.胆囊

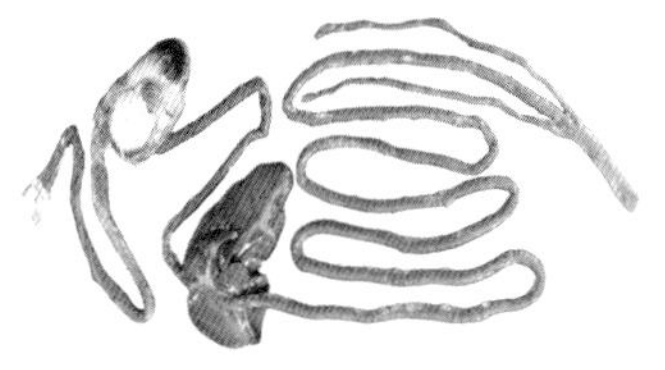

图 3-2-11　鹅消化系统的组成 -3

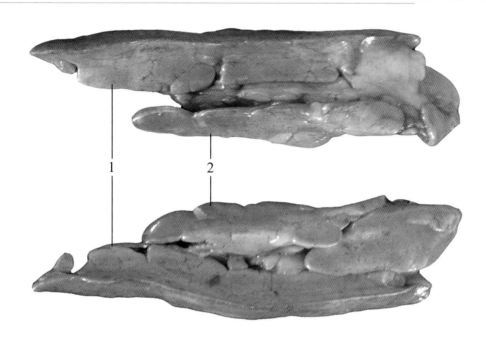

1.腹侧胰叶　2.背侧胰叶

1. ᠨᠣᠭᠤᠯᠠᠰᠤ ᠶᠢᠨ ᠬᠡᠪᠡᠯᠢ ᠲᠠᠯ᠎ᠠ ᠶᠢᠨ ᠨᠠᠪᠴᠢ

2. ᠨᠣᠭᠤᠯᠠᠰᠤ ᠶᠢᠨ ᠨᠢᠷᠤᠭᠤ ᠲᠠᠯ᠎ᠠ ᠶᠢᠨ ᠨᠠᠪᠴᠢ

图 3-2-12　鹅胰脏

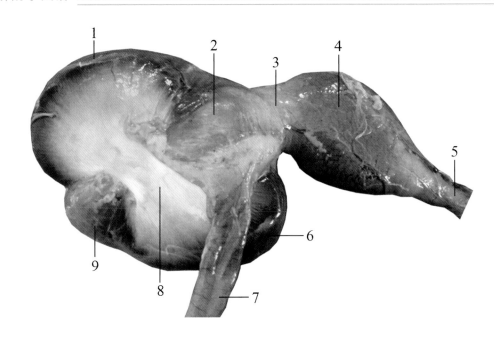

1.肌胃背侧肌　2.前背中间肌　3.胃峡　4.腺胃　5.食管
6.肌胃腹侧肌　7.十二指肠　8.腱镜(腱质中心)　9.后腹中间肌

9.ᠠᠷᠤ ᠭᠡᠳᠡᠰᠦᠨ ᠤ ᠳᠤᠮᠳᠠᠬᠢ ᠪᠤᠯᠴᠢᠩ

8.ᠰᠢᠷᠪᠦᠰᠦᠨ ᠲᠤᠯᠢ

7.ᠠᠷᠪᠠᠨ ᠬᠤᠶᠠᠷ ᠬᠤᠷᠤᠭᠤ ᠭᠡᠳᠡᠰᠦ

6.ᠪᠤᠯᠴᠢᠩᠲᠤ ᠬᠤᠳᠤᠭᠤᠳᠤ ᠶᠢᠨ ᠬᠡᠪᠡᠯᠢ ᠶᠢᠨ ᠪᠤᠯᠴᠢᠩ

5.ᠤᠯᠠᠭᠠᠢ ᠭᠤᠤᠵᠠ

4.ᠪᠤᠯᠴᠢᠷᠬᠠᠶᠢᠳᠤ ᠬᠤᠳᠤᠭᠤᠳᠤ

3.ᠬᠤᠳᠤᠭᠤᠳᠤᠨ ᠤ ᠬᠤᠭᠤᠯᠠᠢ

2.ᠡᠮᠦᠨᠡᠲᠦ ᠠᠷᠤ ᠶᠢᠨ ᠳᠤᠮᠳᠠᠬᠢ ᠪᠤᠯᠴᠢᠩ

1.ᠪᠤᠯᠴᠢᠩᠲᠤ ᠬᠤᠳᠤᠭᠤᠳᠤ

图 3-2-13　鹅肌胃和腺胃 -1

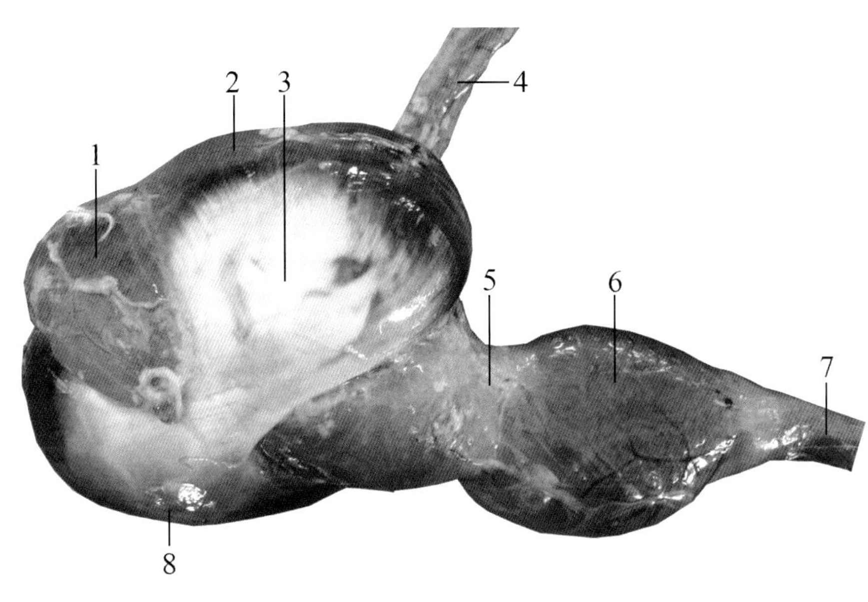

1.后背中间肌　2.肌胃腹侧肌　3.腱镜(腱质中心)　4.十二指肠
5.胃峡　6.腺胃　7.食管　8.肌胃背侧肌

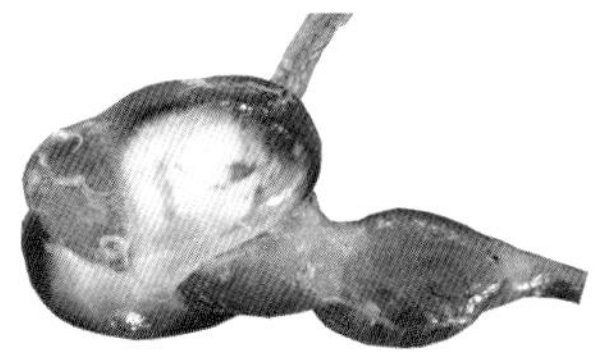

图 3-2-14　鹅肌胃和腺胃 -2

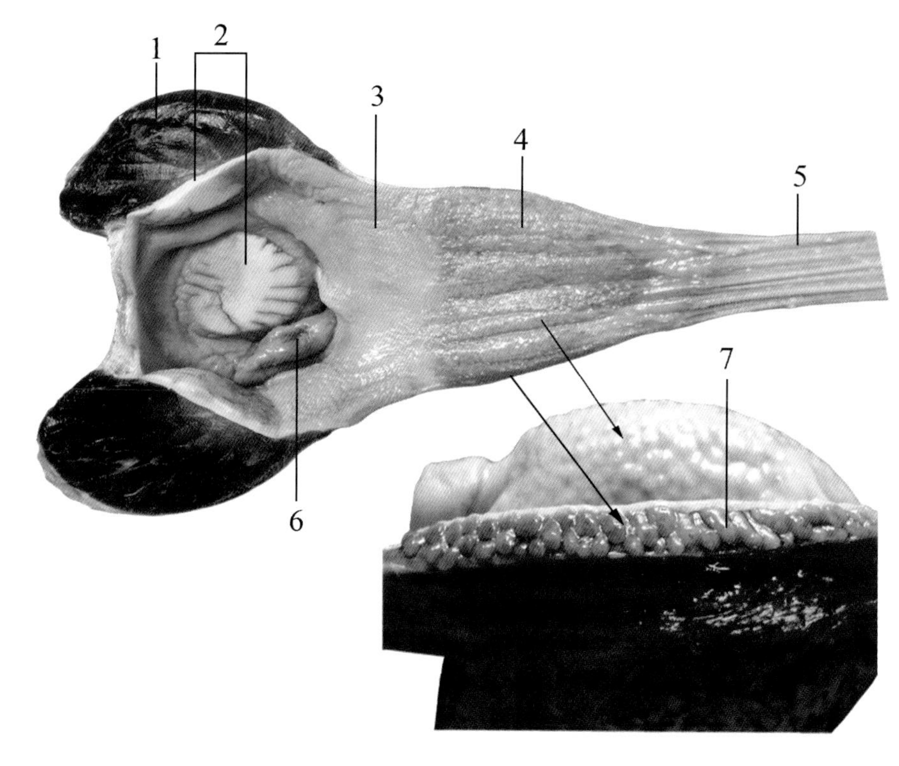

1.后背侧厚肌　2.胃角质层　3.中间带(胃峡)　4.腺胃黏膜
5.食管黏膜　6.幽门　7.腺胃切面

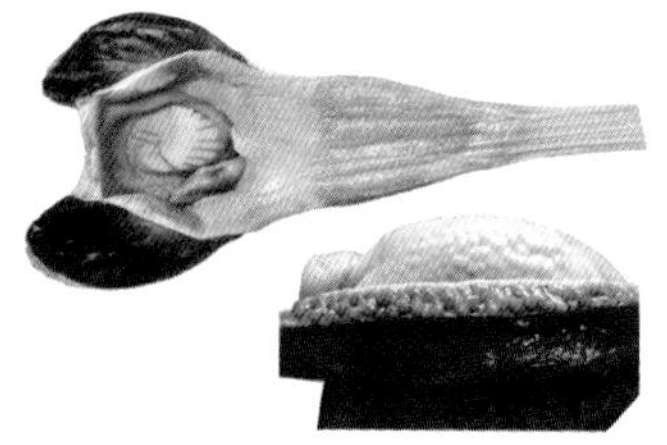

图3-2-15　鹅肌胃黏膜

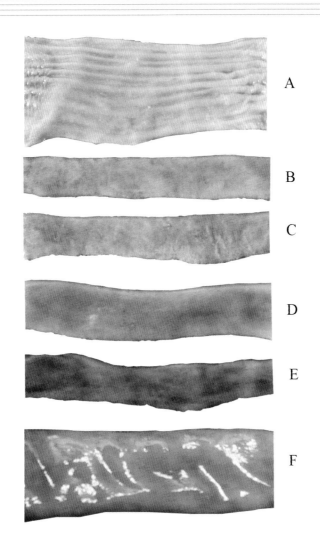

A　B　C　D　E　F

A.食管黏膜　B.十二指肠黏膜　C.空肠黏膜
D.回肠黏膜　E.盲肠黏膜　F.直肠黏膜

ᠵᠢᠷᠤᠭ 3-2-16 ᠭᠠᠯᠠᠭᠤᠨ ᠤ ᠰᠢᠩᠭᠡᠭᠡᠯᠲᠡ ᠶᠢᠨ ᠵᠠᠮ ᠤᠨ ᠨᠠᠭᠠᠴᠠ ᠪᠦᠷᠬᠦᠪᠴᠢ

F. ᠰᠢᠯᠤᠭᠤᠨ ᠭᠡᠳᠡᠰᠦᠨ ᠤ ᠨᠠᠭᠠᠴᠠ ᠪᠦᠷᠬᠦᠪᠴᠢ
E. ᠪᠦᠭᠡᠷᠡᠩ ᠭᠡᠳᠡᠰᠦᠨ ᠤ ᠨᠠᠭᠠᠴᠠ ᠪᠦᠷᠬᠦᠪᠴᠢ
D. ᠡᠭᠡᠷᠡᠮ᠎ᠡ ᠭᠡᠳᠡᠰᠦᠨ ᠤ ᠨᠠᠭᠠᠴᠠ ᠪᠦᠷᠬᠦᠪᠴᠢ
C. ᠬᠣᠭᠣᠰᠣᠨ ᠭᠡᠳᠡᠰᠦᠨ ᠤ ᠨᠠᠭᠠᠴᠠ ᠪᠦᠷᠬᠦᠪᠴᠢ
B. ᠠᠷᠪᠠᠨ ᠬᠣᠶᠠᠷ ᠭᠡᠳᠡᠰᠦᠨ ᠤ ᠨᠠᠭᠠᠴᠠ ᠪᠦᠷᠬᠦᠪᠴᠢ
A. ᠤᠯᠠᠭᠠᠢ ᠶᠢᠨ ᠨᠠᠭᠠᠴᠠ ᠪᠦᠷᠬᠦᠪᠴᠢ

图 3-2-16　鹅消化管黏膜

三、鹅呼吸系统

ᠭᡠᡵᠪᠠ᠂ ᠭᠠᠯᡳᠭᡠᠨ ᠤ ᠠᠮᠢᠰᡍᡠᠯᠲᠠ ᠶᠢᠨ ᠰᡠᠳᠠᠯ

ᠵᠢᡵᠤᠭ 3-3-1 ᠭᠠᠯᡳᠭᡠᠨ ᠤ ᠬᠣᠭᠣᠯᠠᠢ ᠶᠢᠨ ᠬᡝᠪᠡᠯᡳ ᠶᠢᠨ ᠦᠵᠡᠭᠳᠡᠯ

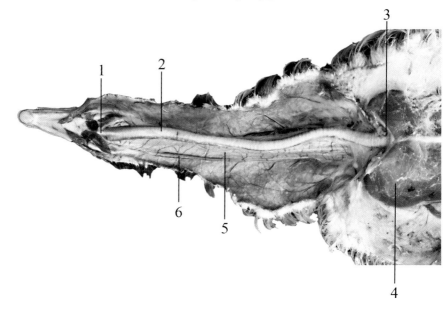

1.喉　2.气管　3.胸腔前口　4.胸浅(大)肌
5.食管　6.颈静脉

1. ᠬᠣᠭᠣᠯᠠᠢ
2. ᠬᠣᠭᠣᠯᠠᠢ ᠶᠢᠨ ᠬᡝᠪᠡᠯᡳ
3. ᠴᡝᠭᡝᠵᡝ ᠶᠢᠨ ᠬᠥᠨ�\ᠳᠡᠢ ᠶᠢᠨ ᠡᠮᡝᠨᡝ ᠠᠮᠠ
4. ᠴᡝᠭᡝᠵᡝ ᠶᠢᠨ ᠥᠡᡧᡝᠨ ᠪᡠᠯᠴᡳᠩ
5. ᠬᠣᠭᠣᠯᠠᠢ
6. ᠬᡝᠭᡝ ᠶᠢᠨ ᠰᡠᠳᠠᠯ

图 3-3-1　鹅气管腹侧观

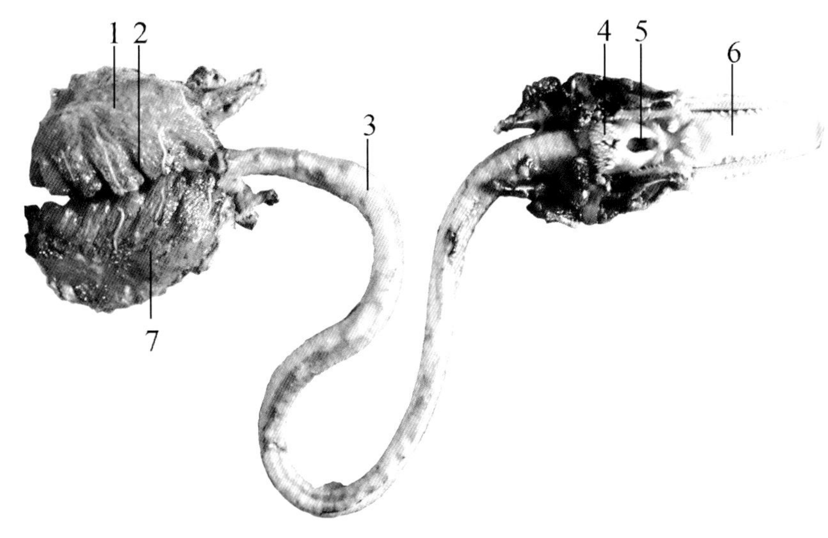

1.左肺　2.肺肋沟　3.气管　4.喉乳头　5.喉口
6.舌　7.右肺

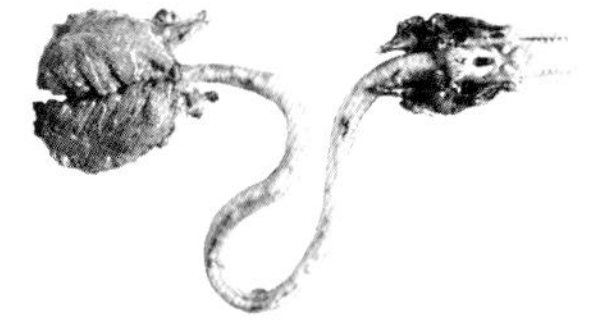

图 3-3-2　鹅呼吸系统的组成（肺肋背面）

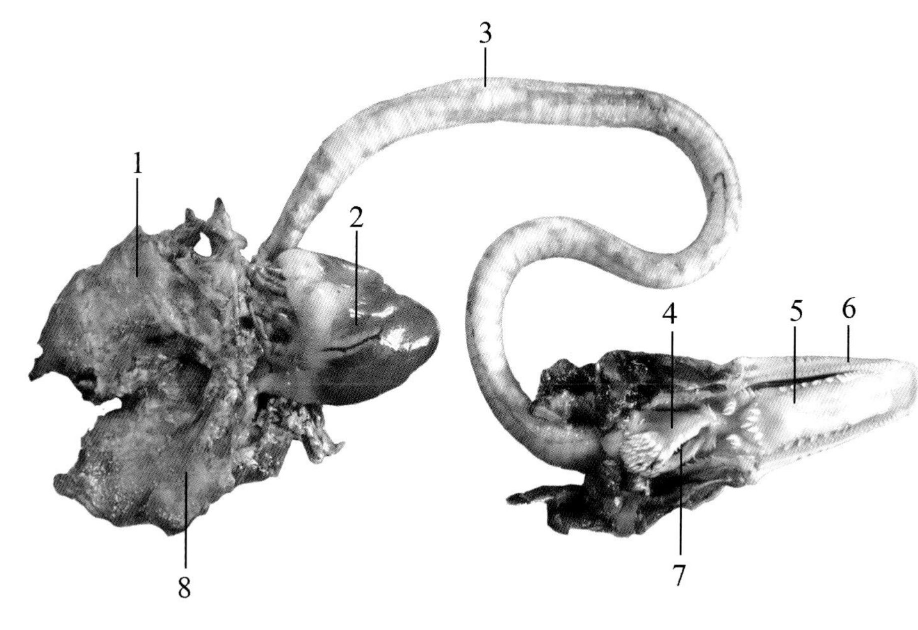

1.右肺　2.心脏　3.气管　4.喉　5.舌　6.下颌（下喙）
7.喉口　8.左肺

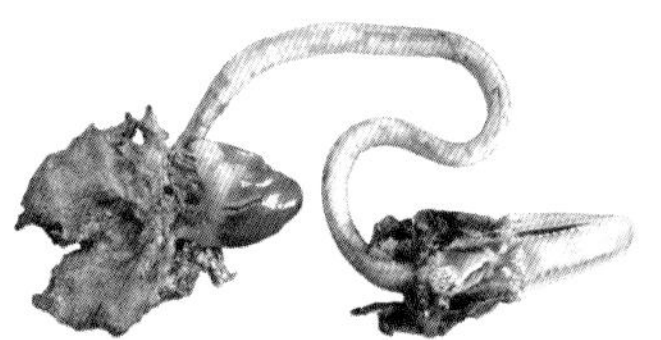

图 3-3-3　鹅呼吸系统的组成（肺部纵隔面）

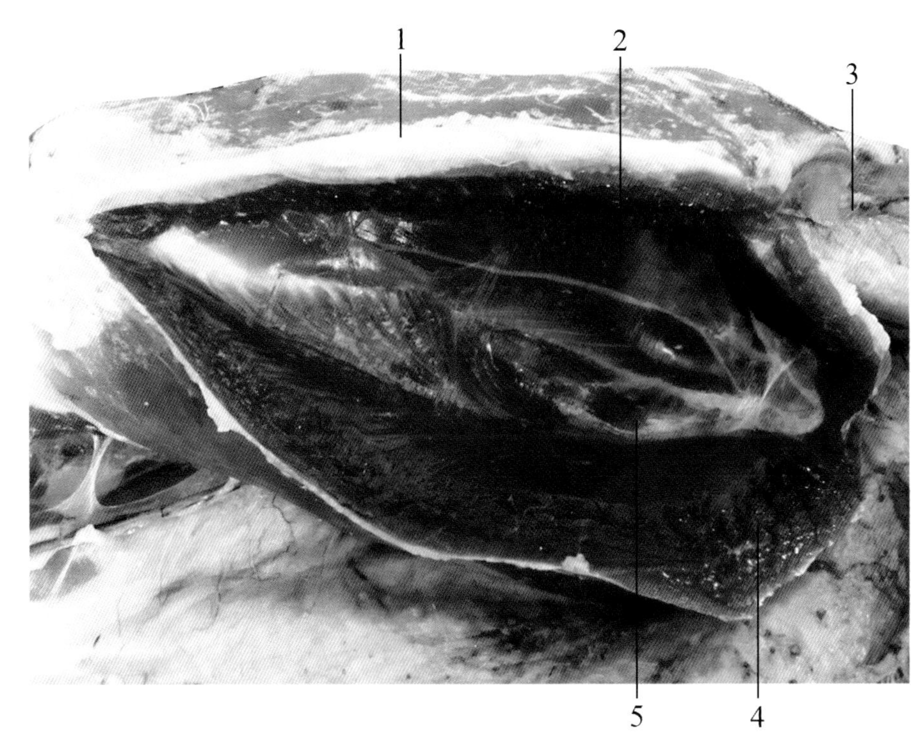

1.胸骨嵴(龙骨嵴)　2.胸深(小)肌　3.胸腔前口
4.胸浅肌断面　5.胸气囊

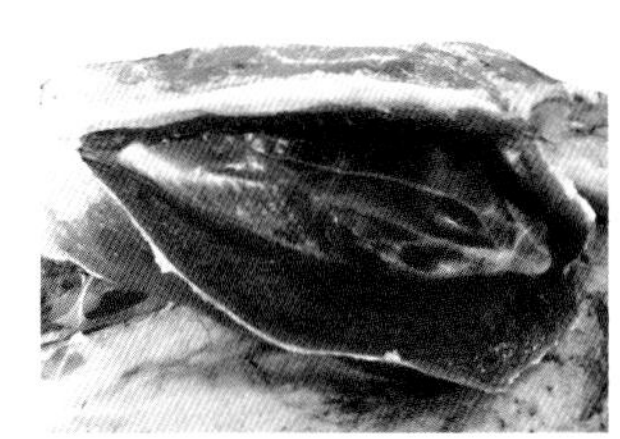

图 3-3-4　鹅胸部气囊-1

ᠬᠦᠰᠦᠨᠦᠭᠲᠦ 3-3-5 ᠭᠠᠯᠠᠭᠤᠨ ᠤ ᠴᠡᠭᠡᠵᠢᠨ ᠦ ᠰᠡᠶᠢᠯ ᠬᠡᠢ ᠶᠢᠨ ᠤᠭᠤᠲᠠ-2

1.肝右叶　2.肋骨断端　3.右肺　4.胸部右侧气囊　5.胸骨断端
6.纵隔　7.心脏　8.胸部左侧气囊　9.左肺

9.ᠵᠡᠭᠦᠨ ᠠᠭᠤᠰᠬᠢ

8.ᠴᠡᠭᠡᠵᠢᠨ ᠦ ᠵᠡᠭᠦᠨ ᠬᠠᠵᠠᠭᠤ ᠶᠢᠨ ᠬᠡᠢ ᠶᠢᠨ ᠤᠭᠤᠲᠠ

7.ᠵᠢᠷᠦᠬᠡ

6.ᠪᠣᠱᠤᠭᠤ ᠴᠣᠴᠠᠯᠠᠭᠤᠷ

5.ᠡᠪᠡᠷᠴᠢᠯᠡᠭᠦᠳᠡᠭ ᠶᠠᠰᠤᠨ ᠤ ᠴᠣᠭᠤᠷᠠᠯ

4.ᠴᠡᠭᠡᠵᠢᠨ ᠦ ᠪᠠᠷᠠᠭᠤᠨ ᠬᠠᠵᠠᠭᠤ ᠶᠢᠨ ᠬᠡᠢ ᠶᠢᠨ ᠤᠭᠤᠲᠠ

3.ᠪᠠᠷᠠᠭᠤᠨ ᠠᠭᠤᠰᠬᠢ

2.ᠬᠠᠪᠢᠰᠤᠨ ᠤ ᠴᠣᠭᠤᠷᠠᠯ ᠦᠵᠦᠭᠦᠷ

1.ᠡᠯᠢᠭᠡᠨ ᠦ ᠪᠠᠷᠠᠭᠤᠨ ᠳᠡᠯᠪᠢ

图 3-3-5　鹅胸部气囊 -2

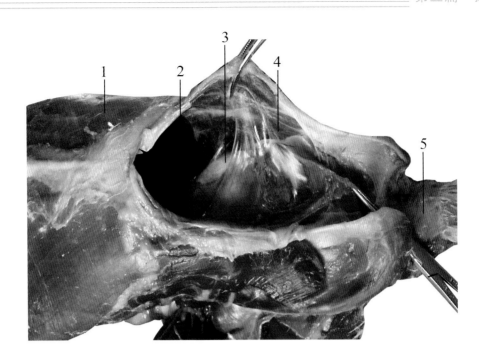

ᠭᠤᠷᠪᠠ 3-3-6 ᠭᠠᠯᠠᠭᠤᠨ ᠤ ᠬᠡᠪᠡᠯᠢ ᠶᠢᠨ ᠠᠭᠠᠷ ᠤᠨ ᠠᠭᠤᠯᠠᠭᠤᠷ

1.胸浅(大)肌　2.肝左叶　3.肌胃　4.腹气囊　5.泄殖腔部

5. ᠰᠢᠭᠡᠰᠦᠯᠡᠭᠡ ᠪᠠᠭᠠᠰᠤᠨ ᠤ ᠬᠡᠰᠡᠭ ᠤᠨ ᠬᠡᠰᠡᠭ

4. ᠬᠡᠪᠡᠯᠢ ᠶᠢᠨ ᠠᠭᠠᠷ

3. ᠪᠤᠯᠴᠢᠩᠲᠤ ᠬᠤᠳᠤᠭᠤᠳᠤ

2. ᠡᠯᠢᠭᠡ ᠶᠢᠨ ᠵᠡᠭᠦᠨ ᠳᠡᠯᠪᠢ

1. ᠴᠡᠭᠡᠵᠢ ᠶᠢᠨ ᠥᠡᠭᠭᠡᠨ

图 3-3-6　鹅腹部气囊

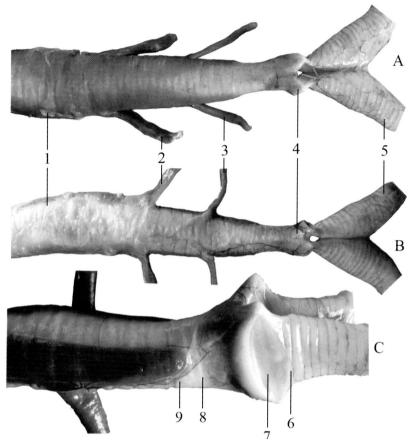

A.公鹅鸣管背侧观　B.公鹅鸣管腹侧观　C.公鹅鸣管侧面观
1.气管　2.腹侧气管喉肌　3.背侧气管喉肌　4.鸣囊　5.支气管
6.后软骨　7.外鸣膜　8.中间软骨　9.前软骨

9. ᠡᠮᠦᠨᠡᠬᠢ ᠶᠠᠰᠤ
8. ᠳᠤᠮᠳᠠᠬᠢ ᠶᠠᠰᠤ
7. ᠭᠠᠳᠠᠭᠠᠳᠤ ᠳᠠᠭᠤᠯᠠᠬᠤ ᠪᠦᠷᠬᠦᠪᠴᠢ
6. ᠠᠷᠤ ᠶᠢᠨ ᠶᠠᠰᠤ
5. ᠰᠠᠯᠠᠭᠠᠯᠠᠭᠰᠠᠨ ᠭᠤᠤᠷᠰᠤ
4. ᠳᠠᠭᠤᠯᠠᠬᠤ ᠤᠭᠤᠲᠠ
3. ᠠᠷᠤ ᠲᠠᠯ᠎ᠠ ᠶᠢᠨ ᠬᠦᠵᠦᠭᠦᠦ ᠶᠢᠨ ᠪᠤᠯᠴᠢᠩ
2. ᠡᠪᠡᠷ ᠲᠠᠯ᠎ᠠ ᠶᠢᠨ ᠬᠦᠵᠦᠭᠦᠦ ᠶᠢᠨ ᠪᠤᠯᠴᠢᠩ
1. ᠠᠮᠢᠰᠬᠤᠯ ᠤᠨ ᠭᠤᠤᠷᠰᠤ
C. ᠡᠷ᠎ᠡ ᠭᠠᠯᠠᠭᠤᠨ ᠤ ᠳᠠᠭᠤᠯᠠᠬᠤ ᠭᠤᠤᠷᠰᠤ ᠶᠢᠨ ᠬᠠᠵᠠᠭᠤ ᠲᠠᠯ᠎ᠠ ᠶᠢᠨ ᠪᠠᠶᠢᠳᠠᠯ
B. ᠡᠷ᠎ᠡ ᠭᠠᠯᠠᠭᠤᠨ ᠤ ᠳᠠᠭᠤᠯᠠᠬᠤ ᠭᠤᠤᠷᠰᠤ ᠶᠢᠨ ᠡᠪᠡᠷ ᠲᠠᠯ᠎ᠠ ᠶᠢᠨ ᠪᠠᠶᠢᠳᠠᠯ
A. ᠡᠷ᠎ᠡ ᠭᠠᠯᠠᠭᠤᠨ ᠤ ᠳᠠᠭᠤᠯᠠᠬᠤ ᠭᠤᠤᠷᠰᠤ ᠶᠢᠨ ᠠᠷᠤ ᠲᠠᠯ᠎ᠠ ᠶᠢᠨ ᠪᠠᠶᠢᠳᠠᠯ

图 3-3-7　公鹅鸣管

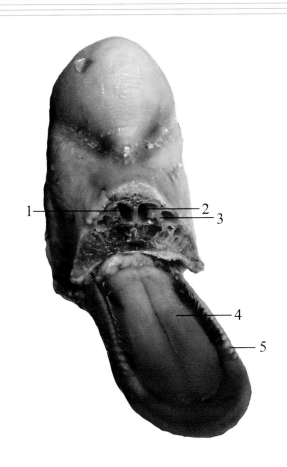

ᠵᠢᠷᠤᠭ 3-3-8 ᠭᠠᠯᠠᠭᠤᠨ ᠤ ᠬᠠᠮᠠᠷ ᠤᠨ ᠬᠥᠨᠳᠡᠢ ᠶᠢᠨ ᠬᠥᠨᠳᠡᠯᠡᠨ ᠣᠭᠲᠣᠯᠤᠯᠲᠠ

1.鼻中隔　2.鼻道　3.中鼻甲　4.舌　5.下颌（下喙）

5. ᠬᠡᠯᠡ（ᠳᠣᠣᠷᠠᠳᠣ ᠬᠣᠰᠢᠭᠤ）
4. ᠬᠡᠯᠡ
3. ᠳᠤᠮᠳᠠᠳᠤ ᠬᠠᠮᠠᠷ
2. ᠬᠠᠮᠠᠷ ᠤᠨ ᠵᠠᠮ
1. ᠬᠠᠮᠠᠷ ᠤᠨ ᠳᠤᠮᠳᠠᠳᠤ ᠬᠠᠯᠲᠠᠷᠢᠰ

图 3-3-8　鹅鼻腔横断面

四、鹅心血管系统

ᠬᠣᠶᠠᠷ ᠃ ᠭᠠᠯᠠᠭᠣᠨ ᠣ ᠵᠢᠷᠣᠬᠡᠨ ᠣ ᠴᠢᠰᠣᠨ ᠰᠣᠳᠠᠯ ᠣ ᠰᠢᠰᠲ᠋ᠧᠮ

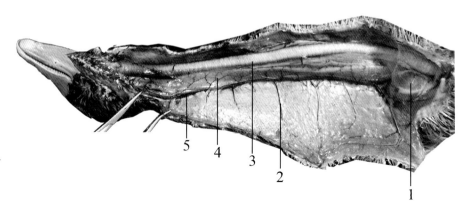

1.胸腔前口及锁骨间气囊　2.颈部皮静脉
3.气管　4.食管　5.右侧颈静脉

5.ᠪᠠᠷᠠᠭᠣᠨ ᠬᠦᠵᠦᠭᠦᠨ ᠣ ᠰᠣᠳᠠᠯ
4.ᠢᠳᠡᠭᠡᠨ ᠣ ᠰᠣᠪᠠᠭ
3.ᠠᠮᠢᠰᠬᠣᠯ ᠣ ᠬᠣᠭᠣᠯᠠᠢ
2.ᠬᠦᠵᠦᠭᠦᠨ ᠣ ᠠᠷᠠᠰᠣᠨ ᠣ ᠰᠣᠳᠠᠯ
1.ᠴᠡᠭᠡᠵᠢᠨ ᠣ ᠡᠮᠦᠨᠡᠲᠦ ᠠᠮᠠ ᠪᠠ ᠡᠭᠡᠮᠦᠭ ᠬᠣᠭᠣᠷᠣᠨᠳᠣᠬᠢ ᠠᠭᠠᠷ ᠣᠨ ᠬᠦᠢᠰᠦ

图 3-4-1　鹅颈静脉

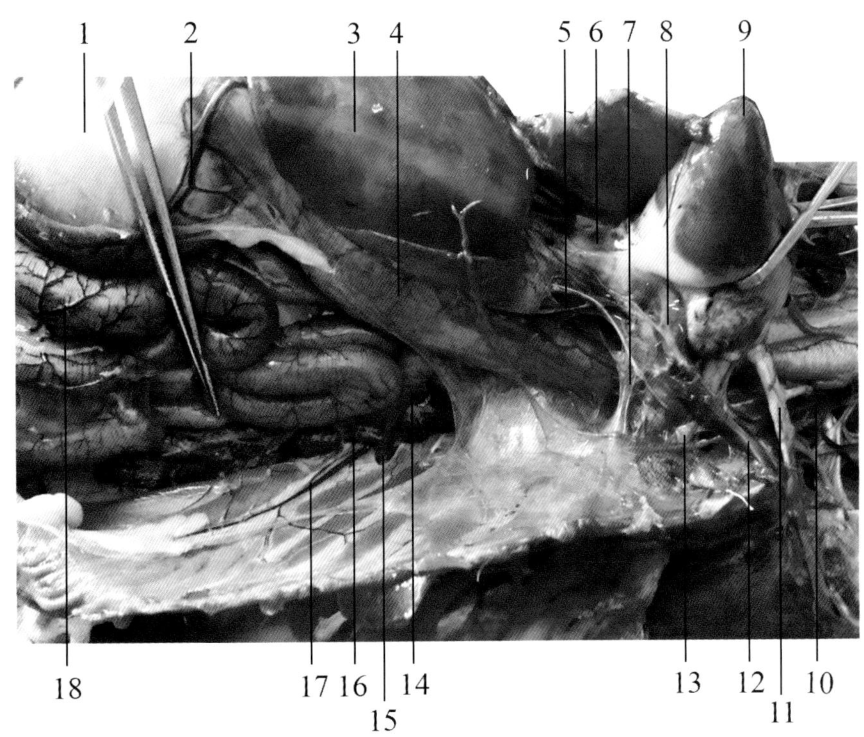

1.肌胃　2.肌胃静脉　3.肝左叶　4.腺胃　5.腺胃前静脉

6.后腔静脉　7.左肺静脉　8.左前腔静脉　9.心尖　10.左颈总静脉

11.左臂头动脉　12.左臂静脉　13.左肺动脉　14.左髂总静脉

15.髂外静脉　16.肾后静脉　17.体壁静脉　18.空肠及血管

图 3-4-8　鹅胸腹腔内血管

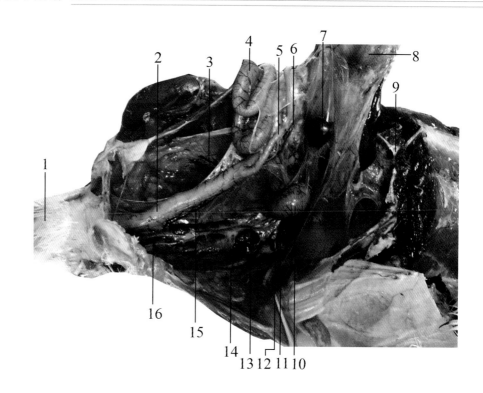

ᠲᠠᠪᠤᠨ 3-4-9 ᠭᠠᠯᠠᠭᠤᠨ ᠤ ᠰᠢᠷᠪᠤᠰᠤ ᠴᠢᠰᠤᠨ ᠤ ᠰᠤᠳᠠᠯ

1.肛门　2.直肠　3.右侧体壁静脉　4.空肠　5.盲肠　6.肠系膜总静脉
7.脾　8.肌胃　9.胸骨断端　10.睾丸　11.髂总静脉　12.髂外静脉
13.肾后静脉　14.左侧体壁静脉　15.肠系膜后静脉　16.尾中静脉

16. ᠰᠡᠬᠦᠯ ᠤᠨ ᠳᠤᠮᠳᠠ ᠶᠢᠨ ᠰᠤᠳᠠᠯ
15. ᠰᠢᠷᠪᠤᠰᠤᠨ ᠤ ᠬᠣᠢᠲᠤ ᠶᠢᠨ ᠰᠤᠳᠠᠯ
14. ᠵᠡᠭᠦᠨ ᠡᠲᠡᠭᠡᠳ ᠤᠨ ᠪᠡᠶ᠎ᠡ ᠶᠢᠨ ᠬᠠᠨ᠎ᠠ ᠶᠢᠨ ᠰᠤᠳᠠᠯ
13. ᠪᠦᠭᠡᠷ᠎ᠡ ᠶᠢᠨ ᠬᠣᠢᠲᠤ ᠶᠢᠨ ᠰᠤᠳᠠᠯ
12. ᠳᠤᠯᠤᠭᠠᠢ ᠶᠢᠨ ᠭᠠᠳᠠᠭᠠᠳᠤ ᠰᠤᠳᠠᠯ
11. ᠳᠤᠯᠤᠭᠠᠢ ᠶᠢᠨ ᠶᠡᠷᠦᠩᠬᠡᠢ ᠰᠤᠳᠠᠯ
10. ᠲᠠᠬᠢᠮ
9. ᠡᠪᠴᠢᠭᠦᠦ ᠶᠢᠨ ᠶᠠᠰᠤᠨ ᠤ ᠲᠠᠰᠤᠷᠬᠠᠢ
8. ᠪᠤᠯᠴᠢᠩᠲᠤ ᠬᠣᠳᠤᠭᠤᠳᠤ
7. ᠳᠡᠯᠢᠭᠦᠦ
6. ᠰᠢᠷᠪᠤᠰᠤᠨ ᠤ ᠶᠡᠷᠦᠩᠬᠡᠢ ᠰᠤᠳᠠᠯ
5. ᠬᠦᠳᠡᠭᠡ ᠭᠡᠳᠡᠰᠤ
4. ᠬᠣᠭᠤᠰᠤᠨ ᠭᠡᠳᠡᠰᠤ
3. ᠪᠠᠷᠠᠭᠤᠨ ᠡᠲᠡᠭᠡᠳ ᠤᠨ ᠪᠡᠶ᠎ᠡ ᠶᠢᠨ ᠬᠠᠨ᠎ᠠ ᠶᠢᠨ ᠰᠤᠳᠠᠯ
2. ᠰᠢᠯᠦᠭᠡᠢ ᠭᠡᠳᠡᠰᠤ
1. ᠰᠡᠭᠦᠯᠴᠢ

图 3-4-9　鹅肠系膜静脉

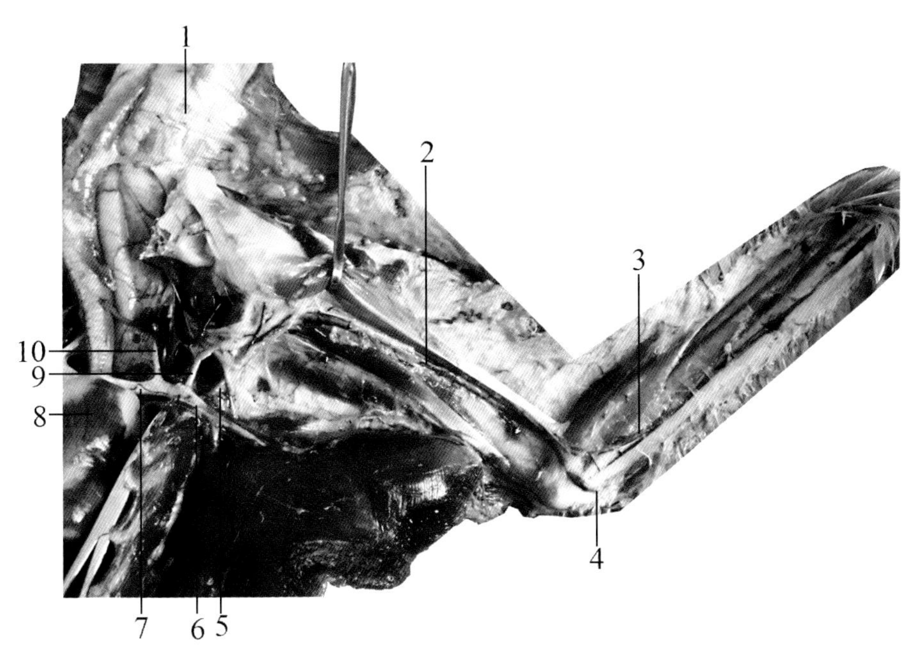

1.颈部　2.臂静脉　3.尺深静脉　4.贵要静脉　5.腋静脉
6.锁骨下动脉　7.左臂头动脉　8.心脏　9.腋动脉　10.颈总动脉

图 3-4-10　鹅翼部内侧血管

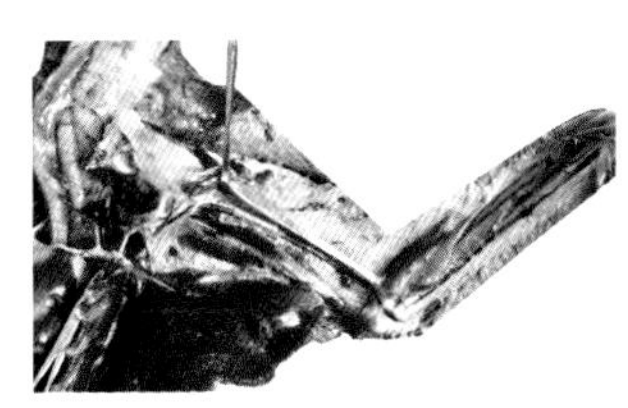

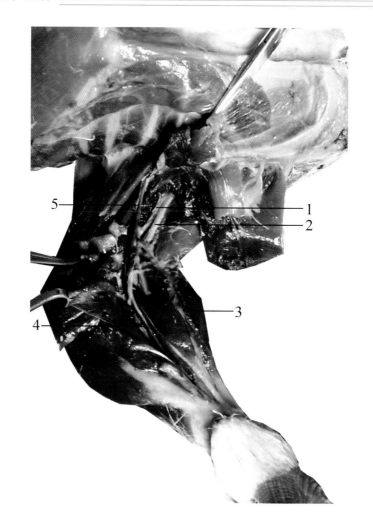

ᠲᠣᠢᠢᠮᠤ 3-4-11 ᠭᠠᠯᠠᠭᠤᠨ ᠤ ᠰᠢᠢᠷᠡ ᠶᠢᠨ ᠳᠣᠲᠣᠭᠠᠳᠤ ᠲᠠᠯᠠ ᠶᠢᠨ ᠴᠢᠰᠤᠨ ᠰᠤᠳᠠᠯ

1.股动脉　2.股神经　3.胫后静脉　4.胫前静脉　5.股静脉

5. ᠰᠢᠢᠷᠡ ᠶᠢᠨ ᠰᠤᠳᠠᠯ ᠤ ᠰᠤᠳᠠᠯ
4. ᠰᠢᠢᠷᠡᠨ ᠤ ᠡᠮᠦᠨ᠎ᠡ ᠰᠤᠳᠠᠯ
3. ᠰᠢᠢᠷᠡᠨ ᠤ ᠬᠣᠢᠢᠲᠤ ᠰᠤᠳᠠᠯ
2. ᠰᠢᠢᠷᠡᠨ ᠤ ᠮᠡᠳᠡᠷᠡᠯ
1. ᠰᠢᠢᠷᠡᠨ ᠤ ᠴᠢᠰᠤᠨ ᠰᠤᠳᠠᠯ

图 3-4-11　鹅腿部内侧血管

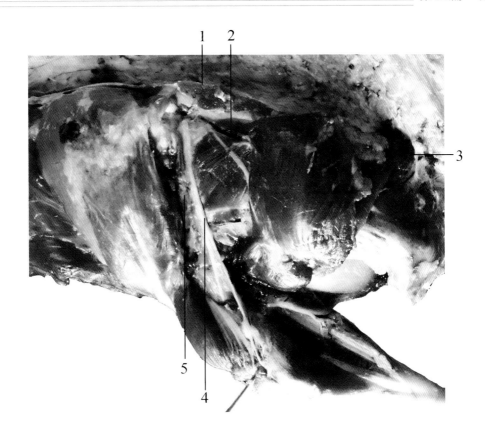

1.荐部　2.坐骨静脉　3.尾部　4.腓总神经和胫神经　5.股静脉

ᠲᠣᠰᠢᠶᠠᠯ 3-4-12 ᠭᠠᠯᠠᠭᠣᠨ ᠤ ᠱᠢᠯᠪᠢ ᠶᠢᠨ ᠬᠠᠵᠠᠭᠤ ᠲᠠᠯ᠎ᠠ ᠶᠢᠨ ᠴᠢᠰᠤᠨ ᠰᠤᠳᠠᠯ

5. ᠭᠠᠷᠤᠭᠤᠯᠢ ᠵᠢᠷᠤᠭᠡᠨ ᠦ ᠰᠤᠳᠠᠯ
4. ᠮᠠᠯᠠᠭᠠᠢᠳᠤ ᠮᠡᠳᠡᠷᠡᠯ ᠪᠠ ᠪᠤᠯᠴᠢᠷᠬᠠᠢ ᠮᠡᠳᠡᠷᠡᠯ
3. ᠰᠡᠭᠦᠯ ᠦᠨ ᠬᠡᠰᠡᠭ
2. ᠱᠠᠭᠠᠷᠠᠭ ᠤᠨ ᠰᠤᠳᠠᠯ
1. ᠲᠣᠭᠣᠷᠠᠭ ᠤᠨ ᠬᠡᠰᠡᠭ

图3-4-12　鹅腿部外侧血管

五、鹅泌尿系统

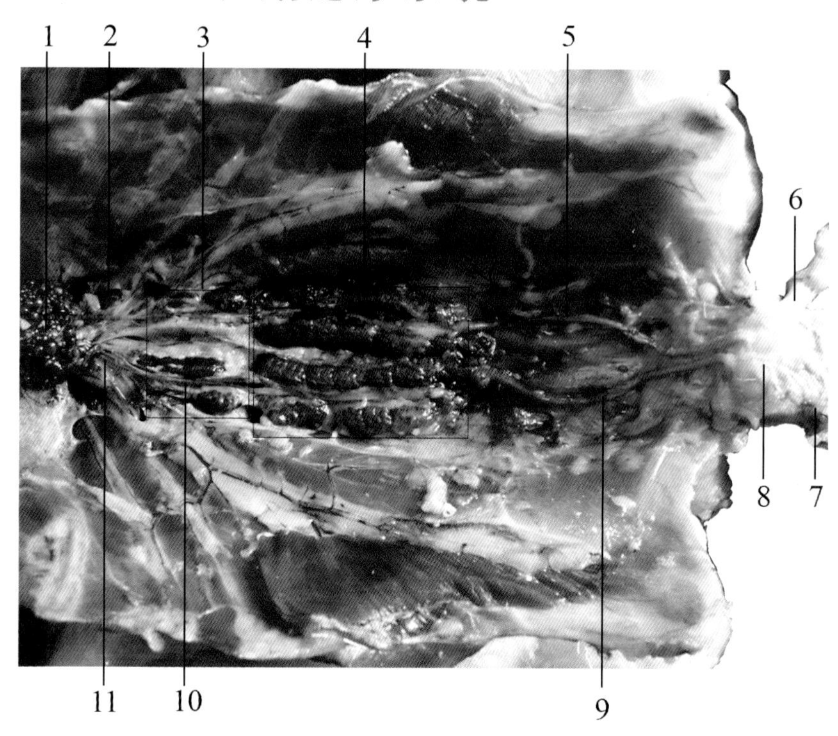

1.卵巢　2.肾前部　3.肾中部　4.肾后部　5.左肾输尿管
6.阴道部　7.直肠　8.泄殖腔部　9.右肾输尿管　10.肾后静脉
11.髂总静脉

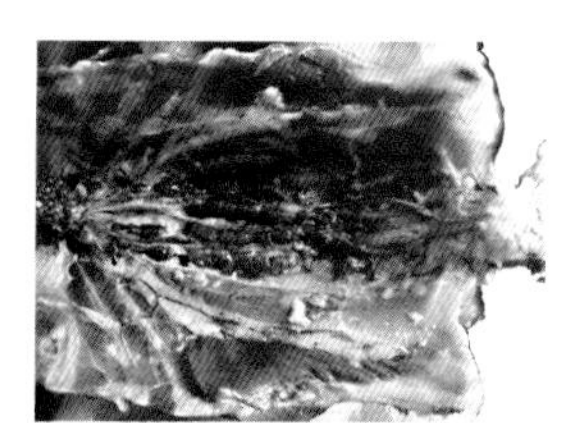

图 3-5-1　鹅肾脏在腹腔内的位置

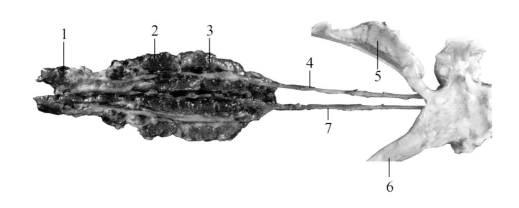

ᠬᠠᠪᠢᠰᠤᠷ 3-5-2 ᠪᠥᠭᠡᠷ᠎ᠡ ᠪᠣᠯᠤᠨ ᠰᠢᠭᠡᠰᠦ ᠰᠥᠪᠡᠷᠡᠭᠦᠯᠭᠦ ᠭᠤᠤᠷᠰᠤ (ᠬᠡᠪᠡᠯᠢ ᠲᠠᠯ᠎ᠠ)

1.左肾前部　2.左肾中部　3.左肾后部　4.左肾输尿管
5.子宫部　6.直肠　7.右肾输尿管

7.ᠪᠠᠷᠠᠭᠤᠨ ᠪᠥᠭᠡᠷ᠎ᠡ ᠶᠢᠨ ᠰᠢᠭᠡᠰᠦ ᠰᠥᠪᠡᠷᠡᠭᠦᠯᠭᠦ ᠭᠤᠤᠷᠰᠤ
6.ᠰᠢᠭᠤᠯᠤᠭᠠᠢ ᠭᠡᠳᠡᠰᠦ
5.ᠤᠮᠠᠢ
4.ᠵᠡᠭᠦᠨ ᠪᠥᠭᠡᠷ᠎ᠡ ᠶᠢᠨ ᠰᠢᠭᠡᠰᠦ ᠰᠥᠪᠡᠷᠡᠭᠦᠯᠭᠦ ᠭᠤᠤᠷᠰᠤ
3.ᠵᠡᠭᠦᠨ ᠪᠥᠭᠡᠷ᠎ᠡ ᠶᠢᠨ ᠬᠣᠢᠲᠤ ᠬᠡᠰᠡᠭ
2.ᠵᠡᠭᠦᠨ ᠪᠥᠭᠡᠷ᠎ᠡ ᠶᠢᠨ ᠳᠤᠮᠳᠠ ᠬᠡᠰᠡᠭ
1.ᠵᠡᠭᠦᠨ ᠪᠥᠭᠡᠷ᠎ᠡ ᠶᠢᠨ ᠡᠮᠦᠨ᠎ᠡ ᠬᠡᠰᠡᠭ

图 3-5-2　鹅肾脏和输尿管（腹面）

ᠭᠤᠷᠪᠠ 3-5-3 ᠭᠠᠯᠠᠭᠤᠨ ᠤ ᠪᠥᠭᠡᠷᠡ ᠵᠢᠴᠢ ᠰᠢᠭᠡᠰᠤᠨ ᠤ ᠰᠤᠪᠠᠭ (ᠠᠷᠤ ᠲᠠᠯ᠎ᠠ)

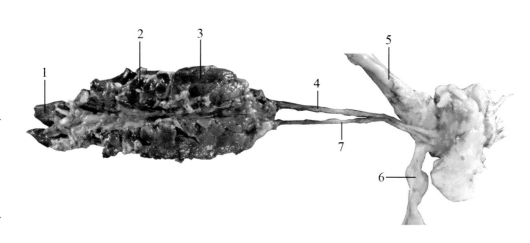

1.右肾前部　2.右肾中部　3.右肾后部　4.右肾输尿管
5.直肠　6.子宫　7.左肾输尿管

7.ᠵᠡᠭᠦᠨ ᠪᠥᠭᠡᠷᠡ ᠶᠢᠨ ᠰᠢᠭᠡᠰᠤᠨ ᠤ ᠰᠤᠪᠠᠭ
6.ᠤᠮᠠᠢ
5.ᠰᠢᠯᠤᠭᠤᠨ ᠭᠡᠳᠡᠰᠦ
4.ᠪᠠᠷᠠᠭᠤᠨ ᠪᠥᠭᠡᠷᠡ ᠶᠢᠨ ᠰᠢᠭᠡᠰᠤᠨ ᠤ ᠰᠤᠪᠠᠭ
3.ᠪᠠᠷᠠᠭᠤᠨ ᠪᠥᠭᠡᠷᠡ ᠶᠢᠨ ᠬᠣᠢᠲᠤ ᠬᠡᠰᠡᠭ
2.ᠪᠠᠷᠠᠭᠤᠨ ᠪᠥᠭᠡᠷᠡ ᠶᠢᠨ ᠳᠤᠮᠳᠠ ᠬᠡᠰᠡᠭ
1.ᠪᠠᠷᠠᠭᠤᠨ ᠪᠥᠭᠡᠷᠡ ᠶᠢᠨ ᠡᠮᠦᠨᠡ ᠬᠡᠰᠡᠭ

图3-5-3　鹅肾脏和输尿管（背面）

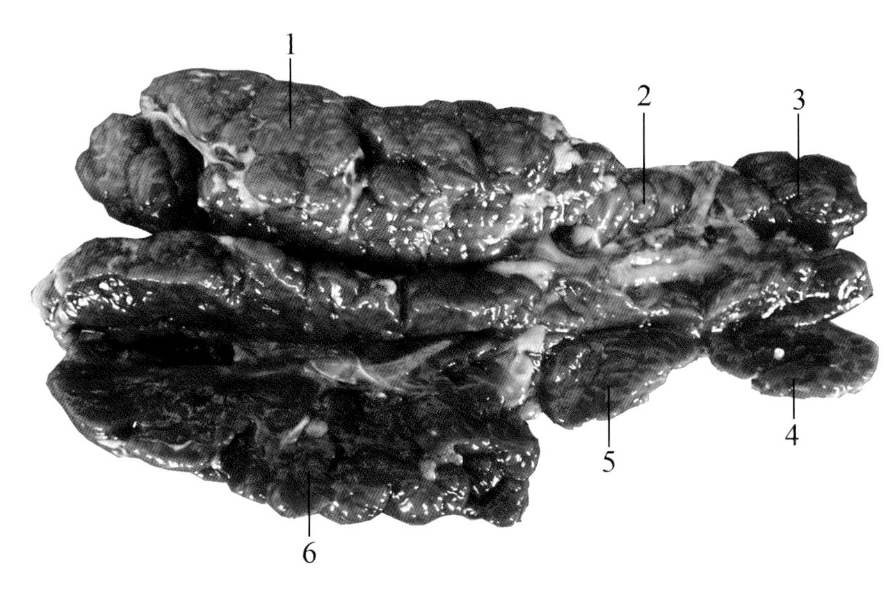

1.左肾后部　2.左肾中部　3.左肾前部　4.右肾前部纵切面

5.右肾中部纵切面　6.右肾后部纵切面

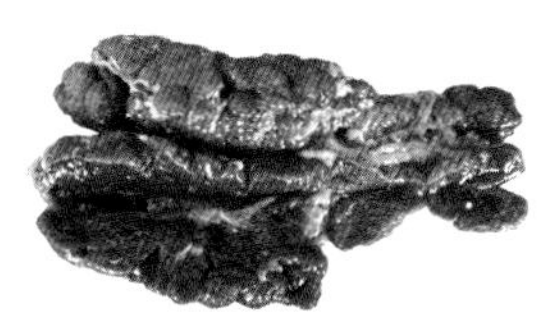

图 3-5-4　鹅肾脏背面及纵切面

六、鹅神经系统

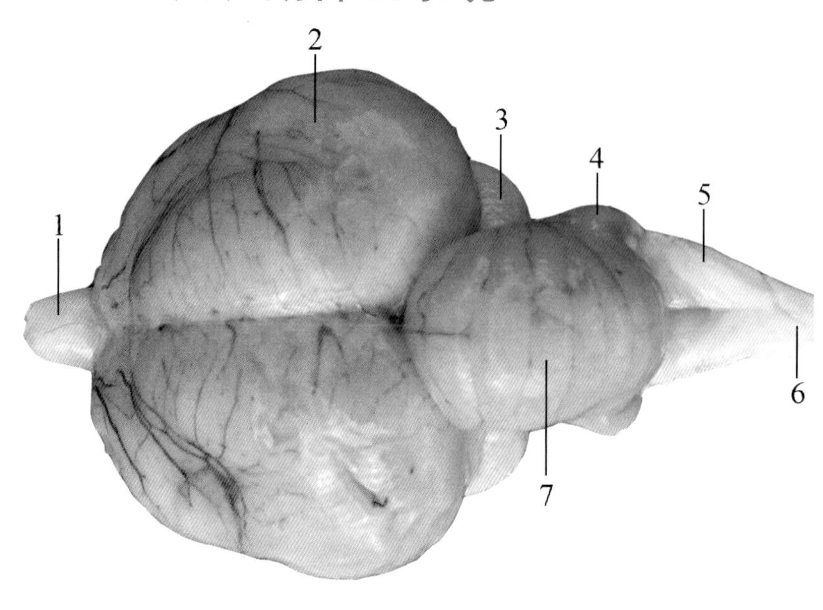

1.嗅球　2.大脑半球　3.中脑丘(视叶)　4.小脑耳
5.延脑　6.脊髓　7.小脑蚓部

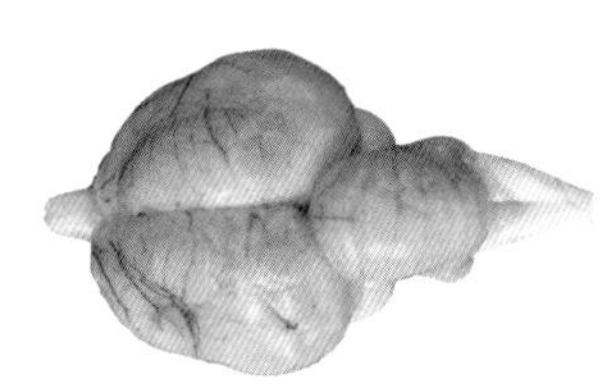

图 3-6-1　鹅脑背面观

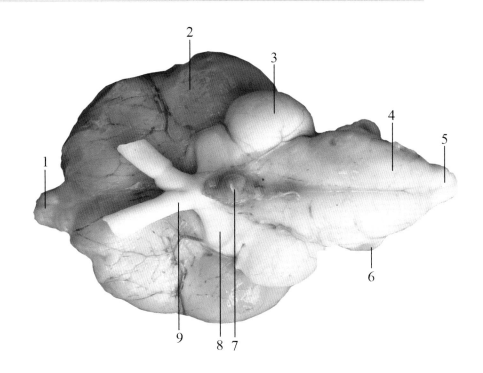

ᠭᠤᠷᠪᠠᠳᠤᠭᠠᠷ 3-6-2 ᠭᠠᠯᠠᠭᠤᠨ ᠤ ᠳᠠᠷᠢᠬᠢᠨ ᠤ ᠬᠡᠪᠡᠯᠢ ᠲᠠᠯ᠎ᠠ ᠶᠢᠨ ᠥᠵᠡᠮᠵᠢ

1.嗅球　2.大脑半球　3.中脑丘(视叶)　4.延脑
5.脊髓　6.小脑耳　7.脑垂体　8.间脑　9.视交叉

9.ᠬᠠᠷᠠᠭᠠᠨ ᠤ ᠵᠠᠭᠠᠯᠳᠤᠷᠭ᠎ᠠ
8.ᠵᠠᠪᠰᠠᠷ ᠳᠠᠷᠢᠬᠢ
7.ᠳᠠᠷᠢᠬᠢᠨ ᠤ ᠵᠠᠩᠭᠢᠯᠭ᠎ᠠ
6.ᠪᠠᠭ᠎ᠠ ᠳᠠᠷᠢᠬᠢᠨ ᠤ ᠴᠢᠬᠢ
5.ᠨᠤᠷᠤᠭᠤᠨ ᠲᠠᠷᠢᠬᠢ
4.ᠰᠤᠩᠭᠤᠭᠠᠷᠢᠭ
3.ᠳᠤᠮᠳᠠᠳᠤ ᠳᠠᠷᠢᠬᠢᠨ ᠤ ᠳᠤᠪᠤ (ᠬᠠᠷᠠᠭᠠᠨ ᠤ ᠨᠠᠪᠴᠢ)
2.ᠶᠡᠬᠡ ᠳᠠᠷᠢᠬᠢᠨ ᠤ ᠬᠠᠭᠠᠰ ᠪᠥᠮᠪᠥᠷᠴᠡᠭ
1.ᠦᠨᠦᠷ ᠤᠨ ᠪᠥᠮᠪᠥᠭᠡ

图 3-6-2　鹅脑腹面观

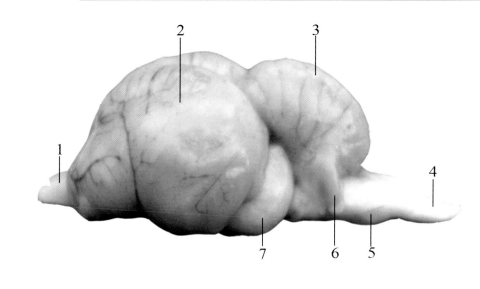

ᠲᠡᠷᠡᠭᠦᠨ 3-6-3 ᠭᠠᠯᠠᠭᠤᠨ ᠤ ᠲᠠᠷᠢᠬᠢ ᠶᠢᠨ ᠬᠠᠵᠠᠭᠤ ᠦᠵᠡᠮᠵᠢ

1.嗅球　2.大脑半球　3.小脑蚓部　4.脊髓
5.延脑　6.小脑耳　7.中脑丘(视叶)

7.ᠲᠠᠷᠢᠬᠢᠨ ᠤ ᠬᠦᠨᠳᠡᠢ (ᠬᠠᠷᠠᠭᠠᠨ ᠤ ᠳᠡᠯᠪᠢ)
6.ᠪᠠᠭᠠ ᠲᠠᠷᠢᠬᠢ ᠶᠢᠨ ᠴᠢᠬᠢ
5.ᠨᠤᠭᠤᠯᠤᠭᠤᠷ ᠲᠠᠷᠢᠬᠢ
4.ᠨᠤᠭᠤᠰᠤ
3.ᠪᠠᠭᠠ ᠲᠠᠷᠢᠬᠢ ᠶᠢᠨ ᠮᠤᠯᠵᠤᠰᠤᠨ ᠬᠡᠰᠡᠭ
2.ᠶᠡᠬᠡ ᠲᠠᠷᠢᠬᠢ ᠶᠢᠨ ᠬᠠᠭᠠᠰ ᠪᠦᠮᠪᠦᠷᠴᠡᠭ
1.ᠦᠨᠦᠷ ᠦᠨ ᠪᠦᠮᠪᠦᠭᠡ

图 3-6-3　鹅脑侧面观

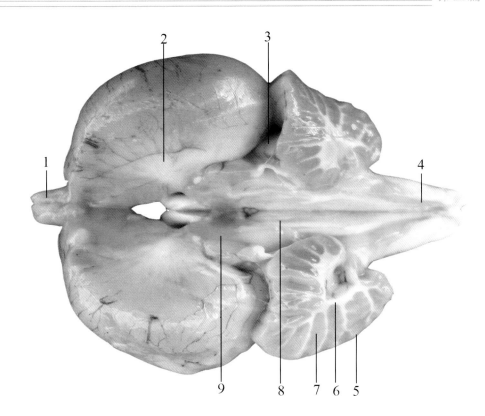

ᠲᠣᠭᠣᠷᠢᠭ 3-6-4 ᠲᠠᠩᠭᠠᠷᠢᠭ ᠤᠨ ᠡᠭᠡᠮᠡᠯ ᠪᠠ ᠬᠠᠳᠠᠮᠠᠯ ᠬᠡᠷᠡᠯᠲᠦᠷᠦᠭ᠍ᠲᠦ

1.嗅球　2.大脑半球间隔　3.中脑丘（视叶）
4.脊髓纵切面　5.小脑纵切面　6.小脑白质
7.小脑灰质　8.延脑纵切面　9.丘脑纵切面

9. ᠵᠢᠷᠦᠬᠡᠨ ᠤ ᠬᠡᠷᠡᠯᠲᠦᠷᠦᠭ᠍ᠲᠦ
8. ᠨᠢᠭᠦᠷᠰᠦᠯᠡᠭ ᠤᠨ ᠬᠡᠷᠡᠯᠲᠦᠷᠦᠭ᠍ᠲᠦ
7. ᠪᠠᠭ᠎ᠠ ᠲᠠᠷᠢᠬᠢ ᠶᠢᠨ ᠪᠣᠷᠣ
6. ᠪᠠᠭ᠎ᠠ ᠲᠠᠷᠢᠬᠢ ᠶᠢᠨ ᠴᠠᠭᠠᠨ
5. ᠪᠠᠭ᠎ᠠ ᠲᠠᠷᠢᠬᠢ ᠶᠢᠨ ᠬᠡᠷᠡᠯᠲᠦᠷᠦᠭ᠍ᠲᠦ
4. ᠨᠢᠷᠤᠭᠤᠨ ᠤ ᠬᠡᠷᠡᠯᠲᠦᠷᠦᠭ᠍ᠲᠦ
3. ᠳᠤᠮᠳᠠᠳᠤ ᠲᠠᠷᠢᠬᠢ ᠶᠢᠨ ᠲᠣᠪᠣ (ᠬᠠᠷᠠᠭᠠᠨ ᠨᠠᠪᠴᠢ)
2. ᠲᠠᠷᠢᠬᠢᠨ ᠤ ᠬᠣᠶᠠᠷ ᠪᠦᠮᠪᠦᠷᠴᠡᠭ ᠤ᠋ᠨ ᠵᠠᠪᠰᠠᠷ
1. ᠦᠨᠦᠷᠯᠡᠬᠦ ᠪᠦᠮᠪᠦᠭᠡ

图3-6-4　鹅脑纵切面

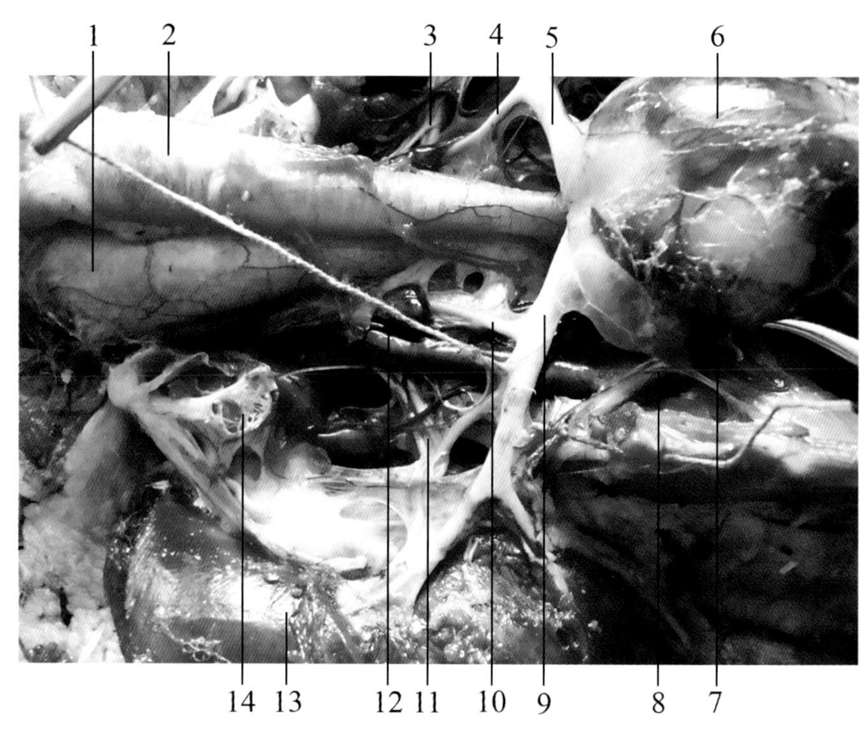

1.食管　2.气管　3.左臂神经丛　4.左颈总动脉　5.左臂头动脉
6.心脏　7.右心房　8.右前腔静脉　9.右臂头动脉　10.右颈总动脉
11.右臂神经丛　12.右侧甲状腺　13.右侧胸深肌　14.乌喙骨断端

图 3-6-5　鹅臂神经丛

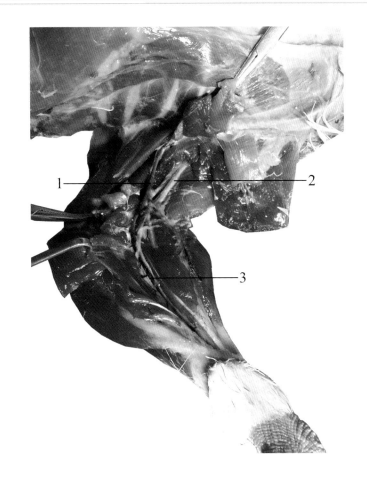

ᠭᠤᠷᠪᠠ 3-6-6 ᠭᠠᠯᠠᠭᠤᠨ ᠤ ᠱᠠᠭᠠᠢ ᠶᠢᠨ ᠮᠡᠳᠡᠷᠡᠯ (ᠳᠣᠲᠤᠭᠠᠳᠤ ᠲᠠᠯ᠎ᠠ)

1.股静脉　2.股、胫神经束　3.胫静脉

3. ᠱᠠᠭᠠᠢ ᠶᠢᠨ ᠰᠤᠳᠠᠯ
2. ᠭᠤᠶᠠᠨ᠂ ᠱᠠᠭᠠᠢ ᠶᠢᠨ ᠮᠡᠳᠡᠷᠡᠯ ᠦᠨ ᠪᠠᠭᠯᠠᠭ᠎ᠠ
1. ᠭᠤᠶᠠᠨ ᠤ ᠰᠤᠳᠠᠯ

图 3-6-6　鹅腿部神经（内侧）

七、母鹅生殖系统

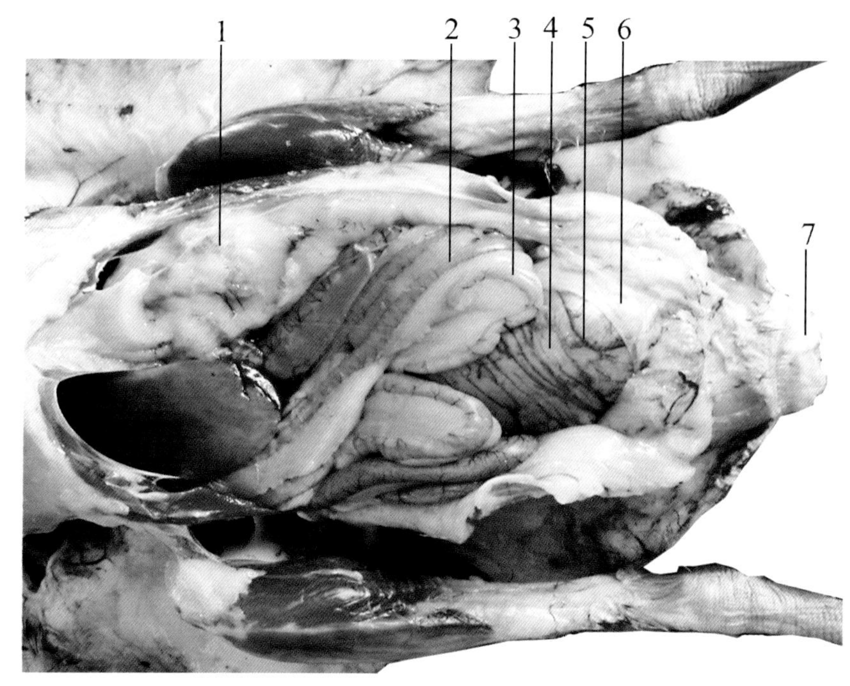

1.肌胃　2.空肠　3.盲肠　4.子宫壁
5.子宫血管　6.腹膜　7.肛门

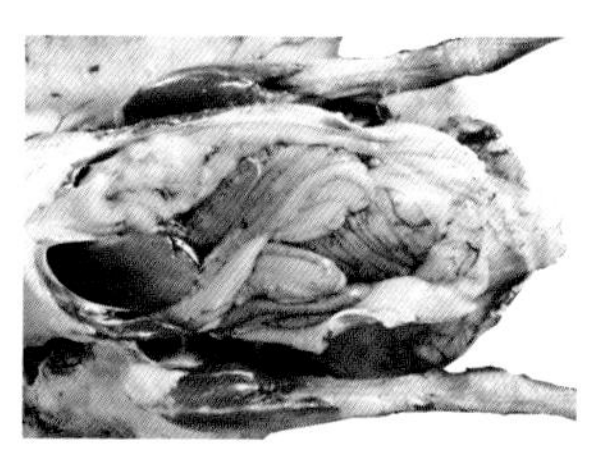

图 3-7-1　母鹅子宫在腹腔内的位置

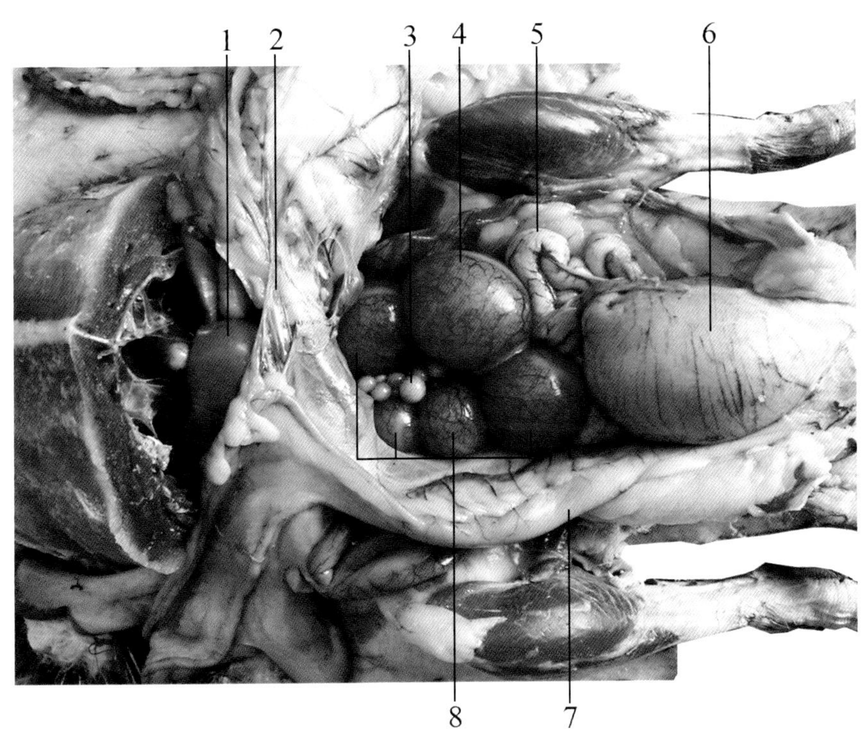

1.肝　2.肠系膜　3.次级卵泡　4.成熟卵泡(卵黄)
5.输卵管　6.子宫(成蛋)　7.直肠　8.生长卵泡

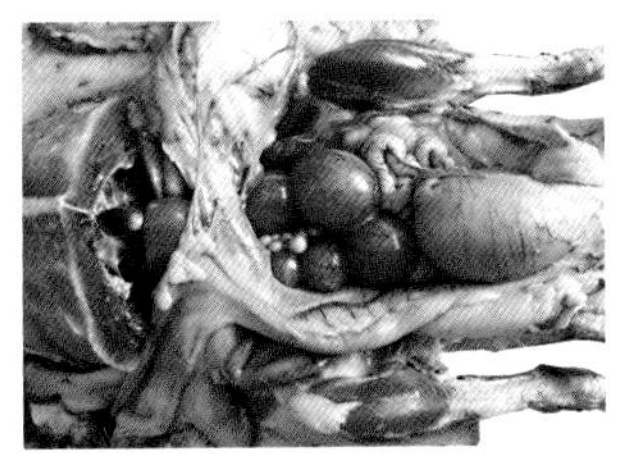

图3-7-2　母鹅生殖器官腹面观

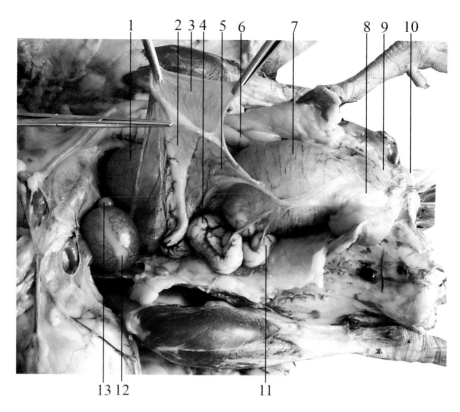

ᠵᠢᠷᠤᠭ 3-7-3 ᠨᠤᠭᠤᠰᠤ ᠬᠢᠨ ᠥᠨᠳᠡᠭᠡᠨ ᠦ ᠵᠠᠮ ᠤ ᠰᠢᠬᠠᠭᠤᠷ

1.成熟卵泡(卵黄)　2.输卵管伞　3.输卵管伞口　4.输卵管壶腹部
5.子宫韧带　6.直肠　7.子宫部　8.阴道部　9.泄殖腔
10.肛门　11.输卵管峡部　12.卵泡带　13.次级卵泡

13. ᠬᠤᠶᠠᠳᠤᠭᠠᠷ ᠤ ᠥᠨᠳᠡᠭᠡᠨ ᠤ ᠴᠢᠴᠠᠭᠠᠨ
12. ᠥᠨᠳᠡᠭᠡᠨ ᠦ ᠴᠢᠴᠠᠭᠠᠨ ᠤ ᠪᠦᠰᠡ
11. ᠥᠨᠳᠡᠭᠡᠨ ᠦ ᠵᠠᠮ ᠤ ᠬᠦᠵᠦᠬᠦᠦ ᠬᠡᠰᠡᠭ
10. ᠵᠠᠳᠠᠭᠠᠢ
9. ᠪᠣᠯᠠᠭᠠᠨ ᠪᠤᠯᠴᠢᠷᠬᠠᠢ ᠶᠢᠨ ᠬᠦᠨᠳᠡᠢ
8. ᠦᠲᠡᠭ
7. ᠤᠮᠠᠢ
6. ᠰᠢᠯᠦᠰᠦᠨ ᠭᠡᠳᠡᠰᠦ
5. ᠤᠮᠠᠢ ᠶᠢᠨ ᠱᠥᠷᠮᠥᠰᠦ
4. ᠥᠨᠳᠡᠭᠡᠨ ᠦ ᠵᠠᠮ ᠤ ᠲᠣᠮᠣ ᠬᠡᠰᠡᠭ
3. ᠥᠨᠳᠡᠭᠡᠨ ᠦ ᠵᠠᠮ ᠤ ᠰᠢᠬᠠᠭᠤᠷ ᠤ ᠠᠮᠠ
2. ᠥᠨᠳᠡᠭᠡᠨ ᠦ ᠵᠠᠮ ᠤ ᠰᠢᠬᠠᠭᠤᠷ
1. ᠪᠣᠯᠪᠠᠰᠤᠷᠠᠭᠰᠠᠨ ᠥᠨᠳᠡᠭᠡᠨ ᠤ ᠴᠢᠴᠠᠭᠠᠨ

图 3-7-3　母鹅输卵管伞

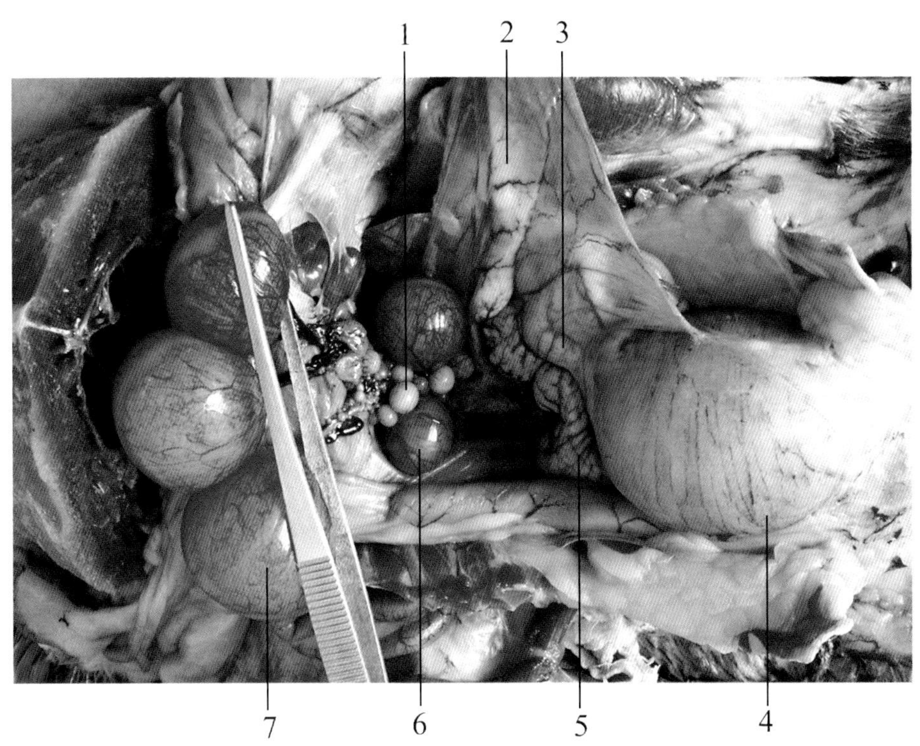

1.次级卵泡　2.输卵管伞　3.输卵管峡部　4.子宫内成蛋
5.输卵管壶腹部　6.生长卵泡　7.成熟卵泡(卵黄)

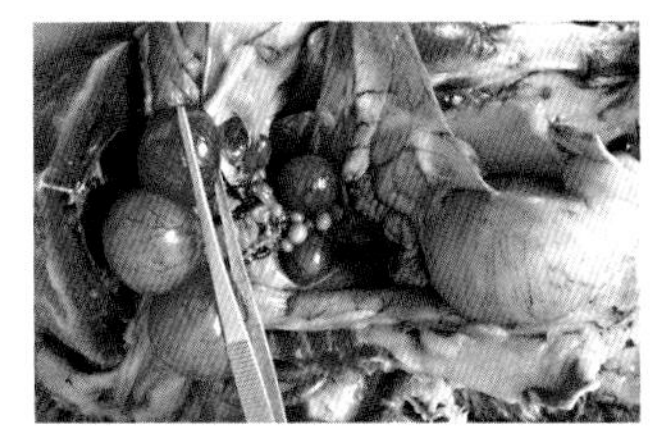

图 3-7-4　母鹅卵泡及成蛋

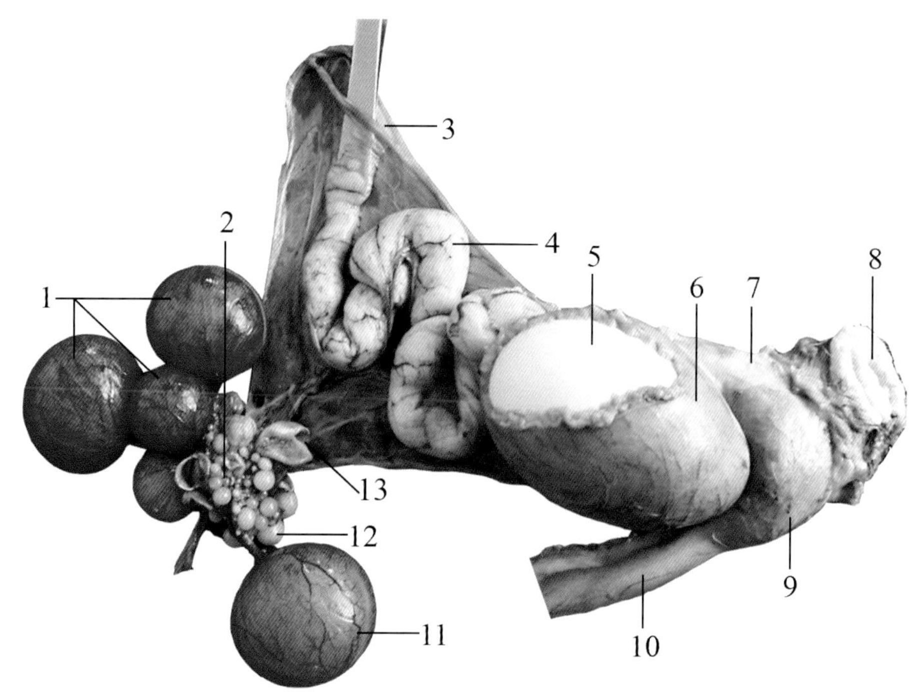

1.生长卵泡　2.卵巢　3.输卵管伞口　4.输卵管壶腹部
5.成蛋　6.子宫壁　7.阴道部　8.肛门　9.泄殖腔粪道部
10.直肠　11.成熟卵泡(卵黄)　12.次级卵泡　13.卵泡带开口

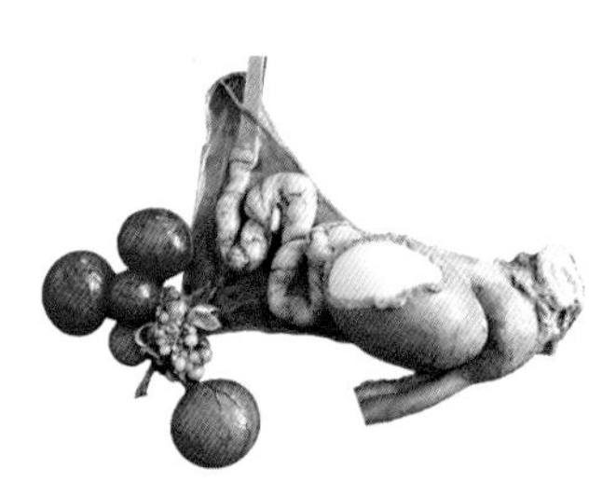

图 3-7-5　母鹅生殖器官的组成-1

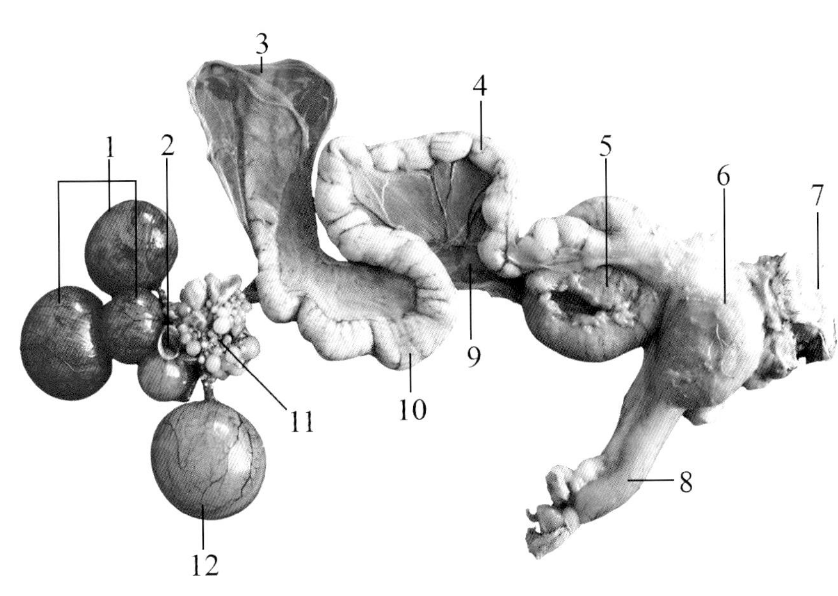

1.生长卵泡　2.卵泡带开口　3.输卵管伞　4.输卵管峡部
5.子宫　6.泄殖腔　7.肛门　8.直肠　9.子宫韧带
10.输卵管壶腹部　11.卵巢　12.成熟卵泡(卵黄)

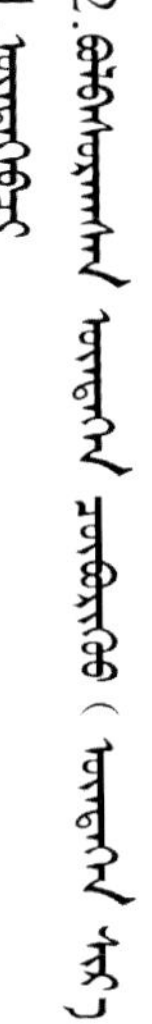

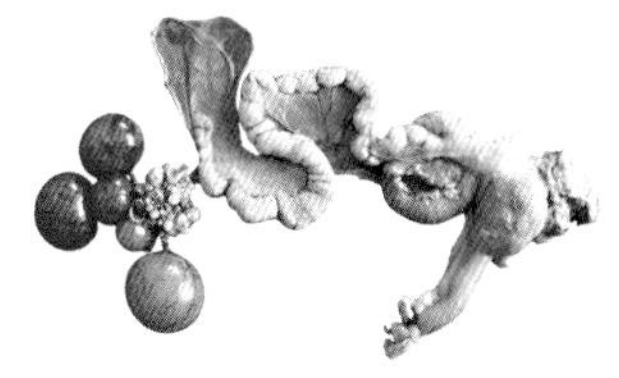

图 3-7-6　母鹅生殖器官的组成-2

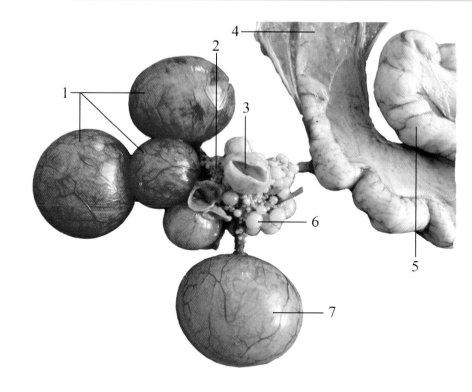

1.生长卵泡　2.卵巢　3.卵泡带开口　4.输卵管伞
5.输卵管壶腹部　6.次级卵泡　7.成熟卵泡（卵黄）

ᠲᠠᠪᠤᠨ 3-7-7 ᠡᠮᠡᠭᠡᠨ ᠭᠠᠯᠠᠭᠤ ᠶ᠋ᠢᠨ ᠥᠨᠳᠡᠭᠡᠨ ᠤ ᠪᠥᠭᠡᠮ ᠤ᠋ᠨ ᠡᠬᠢ

7.ᠪᠥᠭᠡᠯᠵᠢᠭᠦᠯᠦᠭᠰᠡᠨ ᠥᠨᠳᠡᠭᠡᠨ ᠤ ᠪᠥᠭᠡᠮ（ᠥᠨᠳᠡᠭᠡᠨ ᠰᠢᠷ᠎ᠠ）
6.ᠬᠣᠶᠠᠷ ᠳ᠋ᠠᠬᠢ ᠥᠨᠳᠡᠭᠡᠨ ᠤ ᠪᠥᠭᠡᠮ
5.ᠥᠨᠳᠡᠭᠡᠨ ᠤ ᠬᠣᠭᠣᠯᠠᠢ ᠶ᠋ᠢᠨ ᠬᠣᠳᠣᠭᠠᠳᠤ ᠬᠡᠰᠡᠭ
4.ᠥᠨᠳᠡᠭᠡᠨ ᠤ ᠬᠣᠭᠣᠯᠠᠢ ᠶ᠋ᠢᠨ ᠰᠢᠬᠦᠷ
3.ᠥᠨᠳᠡᠭᠡᠨ ᠤ ᠪᠥᠭᠡᠮ ᠤ᠋ᠨ ᠡᠬᠢ
2.ᠥᠨᠳᠡᠭᠡᠨ ᠤ ᠣᠷᠭᠤᠴᠠ
1.ᠤᠷᠭᠤᠵᠤ ᠪᠠᠢᠭ᠎ᠠ ᠥᠨᠳᠡᠭᠡᠨ ᠤ ᠪᠥᠭᠡᠮ

图 3-7-7　母鹅卵泡带开口

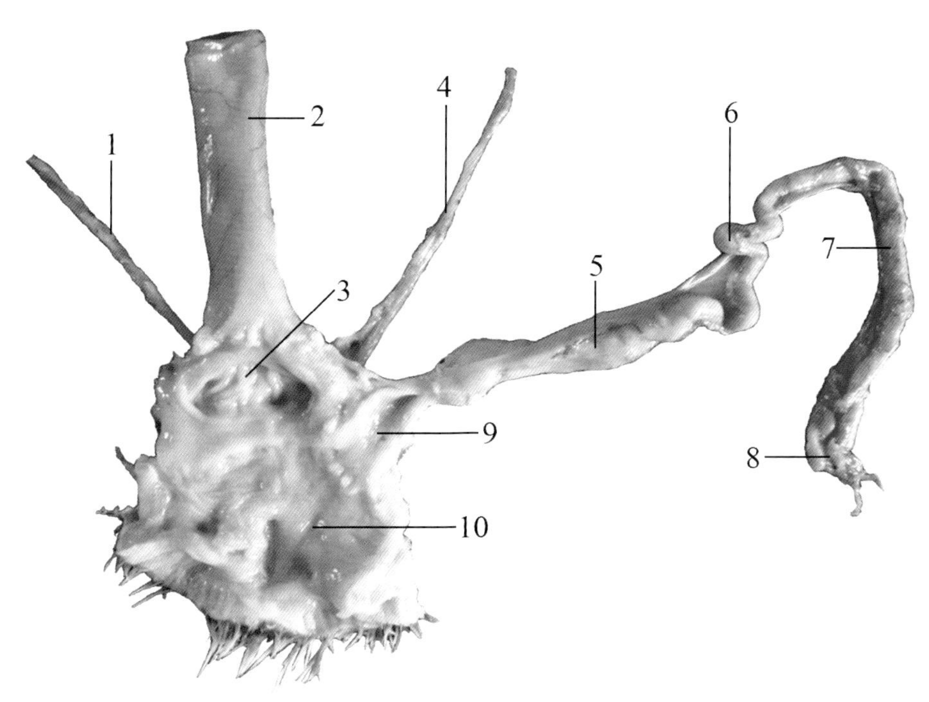

1.左侧输尿管　2.直肠　3.粪道　4.右输尿管　5.子宫部
6.输卵管峡部　7.输卵管壶腹部　8.输卵管伞　9.阴道部
10.泄殖腔

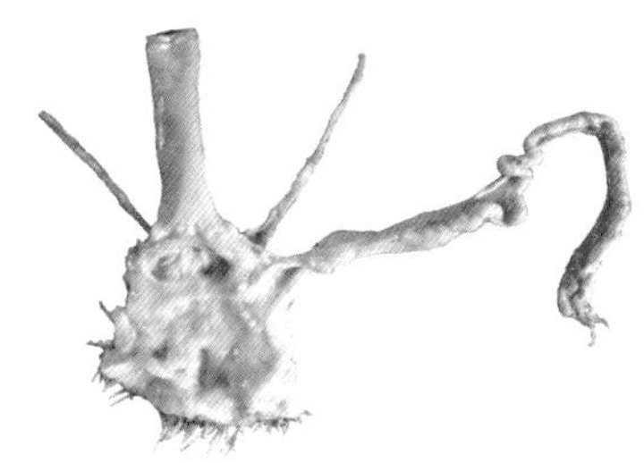

图3-7-12　母鹅生殖器官的组成-4（育成鹅）

八、公鹅生殖系统

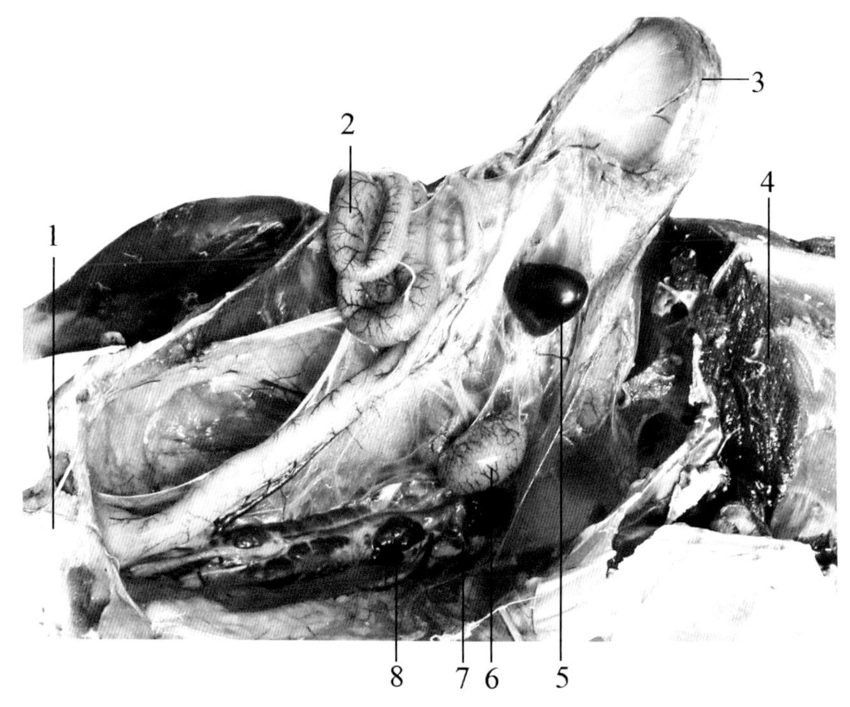

1.泄殖腔部　2.空肠　3.肌胃　4.胸浅肌断面　5.脾
6.左侧睾丸　7.髂外静脉　8.左肾中部

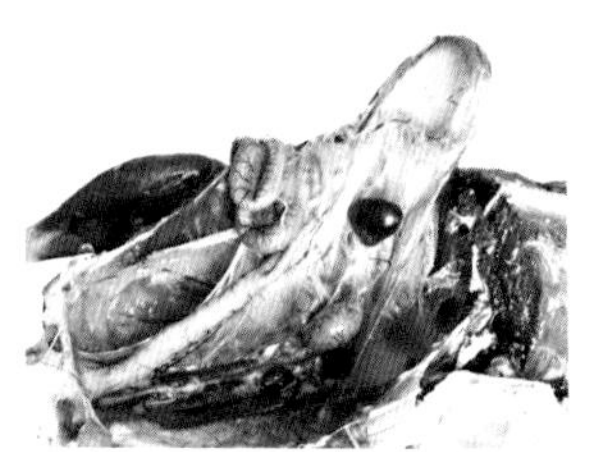

图 3-8-1　公鹅睾丸在腹腔内的位置 -1

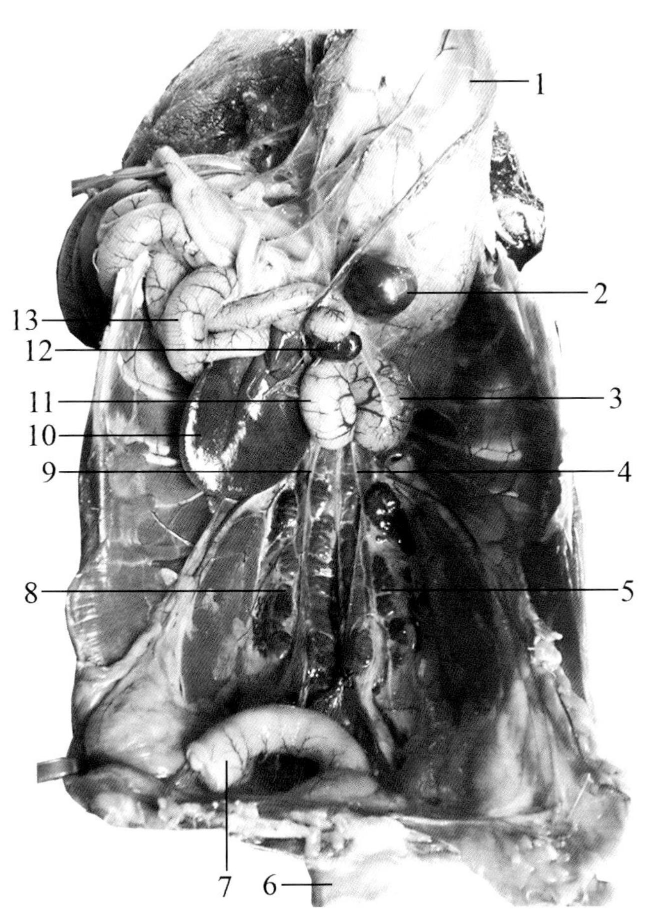

1.肌胃　2.脾　3.左侧睾丸　4.左侧输精管　5.左肾后部
6.肛门　7.直肠　8.右肾后部　9.右侧输精管
10.肝右叶　11.右侧睾丸　12.胆囊　13.空肠

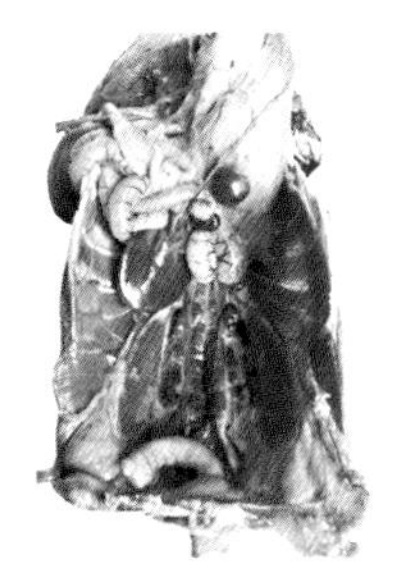

图 3-8-2　公鹅睾丸在腹腔内的位置 -2

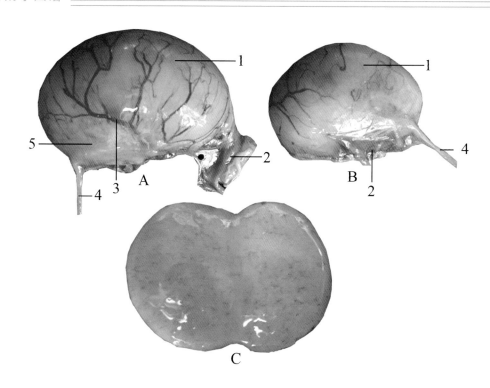

ᠲᠠᠪᠢᠨ 3-8-3 ᠡᠷᠡᠭᠡᠯᠵᠢᠨ ᠤ ᠲᠠᠵᠢᠭᠤᠷ ᠪᠠ ᠪᠤᠭᠤᠨᠢ ᠵᠦᠰᠦᠯᠳᠡ

A.左侧睾丸 B.右侧睾丸 C.睾丸纵切面
1.睾丸 2.睾丸系膜 3.睾丸血管 4.输精管 5.附睾

1. ᠲᠠᠵᠢᠭᠤᠷ
2. ᠲᠠᠵᠢᠭᠤᠷ ᠤᠨ ᠨᠢᠮᠭᠡᠨ ᠪᠦᠷᠬᠦᠪᠴᠢ
3. ᠲᠠᠵᠢᠭᠤᠷ ᠤᠨ ᠴᠢᠰᠤᠨ ᠰᠤᠳᠠᠯ
4. ᠦᠷ ᠎ᠡ ᠲᠡᠭᠡᠭᠡᠪᠦᠷᠢᠯᠡᠬᠦ ᠭᠤᠭᠴᠤᠭ᠎ᠠ
5. ᠲᠠᠵᠢᠭᠤᠷ ᠤᠨ ᠳᠠᠭᠠᠪᠤᠷᠢ

A. ᠵᠡᠭᠦᠨ ᠲᠠᠵᠢᠭᠤᠷ
B. ᠪᠠᠷᠠᠭᠤᠨ ᠲᠠᠵᠢᠭᠤᠷ
C. ᠲᠠᠵᠢᠭᠤᠷ ᠤᠨ ᠪᠤᠭᠤᠨᠢ ᠵᠦᠰᠦᠯᠳᠡ

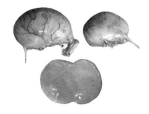

图 3-8-3 公鹅睾丸及纵切面

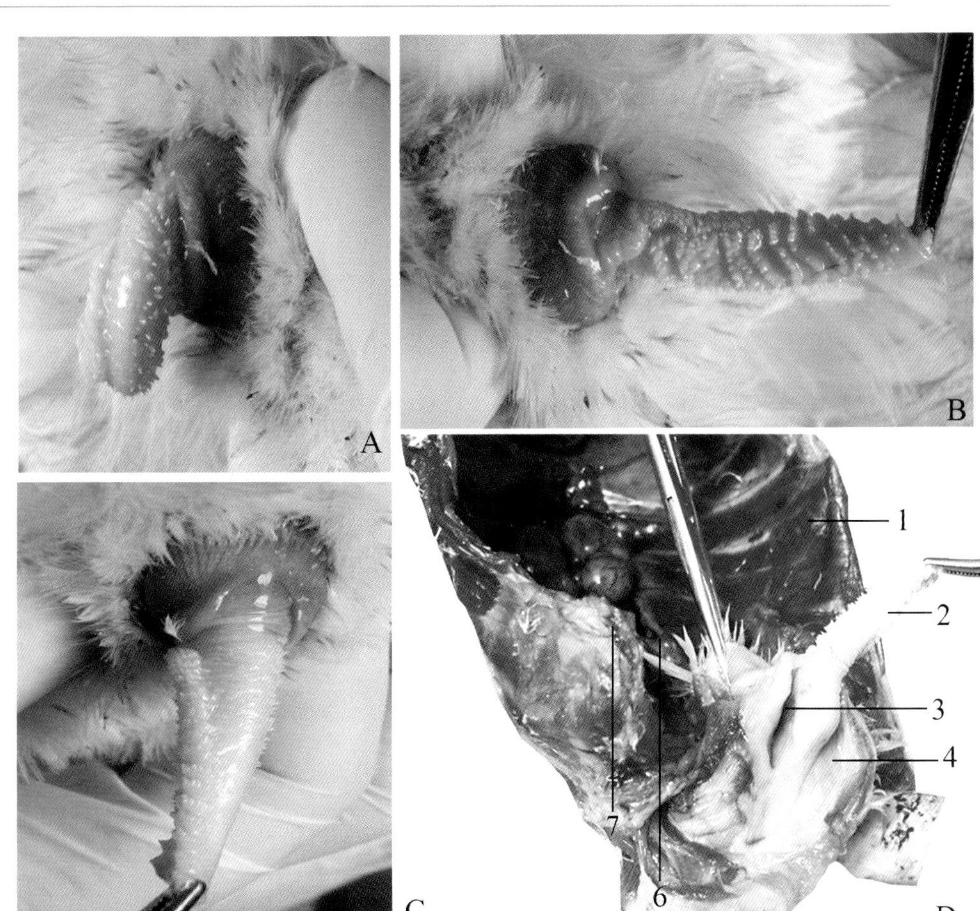

A.阴茎侧面观（自然状态）　B.阴茎侧面观（伸直状态）
C.阴茎腹侧面观（伸直状态）　D.泄殖腔剖面
1.腹壁肌　2.阴茎　3.粪道口　4.泄殖腔黏膜　5.尾部
6.左侧睾丸　7.右侧睾丸

图3-8-4　公鹅外生殖器

九、鹅内分泌系统和免疫系统

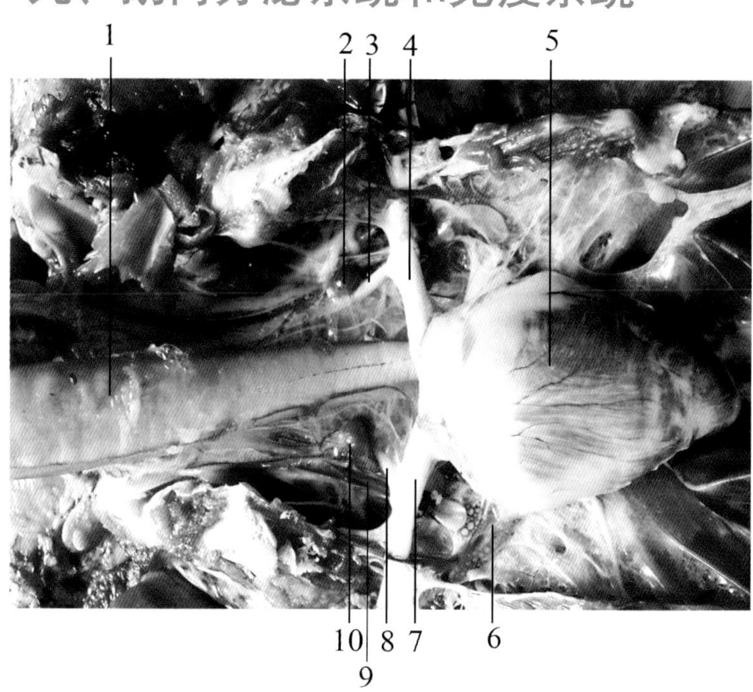

1.气管　2.左侧甲状腺　3.左颈总动脉　4.左臂头动脉
5.心脏　6.右前腔静脉　7.右臂头动脉　8.右颈总动脉
9.右颈总静脉　10.右侧甲状腺

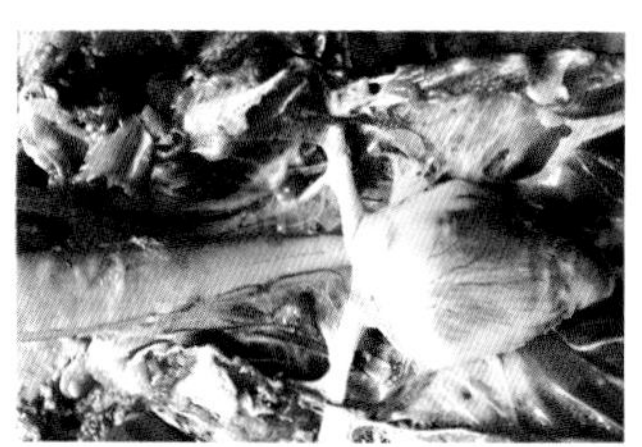

图3-9-1　鹅甲状腺位置

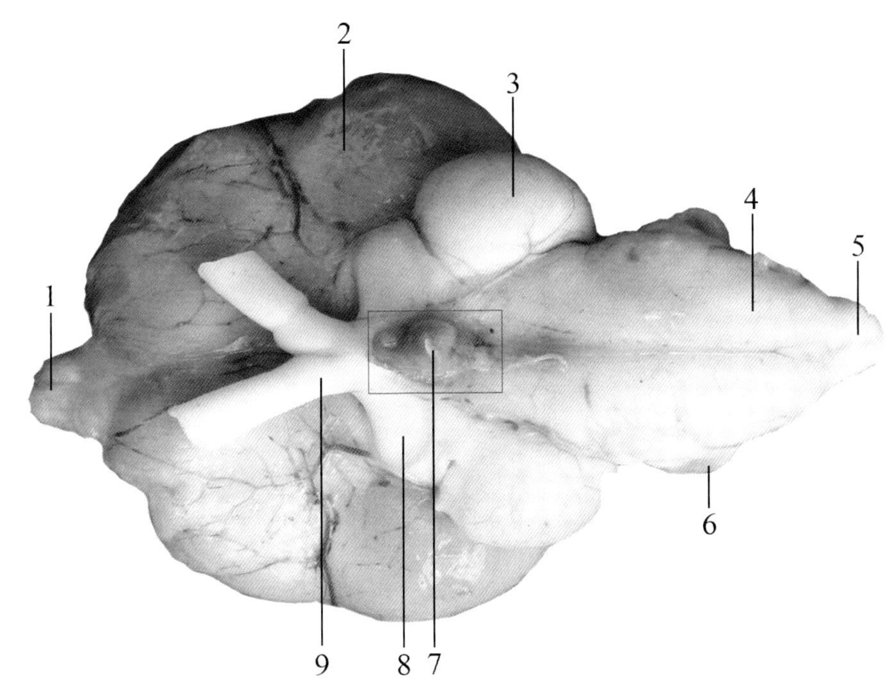

1.嗅球　2.大脑半球　3.中脑丘(视叶)　4.延脑　5.脊髓
6.小脑耳　7.脑垂体　8.间脑　9.视交叉

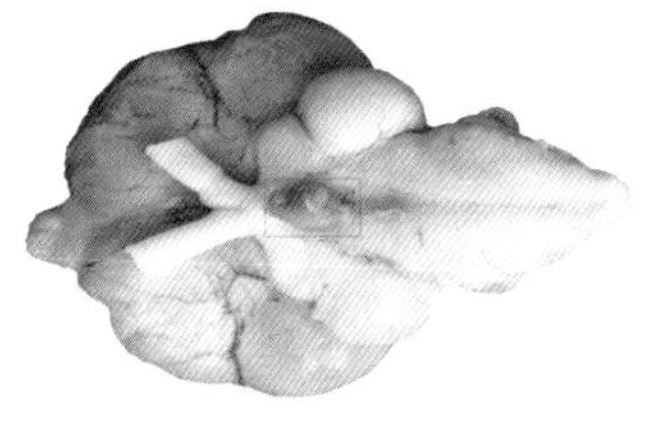

图 3-9-2　鹅脑垂体

ᠭᠤᠷᠪᠠ᠂ 3-9-3 ᠭᠠᠯᠠᠭᠤᠨ ᠤ ᠳᠡᠯᠢᠭᠦᠦ ᠶᠢᠨ ᠬᠠᠷᠢᠴᠠᠩᠭᠤᠢ ᠪᠠᠶᠢᠷᠢᠰᠢᠯ

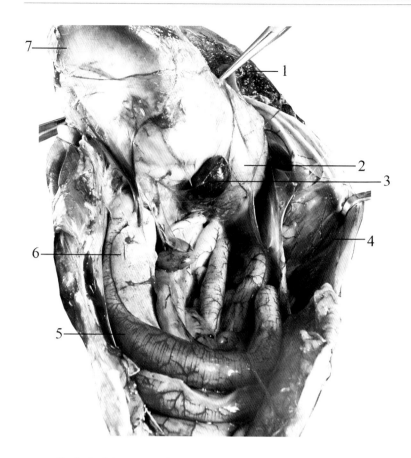

1.胸浅肌断面　2 腺胃　3.脾　4.腹腔左侧内壁
5.十二指肠　6.胰　7.肌胃

7.ᠪᠤᠯᠴᠢᠩᠲᠤ ᠬᠣᠳᠣᠭᠣᠳᠣ
6.ᠨᠣᠶᠢᠷ
5.ᠠᠷᠪᠠᠨ ᠬᠣᠶᠠᠷ ᠬᠤᠷᠤᠭᠤ ᠭᠡᠳᠡᠰᠦ
4.ᠭᠡᠳᠡᠰᠦᠨ ᠦ ᠬᠥᠨᠳᠡᠢ ᠶᠢᠨ ᠵᠡᠭᠦᠨ ᠬᠠᠵᠠᠭᠤ ᠳᠣᠲᠣᠷ ᠬᠠᠨ᠎ᠠ
3.ᠳᠡᠯᠢᠭᠦᠦ
2.ᠪᠤᠯᠴᠢᠷᠬᠠᠢᠲᠤ ᠬᠣᠳᠣᠭᠣᠳᠣ
1.ᠴᠡᠭᠡᠵᠢᠨ ᠦ ᠥᠨᠥᠷ ᠪᠤᠯᠴᠢᠩ ᠤ ᠣᠭᠳᠤᠯᠤᠯ᠎ᠠ

图 3-9-3　鹅脾脏相对位置

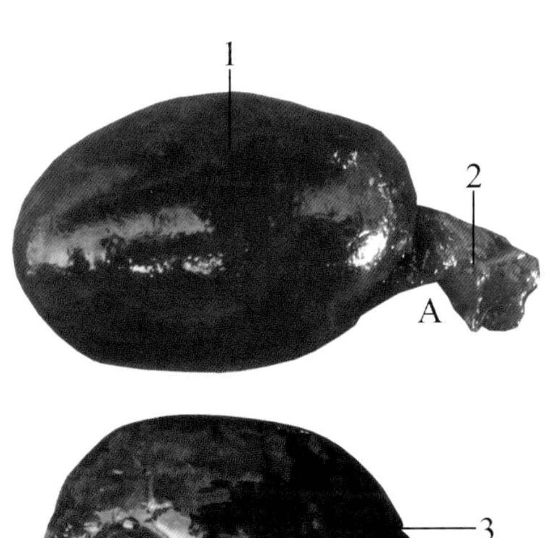

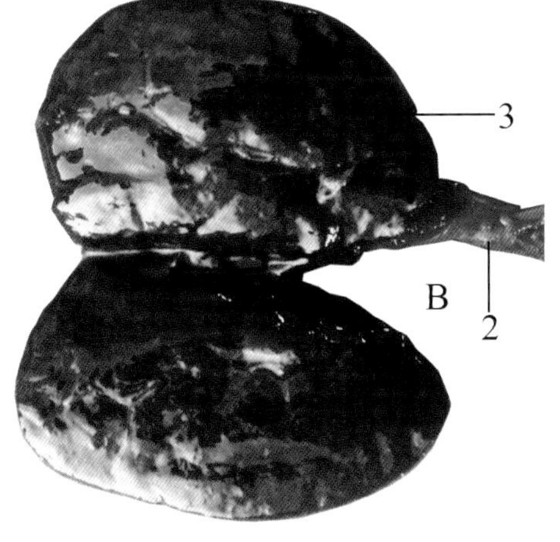

A.脾脏　B.脾纵切面
1.脾　2.脾韧带　3.脾纵切面

图 3-9-4　鹅脾脏及其纵切面

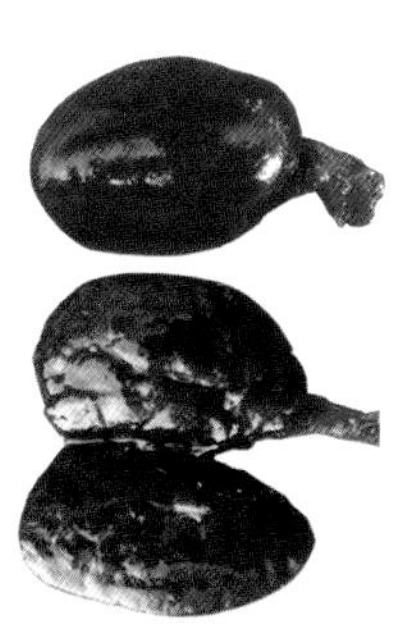

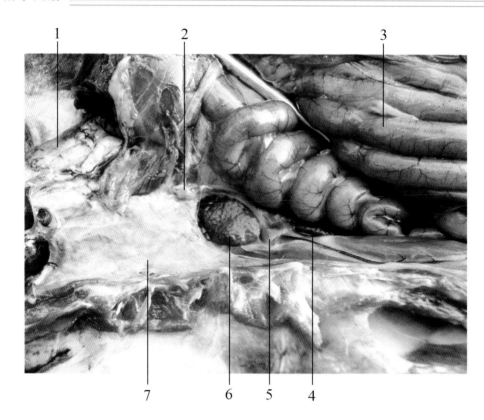

ᠵᠢᠷᠤᠭ 3-9-5 ᠭᠠᠯᠠᠭᠤᠨ ᠤ ᠪᠦᠭᠡᠷᠡᠨ ᠤ ᠳᠡᠭᠡᠳᠦ ᠪᠣᠯᠴᠢᠷᠬᠠᠢ -1

1.食管　2.右侧肾上腺　3.空肠　4.右肾中部
5.髂外静脉　6.右肾前部　7.右肺

7.ᠪᠠᠷᠠᠭᠤᠨ ᠠᠭᠤᠰᠬᠢ
6.ᠪᠦᠭᠡᠷᠡᠨ ᠤ ᠡᠮᠦᠨᠡᠬᠢ ᠬᠡᠰᠡᠭ
5.ᠭᠠᠳᠠᠨᠠᠬᠢ ᠰᠢᠯᠪᠢ ᠶᠢᠨ ᠰᠤᠳᠠᠯ
4.ᠪᠦᠭᠡᠷᠡᠨ ᠤ ᠳᠤᠮᠳᠠ ᠬᠡᠰᠡᠭ
3.ᠰᠢᠭᠦᠳᠡᠰᠦ
2.ᠪᠠᠷᠠᠭᠤᠨ ᠡᠲᠡᠭᠡᠳ ᠤᠨ ᠪᠦᠭᠡᠷᠡᠨ ᠤ ᠳᠡᠭᠡᠳᠦ ᠪᠣᠯᠴᠢᠷᠬᠠᠢ
1.ᠤᠯᠠᠭᠠᠢ

图 3-9-5　鹅肾上腺 -1

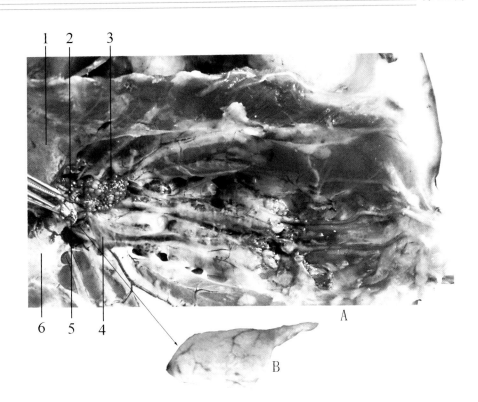

ᠵᠢᠷᠤᠭ 3-9-6 ᠭᠠᠯᠠᠭᠤᠨ ᠤ ᠪᠦᠭᠡᠷ᠎ᠡ ᠶᠢᠨ ᠳᠡᠭᠡᠳᠦ ᠪᠤᠯᠴᠢᠷᠬᠠᠢ-2

A.母鹅肾上腺相对位置　B.肾上腺

1.左肺　2.左侧肾上腺　3.卵巢　4.髂总静脉

5.右侧肾上腺　6.右肺

A. ᠡᠮ᠎ᠡ ᠭᠠᠯᠠᠭᠤᠨ ᠤ ᠪᠦᠭᠡᠷ᠎ᠡ ᠶᠢᠨ ᠳᠡᠭᠡᠳᠦ ᠪᠤᠯᠴᠢᠷᠬᠠᠢ
ᠶᠢᠨ ᠬᠠᠷᠢᠴᠠᠩᠭᠤᠢ ᠪᠠᠢᠷᠢᠰᠢᠯ
B. ᠪᠦᠭᠡᠷ᠎ᠡ ᠶᠢᠨ ᠳᠡᠭᠡᠳᠦ ᠪᠤᠯᠴᠢᠷᠬᠠᠢ

1. ᠵᠡᠭᠦᠨ ᠠᠭᠤᠰᠬᠢ
2. ᠵᠡᠭᠦᠨ ᠲᠠᠯ᠎ᠠ ᠶᠢᠨ ᠪᠦᠭᠡᠷ᠎ᠡ ᠶᠢᠨ ᠳᠡᠭᠡᠳᠦ ᠪᠤᠯᠴᠢᠷᠬᠠᠢ
3. ᠦᠨᠳᠡᠭᠡᠯᠢᠭ
4. ᠰᠡᠭᠦᠵᠢ ᠶᠢᠨ ᠶᠡᠷᠦᠩᠬᠡᠢ ᠰᠤᠳᠠᠯ
5. ᠪᠠᠷᠠᠭᠤᠨ ᠲᠠᠯ᠎ᠠ ᠶᠢᠨ ᠪᠦᠭᠡᠷ᠎ᠡ ᠶᠢᠨ ᠳᠡᠭᠡᠳᠦ ᠪᠤᠯᠴᠢᠷᠬᠠᠢ
6. ᠪᠠᠷᠠᠭᠤᠨ ᠠᠭᠤᠰᠬᠢ

图3-9-6　鹅肾上腺-2

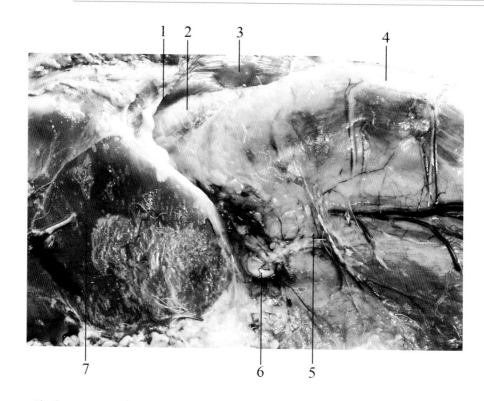

ᠭᠠᠯᠭᠤᠨ ᠤ 3-9-7 ᠵᠢᠷᠤᠭ ᠬᠦᠵᠦᠭᠦᠦ ᠴᠡᠭᠡᠵᠢ ᠶᠢᠨ ᠯᠢᠮᠹᠠ ᠵᠠᠩᠭᠢᠯᠠᠭ᠎ᠠ

1.胸腔入口　2.气管　3.食管　4.颈部　5.颈部皮下组织及脂肪
6.颈胸淋巴结　7.胸浅(大)肌

7. ᠴᠡᠭᠡᠵᠢ ᠶᠢᠨ ᠥᠨᠳᠥᠷ （ᠶᠡᠬᠡ）ᠪᠤᠯᠴᠢᠩ
6. ᠬᠦᠵᠦᠭᠦᠦ ᠴᠡᠭᠡᠵᠢ ᠶᠢᠨ ᠯᠢᠮᠹᠠ ᠵᠠᠩᠭᠢᠯᠠᠭ᠎ᠠ
5. ᠬᠦᠵᠦᠭᠦᠦ ᠶᠢᠨ ᠠᠷᠠᠰᠤᠨ ᠳᠣᠣᠷᠠᠬᠢ ᠵᠦᠢᠯ ᠪᠠ ᠥᠭᠡᠬᠦ
4. ᠬᠦᠵᠦᠭᠦᠦ
3. ᠢᠳᠡᠭᠡᠨ ᠦ ᠰᠤᠪᠠᠭ
2. ᠠᠮᠢᠰᠬᠤᠯ ᠤᠨ ᠰᠤᠪᠠᠭ
1. ᠴᠡᠭᠡᠵᠢ ᠶᠢᠨ ᠬᠥᠨᠳᠡᠢ ᠶᠢᠨ ᠠᠮᠠᠰᠠᠷ

图 3-9-7　鹅颈胸淋巴结

十、鹅运动系统

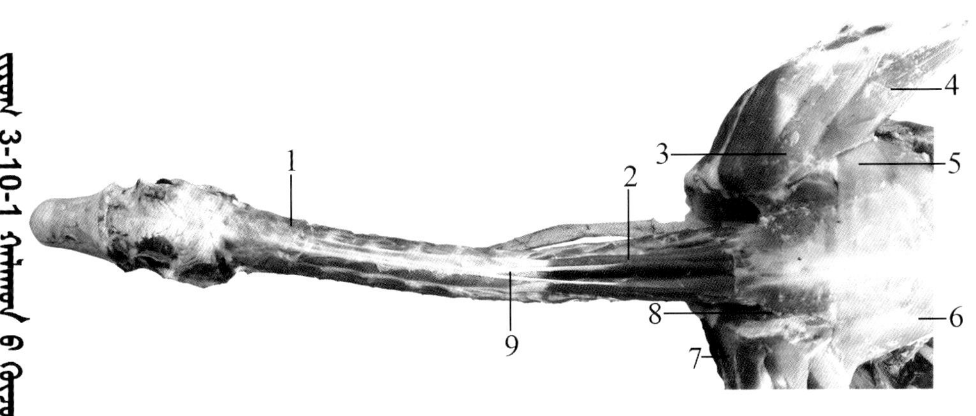

1.复肌　2.颈二腹肌(头棘肌)　3.大三角肌　4.臂三头肌肩胛部
5.前背阔肌　6.后背阔肌　7.前翼膜肌　8.浅菱形肌
9.颈二腹肌腱

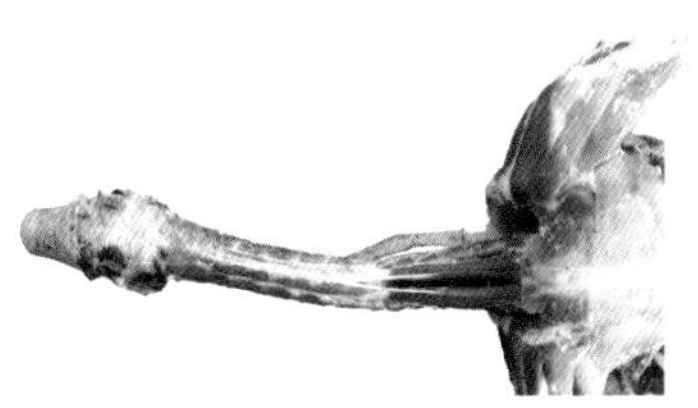

图 3-10-1　鹅颈肩部背侧肌肉

ᠭᠡᠷᠡᠯ 3-10-2 ᠭᠠᠯᠠᠭᠤᠨ ᠤ ᠲᠣᠯᠤᠭᠠᠢ ᠬᠦᠵᠦᠭᠦᠦ ᠶᠢᠨ ᠭᠠᠳᠠᠷ ᠳᠠᠪᠬᠤᠷᠭ᠎ᠠ ᠶᠢᠨ ᠪᠤᠯᠴᠢᠩ

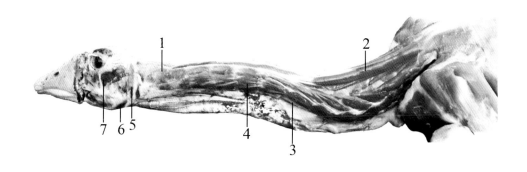

1.复肌　2.颈二腹肌(头棘肌)　3.颈腹侧长肌　4.横突间肌
5.下颌降肌　6.下颌间肌　7.下颌外收肌

7.ᠳᠣᠣᠷᠠᠳᠤ ᠡᠷᠡᠤᠦ ᠶᠢᠨ ᠭᠠᠳᠠᠷ ᠬᠤᠷᠢᠶᠠᠭᠴᠢ ᠪᠤᠯᠴᠢᠩ
6.ᠳᠣᠣᠷᠠᠳᠤ ᠡᠷᠡᠤᠦ ᠶᠢᠨ ᠵᠠᠪᠰᠠᠷ ᠤᠨ ᠪᠤᠯᠴᠢᠩ
5.ᠳᠣᠣᠷᠠᠳᠤ ᠡᠷᠡᠤᠦ ᠶᠢᠨ ᠪᠠᠭᠤᠷᠠᠭᠤᠯᠤᠭᠴᠢ ᠪᠤᠯᠴᠢᠩ
4.ᠬᠥᠨᠳᠡᠯᠡᠨ ᠤ ᠵᠠᠪᠰᠠᠷ ᠤᠨ ᠪᠤᠯᠴᠢᠩ
3.ᠬᠦᠵᠦᠭᠦᠦ ᠶᠢᠨ ᠭᠡᠳᠡᠰᠦᠨ ᠲᠠᠯ᠎ᠠ ᠶᠢᠨ ᠤᠷᠳᠤ ᠪᠤᠯᠴᠢᠩ
2.ᠬᠦᠵᠦᠭᠦᠦ ᠶᠢᠨ ᠬᠣᠶᠠᠷ ᠭᠡᠳᠡᠰᠦᠳᠦ ᠪᠤᠯᠴᠢᠩ (ᠳᠣᠯᠤᠭᠠᠢ ᠥᠷᠭᠡᠰᠦᠳᠦ ᠪᠤᠯᠴᠢᠩ)
1.ᠳᠠᠪᠬᠤᠷ ᠪᠤᠯᠴᠢᠩ

图 3-10-2　鹅头颈部浅层肌肉

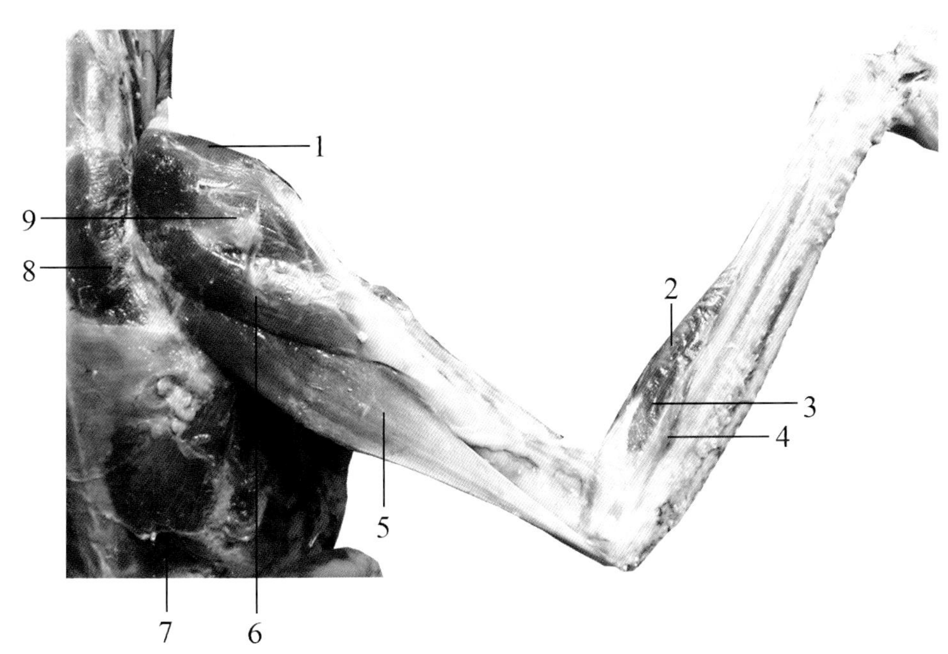

1.前翼膜肌　2.掌桡侧伸肌　3.指总伸肌　4.掌尺侧伸肌
5.臂三头肌肩胛部　6.大三角肌　7.后背阔肌　8.前背阔肌
9.小三角肌

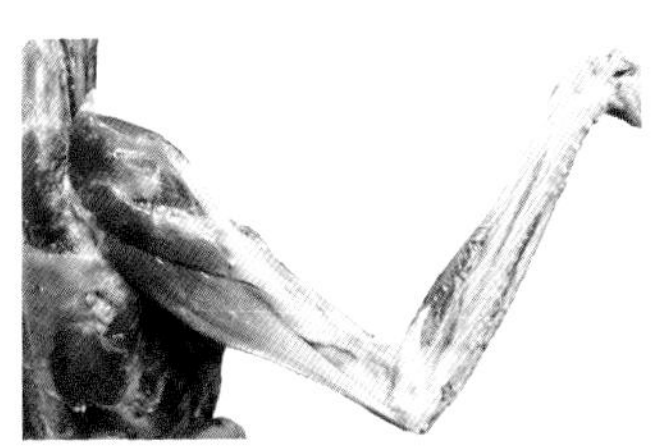

图3-10-3　鹅翼部背侧浅层肌肉

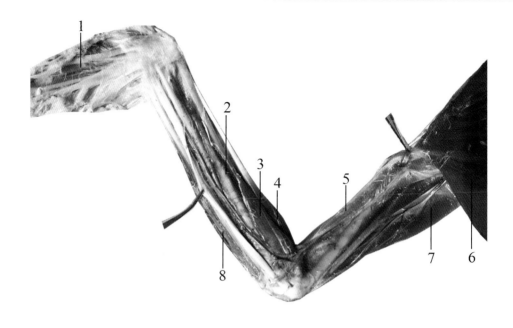

ᠭᠤᠷᠪᠠ 3-10-4 ᠭᠠᠯᠠᠭᠤᠨ ᠤ ᠵᠢᠭᠦᠷ ᠤᠨ ᠬᠡᠪᠡᠯᠢ ᠲᠠᠯ᠎ᠠ ᠶᠢᠨ ᠥᠡᠭᠭᠡᠨ ᠳᠠᠪᠬᠤᠷᠭ᠎ᠠ ᠶᠢᠨ ᠪᠤᠯᠴᠢᠩ

1.骨间腹侧肌　2.指深屈肌　3.旋前浅肌　4.掌桡侧伸肌
5.臂二头肌　6.胸浅(大)肌　7.臂三头肌臂部　8.腕尺侧屈肌

8. ᠭᠠᠷ ᠤᠨ ᠬᠠᠵᠠᠭᠤ ᠶᠢᠨ ᠨᠤᠭᠤᠯᠤᠷ ᠤᠨ ᠪᠤᠯᠴᠢᠩ
7. ᠰᠡᠭᠡᠷᠴᠡᠭ ᠤᠨ ᠭᠤᠷᠪᠠᠨ ᠲᠣᠯᠤᠭᠠᠢᠲᠤ ᠪᠤᠯᠴᠢᠩ (ᠭᠠᠷ)
6. ᠴᠡᠭᠡᠵᠢᠨ ᠤ ᠥᠡᠭᠭᠡᠨ (ᠶᠡᠬᠡ) ᠪᠤᠯᠴᠢᠩ
5. ᠰᠡᠭᠡᠷᠴᠡᠭ ᠤᠨ ᠬᠣᠶᠠᠷ ᠲᠣᠯᠤᠭᠠᠢᠲᠤ ᠪᠤᠯᠴᠢᠩ
4. ᠠᠯᠠᠭ᠎ᠠ ᠶᠢᠨ ᠬᠤᠯᠤ ᠶᠢᠨ ᠲᠠᠯ᠎ᠠ ᠶᠢᠨ ᠰᠤᠩᠭᠠᠯᠲᠠ ᠶᠢᠨ ᠪᠤᠯᠴᠢᠩ
3. ᠤᠷᠢᠳᠤ ᠡᠷᠭᠢᠯᠳᠡ ᠶᠢᠨ ᠥᠡᠭᠭᠡᠨ ᠪᠤᠯᠴᠢᠩ
2. ᠬᠤᠷᠤᠭᠤᠨ ᠤ ᠭᠦᠨ ᠨᠤᠭᠤᠯᠤᠷ ᠤᠨ ᠪᠤᠯᠴᠢᠩ
1. ᠶᠠᠰᠤ ᠬᠤᠭᠤᠷᠤᠨᠳᠤᠬᠢ ᠬᠡᠪᠡᠯᠢ ᠲᠠᠯ᠎ᠠ ᠶᠢᠨ ᠪᠤᠯᠴᠢᠩ

图 3-10-4　鹅翼部腹侧浅层肌肉

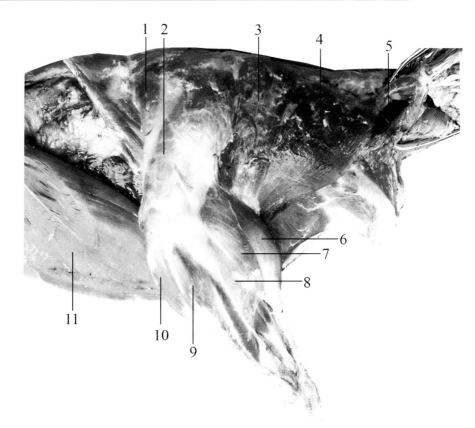

1.髂胫前肌　2.股胫肌　3.髂胫外侧肌　4.股外侧屈肌
5.尾股肌　6.腓肠肌外部　7.第二趾有孔穿屈肌
8.第三趾有孔穿屈肌　9.腓骨长肌　10.腓肠肌　11.胸浅(大)肌

1.ᠬᠢᠯᠭᠠᠰᠤᠨ ᠤ ᠡᠮᠦᠨᠡᠲᠦ ᠪᠤᠯᠴᠢᠩ
2.ᠭᠤᠶᠠᠨ ᠤ ᠬᠢᠯᠭᠠᠰᠤᠨ ᠪᠤᠯᠴᠢᠩ
3.ᠬᠢᠯᠭᠠᠰᠤᠨ ᠤ ᠭᠠᠳᠠᠭᠠᠳᠤ ᠲᠠᠯ᠎ᠠ ᠶᠢᠨ ᠪᠤᠯᠴᠢᠩ
4.ᠭᠤᠶᠠᠨ ᠤ ᠭᠠᠳᠠᠭᠠᠳᠤ ᠲᠠᠯ᠎ᠠ ᠶᠢᠨ ᠮᠠᠲᠠᠭᠠᠯ ᠤ ᠪᠤᠯᠴᠢᠩ
5.ᠰᠡᠭᠦᠯ ᠭᠤᠶᠠᠨ ᠤ ᠪᠤᠯᠴᠢᠩ
6.ᠬᠢᠯᠭᠠᠰᠤᠨ ᠭᠡᠳᠡᠰᠦᠨ ᠪᠤᠯᠴᠢᠩ ᠤ ᠭᠠᠳᠠᠭᠠᠳᠤ ᠬᠡᠰᠡᠭ
7.ᠬᠤᠶᠠᠳᠤᠭᠠᠷ ᠬᠠᠷᠠᠭᠠᠢ ᠶᠢᠨ ᠨᠦᠬᠡᠲᠡᠢ ᠨᠡᠪᠲᠡᠷᠡᠭᠰᠡᠨ ᠮᠠᠲᠠᠭᠠᠯ ᠤ ᠪᠤᠯᠴᠢᠩ
8.ᠭᠤᠷᠪᠠᠳᠤᠭᠠᠷ ᠬᠠᠷᠠᠭᠠᠢ ᠶᠢᠨ ᠨᠦᠬᠡᠲᠡᠢ ᠨᠡᠪᠲᠡᠷᠡᠭᠰᠡᠨ ᠮᠠᠲᠠᠭᠠᠯ ᠤ ᠪᠤᠯᠴᠢᠩ
9.ᠬᠢᠯᠭᠠᠰᠤᠨ ᠶᠠᠰᠤᠨ ᠤ ᠤᠷᠲᠤ ᠪᠤᠯᠴᠢᠩ
10.ᠬᠢᠯᠭᠠᠰᠤᠨ ᠭᠡᠳᠡᠰᠦᠨ ᠪᠤᠯᠴᠢᠩ
11.ᠡᠪᠴᠢᠭᠦᠨ ᠤ ᠭᠦᠢᠬᠡᠨ (ᠶᠡᠬᠡ) ᠪᠤᠯᠴᠢᠩ

图 3-10-5　鹅腿部外侧肌肉 -1

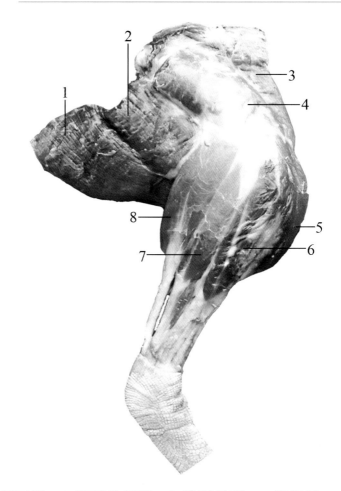

ᠭᠤᠷᠪᠠ 3-10-6 ᠭᠠᠯᠠᠭᠤᠨ ᠤ ᠰᠢᠢᠷ ᠤᠨ ᠭᠠᠳᠠᠨᠠᠬᠢ ᠲᠠᠯ᠎ᠠ ᠶᠢᠨ ᠪᠤᠯᠴᠢᠩ -2

1.股外侧屈肌　2.髂胫外侧肌　3.髂胫前肌　4.股胫肌　5.腓肠肌
6.腓骨长肌　7.第二趾有孔穿屈肌　8.腓肠肌外部

8.ᠪᠣᠯᠴᠢᠩ ᠤᠨ ᠭᠠᠳᠠᠨᠠᠬᠢ ᠬᠡᠰᠡᠭ
7.ᠬᠣᠶᠠᠳᠤᠭᠠᠷ ᠬᠤᠷᠤᠭᠤ ᠶᠢᠨ ᠴᠣᠭᠣᠷᠬᠠᠢ ᠨᠡᠪᠲᠡ ᠪᠣᠯᠴᠢᠩ
6.ᠨᠠᠷᠢᠨ ᠱᠠᠭ᠎ᠠ ᠶᠢᠨ ᠤᠷᠲᠤ ᠪᠣᠯᠴᠢᠩ
5.ᠨᠠᠷᠢᠨ ᠱᠠᠭ᠎ᠠ ᠶᠢᠨ ᠭᠡᠳᠡᠰᠦᠨ ᠪᠣᠯᠴᠢᠩ
4.ᠭᠤᠶ᠎ᠠ ᠱᠠᠭ᠎ᠠ ᠶᠢᠨ ᠪᠣᠯᠴᠢᠩ
3.ᠰᠢᠯᠪᠢ ᠱᠠᠭ᠎ᠠ ᠶᠢᠨ ᠡᠮᠦᠨᠡᠬᠢ ᠪᠣᠯᠴᠢᠩ
2.ᠰᠢᠯᠪᠢ ᠱᠠᠭ᠎ᠠ ᠶᠢᠨ ᠭᠠᠳᠠᠨᠠᠬᠢ ᠪᠣᠯᠴᠢᠩ
1.ᠭᠤᠶ᠎ᠠ ᠶᠢᠨ ᠭᠠᠳᠠᠨᠠᠬᠢ ᠡᠪᠬᠡᠯᠳᠦᠬᠦ ᠪᠣᠯᠴᠢᠩ

图 3-10-6　鹅腿部外侧肌肉 -2

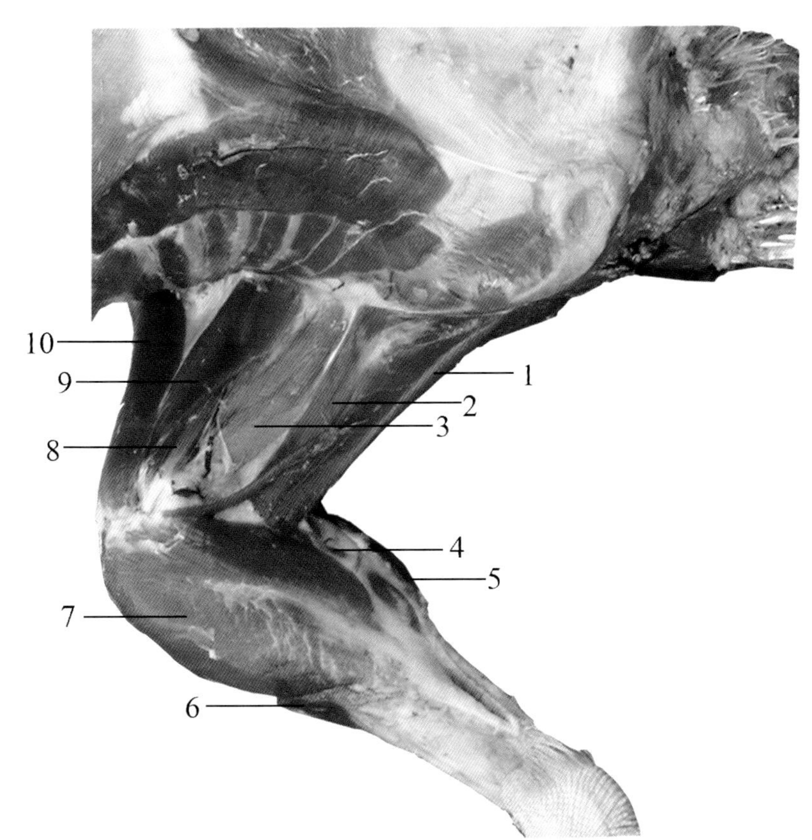

1.股外侧屈肌　2.股内侧屈肌　3.耻坐股肌　4.第三趾有孔穿屈肌
5.腓肠肌外侧部　6.趾长伸肌　7.腓肠肌内侧部　8.股胫肌
9.栖肌(耻骨肌)　10.髂胫前肌

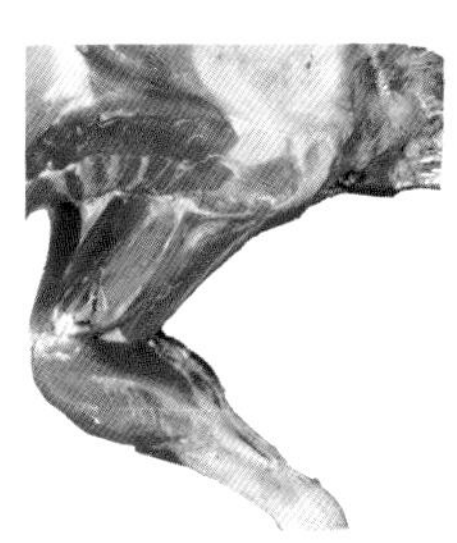

图 3-10-7　鹅腿部内侧肌肉 -1

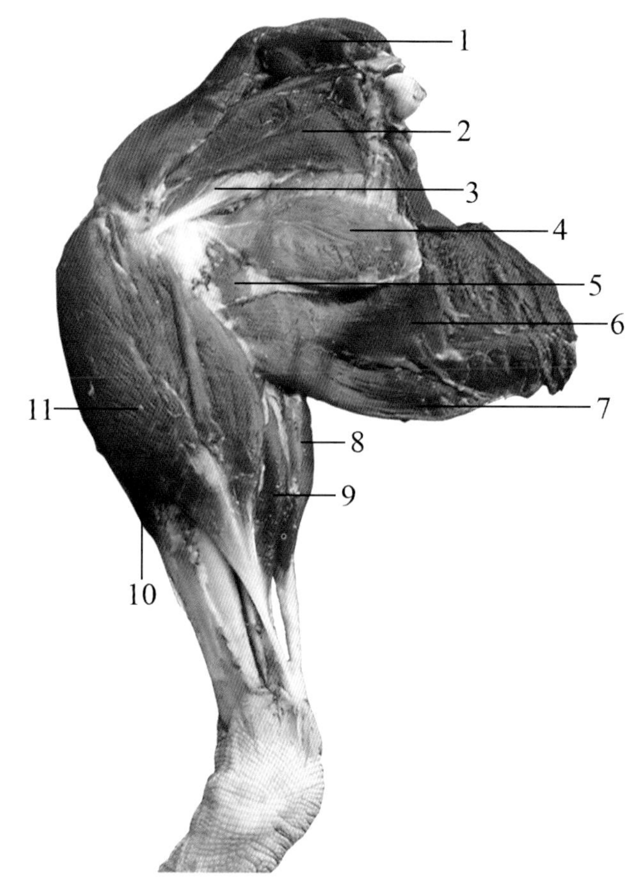

1.髂胫前肌　2.栖肌(耻骨肌)　3.股胫肌　4.耻坐股肌
5.拇长屈肌　6.股内侧屈肌　7.股外侧屈肌　8.腓肠肌外侧部
9.第三趾有孔穿屈肌　10.趾长伸肌　11.腓肠肌内侧部

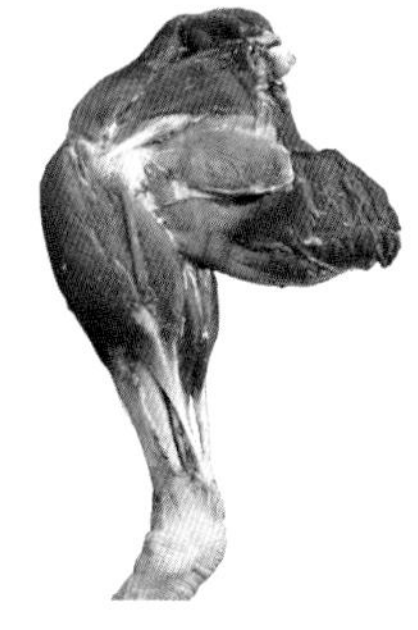

图 3-10-8　鹅腿部内侧肌肉 -2

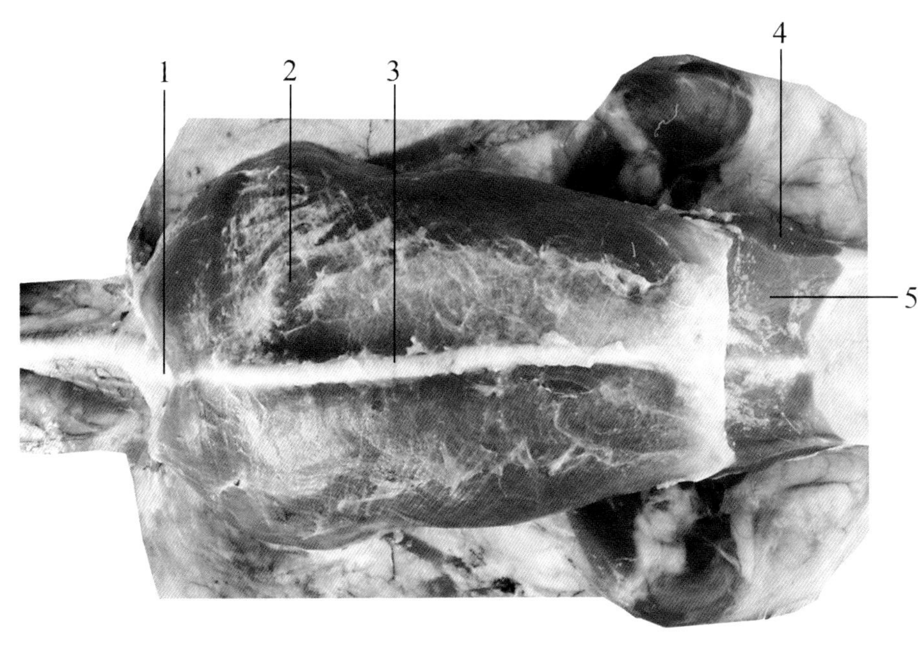

1.胸腔前口　2.胸浅(大)肌　3.胸骨嵴(龙骨嵴)
4.腹外斜肌　5.腹直肌

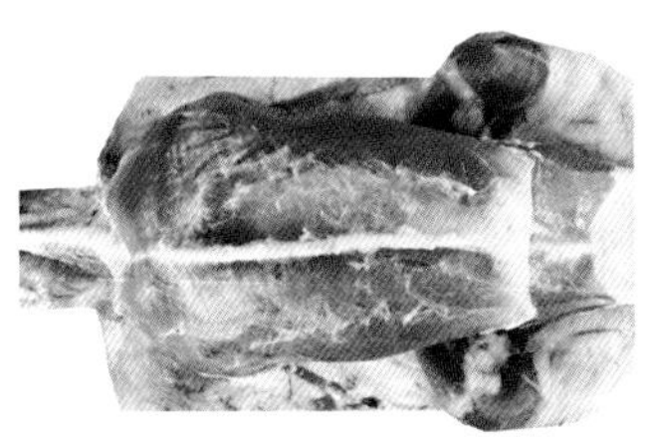

图 3-10-9　鹅胸腹部肌肉 -1

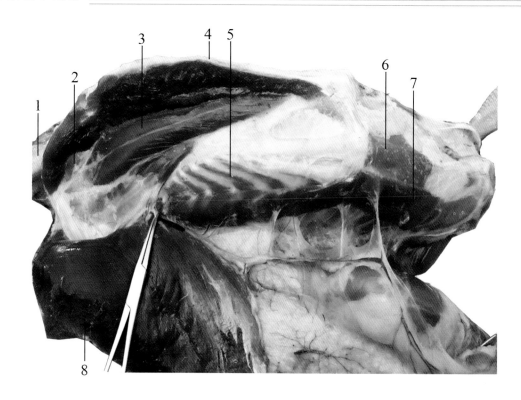

ᠭᠠᠯᠪᠠ 3-10-10 ᠭᠠᠯᠠᠭᠤᠨ ᠤ ᠡᠪᠴᠡᠭᠦᠦ ᠬᠡᠪᠡᠯᠢ ᠶᠢᠨ ᠪᠤᠯᠴᠢᠩ -2

1.颈部　2.锁骨间气囊　3.胸深(小)肌　4.胸骨嵴(龙骨嵴)
5.肋间肌　6.腹横肌　7.腹内斜肌　8.胸浅肌断面

8. ᠡᠪᠴᠡᠭᠦᠦ ᠶᠢᠨ ᠭᠠᠳᠠᠷ ᠪᠤᠯᠴᠢᠩ ᠤ ᠬᠦᠨᠳᠡᠯᠡᠨ ᠵᠢᠰᠦᠮ
7.ᠳᠣᠲᠣᠷ ᠤ ᠭᠡᠳᠡᠰᠦᠨ ᠤ (ᠬᠡᠪᠡᠯᠢ) ᠬᠠᠵᠠᠭᠤ ᠪᠤᠯᠴᠢᠩ
6.ᠬᠡᠪᠡᠯᠢ ᠶᠢᠨ ᠬᠦᠨᠳᠡᠯᠡᠨ ᠪᠤᠯᠴᠢᠩ
5.ᠬᠠᠪᠢᠷᠭᠠᠨ ᠤ ᠵᠠᠪᠰᠠᠷ ᠤᠨ ᠪᠤᠯᠴᠢᠩ
4.ᠡᠪᠴᠡᠭᠦᠦ ᠶᠢᠨ ᠢᠷᠤᠭᠠᠷ (ᠤᠷᠤᠭ)
3.ᠡᠪᠴᠡᠭᠦᠦ ᠶᠢᠨ ᠭᠦᠨ ᠪᠤᠯᠴᠢᠩ
2.ᠡᠭᠡᠮ ᠳᠡᠭᠡᠷᠡᠬᠢ ᠶᠢᠨ ᠬᠡᠢ ᠶᠢᠨ ᠤᠭᠤᠲᠠ
1.ᠬᠦᠵᠦᠭᠦᠦ

图 3-10-10　鹅胸腹部肌肉 -2

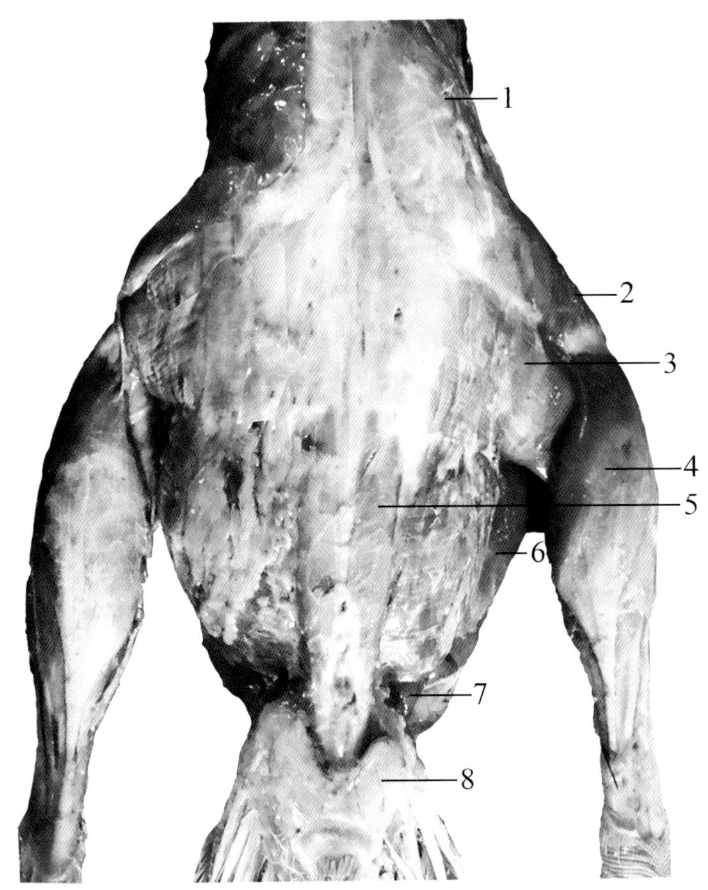

1.后背阔肌　2.股胫肌　3.髂胫外侧肌　4.腓肠肌
5.背最长肌　6.股外侧屈肌　7.尾提肌　8.尾脂腺

图 3-10-11　鹅腰荐部背侧浅层肌肉

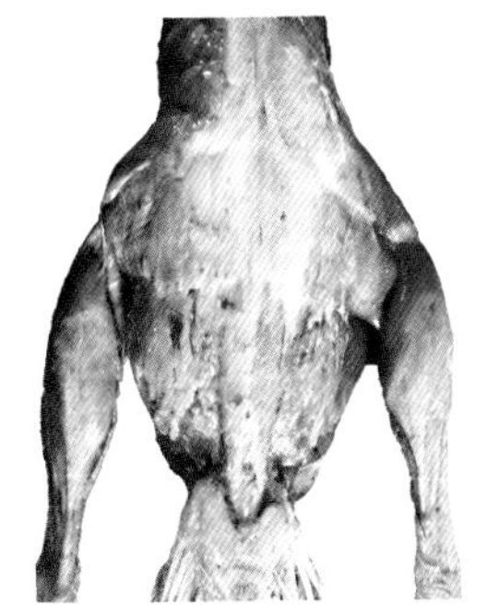

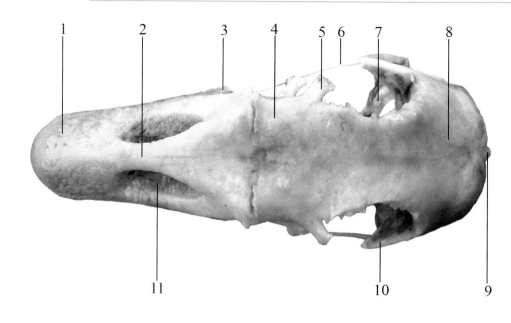

ᠲᠣᠯᠣᠭᠠᠢ 3-10-12 ᠭᠠᠯᠠᠭᠤᠨ ᠤ ᠲᠣᠯᠣᠭᠠᠢ ᠶᠢᠨ ᠶᠠᠰᠤᠨ ᠤ ᠨᠢᠷᠤᠭᠤᠨ ᠲᠠᠯ᠎ᠠ

1.颌前骨　2.颌前骨鼻突　3.上颌骨　4.额骨　5.泪骨
6.方轭骨　7.方骨　8.顶骨　9.枕骨　10.颧突　11.颌骨鼻孔

11. ᠵᠠᠭᠠᠯ ᠶᠠᠰᠤᠨ ᠤ ᠬᠠᠮᠠᠷ ᠤᠨ ᠨᠦᠬᠡ
10. ᠬᠠᠴᠠᠷᠤᠤᠯ ᠤᠨ ᠲᠣᠪᠴᠢ
9. ᠳᠣᠣᠷᠠᠳᠤ ᠶᠠᠰᠤ
8. ᠣᠷᠣᠢ ᠶᠠᠰᠤ
7. ᠳᠦᠷᠪᠡᠯᠵᠢᠨ ᠶᠠᠰᠤ
6. ᠳᠦᠷᠪᠡᠯᠵᠢᠨ ᠬᠠᠴᠠᠷ ᠤᠨ ᠶᠠᠰᠤ
5. ᠨᠢᠯᠪᠤᠰᠤᠨ ᠤ ᠶᠠᠰᠤ
4. ᠳᠤᠬᠤ ᠶᠢᠨ ᠶᠠᠰᠤ
3. ᠳᠡᠭᠡᠳᠦ ᠵᠠᠭᠠᠯ ᠶᠠᠰᠤ
2. ᠡᠮᠦᠨᠡᠬᠢ ᠵᠠᠭᠠᠯ ᠶᠠᠰᠤᠨ ᠤ ᠬᠠᠮᠠᠷ ᠤᠨ ᠲᠣᠪᠴᠢ
1. ᠡᠮᠦᠨᠡᠬᠢ ᠵᠠᠭᠠᠯ ᠶᠠᠰᠤ

图 3-10-12　鹅头骨背侧观

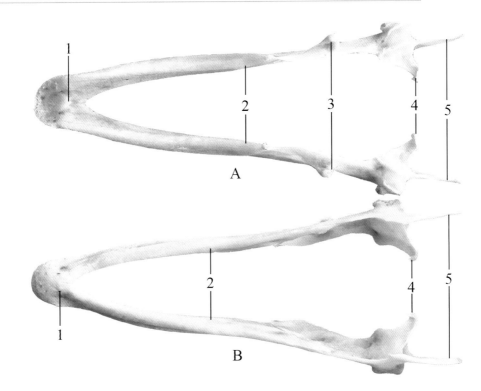

A.下颌骨背面　B.下颌骨腹面

1.下颌骨体（齿骨部）　2.下颌支　3.下颌髁

4.内侧突（冠状突）　5.外侧突（角状突）

A. ᠳᠣᠣᠷᠠᠳᠤ ᠡᠷᠡᠤ ᠶᠢᠨ ᠶᠠᠰᠤᠨ ᠤ ᠨᠢᠷᠤᠭᠤ ᠲᠠᠯ᠎ᠠ

B. ᠳᠣᠣᠷᠠᠳᠤ ᠡᠷᠡᠤ ᠶᠢᠨ ᠶᠠᠰᠤᠨ ᠤ ᠭᠡᠳᠡᠰᠤ ᠲᠠᠯ᠎ᠠ

1. ᠳᠣᠣᠷᠠᠳᠤ ᠡᠷᠡᠤ ᠶᠢᠨ ᠶᠠᠰᠤᠨ ᠤ ᠪᠡᠶ᠎ᠡ

2. ᠳᠣᠣᠷᠠᠳᠤ ᠡᠷᠡᠤ ᠶᠢᠨ ᠮᠥᠴᠢᠷ

3. ᠳᠣᠣᠷᠠᠳᠤ ᠡᠷᠡᠤ ᠶᠢᠨ ᠳᠣᠯᠤᠭᠠᠢ

4. ᠳᠣᠳᠣᠷ᠎ᠠ ᠲᠠᠯ᠎ᠠ ᠶᠢᠨ ᠳᠣᠪᠣ

5. ᠭᠠᠳᠠᠷ ᠲᠠᠯ᠎ᠠ ᠶᠢᠨ ᠳᠣᠪᠣ

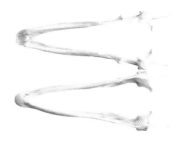

图 3-10-13　鹅下颌骨

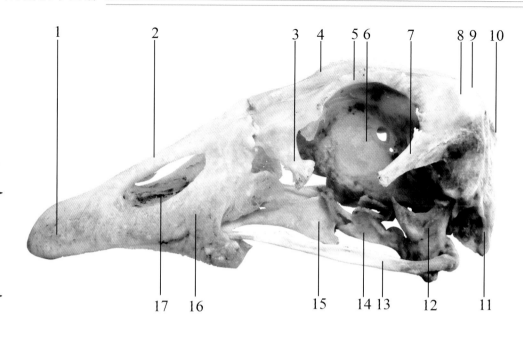

ᠭᠤᠷᠪᠠ 3-10-14 ᠭᠠᠯᠠᠭᠤᠨ ᠤ ᠲᠣᠯᠣᠭᠠᠢ ᠶᠢᠨ ᠶᠠᠰᠤᠨ ᠤ ᠬᠠᠵᠠᠭᠤ ᠲᠠᠯ᠎ᠠ

1.颌前骨　2.颌前骨鼻突　3.泪骨　4.额骨　5.额骨眶上缘
6.眶间隔　7.颧突　8.颞骨　9.顶骨　10.枕骨　11.蝶骨
12.方骨　13.方轭骨　14.翼骨　15.腭骨　16.上颌骨　17.颌骨鼻孔

1. ᠡᠷᠡᠤ ᠶᠢᠨ ᠡᠮᠤᠨᠡᠬᠢ ᠶᠠᠰᠤ
2. ᠡᠷᠡᠤ ᠶᠢᠨ ᠡᠮᠤᠨᠡᠬᠢ ᠶᠠᠰᠤᠨ ᠤ ᠬᠠᠮᠠᠷ ᠤᠨ ᠤᠷᠭᠤᠴᠠ
3. ᠨᠢᠯᠪᠤᠰᠤᠨ ᠤ ᠶᠠᠰᠤ
4. ᠮᠠᠩᠨᠠᠢ ᠶᠢᠨ ᠶᠠᠰᠤ
5. ᠮᠠᠩᠨᠠᠢ ᠶᠢᠨ ᠶᠠᠰᠤᠨ ᠤ ᠨᠢᠳᠤᠨ ᠤ ᠬᠦᠨᠳᠡᠢ ᠶᠢᠨ ᠳᠡᠭᠡᠳᠤ ᠢᠷᠠᠭ᠎ᠠ
6. ᠨᠢᠳᠤᠨ ᠤ ᠬᠦᠨᠳᠡᠢ ᠶᠢᠨ ᠬᠠᠭᠠᠴᠠ
7. ᠬᠠᠴᠠᠷ ᠤᠨ ᠤᠷᠭᠤᠴᠠ
8. ᠵᠠᠩᠭᠢᠯᠠᠭ᠎ᠠ ᠶᠢᠨ ᠶᠠᠰᠤ
9. ᠣᠷᠣᠢ ᠶᠢᠨ ᠶᠠᠰᠤ
10. ᠳᠠᠷᠤᠬᠢ ᠶᠢᠨ ᠶᠠᠰᠤ
11. ᠡᠷᠪᠡᠭᠡᠢ ᠶᠢᠨ ᠶᠠᠰᠤ
12. ᠳᠦᠷᠪᠡᠯᠵᠢᠨ ᠶᠠᠰᠤ
13. ᠳᠦᠷᠪᠡᠯᠵᠢᠨ ᠬᠠᠴᠠᠷ ᠤᠨ ᠶᠠᠰᠤ
14. ᠵᠢᠭᠦᠷ ᠤᠨ ᠶᠠᠰᠤ
15. ᠲᠠᠭᠨᠠᠢ ᠶᠢᠨ ᠶᠠᠰᠤ
16. ᠳᠡᠭᠡᠳᠤ ᠡᠷᠡᠤ ᠶᠢᠨ ᠶᠠᠰᠤ
17. ᠡᠷᠡᠤ ᠶᠢᠨ ᠶᠠᠰᠤᠨ ᠤ ᠬᠠᠮᠠᠷ ᠤᠨ ᠨᠦᠬᠡ

图 3-10-14　鹅头骨侧面观

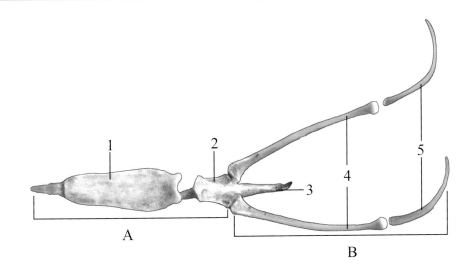

A.舌骨体　B.舌骨支
1.舌内骨（舌突）　2.基舌骨　3.尾舌骨　4.角舌骨　5.外舌骨

5. ᠭᠠᠳᠠᠷ ᠬᠡᠯᠡᠨ ᠰᠢᠶᠠᠰᠤ
4. ᠡᠪᠡᠷᠯᠢᠭ ᠬᠡᠯᠡᠨ ᠰᠢᠶᠠᠰᠤ
3. ᠰᠡᠭᠦᠯ ᠬᠡᠯᠡᠨ ᠰᠢᠶᠠᠰᠤ
2. ᠰᠠᠭᠤᠷᠢᠯᠢᠭ ᠬᠡᠯᠡᠨ ᠰᠢᠶᠠᠰᠤ
1. ᠳᠣᠲᠣᠷ ᠬᠡᠯᠡᠨ ᠰᠢᠶᠠᠰᠤ (ᠬᠡᠯᠡᠨ ᠦᠷᠭᠡᠯ)

B. ᠬᠡᠯᠡᠨ ᠰᠢᠶᠠᠰᠤᠨ ᠤ ᠮᠦᠴᠢᠷ
A. ᠬᠡᠯᠡᠨ ᠰᠢᠶᠠᠰᠤᠨ ᠤ ᠪᠡᠶᠡ

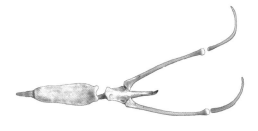

图 3-10-15　鹅舌骨

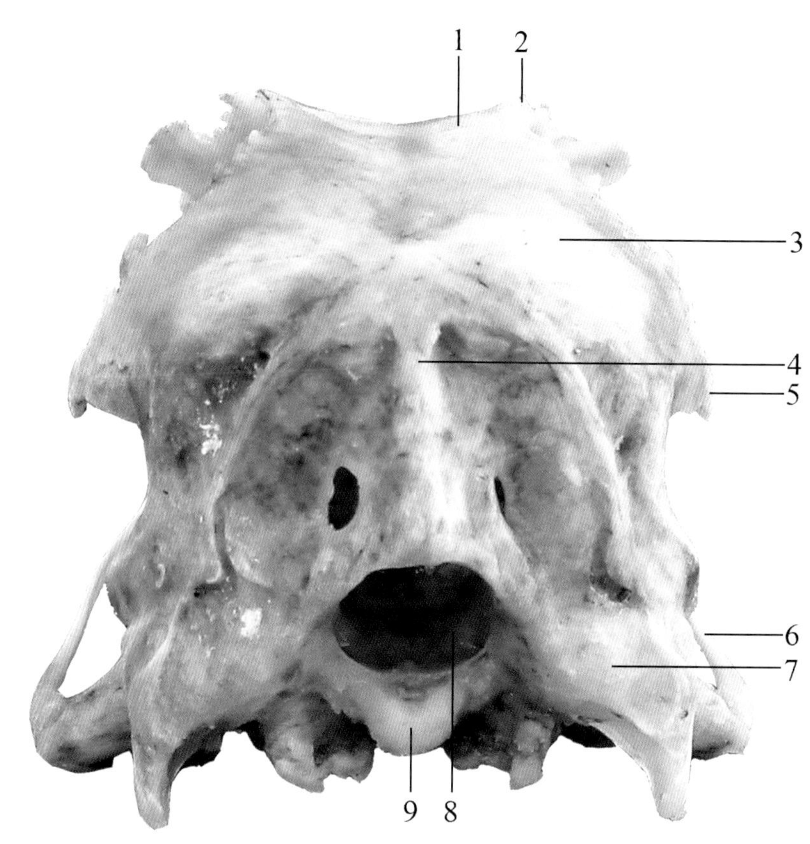

1.额骨　2.额骨眶上缘　3.顶骨　4.枕骨　5.颞突
6.方轭骨　7.鼓室　8.枕骨大孔　9.枕髁

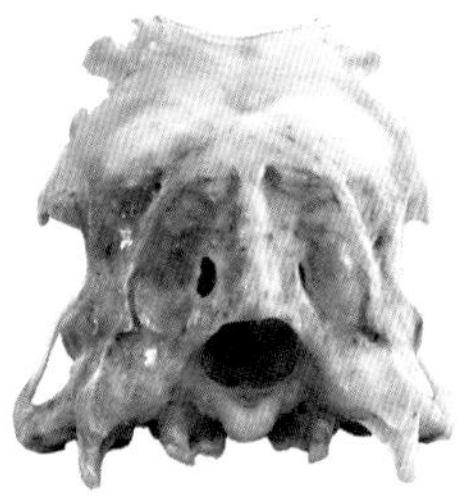

图 3—10—16　鹅头骨背侧观

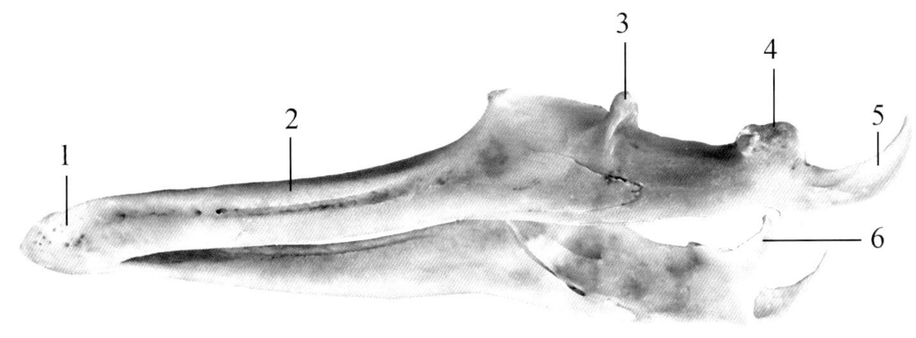

1.下颌骨体(齿骨部)　2.下颌支　3.下颌髁　4.肌突
5.外侧突(角状突)　6.内侧突(冠状突)

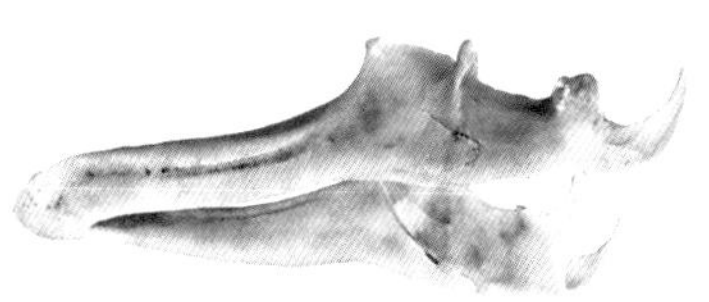

图 3-10-17　鹅下颌骨侧面观

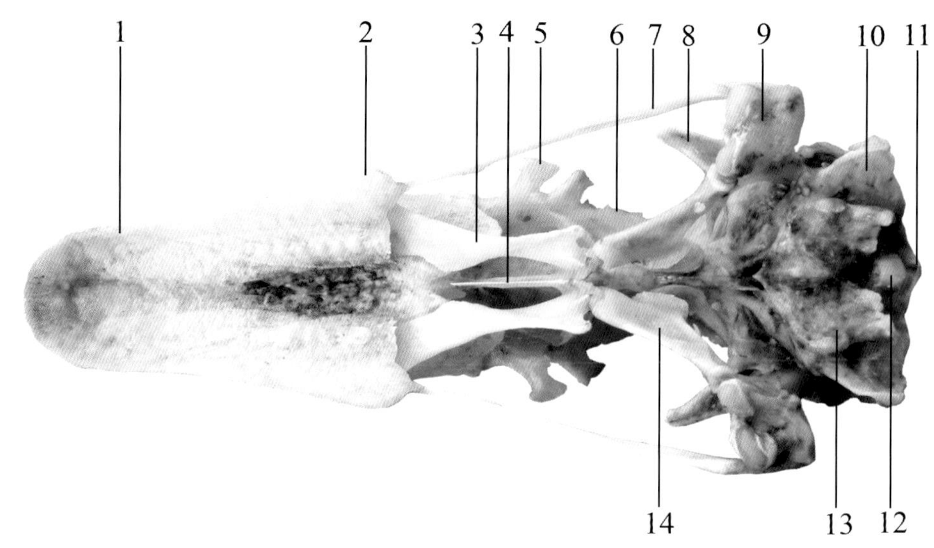

1.颌前骨　2.上颌骨　3.腭骨　4.犁骨　5.泪骨
6.额骨眶上缘　7.方轭骨　8.颧突　9.方骨　10.鼓室
11.枕骨　12.枕髁　13.蝶骨　14.翼骨

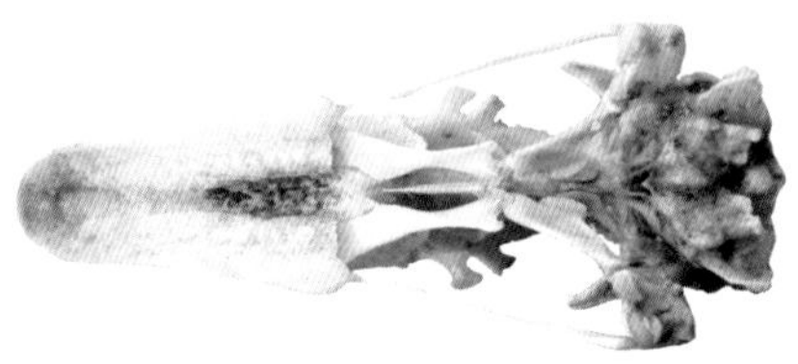

图 3-10-18　鹅头骨腹侧观

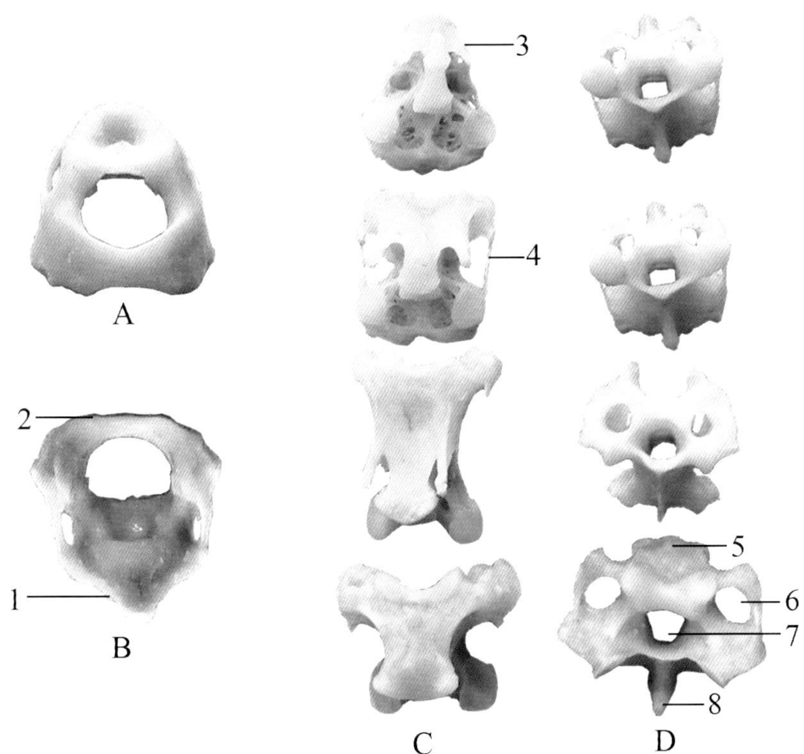

A.寰椎正面　B.寰椎背面　C.第二、三、五、十六颈椎腹侧
D.第二、三、五、十六颈椎关节前侧
1.寰椎腹侧弓　2.寰椎背侧弓　3.枢椎　4.横突突起(颈肋)
5.棘突　6.横突孔　7.椎孔　8.腹嵴

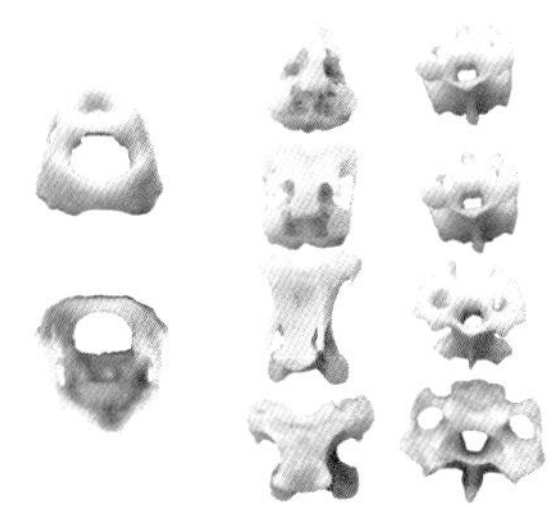

图 3—10—19　鹅颈椎骨 –1

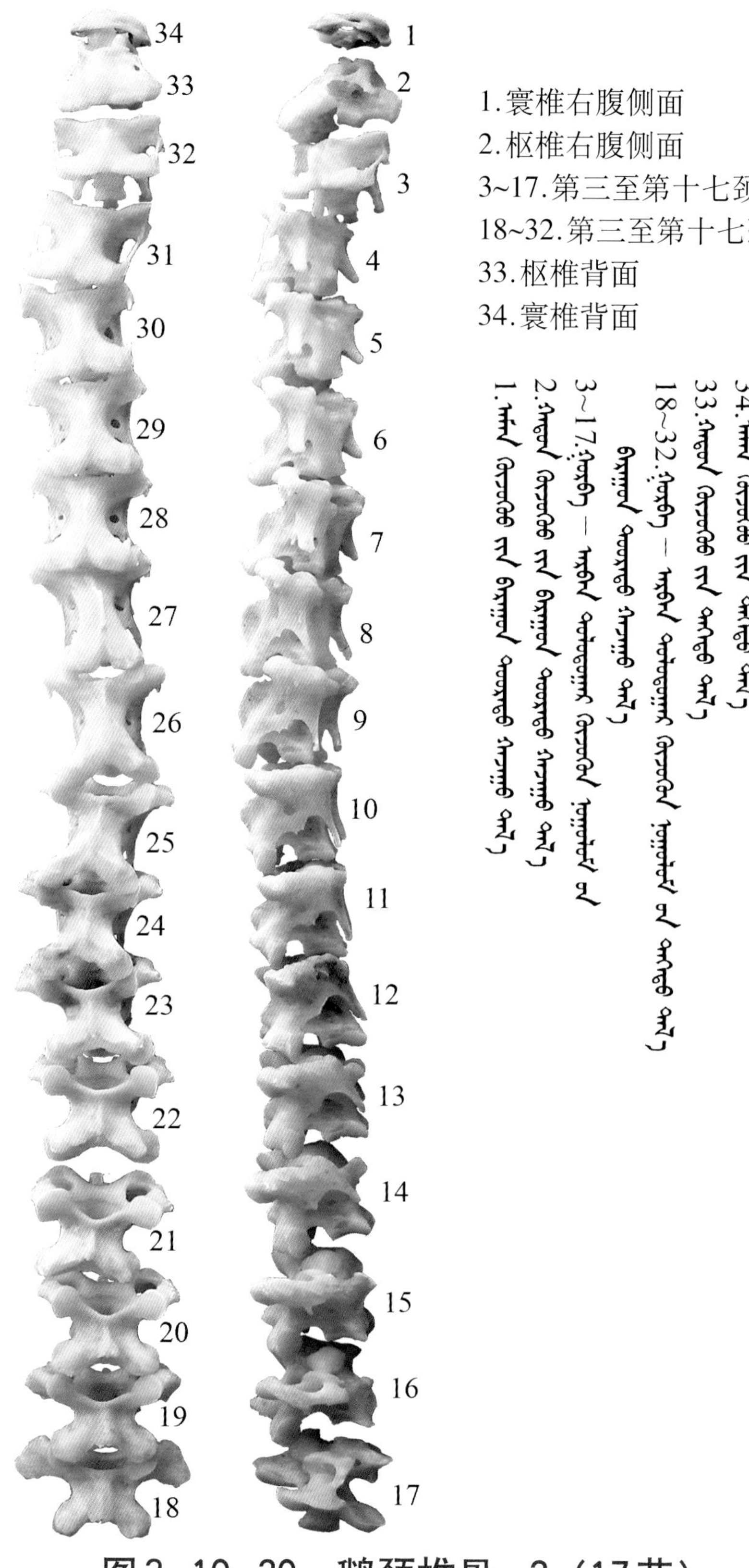

1. 寰椎右腹侧面
2. 枢椎右腹侧面
3~17. 第三至第十七颈椎右腹侧面
18~32. 第三至第十七颈椎背面
33. 枢椎背面
34. 寰椎背面

图 3-10-20　鹅颈椎骨-2（17节）

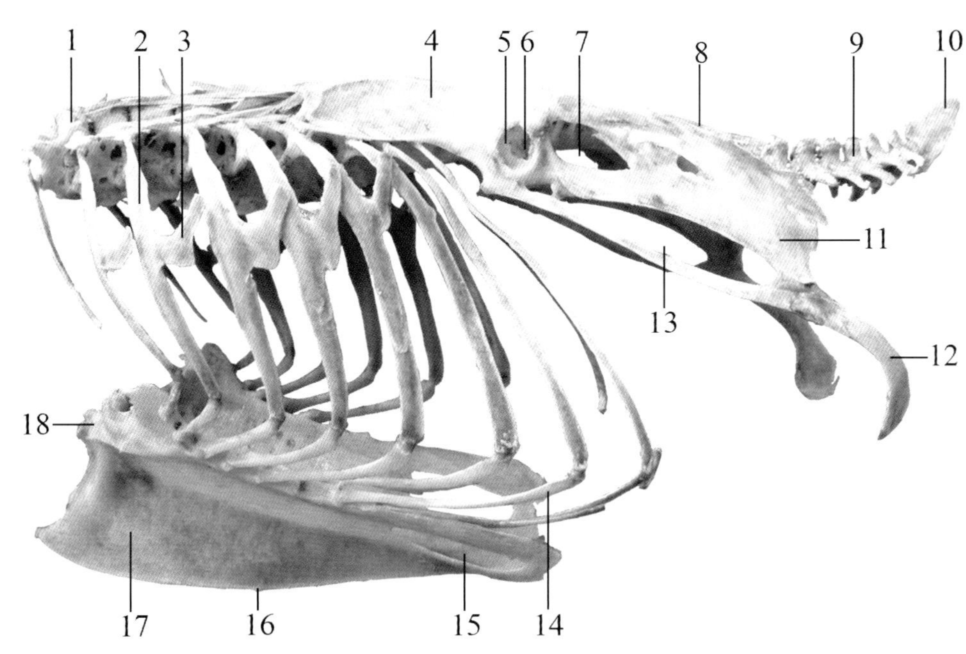

1.胸椎　2.椎肋　3.钩突　4.髂骨　5.髋臼关节面　6.髋臼　7.坐骨孔
8.综荐骨　9.尾椎　10.尾综骨　11.坐骨　12.耻骨　13.闭孔　14.胸肋
15.胸骨切迹　16.胸骨嵴（龙骨嵴）　17.胸骨（龙骨）　18.喙突

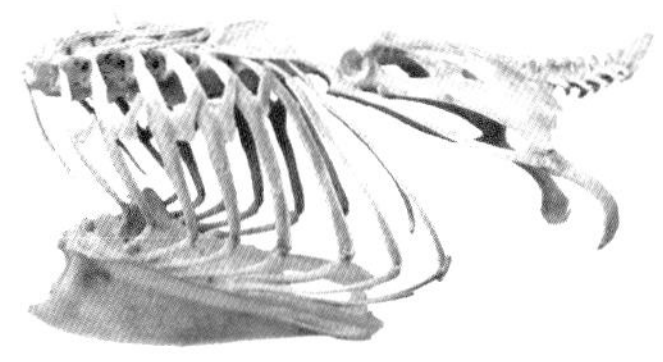

图 3-10-21　鹅躯干骨和髋骨侧面观

ᠭᠤᠷᠪᠠ 3-10-22 ᠭᠠᠯᠠᠭᠤᠨ ᠤ ᡞᠪᠴᠡᡍᠦᠨ ᠶᠠᠰᡇ

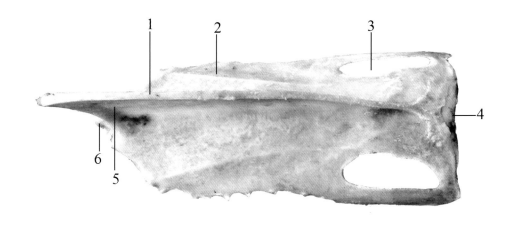

1.胸骨嵴（龙骨嵴） 2.胸骨体 3.胸骨切迹 4.剑突
5.胸骨（龙骨） 6.喙突

6.ᠬᠤᠰᠢᠭᠤ ᠥᠰᠦᠳᠡᠯ
5.ᡞᠪᠴᠡᡍᠦᠨ ᠶᠠᠰᡇ
4.ᠰᠡᠯᠡᠮᠡᠨᠴᠢᠷ ᠥᠰᠦᠳᠡᠯ
3.ᡞᠪᠴᠡᡍᠦᠨ ᠶᠠᠰᡇ ᠶᠢᠨ ᠬᠢᠮᠤᠷᠠᠯ
2.ᡞᠪᠴᠡᡍᠦᠨ ᠶᠠᠰᡇ ᠶᠢᠨ ᠪᠡᠶᠡ
1.ᡞᠪᠴᠡᡍᠦᠨ ᠶᠠᠰᡇ ᠶᠢᠨ ᠢᠷᠤᠭᠠᠷ

图 3-10-22 鹅胸骨

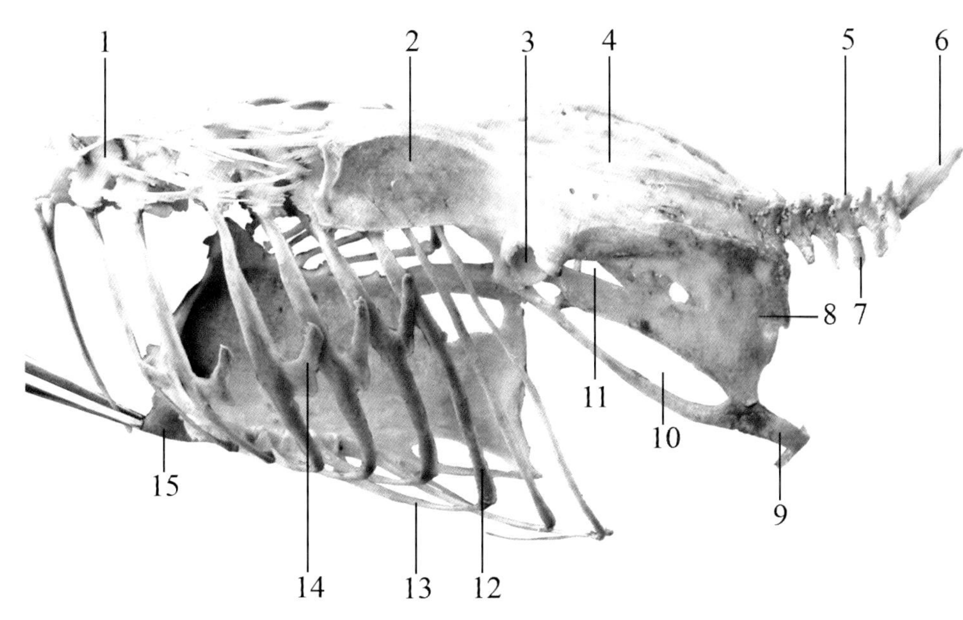

1.胸椎　2.髂骨　3.髋臼关节面　4.综荐骨　5.尾椎棘突
6.尾综骨　7.尾椎横突　8.坐骨　9.耻骨　10.闭孔　11.坐骨孔
12.椎肋　13.胸肋　14.钩突　15.胸骨（龙骨）

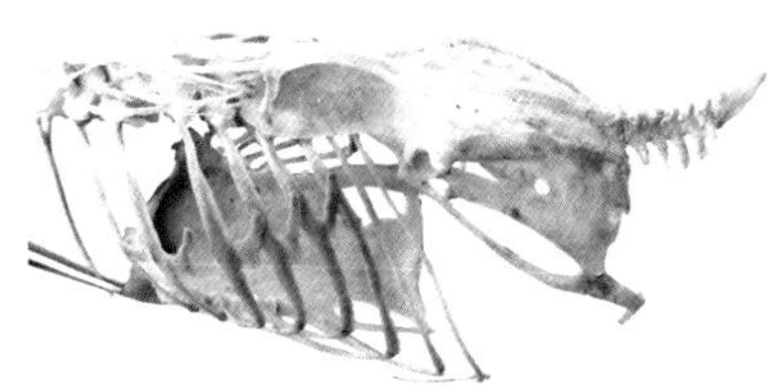

图 3-10-23　鹅躯干骨和髋骨背后侧面观

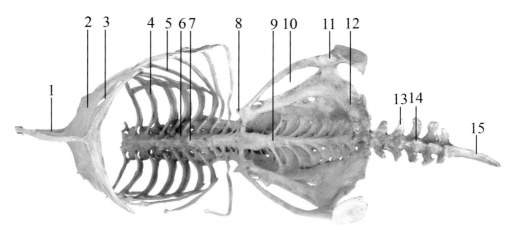

ᠮᠣᠩᠭᠣᠯ 3-10-24 ᠤᠨ ᠰᠠᠨ ᠪᠤᠶ ᠭᠠᠶᠢᠮ ᠰᠠᠨᠵᠢ ᠰᠠᠨᠵᠢ ᠪᠣ ᠰᠠᠨᠵᠢᠯ ᠭᠠᠶᠢᠮ ᠰᠠᠨᠵᠢ

1.胸骨（龙骨）　2.胸骨体　3.胸骨切迹　4.椎肋　5.胸肋
6.胸椎　7.胸椎腹侧突　8.股骨突起　9.腰荐骨腹侧　10.闭孔
11.耻骨　12.坐骨　13.尾椎横突　14.尾椎腹突　15.尾综骨

1. ᠡᠪᠴᠡᠭᠦᠦ (ᠵᠠᠪᠬᠠᠢ) ᠶᠢᠨ ᠶᠠᠰᠤ
2. ᠡᠪᠴᠡᠭᠦᠦ ᠶᠢᠨ ᠪᠡᠶ᠎ᠡ
3. ᠡᠪᠴᠡᠭᠦᠦ ᠶᠢᠨ ᠵᠠᠪᠠ
4. ᠨᠤᠭᠤᠰᠤᠨ ᠬᠠᠪᠢᠷᠭ᠎ᠠ
5. ᠡᠪᠴᠡᠭᠦᠨ ᠬᠠᠪᠢᠷᠭ᠎ᠠ
6. ᠡᠪᠴᠡᠭᠦᠨ ᠨᠤᠭᠤᠯᠠᠭ᠎ᠠ
7. ᠡᠪᠴᠡᠭᠦᠨ ᠨᠤᠭᠤᠯᠠᠭᠠᠨ ᠤ ᠭᠡᠳᠡᠰᠦ ᠶᠢᠨ ᠲᠦᠷᠦᠭᠡ (ᠵᠢᠭᠢᠮᠢ)
8. ᠭᠤᠶ᠎ᠠ ᠶᠢᠨ ᠶᠠᠰᠤᠨ ᠤ ᠳᠤᠪᠤᠭᠤ
9. ᠪᠥᠭᠡᠷᠡᠨ ᠵᠠᠯᠠᠭᠤ ᠶᠢᠨ ᠭᠡᠳᠡᠰᠦ ᠲᠠᠯ᠎ᠠ
10. ᠪᠢᠲᠡᠭᠦᠦ ᠨᠦᠬᠡ
11. ᠡᠷᠡᠦ ᠶᠢᠨ ᠶᠠᠰᠤ
12. ᠰᠠᠭᠤᠯᠲᠠ ᠶᠢᠨ ᠶᠠᠰᠤ
13. ᠰᠡᠭᠦᠯ ᠦᠨ ᠨᠤᠭᠤᠯᠠᠭᠠᠨ ᠤ ᠬᠥᠨᠳᠡᠯᠡᠨ ᠳᠤᠪᠤᠭᠤ
14. ᠰᠡᠭᠦᠯ ᠦᠨ ᠨᠤᠭᠤᠯᠠᠭᠠᠨ ᠤ ᠭᠡᠳᠡᠰᠦ ᠳᠤᠪᠤᠭᠤ
15. ᠰᠡᠭᠦᠯ ᠦᠨ ᠨᠡᠢᠯᠡᠮᠡᠯ (ᠵᠠᠪᠬᠠᠢ) ᠶᠠᠰᠤ

图3-10-24　鹅躯干骨和髋骨后腹面观

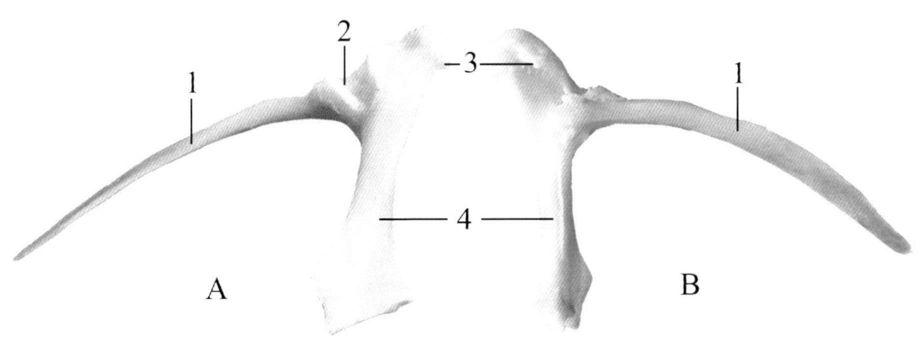

A.肩胛骨和乌喙骨外侧面　B.肩胛骨和乌喙骨内侧面
1.肩胛骨　2.关节窝　3.钩突　4.乌喙骨

图 3-10-25　鹅肩胛骨和乌喙骨

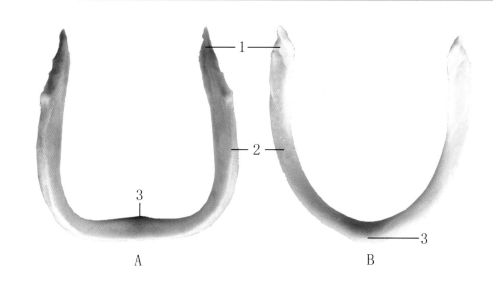

ᠬᠥᠰᠦᠭᠲᠦ 3-10-26 ᠭᠠᠯᠠᠭᠤᠨ ᠤ ᠡᠭᠡᠮ ᠬᠥᠭᠡᠰᠦᠨ (ᠰᠡᠷᠡᠭᠡ ᠬᠥᠭᠡᠰᠦᠨ)

A.锁骨正面　B.锁骨背面
1.锁骨近端　2.锁骨体　3.叉突(锁间骨)

3. ᠰᠡᠷᠡᠭᠡ ᠳᠥᠷ ᠴᠣᠬᠤᠢ)
2. ᠡᠭᠡᠮ ᠬᠥᠭᠡᠰᠦᠨ ᠤ ᠪᠡᠶ ᠡ᠎)
1. ᠡᠭᠡᠮ ᠬᠥᠭᠡᠰᠦᠨ ᠤ ᠣᠢᠷ᠎ᠠ ᠦ ᠵᠠᠬ᠎ᠠ᠎)

B. ᠡᠭᠡᠮ ᠬᠥᠭᠡᠰᠦᠨ ᠤ ᠬᠣᠢᠮᠣᠷ ᠦ ᠲᠠᠯ᠎ᠠ᠎)
A. ᠡᠭᠡᠮ ᠬᠥᠭᠡᠰᠦᠨ ᠤ ᠡᠮᠦᠨ᠎ᠡ ᠦ ᠲᠠᠯ᠎ᠠ᠎)

图 3-10-26　鹅锁骨(叉骨)

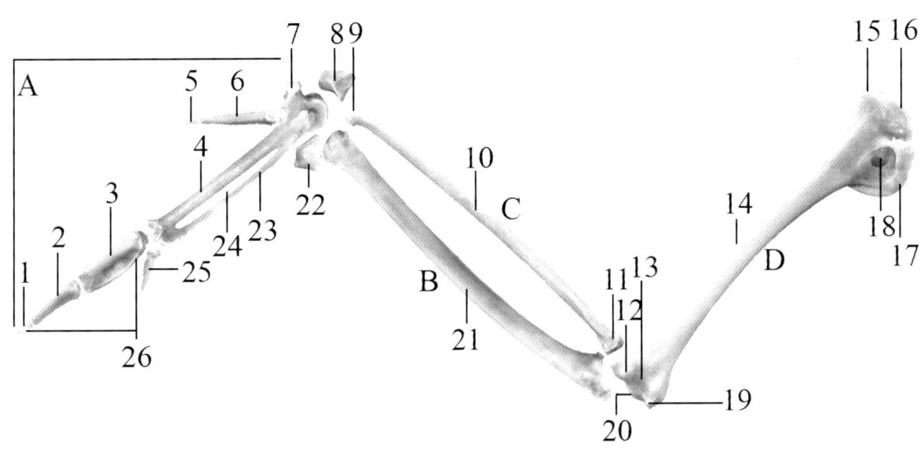

A.翼尖部骨背侧面　B.尺骨背侧面　C.桡骨背侧面　D.肱骨(臂骨)内侧面
1.第三指第三节骨(大指远指节)　2.第三指第二节骨(大指中指节)
3.第三指第一节骨(大指近指节)　4.第三掌骨(大掌骨)　5.第二指
第二节骨(拇指远指节)　6.第二指第一节骨(拇指近指节)　7.第二掌骨
8.桡侧腕骨　9.桡骨滑车关节　10.桡骨　11.桡骨小头　12.外髁
13.肘突窝(鹰嘴窝)　14.肱骨(臂骨)　15.外侧结节(大结节)　16.肱骨
(臂骨)头　17.内侧结节(小结节)　18.气孔　19.内侧(尺侧)髁　20.内髁
21.尺骨　22.尺侧腕骨　　23.第四掌骨　24.掌骨间隙　25.第四指骨
26.第三指骨

图 3-10-27　鹅左翼游离部骨骼-1

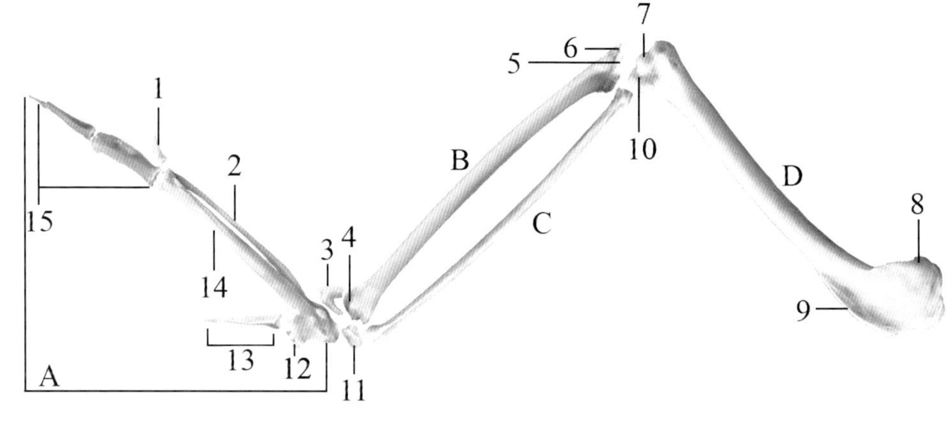

A.翼尖部骨腹侧面　　B.尺骨腹侧面　　C.桡骨腹侧面

D.肱骨(臂骨)腹外侧面

1.第四指骨　2.第四掌骨　3.尺侧腕骨　4.尺骨滑车关节　5.尺骨关节窝

6.肘突　7.内髁　8.内侧结节(小结节)　9.外侧结节嵴(大结节三角嵴)

10.髁间窝　11.桡侧腕骨　12.第二掌骨　13.第二指骨　14.第三掌骨

(大掌骨)　　　15.第三指骨

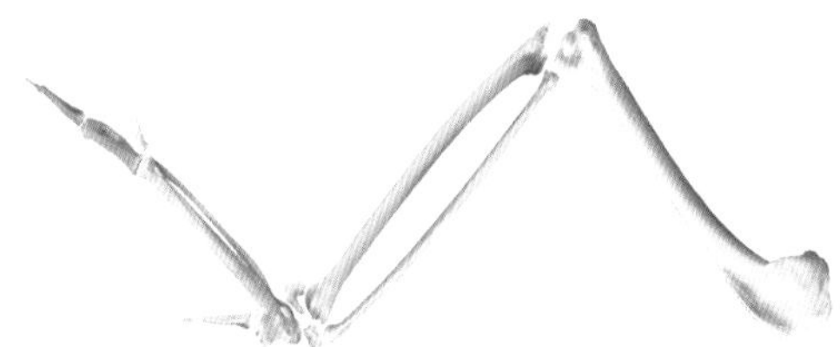

图 3-10-28　鹅左翼游离部骨骼-2

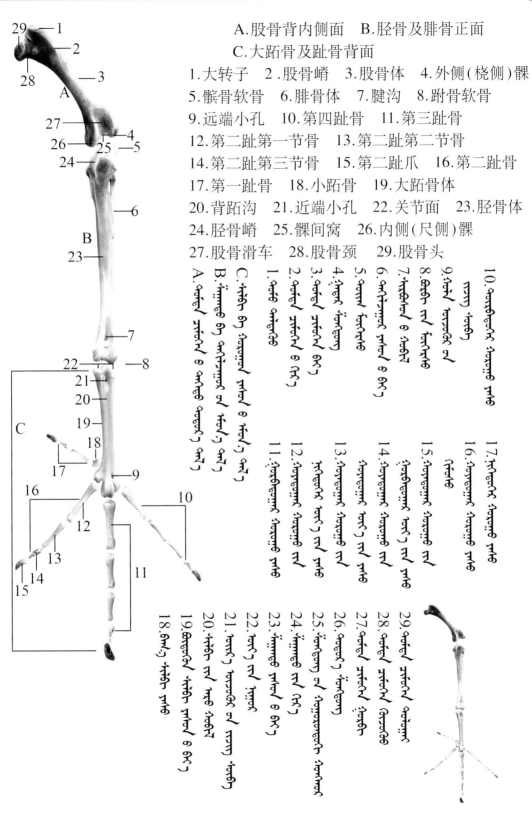

A.股骨背内侧面　B.胫骨及腓骨正面

C.大跖骨及趾骨背面

1.大转子　2.股骨嵴　3.股骨体　4.外侧(桡侧)髁

5.髌骨软骨　6.腓骨体　7.腱沟　8.跗骨软骨

9.远端小孔　10.第四趾骨　11.第三趾骨

12.第二趾第一节骨　13.第二趾第二节骨

14.第二趾第三节骨　15.第二趾爪　16.第二趾骨

17.第一趾骨　18.小跖骨　19.大跖骨体

20.背跖沟　21.近端小孔　22.关节面　23.胫骨体

24.胫骨嵴　25.髁间窝　26.内侧(尺侧)髁

27.股骨滑车　28.股骨颈　29.股骨头

图 3-10-29　鹅左腿游离部骨骼-1

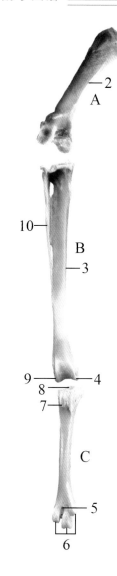

A.股骨后侧面　　B.胫骨及腓骨后内侧面
C.大跖骨跖(后)侧面
1.大转子　2.前肌线　3.胫骨体　4.内髁
5.远端小孔背侧口　6.第二、三、四趾关节滑车
7.下跗骨　8.关节面　9.外髁　10.腓骨体

ᠵᠢᠷᠤᠭ 3-10-30 ᠭᠠᠯᠠᠭᠤᠨ ᠤ ᠵᠡᠭᠦᠨ ᠬᠥᠯ ᠤᠨ ᠰᠠᠯᠤᠩᠭᠢ ᠬᠡᠰᠡᠭ ᠤᠨ ᠶᠠᠰᠤ -2

10. ᠲᠣᠳᠣᠷᠠᠬᠠᠢ ᠶᠠᠰᠤ ᠶᠢᠨ ᠪᠡᠶᠡ
9. ᠭᠠᠳᠠᠨ᠎ᠠ ᠵᠠᠩᠭᠢᠯᠠᠭ᠎ᠠ
8. ᠵᠠᠩᠭᠢᠯᠠᠭ᠎ᠠ ᠶᠢᠨ ᠨᠢᠭᠤᠷ
7. ᠳᠣᠣᠷᠠᠳᠤ ᠱᠠᠭᠠᠢ ᠶᠠᠰᠤ
6. ᠬᠣᠶᠠᠷ ᠤᠨ ᠭᠤᠷᠪᠠ᠂ ᠳᠥᠷᠪᠡ ᠬᠤᠷᠤᠭᠤᠨ ᠤ ᠵᠠᠩᠭᠢᠯᠠᠭ᠎ᠠ
5. ᠠᠯᠤᠰ ᠦᠵᠦᠭᠦᠷ ᠤᠨ ᠵᠢᠵᠢᠭ ᠨᠥᠬᠡᠨ ᠤ ᠠᠷᠤ ᠠᠮᠠᠰᠠᠷ
4. ᠳᠣᠲᠣᠷ᠎ᠠ ᠵᠠᠩᠭᠢᠯᠠᠭ᠎ᠠ
3. ᠰᠢᠭᠢᠷ᠎ᠠ ᠶᠠᠰᠤ ᠶᠢᠨ ᠪᠡᠶᠡ
2. ᠡᠮᠦᠨᠡᠬᠢ ᠮᠢᠬᠠᠨ ᠤ ᠱᠤᠭᠤᠮ
1. ᠶᠡᠬᠡ ᠡᠷᠭᠢᠭᠦᠯᠦᠭᠴᠢ

C. ᠪᠣᠭᠣᠨᠢ ᠱᠠᠭᠠᠢ ᠶᠠᠰᠤ ᠶᠢᠨ ᠠᠷᠤ (ᠬᠥᠯ) ᠲᠠᠯ᠎ᠠ
B. ᠰᠢᠭᠢᠷ᠎ᠠ ᠪᠠ ᠲᠤᠭᠤᠯᠤᠭᠠᠢ ᠶᠠᠰᠤ ᠶᠢᠨ ᠠᠷᠤ ᠳᠣᠲᠣᠷ᠎ᠠ ᠲᠠᠯ᠎ᠠ
A. ᠭᠤᠶᠠᠨ ᠤ ᠶᠠᠰᠤ ᠶᠢᠨ ᠠᠷᠤ ᠲᠠᠯ᠎ᠠ

图 3-10-30　鹅左腿游离部骨骼-2

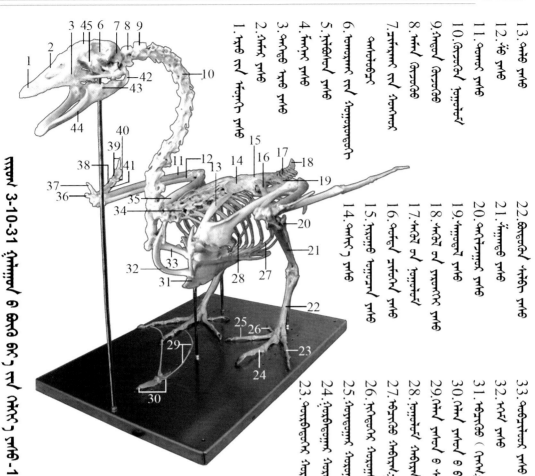

1.颌前骨　2.鼻突　3.上颌骨　4.额骨
5.泪骨　6.眶间隔　7.颞窝　8.寰椎
9.枢椎　10.颈椎　11.尺骨　12.桡骨
13.肩胛骨　14.髂骨　15.腰荐骨
16.股骨　17.尾椎　18.尾综骨　19.坐骨
20.腓骨　21.胫骨　22.大跖骨(跗跖骨)
23.第四趾骨　24.第三趾骨　25.第二趾骨
26.第一趾骨　27.胸肋　28.椎肋
29.舌骨支　30.舌骨体　31.胸骨(龙骨)
32.锁骨　33.乌喙骨　34.胸椎　35.肱骨
(臂骨)　36.第二掌骨　37.第二指骨
38.第三掌骨(大掌骨)　39.第三指骨
40.第四指骨　41.第四掌骨　42.下颌骨
外侧突　43.下颌骨外髁　44.下颌支

图 3-10-31　鹅全身骨骼-1

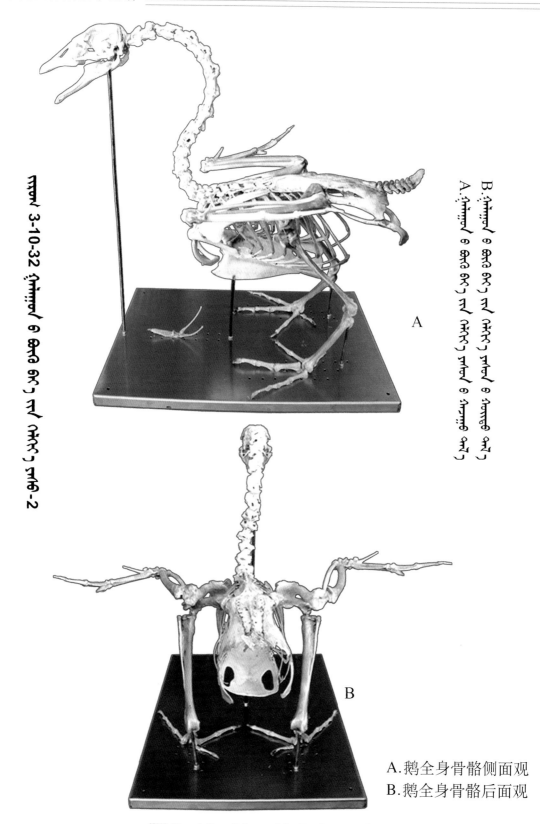

ᠵᠢᠷᠤᠭ 3-10-32 ᠭᠠᠯᠠᠭᠤᠨ ᠤ ᠪᠦᠬᠦ ᠪᠡᠶᠡ ᠶᠢᠨ ᠶᠠᠰᠤ ᠠᠷᠠᠯ ᠤᠨ ᠢᠯᠭᠠᠯ -2

B. ᠭᠠᠯᠠᠭᠤᠨ ᠤ ᠪᠦᠬᠦ ᠪᠡᠶᠡ ᠶᠢᠨ ᠶᠠᠰᠤ ᠠᠷᠠᠯ ᠤᠨ ᠬᠣᠢᠨᠠᠬᠢ ᠲᠠᠯ᠎ᠠ ᠶᠢᠨ ᠪᠠᠢᠳᠠᠯ
A. ᠭᠠᠯᠠᠭᠤᠨ ᠤ ᠪᠦᠬᠦ ᠪᠡᠶᠡ ᠶᠢᠨ ᠶᠠᠰᠤ ᠠᠷᠠᠯ ᠤᠨ ᠬᠠᠵᠠᠭᠤ ᠲᠠᠯ᠎ᠠ ᠶᠢᠨ ᠪᠠᠢᠳᠠᠯ

A

B

A.鹅全身骨骼侧面观
B.鹅全身骨骼后面观

图 3-10-32　鹅全身骨骼 -2

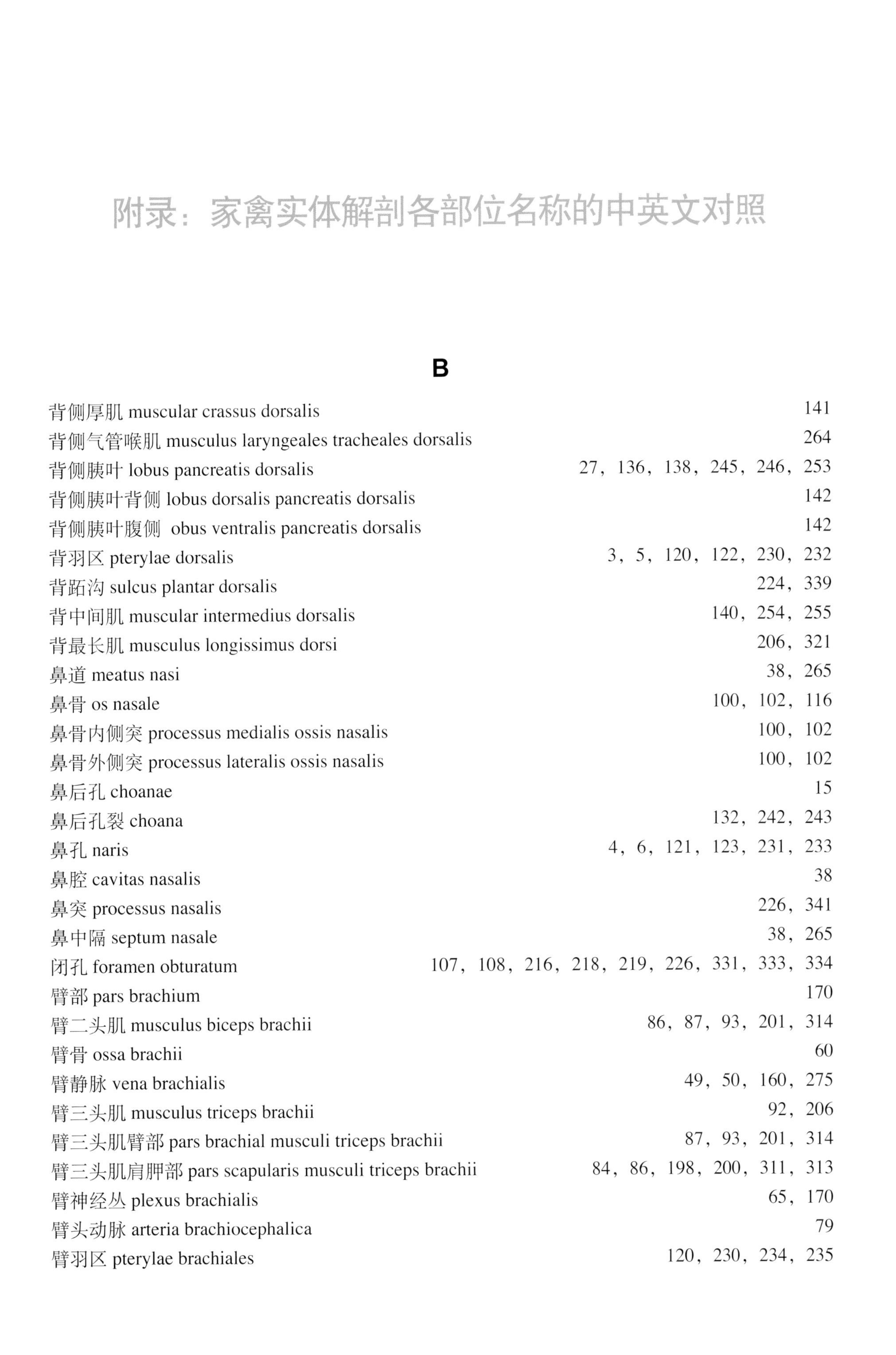

附录：家禽实体解剖各部位名称的中英文对照

B

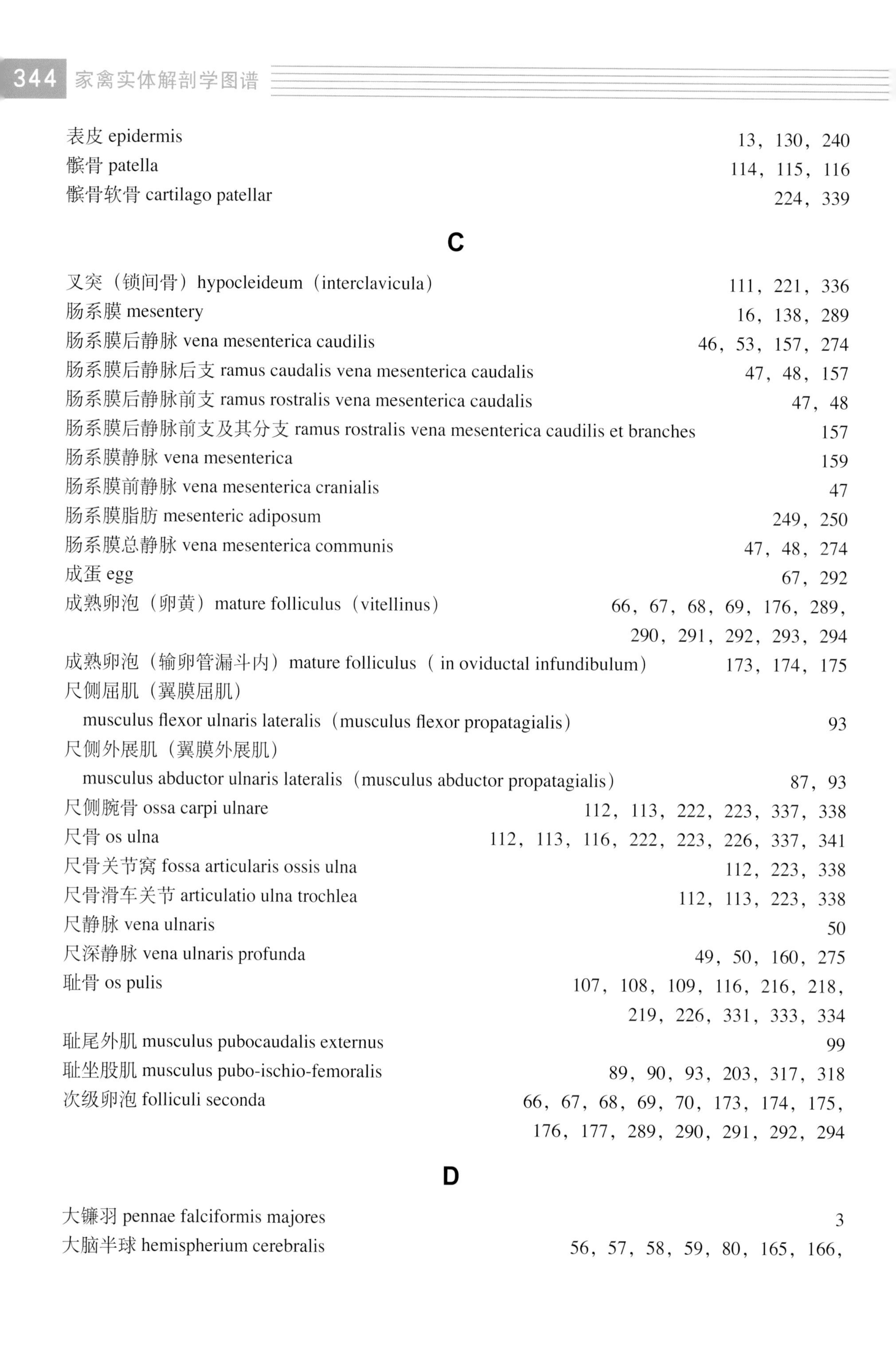

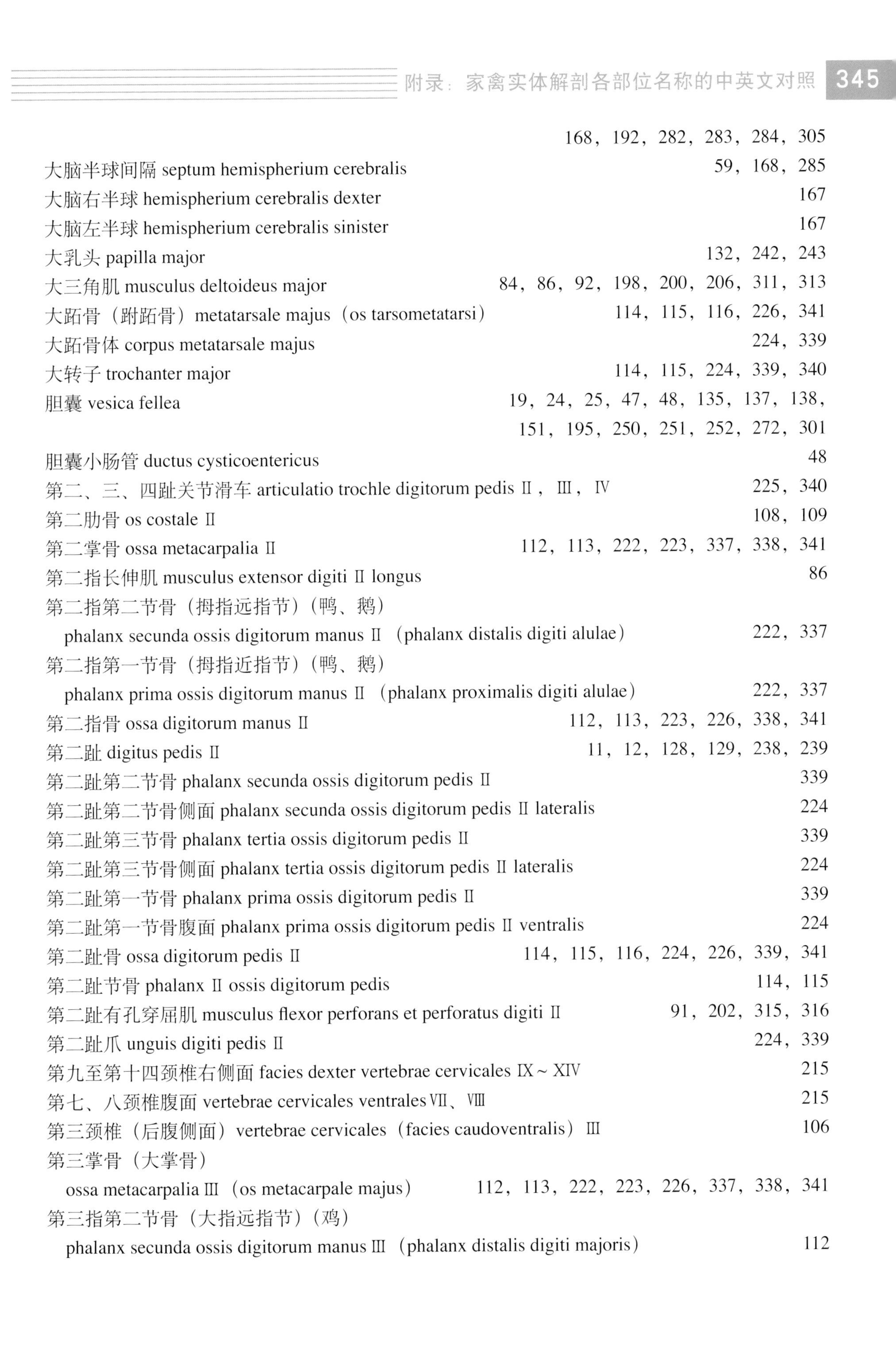

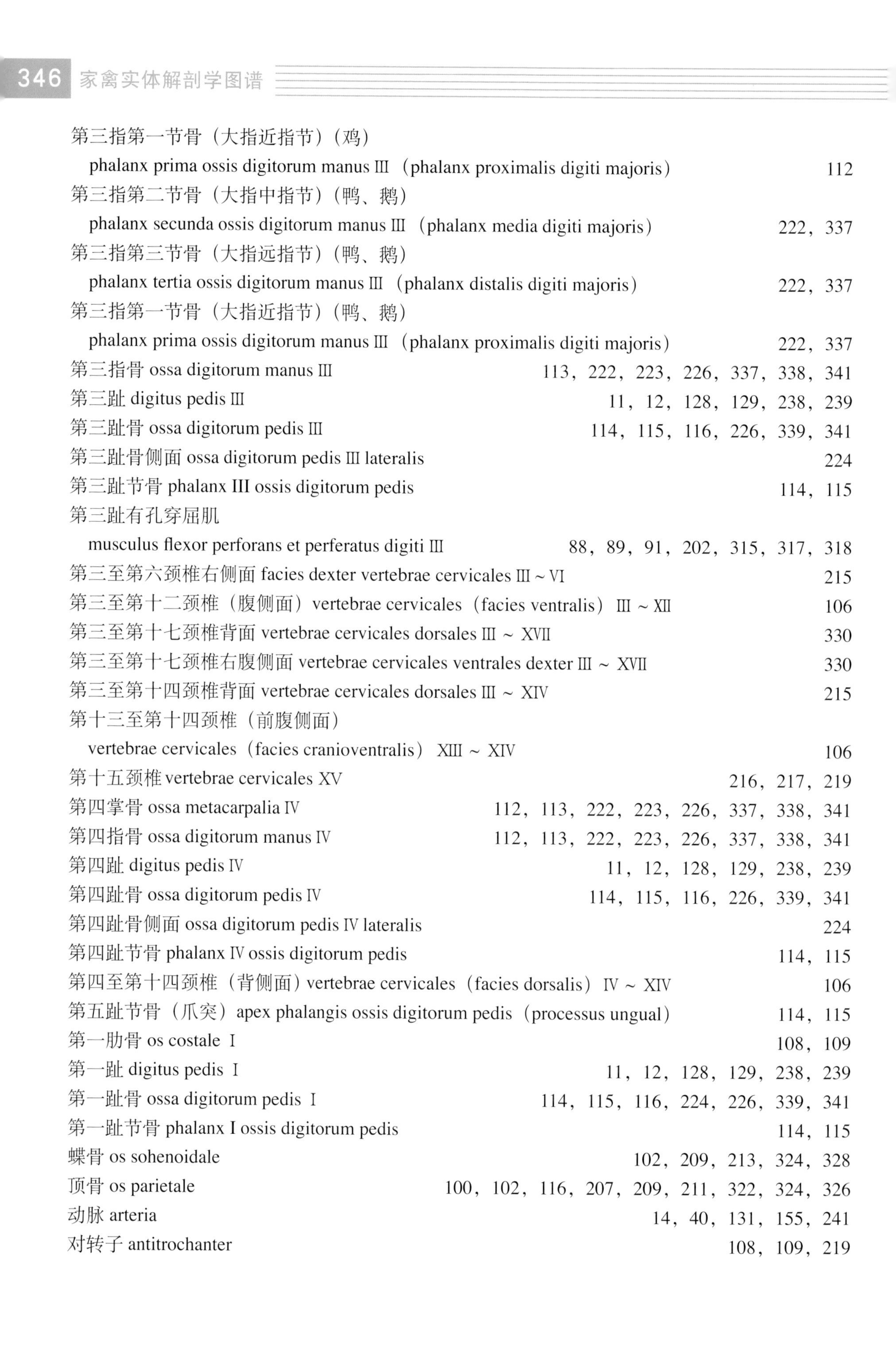

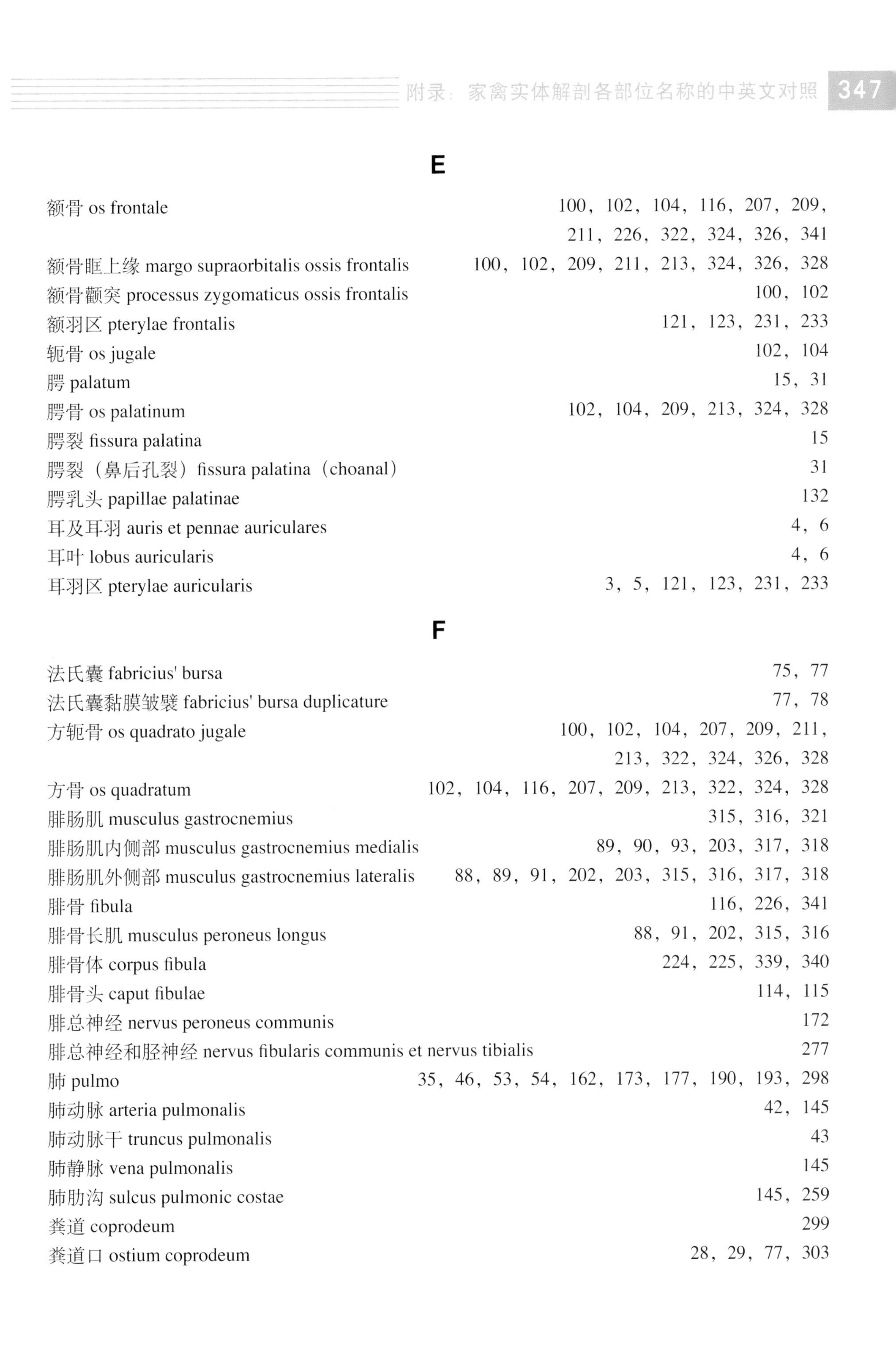

E

F

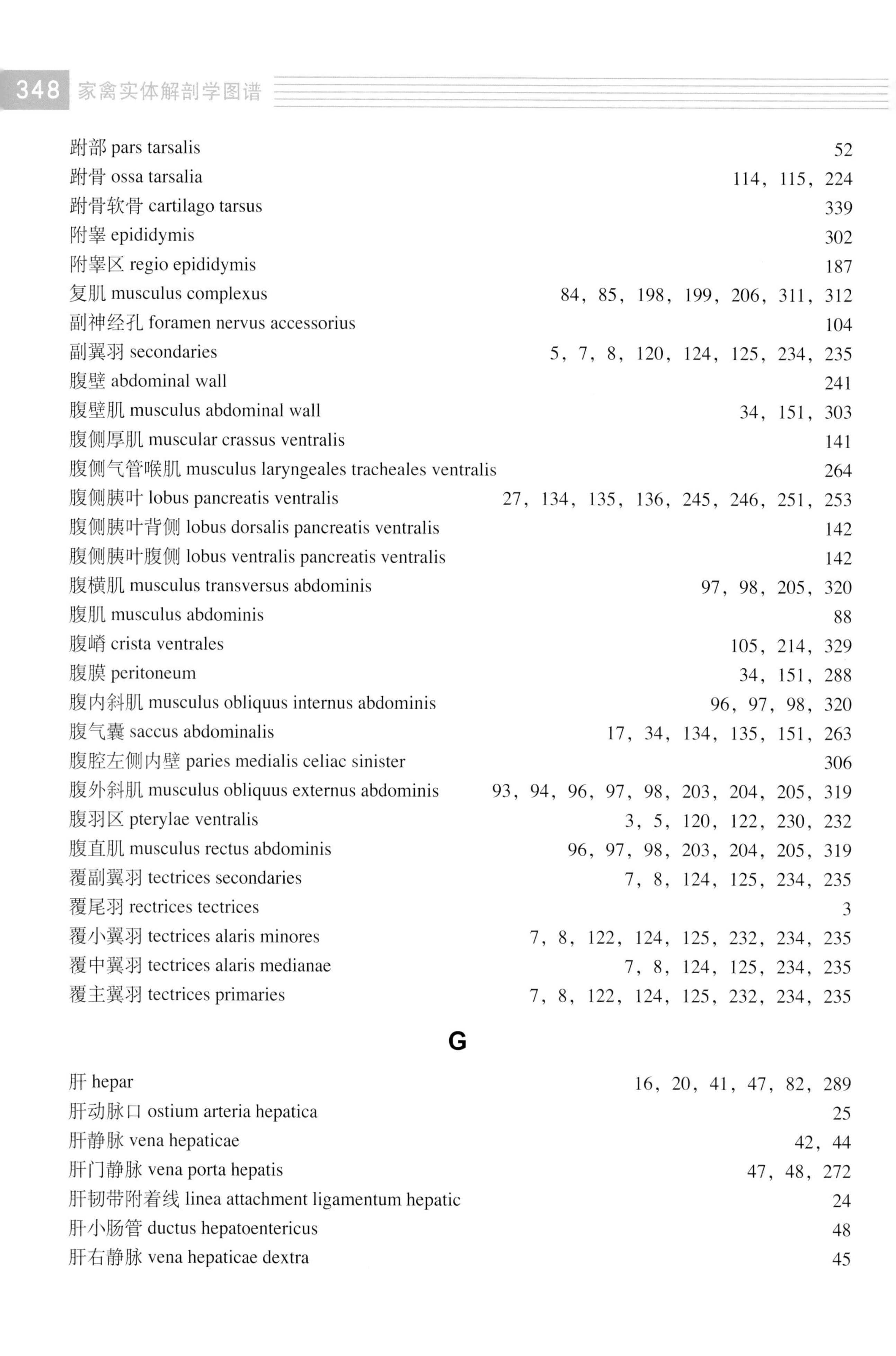

G

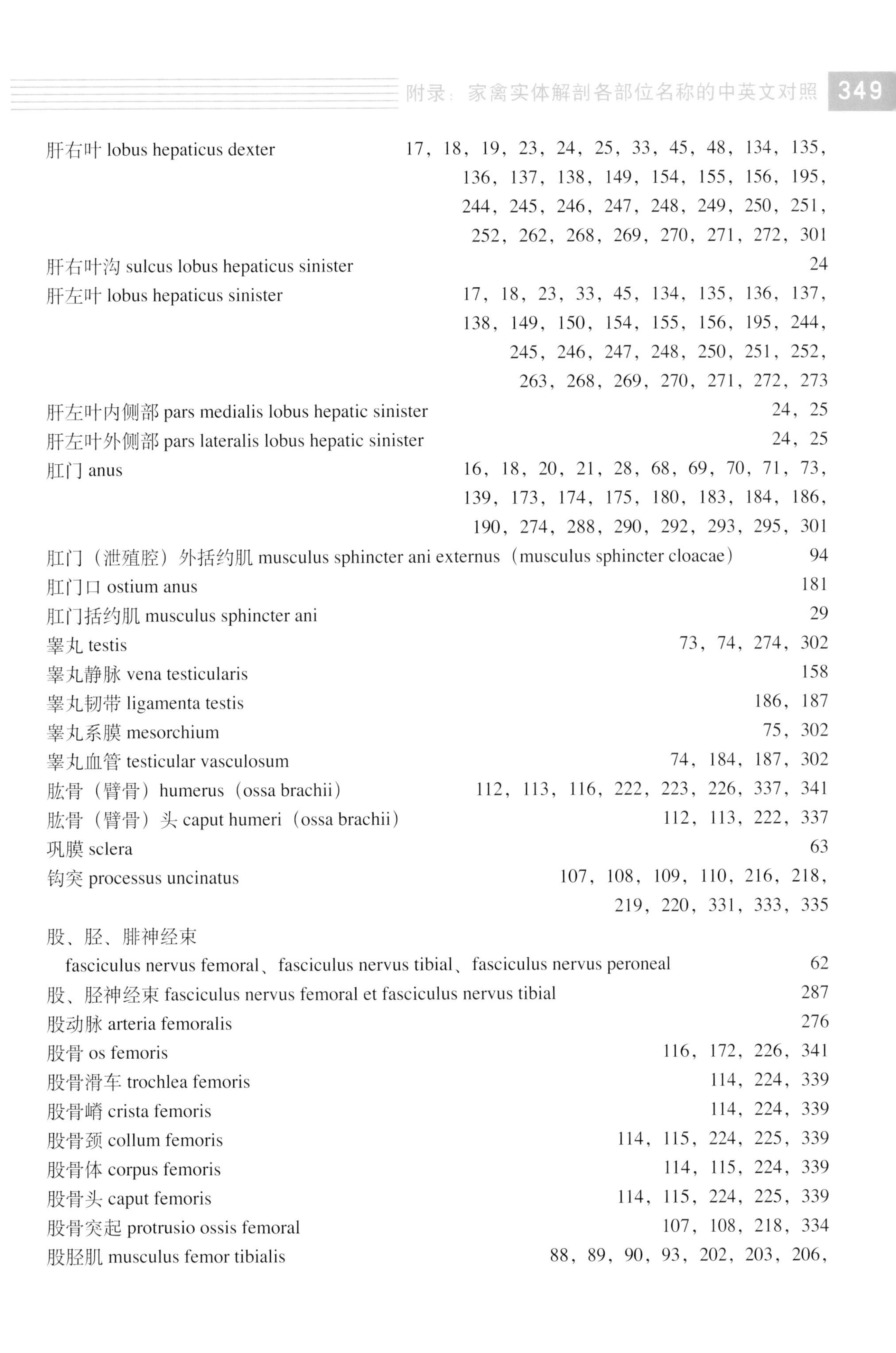

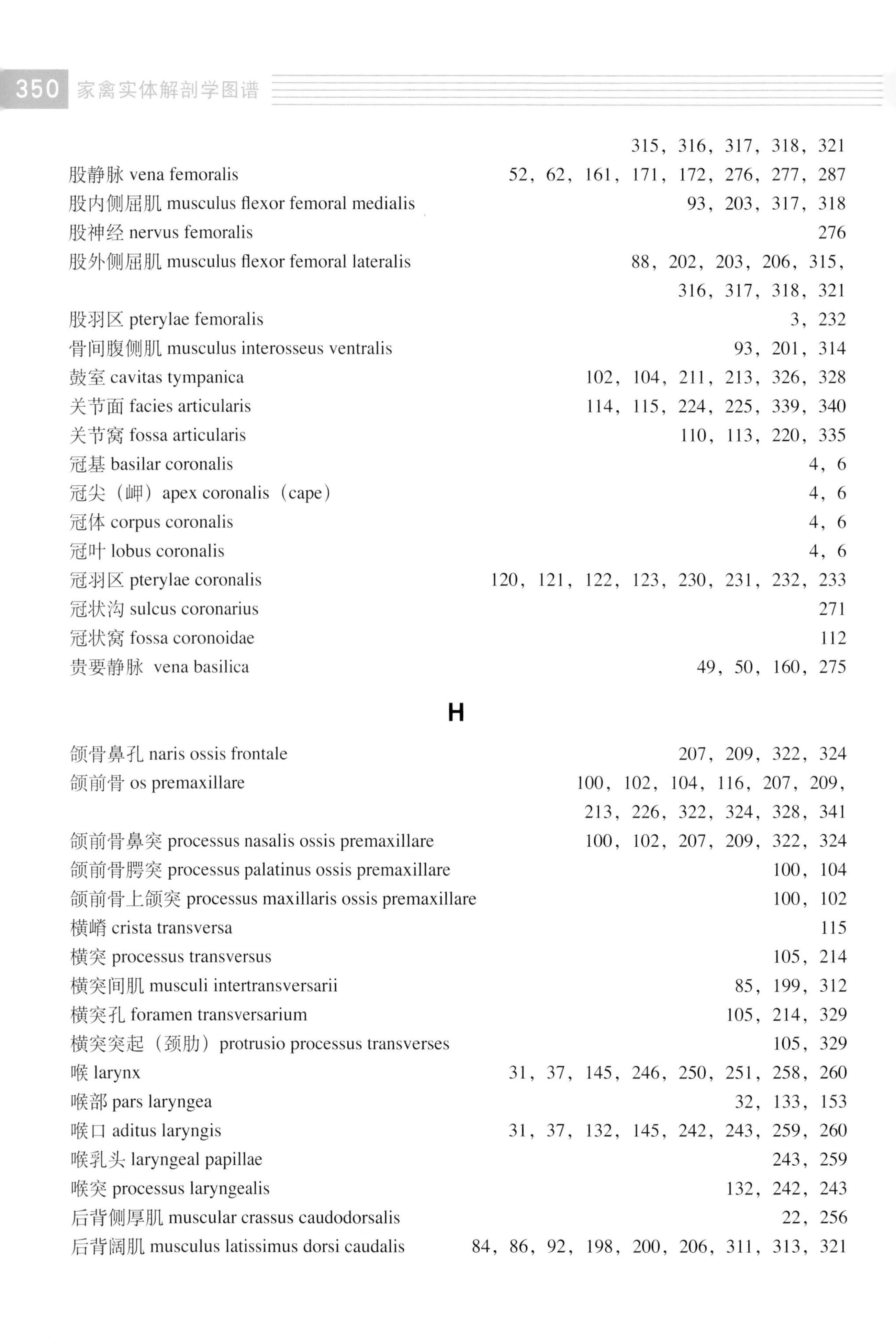

H

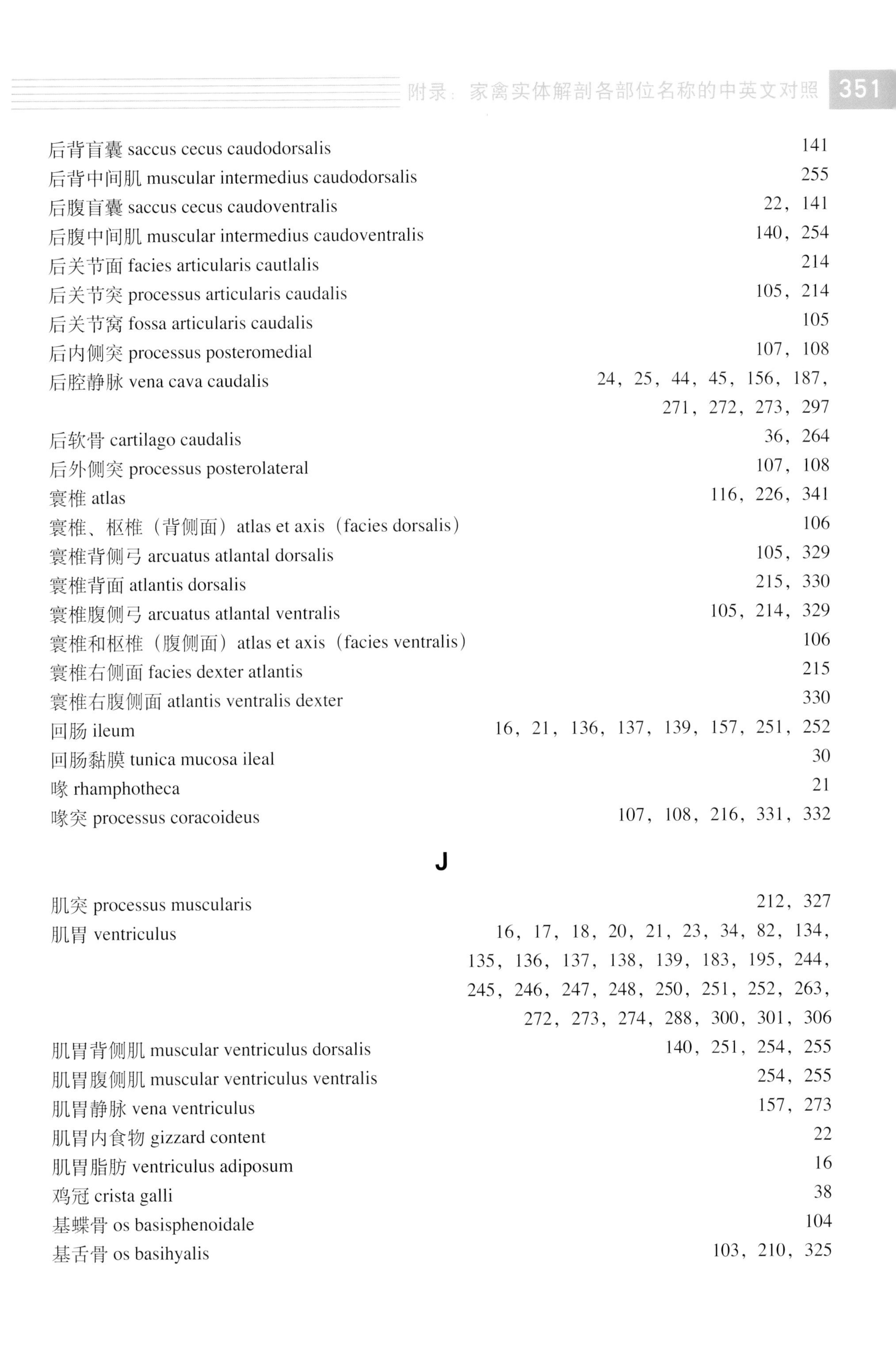

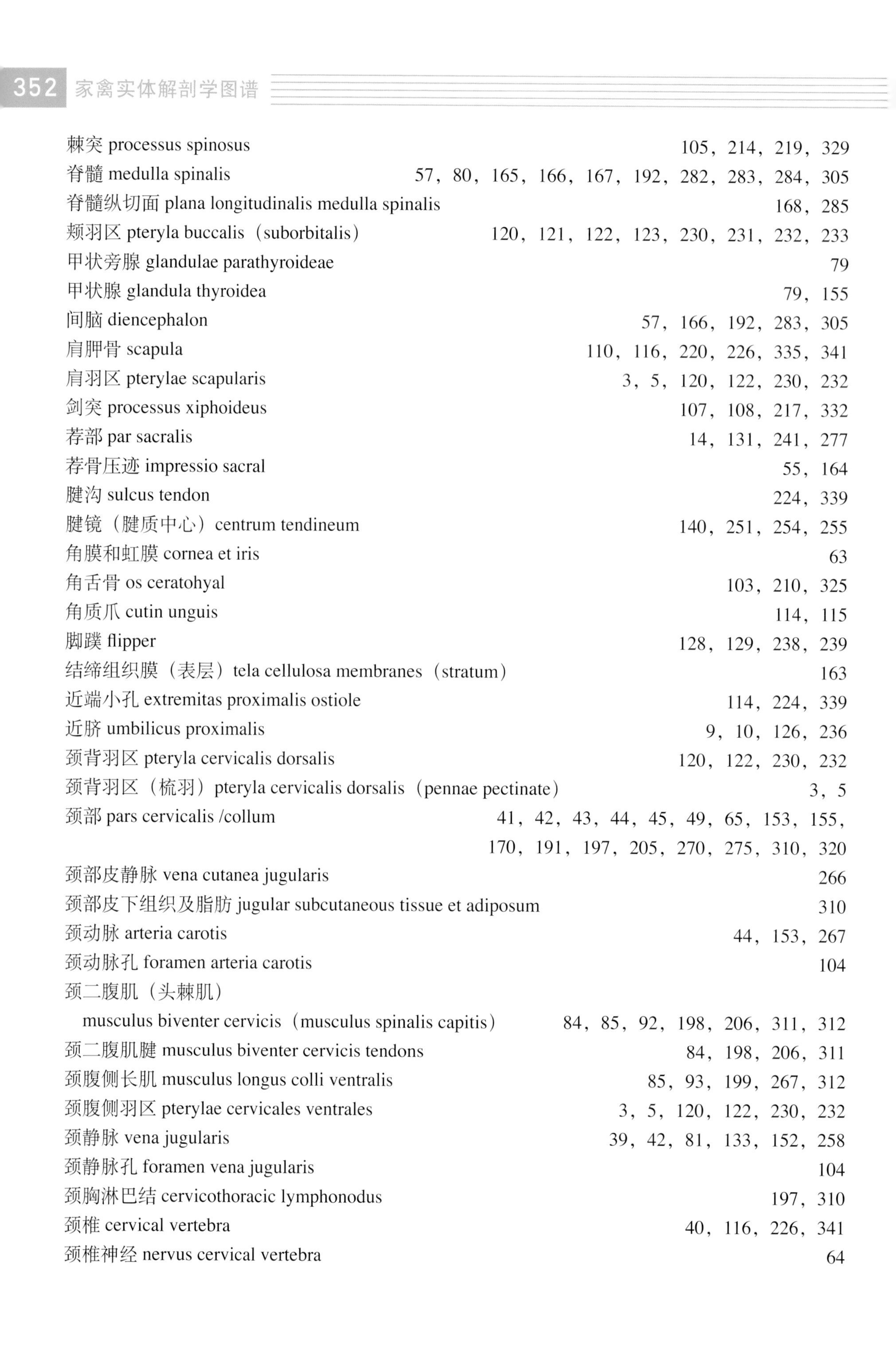

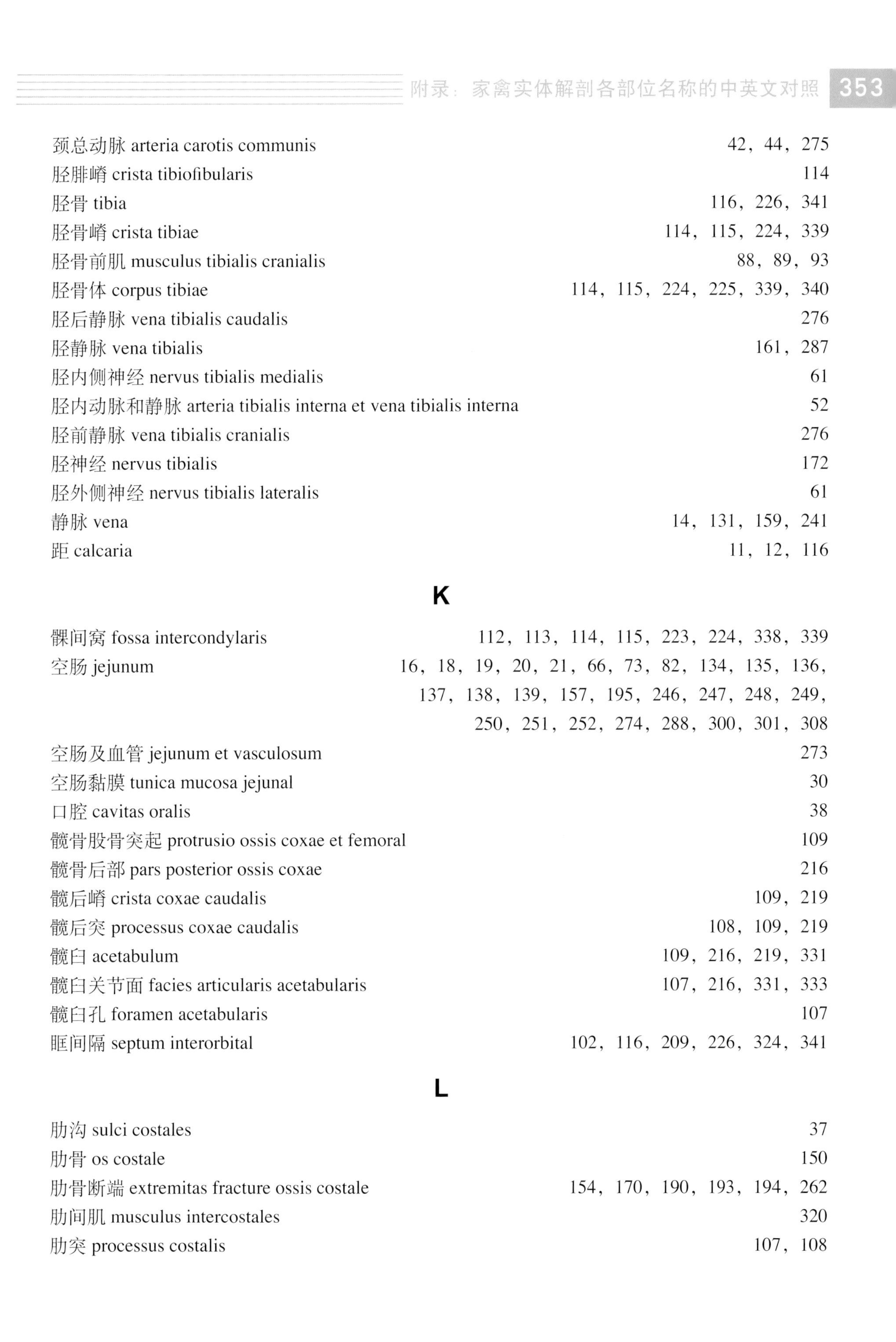

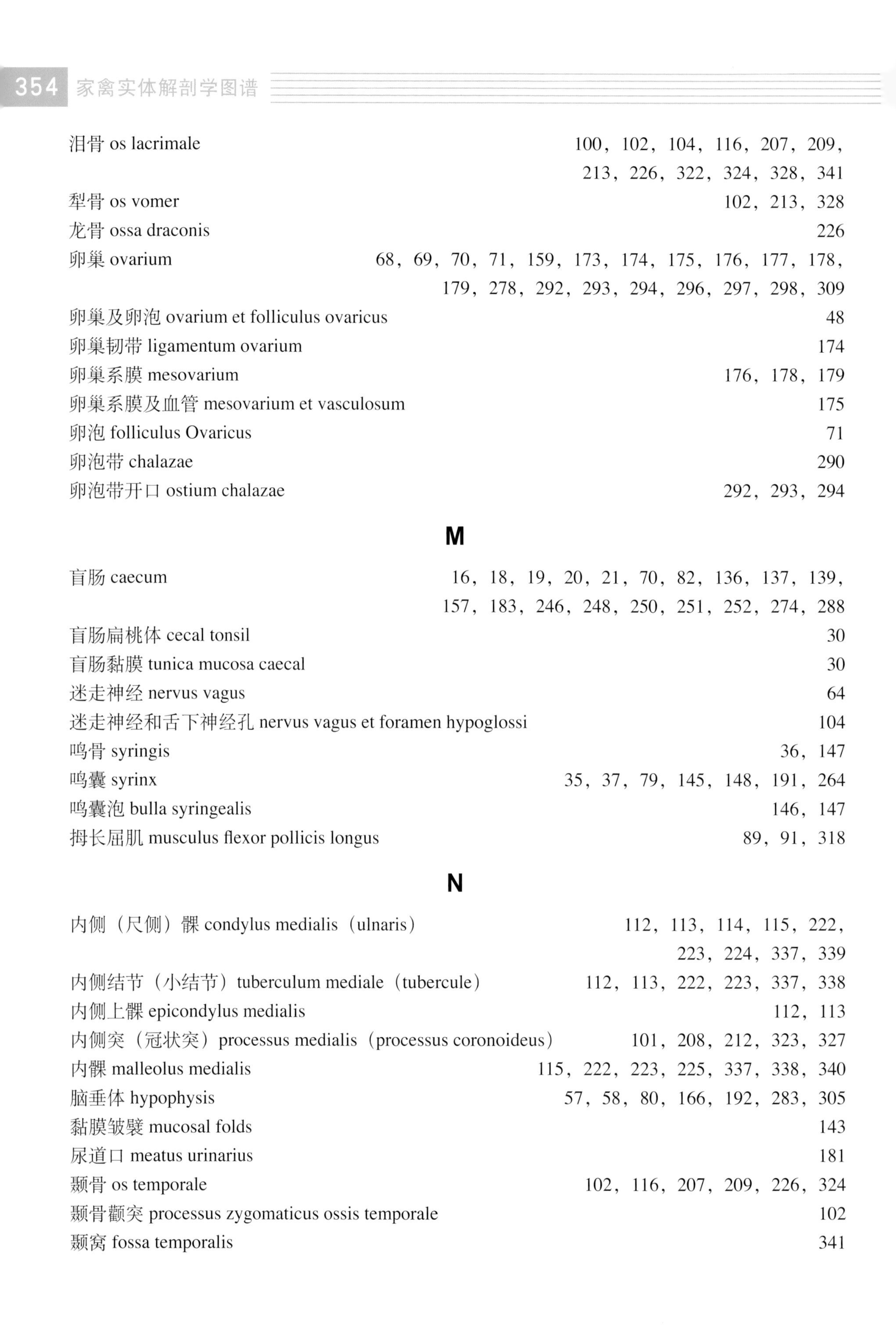

M

N

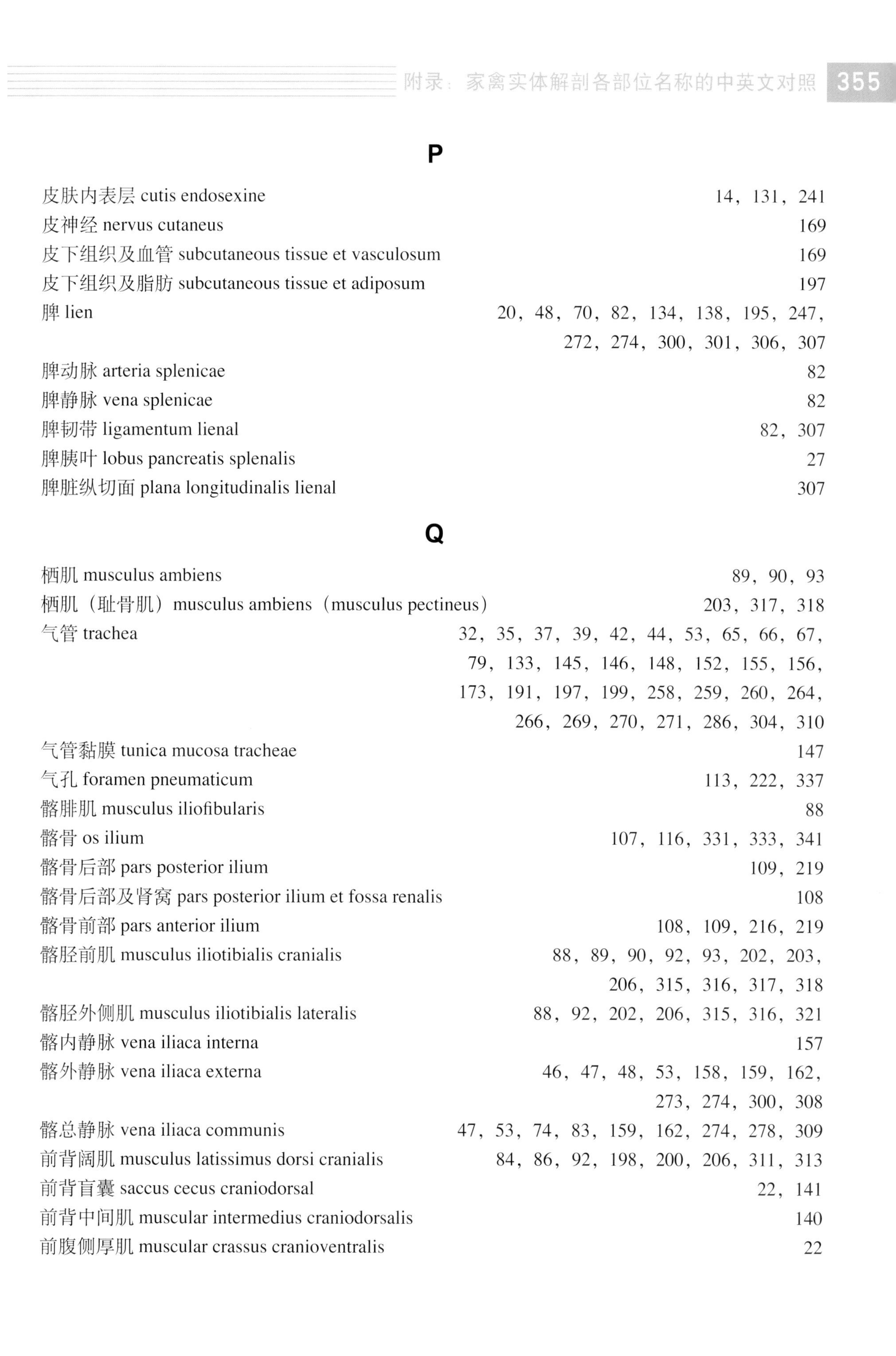

P

Q

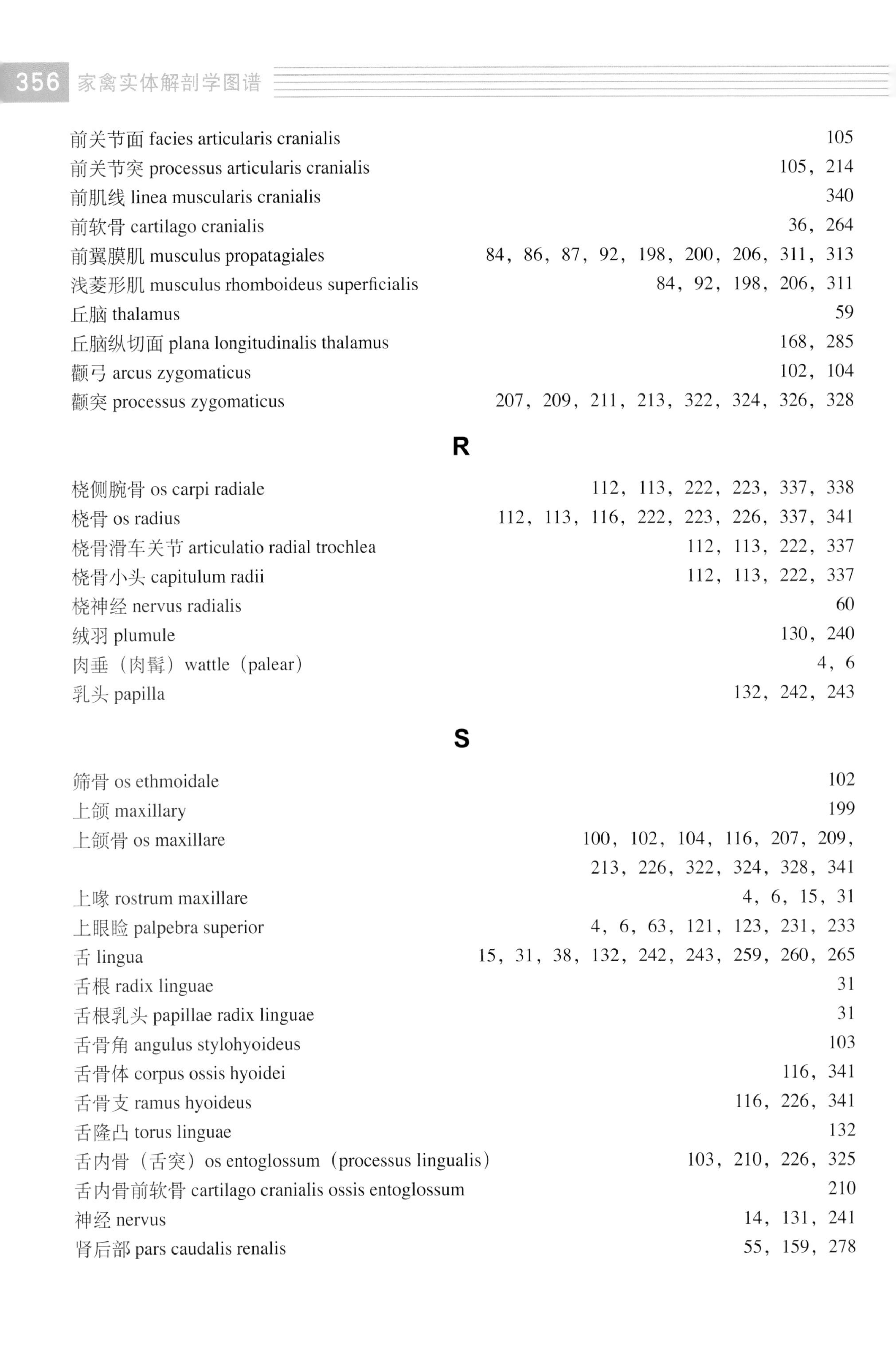

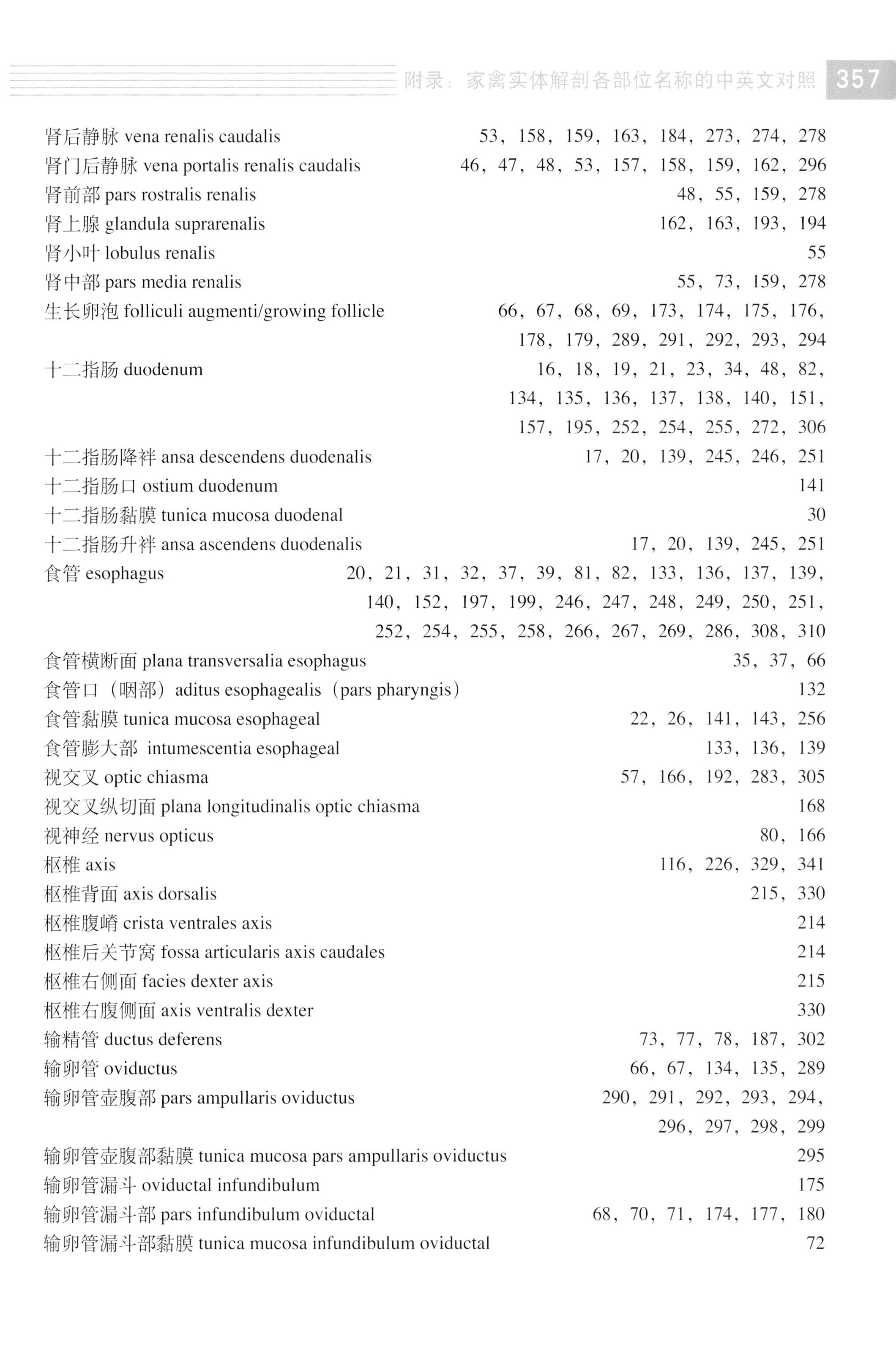

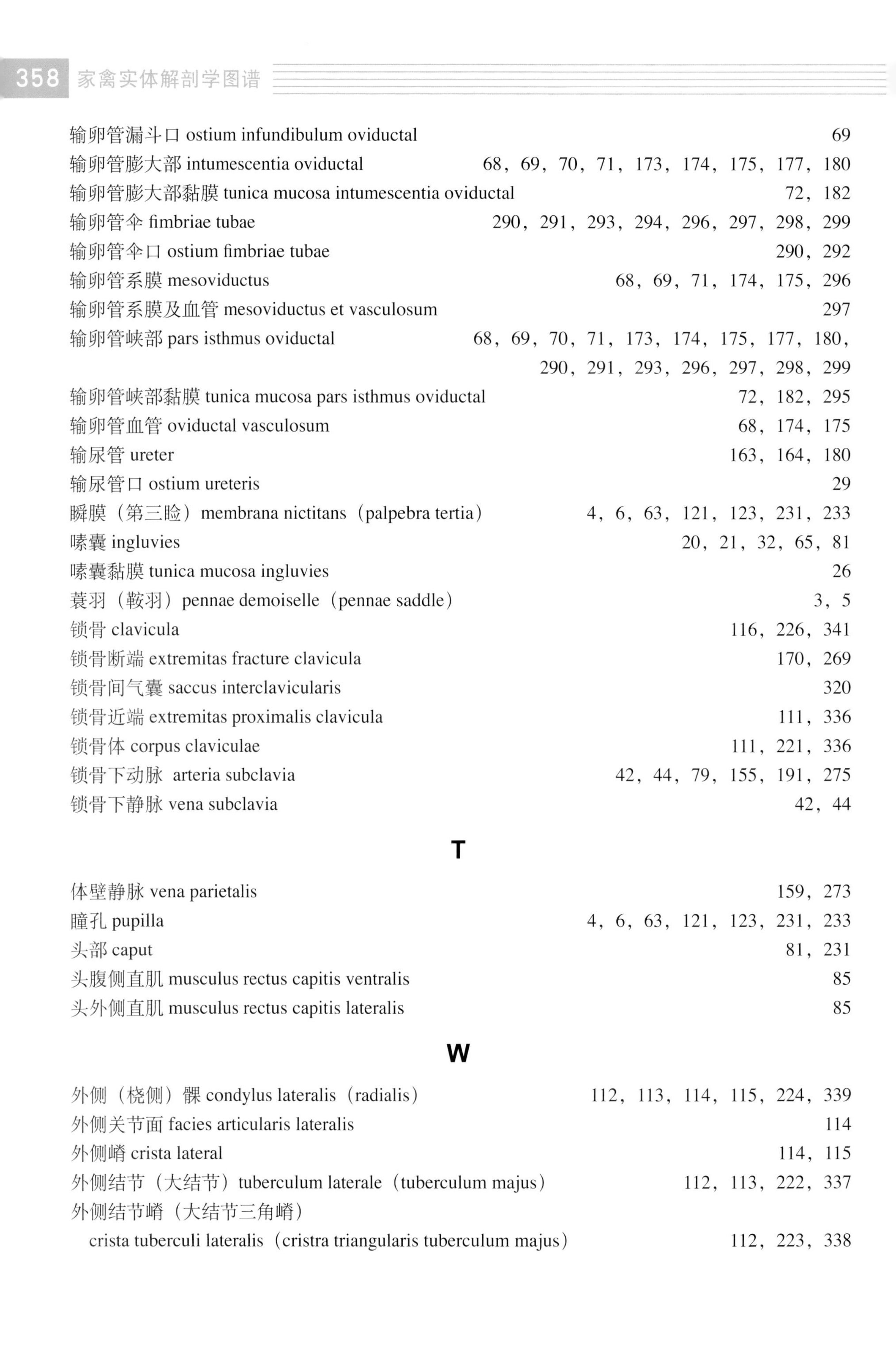

T

W

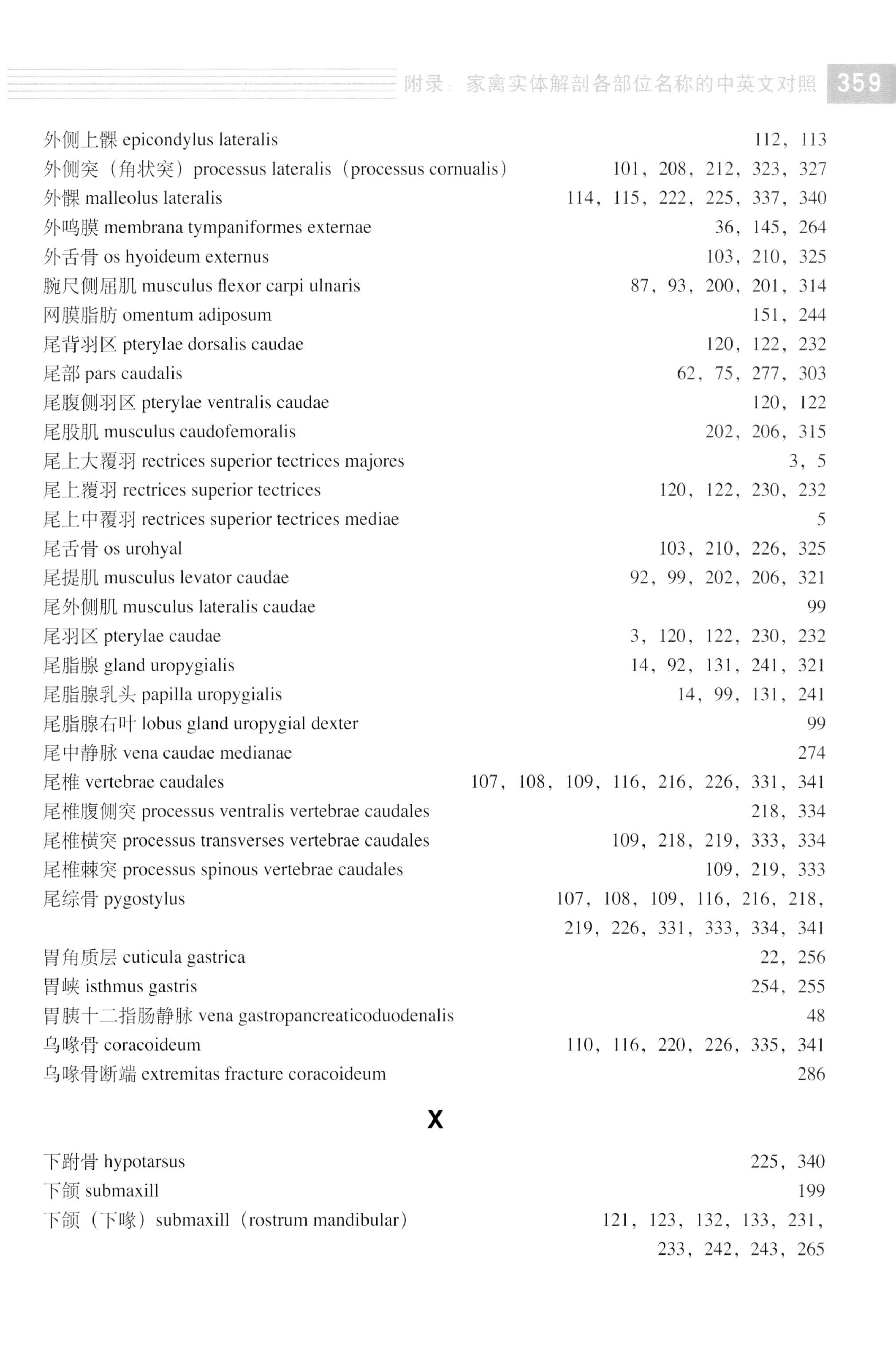

X

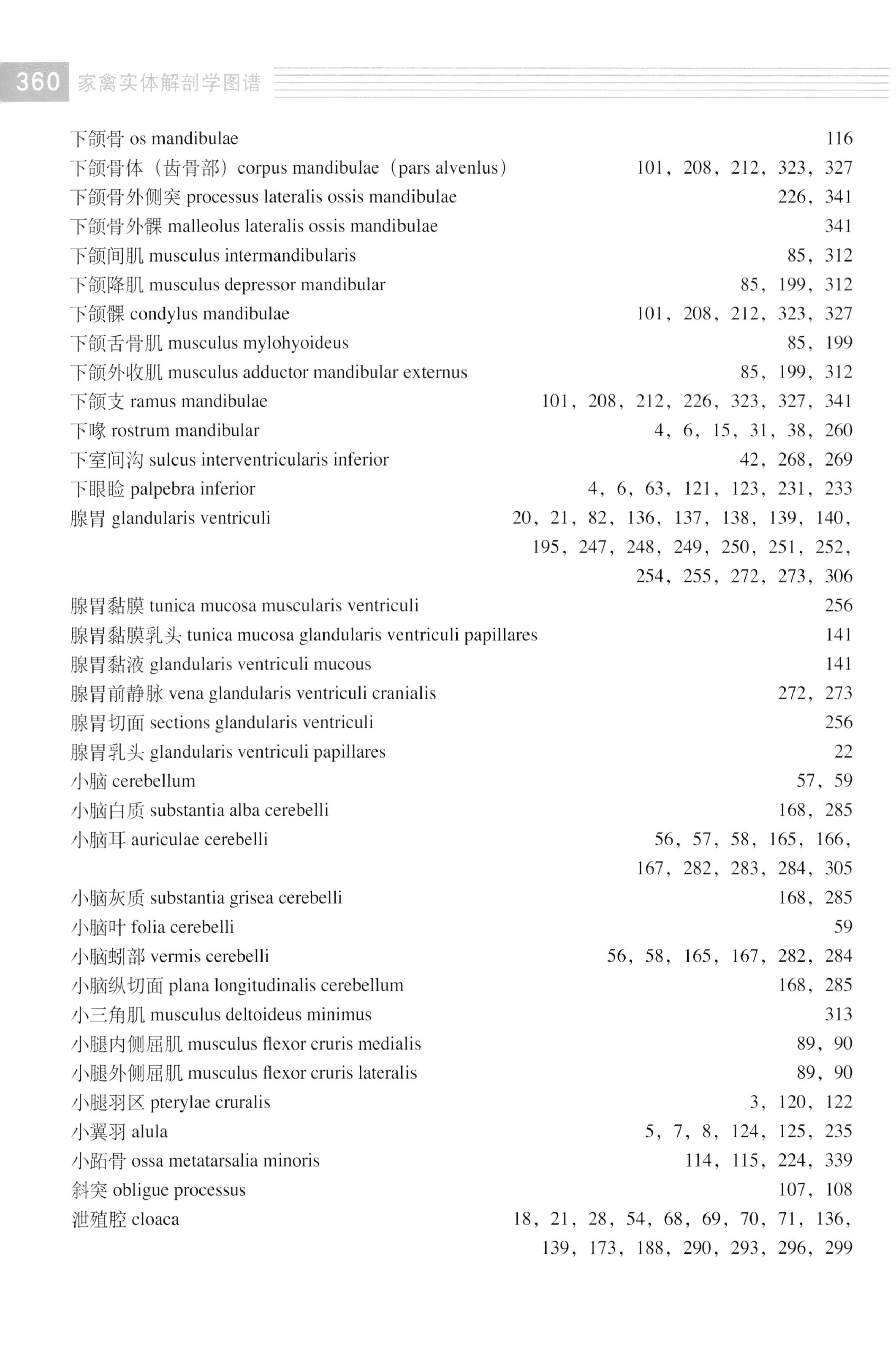

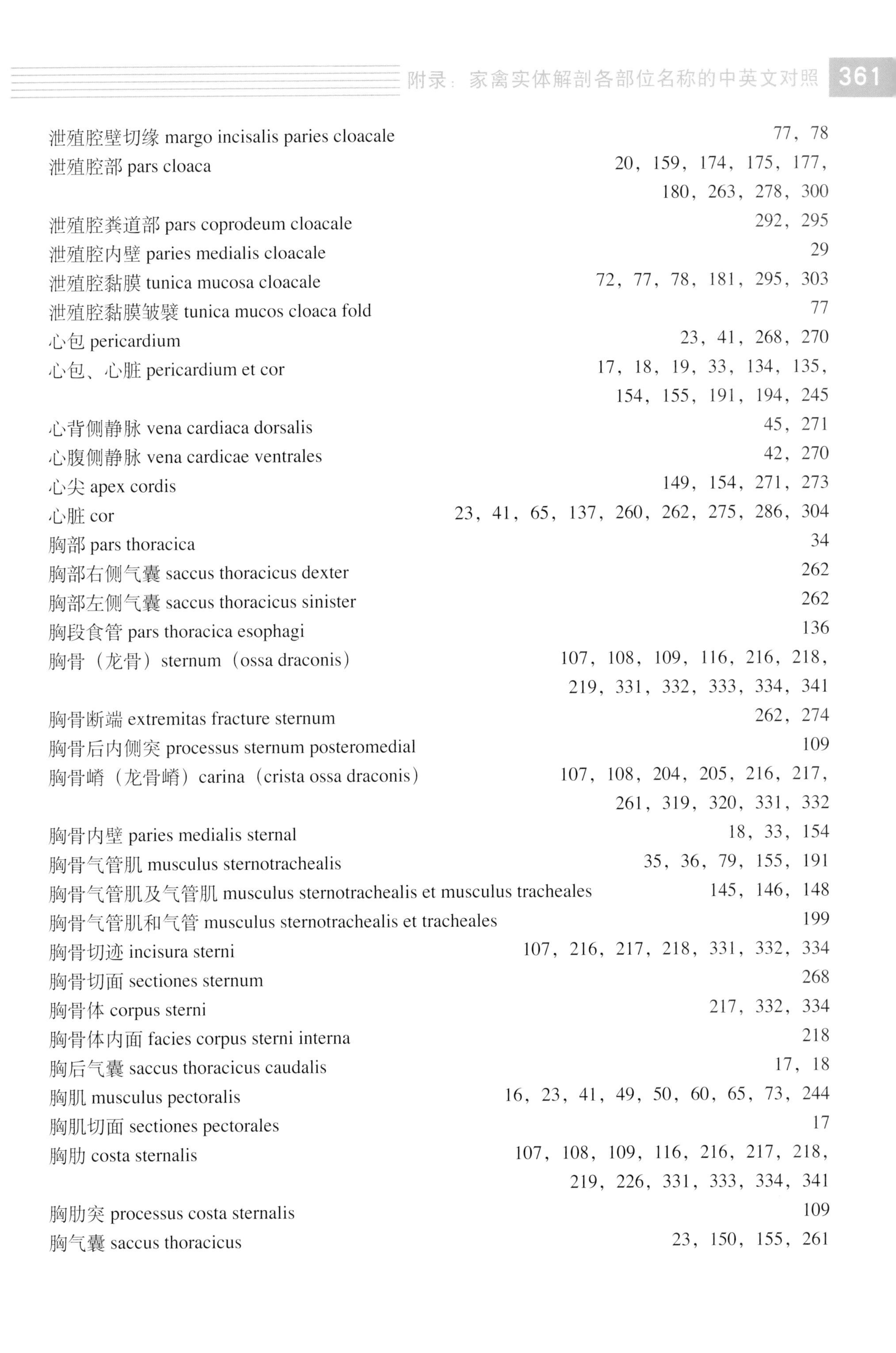

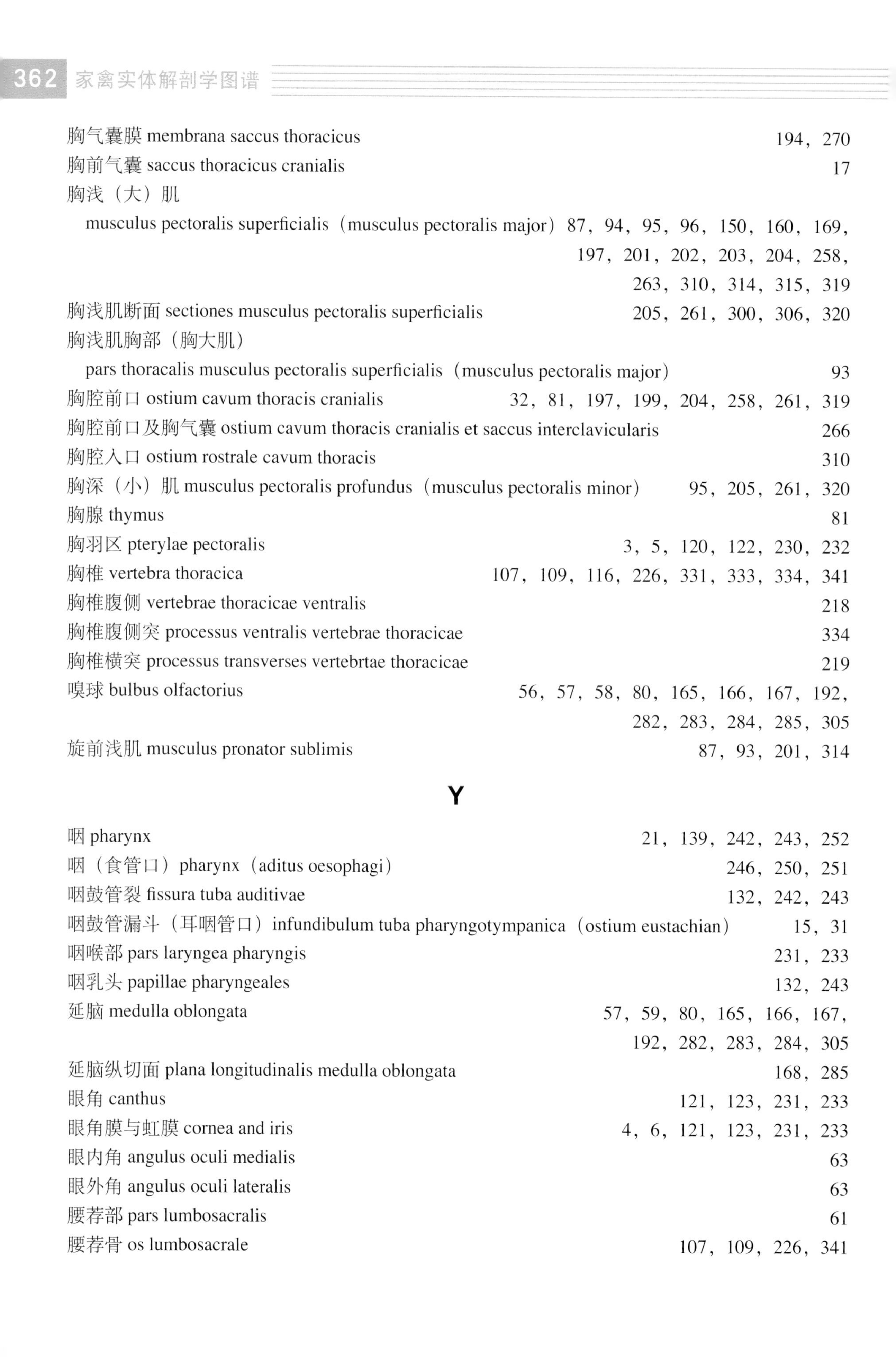

Y

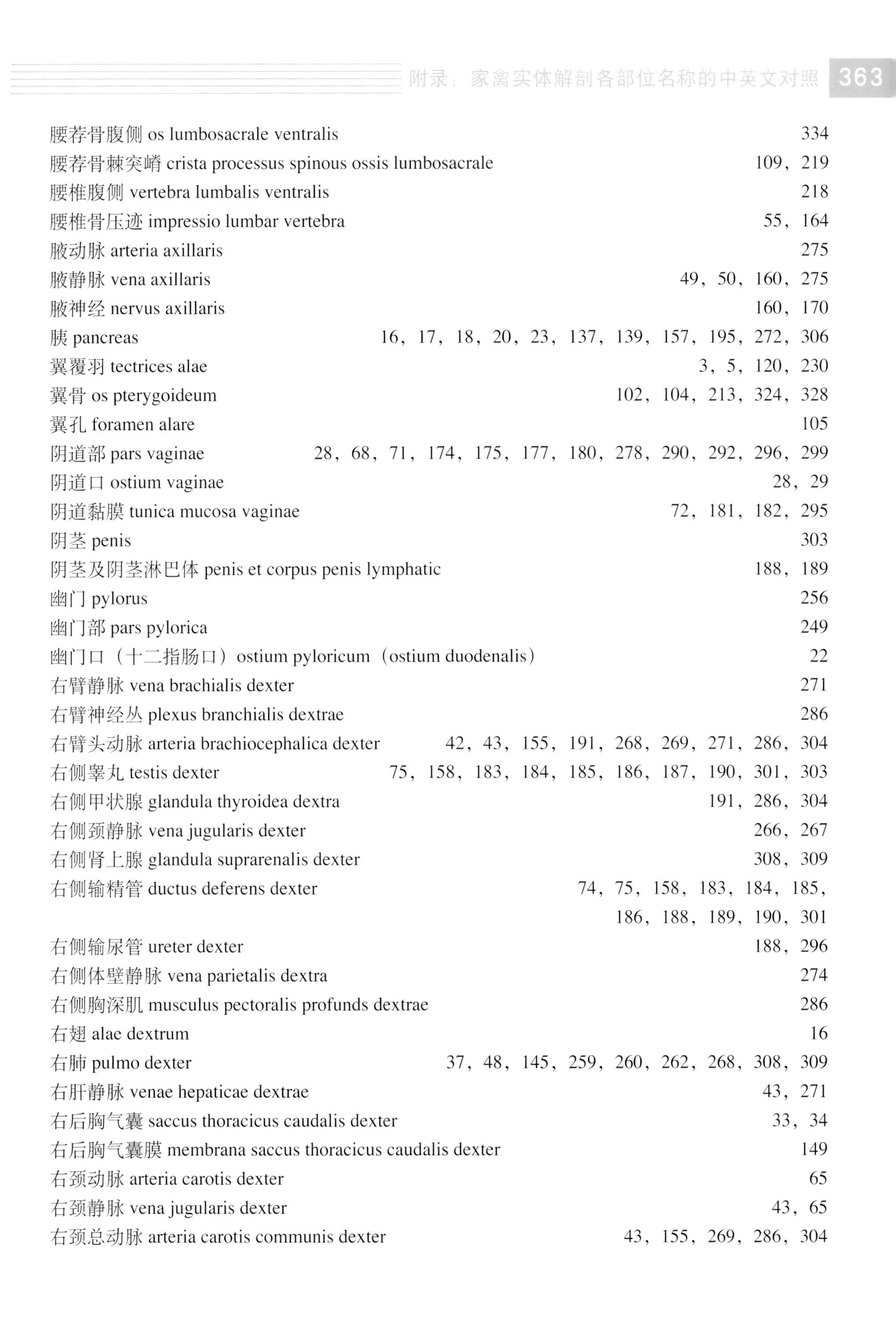

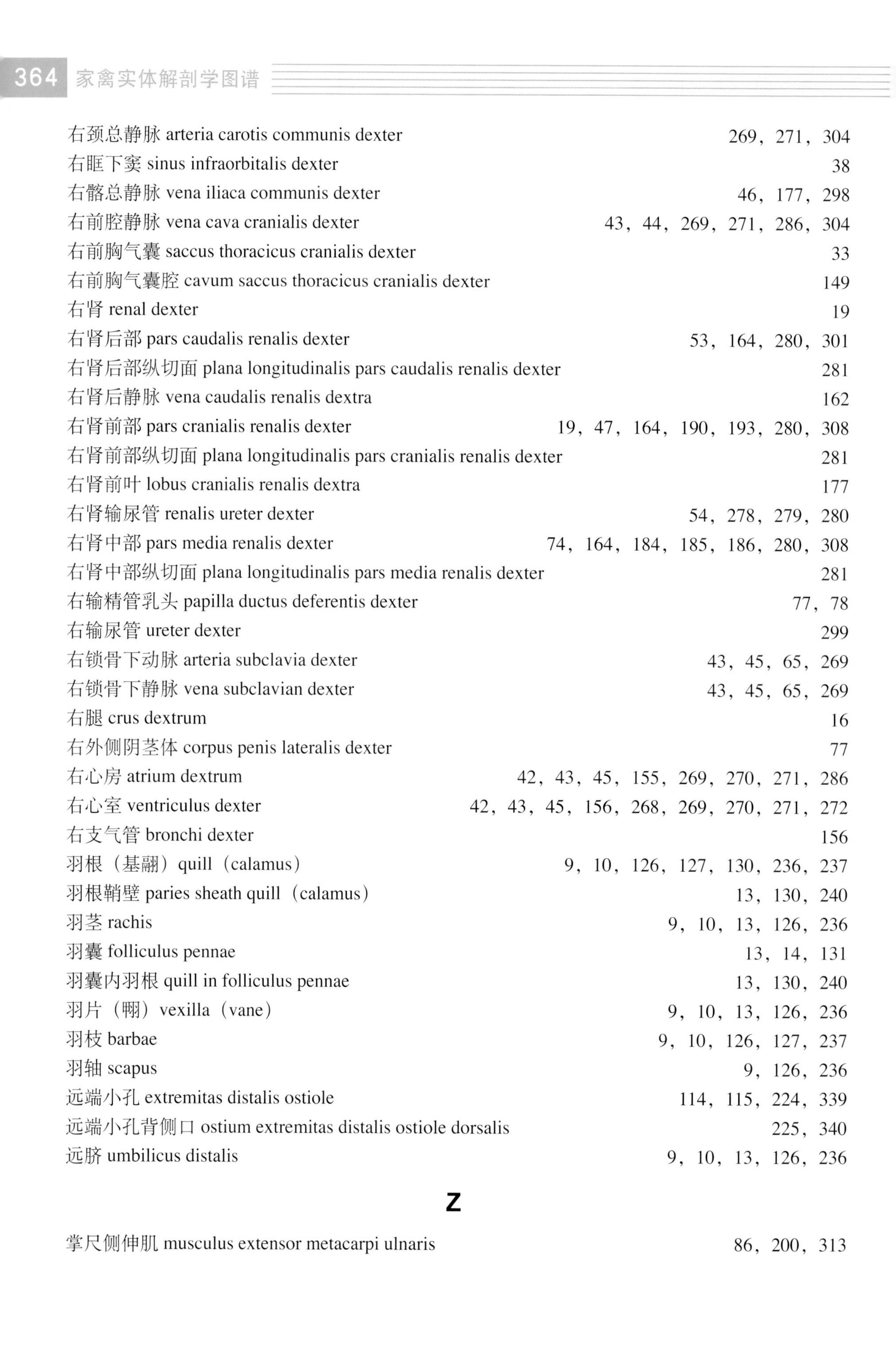

Z

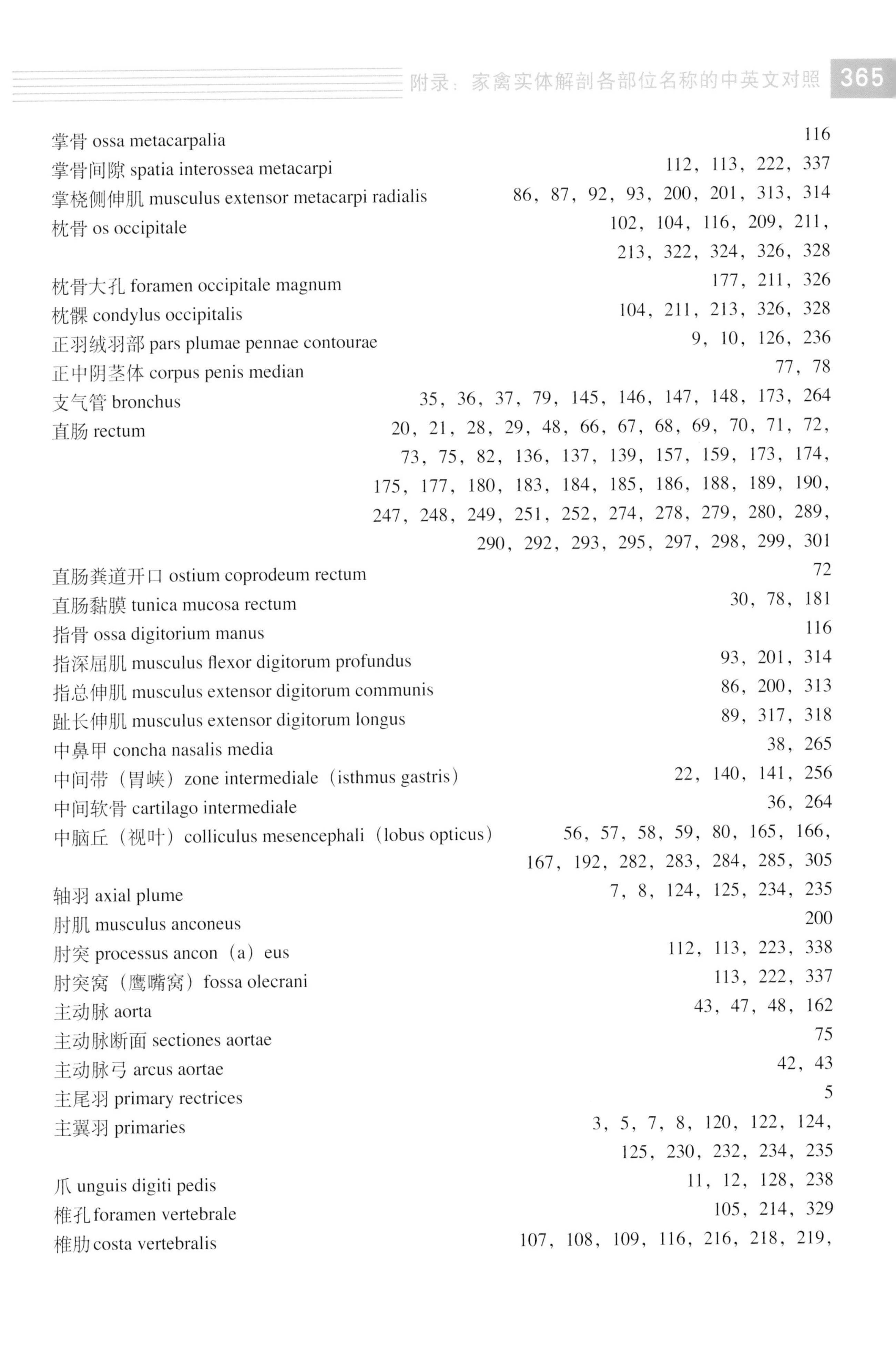

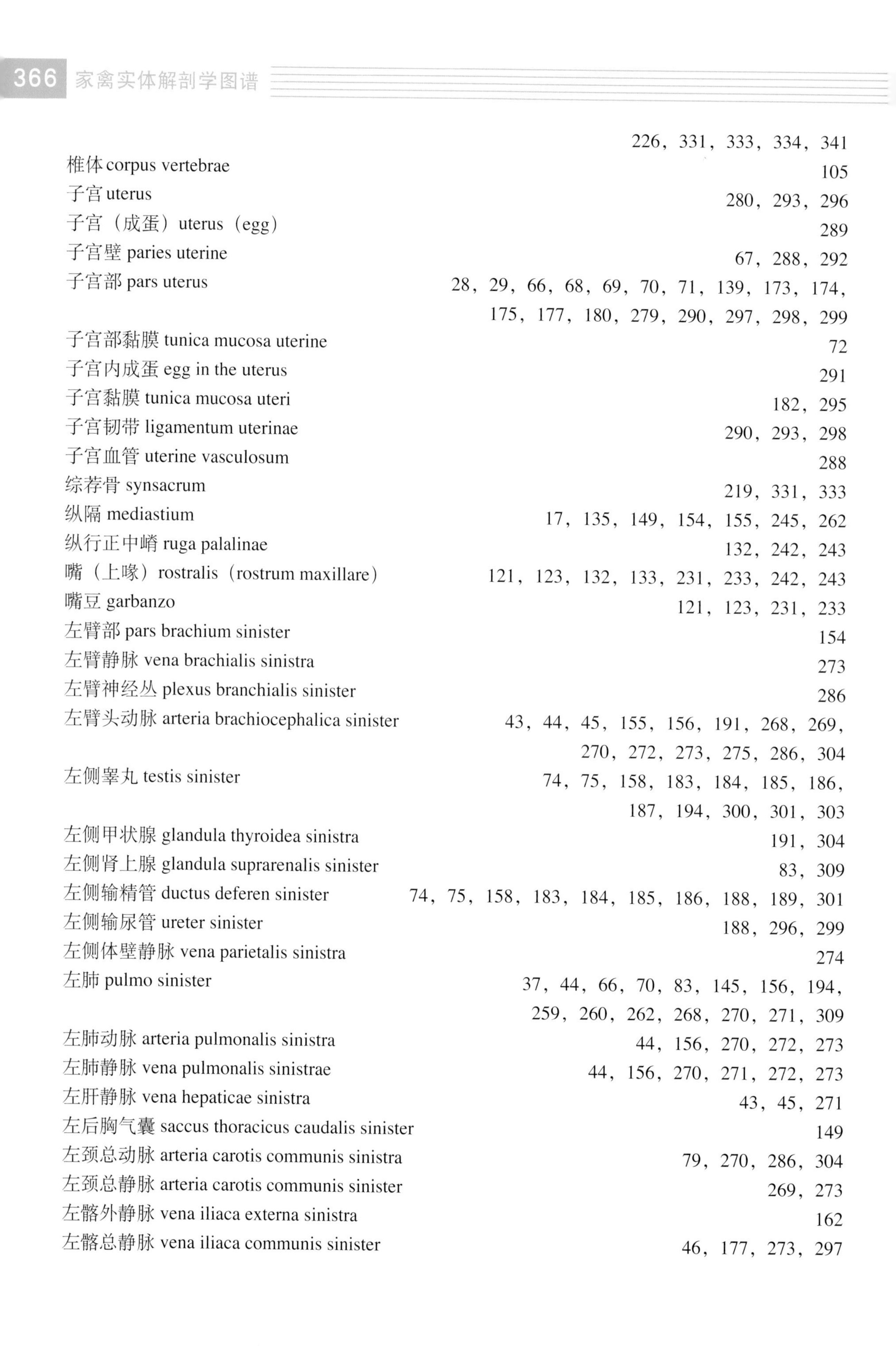

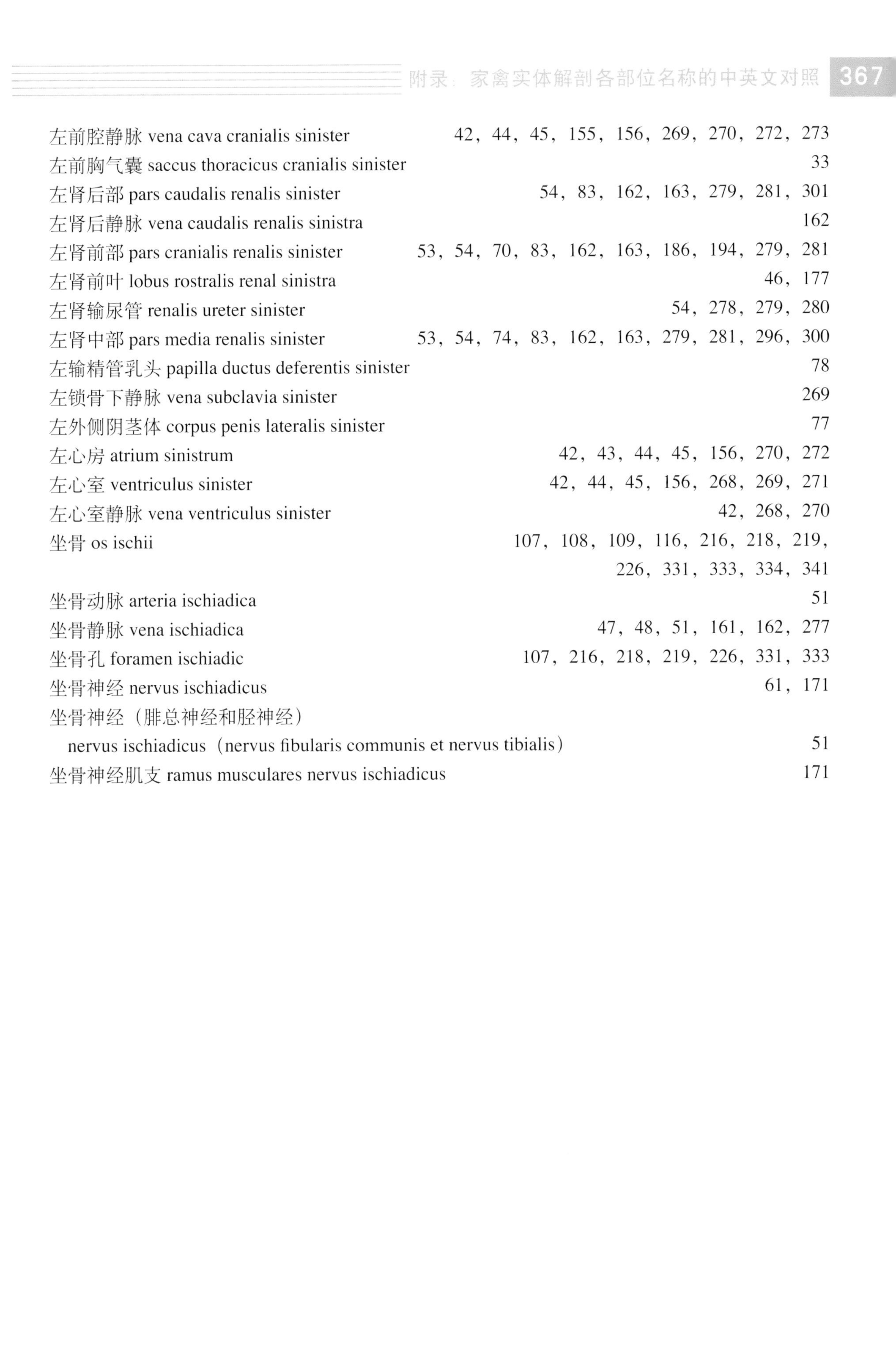

主要参考文献 ·····

安徽农学院.1977.家畜解剖图谱[M].上海：上海人民出版社.

安徽农学院.1985.家畜解剖学图谱[M].那顺巴雅尔，译.呼和浩特：内蒙古人民出版社.

陈兼善，等.1988.英汉动物学辞典[M].上海：上海科学技术文献出版社.

陈耀星，等.2002.动物局部解剖学[M].北京：中国农业大学出版社.

陈耀星，等.2010.畜禽解剖学[M].北京：中国农业大学出版社.

董长生，等，2009.家畜解剖学[M].第4版.北京：中国农业出版社.

甘肃农业大学兽医系.1979.简明兽医词典[M].北京：科学出版社.

林大诚.1984.禽类国际解剖学名词[M].北京：北京农业大学出版社.

林大诚，等.1994.北京鸭解剖[M].北京：北京农业大学出版社.

林辉，等.1992.猪解剖图谱[M].北京：农业出版社.

刘执玉，等.1992.英汉解剖学词汇[M].北京：中国医药科学出版社.

陆承平，等.2002.现代实用兽医词典[M].北京：科学出版社.

罗克.1983.家禽解剖学与组织学[M].福州：福建科学技术出版社.

马仲华，等.2002.家畜解剖学及组织胚胎学[M].第3版.北京：中国农业出版社.

内蒙古农牧学院.1983.家畜解剖学[M].蒙古文版.呼和浩特：内蒙古教育出版社.

汤逸人，等.1988.英汉畜牧科技词典[M].北京：农业出版社.

熊本海，恩和，等.2012.绵羊实体解剖学图谱[M].北京：中国农业出版社.

《英汉兽医学词汇》编纂组.1979.英汉兽医学词汇[M].北京：人民卫生出版社.

《英汉医学词汇》编纂组.1979.英汉医学词汇[M].北京：人民卫生出版社.

张宝文，等.1989.英汉兽医学词汇[M].西安：陕西人民出版社.

张季平，等.1977.英汉医学及生物学词素略语词典[M].北京：科学出版社.

张世英，杨本升，等.1994.现代英汉畜牧兽医大辞典[M].长春：吉林科学技术出版社.

钟孟淮，等.2001.动物繁殖与改良[M].北京：中国农业出版社.

C.J.G.温辛，K.M.戴斯.1983.牛解剖学基础[M].郭和以，等，译.北京：农业出版社.

F.W.Chamberlain, D.V.M.1943.ATLAS OF AVIAN ANATOMY[M].East Lansing：Michigan State College.

图书在版编目（CIP）数据

家禽实体解剖学图谱/熊本海等著. —北京：中
国农业出版社，2014.6
ISBN 978-7-109-19096-2

Ⅰ.①家…　Ⅱ.①熊…　Ⅲ.①家禽－动物解剖学－图
解　Ⅳ.①S852.1-64

中国版本图书馆CIP数据核字（2014）第079672号

中国农业出版社出版
（北京市朝阳区麦子店街18号楼）
（邮政编码 100125）
责任编辑　颜景辰　刘　伟

北京中科印刷有限公司印刷　新华书店北京发行所发行
2014年6月第1版　2014年6月北京第1次印刷

开本：787mm×1092mm　1/16　印张：25.5
字数：760千字
定价：298.00元
（凡本版图书出现印刷、装订错误，请向出版社发行部调换）